环境与生态安全

董险峰　丛　丽　张嘉伟　等编著

中国环境出版集团·北京

图书在版编目（CIP）数据

环境与生态安全/董险峰，丛丽，张嘉伟等编著. —北京：
中国环境出版集团，2010（2013.8 重印）
ISBN 978-7-5111-0302-4

Ⅰ.①环… Ⅱ.①董… Ⅲ.①环境生态学 Ⅳ.①X171

中国版本图书馆 CIP 数据核字（2010）第 107875 号

出 版 人 武德凯
责任编辑 付江平
责任校对 刘凤霞
封面设计 玄石至上

出版发行 **中国环境出版集团**
　　　　　（100062　北京市东城区广渠门内大街 16 号）
　　　　　网　　址：http://www.cesp.com.cn
　　　　　电子邮箱：bjgl@cesp.com.cn
　　　　　联系电话：010-67112765（编辑管理部）
　　　　　发行热线：010-67125803，010-67113405（传真）
印　　刷 玖龙（天津）印刷有限公司
经　　销 各地新华书店
版　　次 2010 年 9 月第 1 版
印　　次 2023 年 8 月第 2 次印刷
开　　本 880×1230　1/32
印　　张 13.625
字　　数 365 千字
定　　价 32.00 元

前　言

　　近几十年来，由于人口的持续增长，工业生产的规模日益扩大，自然资源数量与质量的不断衰减等导致生态污染、全球气候变暖、臭氧层破坏、厄尔尼诺现象、酸雨、生物多样性缺失等全球性的生态问题不断出现。这些给人类的生存和发展带来了很大的压力，威胁着人类的安全。随着生态危机的加重，人们越来越认识到只偏重经济效益而忽视环境保护，只追求物质满足，而忽视精神追求，将会使得人类所创造的物质成果最终因环境恶化危及人类的生存而丧失殆尽。

　　目前，人们越来越关注环境变化与安全之间的内在关系，并一直试图从生态、环境、经济、法律等各方面对该问题进行深入研究并试图提出解决方案。由此，环境安全与生态安全问题已成为生态学、经济学、法学乃至国际关系学多学科交叉研究的热点。在我国，自 1998 年生态安全问题开始提上议事日程以来，经过十余年的发展，已成为多学科与可持续发展研究的一项重要内容。

　　本书在对环境安全、生态安全概念起源、内容及涉及范围进行阐述的基础上，基于生态安全是环境安全的发展及扩充的事实，主要对生态安全问题进行了深入的研究，并将生态安全定位为基于人类生态系统的生存和发展基础上的生态安全，即人与自然、经济、社会组成的复合生态系统的安全。然后围绕着复合生态系统所涉及自然、社会、经济三方面，从自然、法律、经济、国际关系四方面对其在安全方面面临现状、成因及治理对策等分别进行深入的探讨。最后，以案例研究的方式对生态安全实际应用中，即生态安全评价和预警中如何处理问题所涉及各因子间关系及最终如何评价进行了翔实的说明。其中尤为重要的是，本书以自然中存在的生态安全现状、起因、危害及策略为基础，从水、土、气、生、能、矿六方面进行阐述，进而针对当前生态安全法律、经济、国际外交诸方面的现状、问题及策略进行跨学科的系统研究，力求做到科学性、前瞻性和多学科交叉的实践应用性相结合。

本课题在研究过程中得到了环境保护部、中国科学院、北京大学、清华大学、国家教育行政学院等单位的大力支持，在此表示衷心的感谢。参与本课题的核心成员有董正举、冯谨、李玉磊、倪昀和董芮麟等同志。李思佳、房延生、高学敏、董淑英、王婷婷、邹婉玉、高嘉阳、冯用军、朱俊、高嘉蔚、姜圣杰和刘书萱等同志也为本课题的研究做了很多工作，中科院董正举博士也付出了辛勤的劳动，在此，表示衷心的感谢。

环境与生态安全是一门正在形成的新学科，涉及内容广泛，多学科交叉性强。由于我们的水平和能力有限，本书难免存在错漏之处，恳请各位同行专家和读者予以指正，谢谢！

董险峰

2010 年 9 月于北京

目　录

第一章　环境与生态安全概述

生态环境是人类社会经济发展的载体和基础。但以往人类很少在发展中考虑到环境与生态安全问题，总是以骄傲的心态借助科技力量近似疯狂地征服自然并不断向大自然攫取。蓦然回首，人类竟是生存困境重重。人口过度增长、城市交通拥挤、能源争夺加剧、污染无所不在、自然资源匮乏、土地荒漠化、臭氧层空洞逐渐增大、生物多样性减少、全球变暖等生态环境危机比比皆是。这使得人类的日常生活如履薄冰，也使所谓发展失去了最起码的根基和意义。

第一节　环境与生态

一、环境与生态的概念

所谓环境总是相对于某一中心事物而言的，如生物的环境、人的环境分别是以生物或人作为中心事物。环境因中心事物的不同而不同，随中心事物的变化而变化。我们通常所称的环境就是指人类的环境，即人类生存、繁衍所必需的、相适应的环境或物质条件的综合体，一般分为自然环境和社会环境。

自然环境亦称地理环境，是指环绕于人类周围的自然界。它包括大气、水、土壤、生物和各种矿物资源等；在自然地理学上，通常将其分别划分为大气圈、水圈、生物圈、土圈和岩石圈 5 个自然圈。自然环境不仅是人类赖以生存和发展的物质基础，还会带给人类以美学上的享受，如图 1-1 所示。

图 1-1　自然环境成就的美色

图片来源：http://www.tianya.cn/techforum/Content/157/525300.shtml.

社会环境是指人类在自然环境的基础上，为不断提高物质和精神生活水平，通过长期有计划、有目的的发展，逐步创造和建立起来的人工环境，如城市、农村、工矿区等。社会环境的发展和演替，受自然规律、经济规律以及社会规律的支配和制约，其质量是人类物质文明建设和精神文明建设的标志之一。

所谓"生态"是从"生态学"（Ecology）一词而来。而英文"Ecology"术语是由希腊词 Oicos（房子、住所）和 logy（科学研究）派生而来；生态学就是关于生物生存环境研究的科学。"生态"一词就是指生态学研究的内容，所以"Ecology"也可译为"生态"。"生态"这个概念首先应用在生物学上，其主要含义就是"生物体对环境的适应"。环境被看做是一定地域范围内所有生物体包括动物、植物、微生物彼此互动，并与自然界非生命物质互动所构成的生命网络。所以生物学上"生态"的意义就是指有机体与其环境的相互关系。在英国《韦氏辞典》中对"生态"解释为："生物体与环境的适应性互动"。

二、生态的内涵

生态包含着递进的三层意思：关系、适应与导向。生态学是研究生物体与其环境之间相互关系的一门学科，是关于生物生存条件的关系学，其中包括生物间关系、非生物间关系、生物与非生物之间的关系。这些关系是在一定时空范围内进行，即时间关系、空间关系与时空组合关系。这些关系可以概括为：①从空间的整体上把握多样性与稳定性的关系；②从时间上把握生物体与其环境动态发展的时变关系；③从时空关系上把握物种间的相互依存、相互制约的种种互动关系。例如，中国古代农书中对生态关系中强调食物链的功能阐述为"养"与"和"的关系，如"苟得其养，无物不长，苟失其养、无物不消"（《孟子·告子上》）；在生物多样性和单一性的关系上用"和生万物，同则不继"（《国语·郑语》）；在时序关系上用"天地节而四时成，节以制度，不伤财，不害民"（《易传·节·彖传》）。这些都说明了整体性、多样性、时变性与协调性等生态关系的一些基本规律。

生态学研究中的生物体是一种集合，像群落、生物地理群落、生物共同体等。人类是这个集合中的一个元素。值得提出的是，人不是一般生物体，人是有智慧、有感情、有文化的超有机体。因此人类可以能动地影响自然界，包括正面和负面的影响，同时也受自然界不断发生着的变化所影响。

在生态的种种关系中，最重要的关系就是从时间上把握生物体与其环境动态发展的时变关系，它所体现出来的就是适应。这种适应是互动关系的一种表现形式，对生物体进化与发展极为重要，生物体在一定环境中形成一种自适应能力和机制。在这里"适应"或者"自适应"是指生物体对环境变化的协调行为，生物体能否有较强的适应能力取决于它是否有较强的内部调节机制和外部发展环境，例如，在天然林中，林木通过自然稀疏来协调林木生长发育中与环境的关系，又如生物体通过遗传与变异来适应新的环境条件，人类通过改变各种栽培措施来适应改变的环境。"适应"的种类有很多，如"生理适应""心理适应""功能适应""结构适应""社会适应"等。概括起来讲，一方面就是"物竞天择，适者生存"；另一方面也应重视人在自然界的主体地位和主导作用。遵循自然规律发挥人的主观能动的适应能力和作用，生物体正是在环境从平衡到不平衡、适应到不适应的动态发展中进化。

"生态"亦是一种导向。既然生态是生物对环境的一种适应性互动，那么这种适应本身就含有一种导向的意思，不论是物竞天择、群落演替、生物进化，或者是人工选育良种、人工驯化无不体现为一种导向，在人类社会中生态与经济的关系最能体现出来。例如，若片面强调经济，忽视生态，或是片面强调生态，忽视经济，都会造成生态、经济的不稳定，甚至破坏生态，这都不是人类社会所希望的。我们希望的是，在人口与资源、生态与经济、环境与发展等关系上都能呈现良性循环、协调发展，这就是不同的导向，获得不同的结果。它反映了生态系统演变过程中在时间、空间、时空结合上最佳生态关系的选择，既包括了自适应过程，也包括了它适应的种种关系。生态系统中生态要素的变化都是在物流、能流、信息流的不断循环、再生过程中演变的，如新陈代谢、遗传变异、群落演替、生物进化等，这种种的关系既可能导致生物的进化与发展，也可能导致生物的退化与灭绝。如果把人的因素能动地投入到这种循环演变中，不断协调与改善种种生态关系，追求一种最佳生态关系，就可以导向事物的优化与可持续发展。

第二节　安全—环境安全—生态安全

一、安全

（一）安全的起源

安全是一个既古老又新兴的话题，是人类基本需求中最根本的一种需求。纵观人类发展的历程，就是一个不断躲避各种危险、追求安全状态的奋斗过程。伴随着科学技术的进步，人类改造自然的能力越来越大，能够有效地确保人类生活的安全。然而，人类在改造自然的过程中，也给安全的追求带来了新的压力和难题。如因过度开发而造成的水资源短缺、水质恶化等问题，给人类的生存提出了新的挑战。人类的发展一方面增强了追求安全的能力，另一方面也加大了追求安全的难度。由此可见，安全问题伴随着人类的产生和发展而始终存在。

（二）安全的概念

最早人们对安全的理解，主要是指预测危险并消除危险，取得不使人身受到伤害，不使财产受损失，保障人类自身再生、健康发展的自由。亦即人们一提到安全自然想到的人身安全、健康安全等。蔡守秋将安全分为两种：一种安全主要是针对人类健康和生产技术活动而言，指对人的健康没有危险、危害、损害、麻烦、干扰等有害影响，常见的有生产安全、劳动安全、卫生安全、安全生产、安全使用、安全技术等；另一种安全主要是对人为暴力活动、军事活动、间谍活动、外交活动等社会性、政治性活动以及社会治安与国际和平而言，常见的有社会安全、国家安全、国际安全等。王广民、郑保义也基本赞同对安全的这种分法，将安全分为狭义安全（生产技术性安全）和广义安全（社会政治性安全）。西方国家对广义安全区分为传统安全和非传统安全，前者指传统的国家政治制度安全、军事安全等，而后者指一些新的因素如环境恶化、有组织的跨国犯罪、大规模移民、金融一体化、网络犯罪等对国家安全带来的威胁等。可见，安全科学是从安全需要（目标）出发，研究"人—机（物）—环境"之间的相互作用，求解人类生产、生活、生存安全的科学知识体系。

综上所述，人类对安全的理解有一个发展历程。从单纯追求人类的生存安全出发，关注人的自然属性，提出了狭义的安全概念；伴随着人类对自身认识的加深，在安全的理念里融入人的社会属性，安全概念有了拓展，提出了广义的安全概念，以至传统性安全与非传统性安全的划分。可以看出，对安全概念的理解与深入体现了人类文明的进步。

二、环境安全

随着环境的不断恶化和环境问题的日趋突出，人们越来越认识到只偏重经济效益而忽视环境保护，将会使得人类所创造的经济效益最终会因为环境恶化危及人类的生存而丧失殆尽。人类对环境安全的关注，体现了人类对环境和安全问题的深刻反省和认识。

（一）环境安全的提出

环境安全的研究起源于 20 世纪 70 年代，并在 80 年代得到了发展，90 年代引起学术界的广泛关注和重视，可以说是环境问题出现带来的破坏性推动了环境安全的研究。

20 世纪中叶，随着工业生产的规模日益扩大，环境污染日益加重，特别是环境污染造成的公害事件的不断发生，使得环境保护成为国际社会关注的焦点。美国对环境的安全性问题一直保持着敏锐性，并始终给予高度的重视，并最早将环境安全引入到国家安全内涵中。早在 1977 年，美国世界观察研究所所长莱斯特·R·布朗在他的《建设一个持续发展的社会》一书中，对环境安全进行了专门阐述，并在此基础上提出了国家安全的新内涵。他认为"国家安全的关键是持续发展性，如果全球经济系统的生物基础不能得到保护，如果油井枯竭而新能源系统还未能及时建立的话，经济的瓦解和崩溃在所难免"。莱斯特·R·布朗的新思想在美国引起了很大的反响，一开始就得到美国国防部的高度的重视，在 20 世纪 80 年代，通过不断完善逐步形成了美国国防部的环境安全规划（The Environmental Security Program）。

美国对环境安全问题的重视，也引起世界对环境与安全关系的普遍关注，英国、德国和加拿大等国以及北约、欧盟等国际组织展开了大量的研究。1987 年，世界环境与发展委员会制订了《我们共同的未来》的报告，首次在国际范围内将环境与安全性问题联系起来进行研究。

该报告指出："人们已经迫切地感受到环境压力所带来的安全性问题"，"和平和安全问题的某些方面与持续发展的概念直接相关"。从此，环境的安全性问题开始受到全球重视。1988 年，在联合国环境规划署针对环境污染事故提出的"阿佩尔（Apell）计划"中首次正式提出"环境安全"一词。此时的环境安全概念仅仅反映了人类生产技术领域的安全问题，但是随着人类生产及消费规模的不断扩大，环境安全问题不仅仅只是涉及生产技术领域，同时还涉及人类生活环境及生态环境领域。1992 年，联合国在巴西里约热内卢召开的"环境与发展大会"上通过了《21 世纪议程》，环境安全作为完整概念被明确提出，使世界各国进一步清楚地认识到环境与发展的辩证关系，并认为保护环境安全必须成为全世界的一致行动。此时的环境安全概念已经扩展到经济、政治、社会性的安全。

（二）环境安全的概念

环境安全是环境和安全相交叉的概念，到目前为止，对这一概念尚没有一个准确、公认的界定。同对安全的认识一样，环境安全概念的认识也是一个逐渐深化和扩展的过程。最初时人们对环境安全的认识是指对人类健康和群际关系的安全，而没有包括对环境本身的安全。随着人类社会的发展，环境安全概念的内涵不断地得到丰富，环境安全可以表现为生产及消费安全、社会性安全和政治性安全三个方面。

综合各种有关环境安全的定义，以下表述得到多数人的赞同：环境安全应该是使环境处于一种良好的状态，能使人类的生存和生活不受到威胁，同时环境本身具有较高的舒适度，环境系统能维持其正常功能。环境安全就其本质而言是人类的生存安全，是与人类社会的社会经济发展息息相关的重大社会问题。

三、生态安全

（一）环境安全的发展——生态安全的提出

最初生态安全与环境安全被认为是同一概念在同等范围内使用，但随着生态破坏的加剧和生态学等科学知识的发展，人们开始认识到生态安全与环境安全不是同一概念，应该说，生态安全的概念是在环境安全的基础上发展起来的，但生态安全又不同于环境安全，生态安全是站在环境安全的肩膀上从更高处看问题、解决问题，如图 1-2 所示。

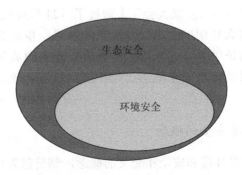

图 1-2　生态安全与环境安全的关系

从最初 1992 年的联合国环境与发展大会上提出了环境安全的观点以后，全球的视野不断开阔，从关注环境问题逐步上升到关注生态问题。针对全球环境恶化、地球出现多种胁迫的现实，Costanza 最先展开了生态系统健康（Ecosystem Health）基本理论和评估的研究，发现现在地球上的生态系统除了像过去一样为人类服务，还对人类产生了潜在的威胁。随着生态危机的加重，人们越来越关注生态系统健康，深刻认识到地球是人类目前唯一的家园。人们在审视和反思自己的基础上，已经认识到持续发展是全人类生存的战略思想，在实现经济和社会发展的同时，也应保证生态系统本身发展的可持续性，帮助实现生态系统的长远健康。目前有许多学者已经认识到生态系统安全的重要性，他们积极呼吁各国和国际组织都要重视生态安全。因为生态恶化是全球性问题，它直接威胁到人类赖以生存的自然生态系统，特别是一些跨国界的具有全球影响的生态问题，会对所有国家的安全都构成威胁。

针对生态问题给全球带来的不安定因素，联合国环境署执行主任托普费尔于 2000 年 2 月 21 日在"生态安全、稳定的社会秩序和文化会议（新德里）"上指出："生态变化是国家或国际安全的重要组成部分，生态退化则对当今国际或国家安全构成严重的威胁。"这是联合国在世界范围内首次明确承认生态安全是国家和国际安全的重要组成部分，从而实现了从环境安全到生态安全的重大飞跃。

前联合国秘书长安南在 2001 年 6 月 5 日全球环境日上宣布启动耗费 2 000 多万美元的新千年全球生态系统评估项目（Millennium Ecosystem Assessment，MA），以便能使我们人类清楚地了解认识我们所在的星球面临的人口爆炸增长、经济快速发展以及在许多地方出现的对资源系统不合理，掠夺式的经营对地区、全球生态系统的功能和作用的影响。MA 是由联合国授权对全球生态系统过去、现在和将来的状况进行评估，并提出相应对策的全球性合作项目。它的实施不仅对促进生态安全政策在全球范围内的发展，还将对促进生态学发展，改进生态系统管理现状，进而推动社会经济健康发展都将具有重要意义。

通过近 20 年的研究，国际上对生态安全取得的共识主要有以下几点：①与日俱增的环境压力——资源数量和质量的减少、不公平的加剧及不公正地获取自然资源——可能引发冲突并增加环境的脆弱性，影响到社会、经济和政治。这种冲突趋向于发生在国内而不是国家之间。②由于人口的持续增长、消费量和污染的增多及土地利用的改变，环境压力在冲突和灾害中起着越来越重要的作用。这种效应主要体现在发展中国家和处于贫困和边缘化的国家。③冲突和灾害破坏了环境保护和发展的成就。对生态安全适应性的策略牵涉到经济活动、社会结构、机构机制和组织规章，以便减少受环境变化的影响。④生态安全不能仅停留在国家的层面上，它应在不同层面上加以考虑，大至全球，小至地方。当前生态安全的研究已进入到深层次的内在关系研究，不仅考虑外部的压力，而且注意到系统自身社会与生态上的脆弱性，强调环境压力与安全的关系是"共振"（resonance）而不是因果关系（cause-effect relation）。生态安全研究已成为当前持续性科学研究的一个重要内容，并趋于融合。

（二）生态安全的概念

生态安全的概念早在 20 世纪 70 年代就已被提出，但是由于生态安全内涵的丰富和复杂性以及人们对生态安全的研究尚不够深入，因而一直到现在也未能形成统一并普遍接受的定义。

生态安全有广义和狭义的两种理解。前者以国际应用系统分析研究所（IASA，1989）提出的定义为代表，它指的是：生态安全是在人的生活、健康、安乐、基本权利、生活保障来源、必要资源、社会次序和人类适应环境变化的能力等方面不受威胁的状态，包括自然生态安全、经济生态安全和社会生态安全，组成一个复合人工生态安全系统。狭义的生态安全是指自然和半自然生态系统的安全，即生态系统完整性和健康的整体水平反映。健康系统是稳定的和可持续的，在时间上能够维持它的组织结构和自治，以及保持对胁迫的恢复力。

　　具体来说，生态安全包括两层基本含义：一是环境、生态保护上的含义。即防止由于生态环境的退化对经济发展的环境基础构成威胁，主要指环境质量状况低劣和自然资源的减少和退化削弱了经济可持续发展的环境支撑能力。二是外交、军事上的范畴。即防止由于环境破坏和自然资源短缺引起的经济衰退，影响人们的生活条件，特别是由于环境难民的大量产生，导致国家的动荡。

　　但以上定义存在两方面的局限：一方面，仅考虑了生态风险，忽略了脆弱性的一面；另一方面，仅把生态安全看成一种状态，而没有考虑到生态安全的动态性。针对这一局限，人们认为，生态安全应是指人与自然这一整体免受不利因素危害的存在状态及其保障条件，并使得系统的脆弱性不断得到改善。一方面，生态安全是指在外界不利因素的作用下，人与自然不受损伤、侵害或威胁，人类社会的生存发展能够持续，自然生态系统能够保持健康和完整；另一方面，生态安全的实现是一个动态过程，需要通过不断改善生态系统的脆弱性，使得人与自然处于健康和有活力的状态。

　　生态安全的本质有两个方面：一方面是生态风险；另一方面是生态脆弱性。生态风险是指特定生态系统中所发生的非期望事件的概率和后果，如干扰或灾害对生态系统结构和功能造成的损害，其特点是具有不确定性、危害性和客观性。生态脆弱性是指在一定社会政治、经济、文化背景下，某一系统对环境变化和自然灾害表现出的易于受到伤害和损失的性质。这种性质是系统自然环境与各种人类活动相互作用的综合产物。

　　对于生态安全来说，生态风险表征了环境压力造成危害的概率和后果，相对来说它更多地考虑了突发事件的危害，对危害管理的主动性和积极性较弱；而生态脆弱性应该说是生态安全的核心，通过脆弱性分析和评价，可以知道生态安全的威胁因子有哪些？他们是怎样起作用的？人类可以采取怎样的应对和适应战略？回答了这些问题，就能够积极有效地保障生态安全。因此，生态安全的科学本质是通过脆弱性分析与评价，利用各种手段不断改善脆弱性，降低风险。

（三）生态安全的特征

生态安全作为一个世界性的重大问题，其本身具有一些鲜明的特征，主要包括：

（1）整体性　生态安全具有整体性，即所谓的"蝴蝶效应"。生态安全是一种集体性的安全，一般而言，生态问题造成的安全影响不会局限于某一个国家和地区，而是跨地区的，甚至全球性的。因此，各国或地区之间应重视生态环境合作，以求得共同的生态安全利益。

（2）区域性　区域性是指生态安全问题不能泛泛而谈，应该有针对性。选取的地域不同，对象不同，则生态安全的表现形式也会不同，各区域研究的侧重点也应不同，而随之得出的结果以及采取的措施同样会不同。

（3）长期性　生态问题的产生是一个相对较长的逐步积累的过程，其造成的影响是长期的，这一问题也绝非短期可以解决。

（4）动态性　万事万物都是发展变化的，生态安全也不例外。生态安全会随着其影响要素的发展变化而在不同时期表现出不同的状态，可能朝着好转的方向发展，也可能呈现恶化的趋势。因此，控制好各个环节使其向良性发展是维持生态安全的关键。

（5）综合性　生态安全包括诸多方面，而每个方面又有诸多的影响因素，有生态方面的，也有社会和经济方面的，这些因素相互作用、相互影响，使生态安全显得尤为复杂。生态安全问题本身解决得如何，反过来也将缓解或进一步加剧这些危机。

（6）挑战性　生态问题的严峻性和紧迫性决定了其具有鲜明的挑战性，人类只有直面挑战，才能获得安全，否则，若逃避挑战，则无异于自行走向更深的危机直至崩溃。

（7）战略性　对于某个国家或地区乃至全球来讲，生态安全是关系到国计民生的大事，具有重要的战略意义。只有维持生态安全，才可能实现经济持续发展，社会稳定、进步，人民安居乐业；反之，经济衰退，社会动荡，生态难民流离失所。在制定重大方针政策和建设项目的同时，应该把生态安全作为一个前提。

第三节　生态安全的研究内容

一、影响生态安全的主要因素

从生态安全的内涵及特征可知，对生态安全造成影响的主要因素如下：

（1）全球生态变化　全球生态变化受到太阳与地球轨道变化、地球内部变化等自然因素和人类活动的双重影响。而人类生产、生活的活动对全球生态变化的影响日益占据主导地位。人类自身活动对生态的负面影响已造成生态污染、全球气候变暖（图 1-3）、臭氧层破坏、厄尔尼诺现象、酸雨、生物多样性缺失等全球生态问题。

这些问题已经构成对国家生态安全的威胁而成为全球关注的焦点。例如，美国国家科学院的研究报告认为，全球生态变化导致海平面的上升，将使全球多达 10 亿或者说 20%的人口生活在可能因海平面上升而被淹没或受到严重影响之中。

（2）人类的生产、生活模式　人类的生产、生活模式对生态安全有重要影响。制订实施严格的环保法律法规，倡导清洁生产、绿色消费的国家和地区的生态安全

图 1-3　气候变暖，北极熊的家在哪里

图片来源：http://www.ac268.com/picture/
2008/0526/picture_127_3.html.

就处在一种良好的状态。反之，该国和地区的生态安全就处于脆弱危机状态。过去，发达国家在实现工业化过程中，走的是一条"先污染、后治理"的发展道路，为此付出了生态被破坏的沉重代价。现在仍有许多发展中国家在发展工业化的道路上无视发达国家的教训，不惜牺牲生态，片面追求经济增长。

（3）跨越国境的污染 一是通过河流、风等介质把污染物带入他国，造成生态污染，对生态安全构成危害。二是跨国投资活动。发达国家利用发展中国家环保标准低，把一些劳动密集、污染性产业转移到发展中国家，实施生态侵略，对生态安全构成威胁。三是对外贸易活动。通过对外贸易渠道，把含有对人体健康、生态产生危害的产品出口到他国，从而对其生态安全产生影响。

（4）垃圾的越境掩埋 一些富国以金钱为诱饵，把核废料、工业垃圾、生活垃圾运输到贫穷国家掩埋，对这些贫穷国家的生态和人们健康直接构成伤害，从而对生态安全构成威胁。

（5）生物入侵 生物入侵是指生物通过各种渠道越过国境进入他国扩散后造成严重危害生态安全的现象。生物入侵严重危害生态安全，威胁人类生存，是当今世界上最棘手的三大生态难题之一。

（6）军事冲突与战争 军事冲突与战争中生化武器、核武器的使用会严重破坏生态，危害人们的健康。它对生态安全的破坏更为直接，更易形成生态灾难。如越战中，美军使用生化武器致使当地生态系统遭到严重破坏，并造成许多出生婴儿的畸形。

（7）生态间谍 不论是战争还是和平时期，生态间谍都扮演着破坏生态安全的不光彩的角色。在当代，生态间谍战愈演愈烈，甚至西方一些民间环保组织为获取生态污染等情报，也涉足生态间谍活动。

（8）科学技术成果发明与应用的负效应 科学技术在为人类创造丰富的物质文明和精神享受的同时，也为生态污染、生态灾难的发生创造了条件，诸如农药、化肥、农膜、电池、塑料等。在现代，让科学家感到自豪的基因工程、克隆技术等也给人类的生态安全埋下了隐患。

二、生态安全的研究现状

（一）国外研究现状

在宏观上，国外研究主要围绕生态安全的概念及生态安全与国家安全、民族问题、军事战略、可持续发展和全球化的相互关系而展开。1996 年《地球公约》的"面对全球生态安全的市民条约"中，约有 100 多个国家的 200 多万人签字。该条约建立在生态安全、可持续发展和生态责任的基础之上，要求各成员国和各团体组织互相协调利益，履行责任和义务。1998 年发表的《生态安全与联合国体系》中，各国专家就生态安全的概念、不安全的成因、影响和发展趋势发表了不同看法，其中有悲观危机的观点，有中立的客观认识，也不乏积极乐观的见解。总之，生态安全作为一个热点已被越来越多的专家学者和行政长官乃至平民百姓所重视。随着生态安全研究的不断深入，科学家们越来越关注环境变化与安全之间的内在关系，最近有关社会和生态系统脆弱性的问题已成为研究的中心。William 等人研究提出了脆弱性评价的综合框架并对制定改善和减缓脆弱性的战略提出了建议。瑞典斯德哥尔摩环境研究所（SEI）研究对上述研究不断深化，它提出脆弱性评价的有关指标、指数和关键点，建立了脆弱性研究的通用概念性方法。

从微观角度看，目前国外关于生态安全的研究主要集中在两个方面：一是基因工程生物的生态（环境）风险与生态（环境）安全；二是化学品的施用对农业生态系统健康及生态（环境）安全的影响。

（二）国内研究现状

国内生态安全研究开展时间较短，是近年才提出的一项新兴的前沿研究领域。我国生态安全问题在 20 世纪 90 年代初期已有提出，但正式以生态安全为研究内容和研究对象则始于 1998 年。1998 年长江大洪水对长江中下游地区造成了巨大的社会经济损失，生态环境恶化对社会经济影响的严重性引起了人们的广泛重视，生态安全问题也开始提到议事日程上来。

1999 年，中科院把"国家生态安全的监测、评价与预警系统研究"作为 2000 年的重大研究项目，生态安全问题研究开始成为多学科与可持续发展研究的一项重要内容。原国家环境保护总局在全国范围开展了生物安全调查，于 2000 年制定了国家生物安全框架。2000 年 12 月，"全国生态环境保护纲要"座谈会在京召开，会上国家生态安全被提上议事日程，此后，有关研究相继展开。

三、生态安全的研究方向

目前及今后一段时间内，有关生态安全的研究主要围绕以下方向开展：

（1）概念与学科体系的研讨、建立及完善　尽管生态安全的概念提出已有 10 多年，但是至今还未有一个统一的定义。这一方面是由于生态安全内涵的丰富和复杂性，另一方面是由于人们对生态安全的研究尚不够深入。为了建立一个有用的实现生态安全的战略或是行动计划，首先需要一个清晰可行的生态安全的定义和一套学科的理论方法体系。如对生态安全的定义、本质、特征、原则和作用原理等的探讨，将为调控人类的活动，保障生态安全提供理论基础。因此，当前首先应加强的是生态安全概念与学科体系的研讨、建立及完善，为其他的研究打下基础并提供平台。

（2）技术与方法　要保障生态安全还需要建立一套相应的技术与方法，即从生态安全的识别、辅助决策到决策的一整套技术与方法体系的研究，为保障生态安全提供技术支撑。

该技术与方法体系中的一项重要内容就是生态脆弱性的分析与评价的研究。脆弱性是生态安全的核心内容，脆弱性分析和评价研究的主要内容是要建立脆弱性评价的指标、指数和评价方法。只有通过脆弱性分析，才能明确哪些环境变化和自然灾害是威胁生态安全的主要因素，它们是如何起作用的，从而建立生态安全的预警系统。而且通过脆弱性分析和评价可以为采取怎样的应对和适应战略提供依据；明确当前不安全的程度、哪些区域和团体是最不安全的；回答为什么一些区域和团体在全球环境变化面前比其他区域和团体更为脆弱。这些问题都是生态安全的核心问题，明确这些问题之后，才能够有效地构建生态安全的保障体系。

为了保障生态安全需要各国家、私营部门和其他主要团体越来越多地采用综合性的整体决策工具。这些是有助于把环境、发展和安全纳入决策程序的决策和政策工具。尽管它们本身并不构成一种战略，但它们可以帮助决策者实现和衡量朝生态安全目标所获得的进展。这些工具包括战略环境评价、生态规划、环境管理体系、环境经济政策等，如何将这些政策工具应用到具体的生态安全中，也是生态安全研究的一大内容。

（3）生态安全维护和环境管理调控 当前各种人类活动引起的全球环境变化和自然灾害威胁着人类的安全，为了维护生态安全，必须采取一些战略行动。而采取什么样的战略或行动能有效地调控人类活动及减少生态安全的威胁因素，这是科学家和科研机构要提供给决策者和政府的一项重要内容。具体到每个国家、地区和地方，其采取的战略或行动的内容都会有不同，因而如何设计出适合不同尺度的人类活动调控方式，是生态安全研究要解决的一个重要问题。

生态安全的维护和管理包括资源资产管理、生态服务功能管理、生态代谢过程管理、生态健康状态管理以及复合生态系统的综合管理。如何充分利用生态学和管理学知识，从自然、经济、社会等各个层面对现有安全保障系统进行全面整合；如何减少风险和改善脆弱性，科学的管理和维护生态安全，是生态安全研究要解决的另一重大问题。

（4）重点研究领域与区域 由于生态安全的尺度性，其不同尺度有各自的内涵，如自然生态方面从个体、种群到生态系统，人类生态方面从个人、社区、地方到国家生态安全的内容都有不同。我国生态安全研究今后要注意先从国家层面上来构建平台，再选取有代表性的区域进行案例研究，进而总结出适合我国的生态安全保障体系。重点研究区域应特别重视对生态脆弱带和重点流域的研究，如海岸带地区、农牧交错带、山地平原过渡带、严重水土流失区、绿洲—荒漠交界带等。重点研究领域有区域生态安全阈值、生态安全监控系统、生态安全预报与预警系统的研究内容。

生态安全是一个较为广义的概念，本书的出发点是从环境角度来看生态安全问题。所谓环境的角度，即指将生态安全中的环境问题作为探讨的切入点，重点放在生态安全中的环境因素上。

第四节　生态安全的研究意义

就全世界来看，生态安全的研究意义主要体现在以下两个方面：

（1）生态安全是国家安全的基础安全问题　为了维护国家安全，就要确保国家的主权和领土完整，实现国家利益，远离有形与无形的障碍和威胁。国家安全包括政治安全、经济安全、军事安全和生态安全。生态安全为其他三类安全的实现提供了必要的保障，是一个国家发展、进步的基础安全问题。目前生态环境问题日益突出，如果不树立生态安全观念，就意味着大片国土失去对国民经济的承载能力，给国家造成无法衡量的损失。生态环境的破坏，会造成工农业生产能力和人民生活水平的下降，这与政治动荡、经济危机、军事打击所带来的损失并无二致。无法想象一个自然灾害肆虐、缺少基本生存资源保障的国家，还能谈得上拥有政治安全、经济安全和军事安全。因此可以说，生态安全是其他三类安全的基础。

（2）生态安全是可持续发展观的一个基本点　生态安全为探求人类不安全的根本原因提供了分析框架。可持续发展是既满足当代人的需要，又不对后代人满足其需要的能力构成危害的发展。它包括"需要"和"限制"这两个重要概念。可持续发展要求满足全体人民的基本需要，而维护生态安全正是人们的一种基本需要，同时

也是对重大环境问题的强制性限制。实现生态安全，就是要使生态
环境能够有利于经济增长，有利于经济活动中效率的提高，有利于
人民健康状况改善和生活质量的提高，避免因自然资源衰竭、资源
生产率下降、环境污染和退化给社会生活和生产造成的短期灾害和
长期不利影响，以实现经济社会的可持续发展。所以说，生态安全
是可持续发展的一个前提和基础，可持续发展为达到人类安全的目
的提供了标准化的方针。当一个国家或地区所处的自然生态环境状
况能维系其经济社会的可持续发展时，它的生态环境是安全的；反
之，则不安全。

第二章　复合生态系统及其安全

近几十年来，由于生态环境等剧变引起全球变化的强度和速度在人类历史上是十分少见的。全球变化给人类的生存和发展带来了很大的压力，威胁着人类的安全。因此，如何适应全球变化、调控自身的行为以维护自身的安全，成为人们关注的焦点。生态安全的研究也因此成为国内外近年来研究的热点。

第一节　复合生态系统的概念

当前人类面临的一系列问题直接或间接关系到社会体制、经济发展状况及人类赖以生存的自然环境。马世俊先生根据他多年研究生态学的实践和他关于人类社会所面临的人口、粮食、资源、能源、环境等重大生态和经济问题的思考，于 20 世纪 70 年代提出了将自然系统、经济系统和社会系统复合到一起的构思。他多次提出复合生态系统的思想，如社会经济—生态复合系统、社会—经济—自然生态系统、社会—经济—自然复合生态系统等概念。目前，我们常说的复合生态系统指的即是社会—经济—自然复合生态系统。

社会—经济—自然复合生态系统由自然子系统、社会子系统和经济子系统三部分通过人耦合而成的复合系统。各子系统间性质各不相同，有着各自的结构、功能、存在条件和发展规律。

其中人类则是社会—经济—自然复合生态系统的核心，是社会—经济—自然复合生态系统的调控者，对社会—经济—自然复合生态系统，具有决定性影响。

自然子系统是指人类周围的自然界，由环境要素和资源要素组成。环境要素主要有空间面积、地质地貌、气候、水文、土壤等因子。资源要素主要包括土地资源（又可分为耕地、林地、草地等资源）、气候资源、水资源、生物资源、矿产资源和旅游（景观）资源等因子。生物地球化学循环过程和以太阳能为基础的能量转换过程主导整个自然子系统的形成、演变和发展。环境结构和生物是其研究的主线。

社会子系统由社会的科技、政治、文化等要素耦合构成，政治体制和信息流是其主导因子。人口的变动、迁移等是其研究的主要内容。

经济子系统由生产者、流通者、消费者、还原者和调控者耦合而成。商品流和价值流是其主导因子。资源利用是其研究的核心。

3 个子系统虽然各自性质不同，但它们的存在和发展还受其他系统结构和功能的制约。因此，不能将这 3 个系统割裂开来，而应该将它们视为一个统一的整体，即社会—经济—自然复合生态系统加以分析和研究。

具体看来，复合生态系统是以人的行为为主导、自然环境为依托、资源流动为命脉、社会体制为经络的人工生态系统。环境、资源、人、经济与社会各要素在系统内自身以及相互之间不断地发生着关系，形成一种协同共生的状态。社会进步与文明是建立在一定的自然环境和经济发展的基础上的，同时，社会又推动着经济的发展。经济发展和社会进步既需要具有良好的生态环境也需要有丰富的资源供给，随着经济发展和社会进步，人们将拥有更先进的技术方法和管理方法来保护生态环境、合理开发利用宝贵的物质资源。这充分表明在系统中，资源、环境、人口、经济与社会是相互依存、相互依赖、共同生存的，复合系统是一个协同共生系统。

由前面的介绍，我们知道人是社会—经济—自然复合生态系统的核心，在人的参与作用下，各生态子系统会具有明显不同的结构、功能和特征，成为更加复杂的开放式的社会—经济—自然复合生态系统。例如，人口问题就是决定社会—经济—自然复合生态系统能否持续发展的关键因素。由于人口问题是能源、资源、粮食和生态环境等问题的根源所在，因而其发生、发展和变化会直接影响着各子系统之间的关系和物质、能量、价值、信息的传递与交换，从而影响复合生态系统的结构变化和功能发挥以及可持续发展的能否实现。

社会—经济—自然复合生态系统研究领域广阔。不仅可以用于研究生态安全，还可以用其理论研究区域、国家乃至全球的可持续发展。

专栏 2-1   可持续发展

从《我们共同的未来》这一重要报告发表后，尤其是 1992 年"联合国环境与发展大会"后，可持续发展在全球范围内得到了广泛和深入的研究，并取得了很多重要成果。

可持续发展问题的实质是以人为主体的生命及其环境间相互关系的协调发展。包括物质代谢关系、能量转换关系及信息反馈关系以及结构、功能和过程关系。

可持续发展的环境包括人的栖息劳作环境（包括地理环境、生物环境、构筑设施环境）、区域生态环境（包括原材料供给的来源、产品和废弃物消纳的汇及缓冲调节的库）及文化环境（包括体制、组织、文化、技术等）。这些与主体的人一起构成社会—经济—自然复合生态系统，具有生产、生活、供给、接纳、控制和缓冲功能，构成错综复杂的人类生态关系。包括人与自然之间的促进、抑制、适应、改造关系；人对资源的开发、利用、储存、扬弃关系，以及人类生产生活中的竞争、共生、隶属、互补关系。发展问题的实质就是复合生态系统的功能代谢、结构耦合及控制行为的失调。

第二节　复合生态系统理论

一、复合生态系统动力学机制

传统的思维方式受机械工具理性的支配，在目标上单纯追求人活动的线性效率，极端地追求单位时间的资源开采、加工和利用率，没有把环境、生态因素纳入生产活动中，带来了严重的资源耗竭、环境污染、生态失衡等全球性问题，使人类直接陷入生态系统无序化运行的困境。而自组织思想的引入，使得生态系统各部分组合在一起，成为一个统一的整体。

自组织指一种有序结构自发形成、维持、演化的过程，即在没有特定外部干预下由于系统内部组分相互作用而自行从无序到有序、从低序到高序、从一种有序到另一种有序的演化过程。

与单个的有机体一样，生态系统是一个自我组织自我调节的系统。整个生物界都可以被看成是一个能够进行自我调解、自我组织的有生命的"活物"。由于生物圈中的物质是有限的，原料、产品和废物的多重利用及循环再生是复合生态系统长期并存并不断发展的自组织特征。世间一切产品最终都要变成废物；世间任一"废物"必然成为生物圈中某一组成部分有用的"产品"。例如，生态工业园区就是具有这种循环再生特征的工业生态系统。在这样的工业园区内的各企业之间形成类似自然生态系统中的生产者、消费者和分解者之间的关系，一家企业的废物能够作为另一家企业的原材料，各企业进行合作，以使资源得到最优化利用，良性循环，以此类推，若干个有着相互关联的企业要素形成了一个工业生态系统。

但生态系统还需要与外界之间进行能量、物质、信息等的交换。因而，生态系统是自组织和他组织的统一。

复合生态系统的演化，一方面表现为其内部区域的非平衡性而出现的物质流、能量流、信息流的流动过程，各子系统之间通过信息交互反馈。任何一个子系统的发展过程都受到某种或某些限制因子或负反馈特征的制约作用，也得到某种或某些利导因子或正反馈特征的促进作用；另一方面也表现为整个复合生态系统的功能、结构、体制的调整与变动，以及由此引发的复合生态系统原有格局的变迁。复合生态系统是在动态演化中不断形成自组织过程，并且这种自组织本身也是在不断地进化的过程中。

由于复合生态系统是有人参与其中的复合巨系统，它是介于自然系统与人工系统之间的一类特殊系统，其系统内部的结构与功能与其他类型的系统有较大差别。因而复合生态系统自组织运行，涉及人的素质与正确发挥人的能动性问题，这使得复合生态系统比自然生态更为复杂。这种特殊系统既有自然系统自组织现象，又有社会系统的自组织作用。人除了能动性外，还具有受动性，即人的能动作用要受到客体的制约。人在改造的实践中，不能以纯粹自我规定的活动来实现自己的主观愿望，不能对人的能动性滥加发挥，否则，必然要遭受自然界的报复。因而复合生态系统自组织运行要求正确发挥人的能动性，努力实现人与自然协调发展，共同进化。

自组织理论对复合生态系统的贡献在于：它以非线性思维方式探求资源开发利用，将环境作为生态因素纳入整个生产活动的复杂巨系统中，注重研究各种清洁生产、生态工程等方面的科学原理，并力图探求生态的持续、经济的持续和社会的持续相统一，把生态系统、社会系统和经济系统的矛盾与利益加以整合，使政治、经济、文化综合发展，物质文明、精神文明与可持续发展共同进步，让人类社会发展在复合生态系统这个统一的大系统中和谐发展和良性循环，自组织运行。

要做到复合生态系统自组织，需要在保证复合生态系统进行有效的他组织活动的同时，利用生态系统自我调节的特征，因势利导进行人类的经济活动。具体说来，需要采取如下几方面措施。

首先是保障复合生态系统有效地催化循环和自我更新，不断吸纳维持系统自身进化的亏缺物质和能量，并能输出自身的盈余物质和能量，进行复合生态系统他组织活动。

其次是人类在进行生产实践过程中应尊重生态系统的自我调节特征，在自然规律允许的范围内进行生产活动。例如，在生产产品时，要考虑到其"废物"的流通全过程，发现其潜在用途或影响，因势利导，变废为宝，处理"废物"时要注意其在全局中的作用，不要引起一系列对系统有害的连锁反应。要在掌握系统运行规律的基础上，在系统内建立和完善循环再生特征，使物质在其中流动往复和充分利用，这样既可以提高资源的利用效率，又可以避免或减少生态环境的破坏，使资源利用效率和环境保护同时实现。在对社会发展进行战略规划时，特别是对区域发展进行规划时，应确实贯彻复合生态系统的自我调节特征，以保证区域发展的可持续性，进而促进整体发展的可持续性。

为了评价复合生态系统自服务功能的强弱，加拿大生态经济学家Rees W. E. 和 Wackernagel M. 提出了生态足迹的概念。

专栏 2-2　生态足迹

生态足迹(Ecological footprint)是由加拿大生态经济学家 Rees W. E.于 1992 年创建，其博士生 Wackernagel M. 于 1996 年完善的。

其定义为："要维持一个人、地区、国家或全球的人类生存所需要的或者能够吸纳人类所排放的废弃物的、具有生物生产力的地域面积。"

生态足迹是用生态生产性面积表达特定的经济系统和人口对自然资源的消费量，并与该地区实际的生态供给能力相比较，衡量地区的可持续发展程度；还可以用它表达贸易量，从而判断国家间在生态上的依赖关系。

目前，生态足迹法在研究国家、地区间流动的国际贸易、旅游；与投入—产出法、产品生命周期法结合研究国民经济体系以及与能源相关的能源利用、交通、饮食等方面均得到广泛的接受和应用。

但是该方法还存在一些不足之处，如：①主要是反映自然生态系统承载力。未能全面反映出社会经济反馈力（人力、物资、资金、管理等方面的投入效用），尤其是忽略了现代科学技术在提高复合生态系统承载力方面的巨大作用和贡献。②将各生态类型加权抽象化后所得到的等量化综合指标，难以反映复合生态系统要素与要素间的复杂变化规律。③最初创建的方法未反映动态变化情况。④新开发的 4 种时间序列的方法，仍不能反映复合生态要素间生动的相关关系。

针对以上主要缺陷，王健民等人将复合生态系统进行要素分解，进行要素与时间相关分析及要素间动态相关分析。将社会经济冲击力、自然生态环境资源承载力及社会经济科学技术反馈力三者相结合进行分析综合性研究的基础上，于 2002 年创建了复合生态系统动态足迹（生态史迹）分析原理、方法和研究案例。在做出复合生态系统单要素随时间要素动态变化、双要素间动态相关分析的基础上；进一步建立了可反映出复合生态系统冲击力、承载力及反馈力的多要素间动态足迹相关模式图。

二、复合生态系统控制论方法

复合生态系统的行为遵循生态控制论规律，可归结为三类：

（1）对有效资源及可利用的生态位的竞争或效率原则　其中竞争是促进生态系统演化的一种正反馈机制，在社会发展中就是市场经济机制。它强调发展的效率、力度和速度，强调资源的合理利用、潜力的充分发挥，倡导优胜劣汰，鼓励开拓进取。竞争是社会进化过程中的一种生命力和催化剂。

（2）人与自然之间、不同人类活动间以及个体与整体间的共生或公平性原则　其中共生是维持生态系统稳定的一种负反馈机制。它强调发展的整体性、平稳性与和谐性，注意协调局部利益和整体利益、眼前利益和长远利益、经济建设与环境保护、物质文明和精神文明的相互关系，强调体制、法规和规划的权威性，倡导合作共生，鼓励协同进化。共生是社会冲突的一种缓冲力和磨合剂。

（3）通过循环再生与自组织行为维持系统结构、功能和过程稳定性的自生或生命力原则　其中自生是生物的生存本能，是生态系统应付环境变化的一种自我调节能力。早在 3 000 多年前，中华民族就形成了一套鲜为人知的"观乎天文以察时变，观乎人文以化成天下"的人类生态理论体系。我国社会正是靠着这些天时、地利及人和关系的正确认识，靠着阴阳消长、五行相通、风水谐和、中庸辩证以及修身养性自我调节的生态观，维持着其 3 000 多年相对稳定的生态关系和社会结构，养活了近 1/4 的世界人口，使中华民族在高强度的人类活动、频繁的自然灾害以及脆弱的生态环境胁迫下能得以自我维持、延绵至今。

复合生态系统理论的核心在于生态综合，它不同于传统科学分析方法，它将整体论与还原论、定量分析与定性分析、理性与悟性、客观评价与主观感受、纵向的链式调控与横向的网状协调、内禀的竞争潜力和系统的共生能力、硬方法与软方法相结合，强调物质、能量和信息三类关系的综合；竞争、共生和自生能力的综合；生产、消费与还原功能的协调；社会、经济与环境目标的耦合；时、空、量、构与序的统筹（图 2-1）；科学、哲学与工程学方法的"联姻"。

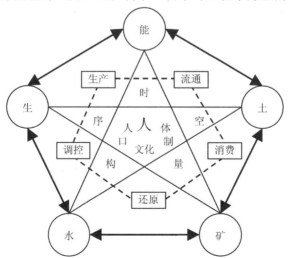

图 2-1　社会—经济—自然复合生态系统

第三节　复合生态系统实践

一、生态示范区

生态示范区是指在生态系统承载能力范围内运用生态经济学原理和系统工程方法去改变生产和消费方式、决策和管理方法，挖掘区域内外一切可以利用的资源潜力，建设一类经济发达、生态高效的产业，体制合理、社会和谐的文化，以及生态健康、景观适宜的环境，实现社会主义市场经济条件下的经济腾飞与环境保护、物质文明与精神文明、自然生态与人类生态的高度统一和可持续发展。

生态示范区建设旨在通过生态环境、生态产业和生态文化，建设和培育一类天蓝、水清、地绿、景美、生机勃勃、吸引力高的生态景观；诱导一种整体、偕同、循环、自生的融传统文化与现代技术为一体的生态文明；孵化一批经济高效、环境和谐、社会适用的生态产业技术；建设一批人与自然和谐共生的富裕、健康、文明的生态社区。图 2-2 是生态示范区建设的目标体系。

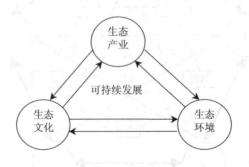

图 2-2　生态示范区建设的目标体系

生态示范区的建设主要分为生态产业、生态环境与生态文化三部分。

生态产业是按生态经济原理和知识经济规律组织起来的基于生态系统承载能力、具有高效的经济过程及和谐的生态功能的网络进化型产业。

生态环境是生态建设的基础。良好的生态环境才能促进生态资产的积累和生态服务的强化，才能实现人类的可持续发展。

生态文化是通过启迪一种融合天人合一思想的生态境界，影响人的价值取向、行为模式，诱导一种健康、文明的生产消费方式。

专栏 2-3　生态示范区评价

在对生态示范区进行评价时，主要从以下 8 个方面进行评价：

（1）经济　人均国内生产总值、国内生产总值年增长率、生态型产业指数（企业 ISO 14000 达标率）。

（2）人口　人口自然增长率、人均受教育年限、高中、中专入学率。

（3）健康　人均期望寿命、主要疾病（心血管疾病、癌症、传染病）发病率。

（4）人居环境　卫生状况、方便程度、犯罪率。

（5）生态资产盈亏率　土壤有机质含量、森林覆盖率及林木畜积量、水土流失率、环境污染指数。

（6）资源利用　万元产值能耗、万元产值水耗。

（7）贫富差异　（最富 20% 人均收入 - 最穷 20% 人均收入）/人均收入。

（8）决策科学化民主化程度　公务员平均文化程度、人大、政协提案办案率、人民来信来访率。

二、生态安全示范区举例

（一）山区生态示范区

我国是一个多山的国家，山地面积占国土面积的 1/3，超过 2/5 的县是山区县，山区县在我国县域经济发展中占有重要地位。而农村生态环境恶化、经济发展滞后又一直是困扰山区可持续发展的难题。因而通过生态示范区建设实现农村的可持续发展引起了广泛的关注。

山区生态示范区以生态农业作为其建设的基础，在此基础上拓展生态农业产业链，建立生态产业体系，同时不断进行环境污染防治，加强生态环境的建设，最终实现山区环境治理与经济建设的共同发展。以四川省洪雅县为例（图 2-3），介绍山区生态示范区的具体实施方案。

图 2-3　国家级生态示范区四川省洪雅县乡村风光

图片来源：http://www.xingzoucn.com/sc/ms_568_32044.html.

专栏 2-4　四川省洪雅县国家级生态示范区

四川省洪雅县地处四川盆地西南缘，青衣江中游，位于山地平原交错带。属于典型的山地丘陵区，2004 年，被国家环保总局列为国家级生态示范区建设试点县。

洪雅县从自身实际出发，以生态学原理为指导，在开展生态示范区建设中，探索出一条适合山区生态建设的模式，具体实施方案如下：

1. 将生态农业系统建设作为生态示范区建设的基础

（1）发展立体种植业、养殖业　洪雅创建了"牛—蚯—草"的立体模式，将蚯蚓养殖基地与奶牛基地相结合，奶牛粪用作饲养蚯蚓的原料，蚯蚓粪通过径流或者人工运输到牧草带用作高质有机肥料，促进牧草生长，供给奶牛。

（2）实现物质的循环利用　洪雅县对集中饲养的奶牛粪便采用"粪便干湿分离处理工艺"，牛粪牛尿入集粪池后采取固液分离，粪渣堆存打包外销，液体部分牛尿先经沼气处理后，再进行厌氧发酵处理，用于草场和绿化带的灌溉，实现牛粪便的资源化和循环利用。

2. 拓展生态农业产业链，建立生态产业体系

（1）产业化生态农业　洪雅已经摸索推广出"双向四包"为主的订单机制（企业包种苗供应、技术指导、产品收购、价格保护，农户包种植、产量、质量、合同销售），形成了"桑—蚕—丝—绸"、"草—畜禽（奶牛、长毛兔）—畜产品加工（以牛奶制品为主）和"茶、藤椒—初加工—深加工"等模式。

（2）发展生态旅游业　洪雅县通过实施生态示范村试点工程，形成了"一村一品"的生态农业观光旅游产品，吸引大量的游客。

3. 加强生态环境建设

（1）构建生态环境安全格局　洪雅县以外围山体、林地、田园为背景，干道、滨河绿化为骨架，以公园绿化为重点，构建多层次、多功能、多景观的立体化网络型的生态绿地结构体系。

（2）加强环境污染综合防治　洪雅县建立了危险工业固体废物、医疗废弃物等有毒有害危险固废的申报制度，加快建设了污水处理及配套设施，深入推广垃圾分类收集、运输和资源化综合利用系统。

（二）城市生态示范区

城市是人类文明发展的象征，是一个国家或地区经济、科技、文化或政治的中心，也是当代人口聚集生活的主要场所。我国目前正处于经济快速发展、城市化进程加快以及城市生态环境严重退化的时期。城市生态环境质量的降低严重制约着居民生活水平的提高，也阻碍着城市的健康发展。

复合生态系统理论应用于城市可持续发展实践，主要是利用产业生态学和循环经济原理，建构城市生态示范区中的产业生态系统，且以此推动城市产业的生态化发展并解决城市生态环境恶化问题。

生态示范区一般是选择在城市开发区或其他特定区域内，并按照生态学原理对产业经济和人口居住进行合理配置。目前我国已进行了生态省（如海南）、生态市（如扬州）、生态县（如大丰）的建设。

我们以安徽省蚌埠市新城综合开发区生态示范区（以下简称蚌埠市新区）为例，对其生态环境现状及其与社会、经济的关系进行分析。

专栏 2-5　安徽省蚌埠市新城综合开发区生态示范区

蚌埠市地处安徽省东北部，是联系华北、中原地区和长江三角洲各大城市的重要交通枢纽。蚌埠周围矿产和农副资源富集度较大，除毗邻两淮煤炭基地外，市域的非金属矿产资源也十分丰富。蚌埠所处皖北地区粮食总产量、肉类总产量和农业总产值接近全省的1/2，烤烟、兔毛占全省的九成以上。

蚌埠市新区位于老城区东南老机场和龙子湖地区之间，群山环绕，内辖龙子湖，风景名胜区面积达 7.8 km²。

蚌埠市新区主要从以下几个方面开展生态示范区建设：

（1）大力发展现代商贸和新兴服务业，继续加强仓储运输业和加工业，带动全市产业结构的升级和经济的发展。

（2）进行三次产业相互分离的空间发展格局。蚌埠市新区现有的产业系统已呈现出。在龙子湖地区，以农业生产为主；老机场地区以工业建设为主；物流园区，已有一定基础的以仓储和运输业为主的第三产业。这种产业雏形格局在新区建设中，有利于转型调整和建设生态产业系统。

（3）强化城市生态环境建设，提升居民的生活环境品位，把新区建设成为环境优美、设施完善、交通便捷、信息畅通的新型生态城区，引导人流和物流向该区合理集聚。

三、江河源区生态系统

江河源区是指一条或多条江或河的源头地区。它作为一种特定的自然地理区域具有自然生产力，是一切生命系统的物质基础。

人类对江河源区的开发、利用过程，实质上就是将该区域的自然生产力与人类的劳动力有机结合，共同生成区域生产力的过程，这个过程也实现了自然生态系统和社会经济系统的交织融合。在江河源区开发过程中，综合区内及区外流域中、下游人们的需求，对区域进行规划、建设，投入活化劳动和物化劳动，就形成了人参与的生产过程。并且进行生产、分配、交换、消费相结合的经济再生产，形成了不同的区域经济结构，实现了自然再生产与经济再生产的统一。在此基础上，充分利用区域的自然资源，使绿色植物的初级生物能沿着食物链的各个营养级进行多层次利用，形成自然环境系统的物质流、能量流、信息流和社会经济系统的商品流、价值流和信息流，实现生态经济、社会因子互相协调的良性循环，也获得最高的生态效益、经济效益和社会效益。因此，江河源区自然生态系统与江河源区社会经济系统在物质循环、能量转换、价值交换和信息传递的过程中成为一个有机整体——江河源区生态系统。如图2-4所示为三江源自然保护区。

图 2-4　三江源自然保护区

　　江河源区生态系统是一个多元的复合系统，具有以下主要特征：

　　（1）整体性　江河源区生态系统是一个包含人口、资源、环境、社会、经济等多元的复合系统，在江河源区生态系统中，各子系统之间又不是孤立的，而是相互联系、相互作用，构成统一的整体，并具有了各子系统所没有的整体特性，也即系统科学所描述的整体涌现性。

　　（2）稳定性　江河源区生态系统的稳定性，是指系统在外界环境和经济技术等条件或系统内部条件变化的情况下，系统自身具有相对的稳定性，也即其自然生态系统内的营养物质与能量平衡的动态稳定、经济系统的良性循环、经济效益的稳定增长。江河源区生态系统的稳定程度，主要取决于两个方面：一是自然生态系统结构的复杂性程度，结构复杂性程度越高，食物链越多，生物多样性越丰富，则系统越稳定；二是社会经济系统的结构、运行机制和综合经营管理状态，社会经济结构合理，运行机制科学，综合经营管理良好，系统才能实现稳定的良性循环。

（3）异质性 江河源区生态系统是自然再生产过程和经济再生产过程相互交错的系统。在不同的地带或地区和不同的发展阶段具有不同的自然环境和社会经济环境，这就决定了输入江河源区生态系统的光、热、水、气、营养元素等能量与物质的差异，也决定了社会经济系统中劳力、资金、物质、市场、消费等方面的变化。

（4）开放性 江河源区生态系统是个耗散结构，不仅系统内部存在物质、能量、信息等的流动，而且与系统外也存在物质、能量、信息等的交换。江河源区的社会经济行为对自然生态系统产生影响，而江河源区自然生态系统的状况又对流域中、下游产生重大影响，如江河源区农业的过度开发和森林的乱砍滥伐所引起的水土流失问题以及工农业生产对江河的污染问题，都是典型的负外部性问题，导致源区水源涵养能力弱化、水土流失严重、河水水质变差等一系列生态环境问题，影响了生态资源的持续利用和资源再生能力，不仅制约江河源区社会经济的可持续发展，更对流域中下游广大地区的持续繁荣带来严重威胁。

（5）协同性 江河源区生态系统的协同性，一方面是指系统各要素之间或子系统之间的相互协调；另一方面是指系统的良性循环，即在系统中物流、能流、信息流形成闭合或非闭合的循环，建立物质和能量输入减量化、废弃物再利用、资源再循环的生产生态链，达到物质、能量、信息的最充分利用。

从上述对江河源区生态系统结构与特点的分析可知，江河源区生态系统是一个多元的社会—经济—自然复合系统，具有生态、经济、社会全方位的服务功能。

（1）江河源区生态系统的生态功能 江河源区生态系统的生态功能是指江河源区生态系统及其生态过程与所维持的人类赖以生存的环境条件与效用，主要是指支撑与维持人类赖以生存的环境和生命支持系统的功能，包括生物多样性的产生与维持、调节气候、减轻洪涝与干旱灾害、改良土壤、涵养水源、保持水土、防风固沙、维持进化过程、有害物质的控制、环境净化等生态功能。

江河源头地区森林覆盖、水源涵养、水土保持、洪水控制等生态功能的发挥，不仅为区内社会经济发展和人民生活提供一个良好的生态环境基础，而且对区外的中、下游地区具有更为广泛和深远的影响。

（2）江河源区生态系统的经济功能　江河源区生态系统的经济功能包含两个方面：一是指江河源区在自然生态系统进行物质循环、能量转换和信息传递的过程中通过第一性生产与第二性生产为人类提供直接产品（如食物、木材、燃料、工业原料、药品等人类所必需产品）的功能；二是指各类经济要素的投入和产出形成了满足人类不同需求的各种有形和无形的中间产品或最终产品，再通过有形和隐形市场的交换，满足市场需求的诸功能的总称。

通过发挥江河源区生态系统的经济功能，在自然物质循环中形成了物质流、能量流、信息流的同时，也形成了经济流。一方面，形成了各种能满足人类需求的经济物质即使用价值，作为这部分经济产品的物质承担者；另一方面，在这部分经济产品的投入、产出过程中又不断地转移价值、创造价值和增值价值，经过交换、分配、消费，实现其价值，从而使自然能量流与经济能量流并存，使生态系统内的自然信息流与经济系统的生产信息、市场信息、消费信息并存，并使江河源区生态系统产品和服务在生产和流通中实现增值。

我国约有 1/3 的人口、2/5 的耕地分布在山区，有 1/3 的粮食出产于山区，作为山区典型地域的江河源区拥有丰富的自然资源和宝藏，尤其是生物资源、矿产资源、水能资源和旅游资源，开发潜力很大，经济功能独特。例如，江河源区气候多变、林木葱茂、峡谷幽深、鸟鸣山涧、溪水清澈、空气清新等旅游优势将以其独特的魅力吸引观光旅游者，其花草、飞禽、走兽、昆虫及山珍、绿色食品等，还将给人们带来自然美的享受。不久的将来，融探险、求知、健身、休闲疗养、旅游观光等多种功能于一体，集吃、住、行、游、购、娱一条龙的江河源区生态旅游将成为人们生活中的新时尚、新追求。

（3）江河源区生态系统的社会功能　江河源区生态系统的社会功能是指江河源区生态系统为人们的生活提供游憩、娱乐、文化教育、科学普及、美学享受等精神生活的功能。

此外，我国不少江河源区往往集林区、革命老区、少数民族聚居区、自然保护区、库区及贫困地区等多种区域于一体，更具有特殊的社会功能加速这些地区的建设和发展，对我国农村脱贫致富奔小康进程及改善少数民族生活、加强民族团结，不仅具有重大的生态经济意义，而且还有影响深远的社会政治意义。

第四节　复合生态系统可持续发展及其评价

可持续发展作为一个具有战略意义的思想和运动，已为人们广泛接受，并成为当今包括生态、资源、环境、经济、社会等学科在内的最重要的前沿领域之一。许多人对可持续发展的概念、内涵与实施途径进行了探讨，这为进行区域可持续发展评价提供了良好的基础。

目前，可持续发展的定义很多。最常采用的是世界环境与发展委员会在《我们共同的未来》报告中给出的定义：可持续发展是既满足当代人的需求又不对后代人满足需求的能力构成危害的发展。

可持续发展不仅要考虑经济方面的问题，同时还要考虑社会、资源环境、机制等方面的因素。更主要的是，它不仅要从需求方面考虑当代人的利益，同时还要考虑未来时代人的利益。由此可知，可持续发展是一个包括自然资源与生态环境、经济发展与社会进步的持续性等方面的一个动态的发展过程。

可持续发展最根本的表现在两个方面，即"发展"与"可持续性"。"发展"不仅是经济的增长，而是社会、经济与自然的共同进步；"可持续性"则是系统自身具有维持继续发展的功能体现。

在当今时代，影响人类生活的一些全球性问题，诸如自然环境受到污染、生态平衡遭到破坏、自然资源日趋枯竭、人口呈爆炸式增长，这些已经成为制约可持续发展的重要因子。

复合生态系统可持续发展是能动地调控自然、经济和社会复合系统，使人类在不超越资源与环境承载能力的条件下，促进经济发展、保持资源永续利用和提高生活质量。研究复合生态系统的可持续发展问题既涉及体制问题、技术问题，也涉及价值观、生活方式、行为方式问题，是自然科学、社会科学的交叉学科。因而在对复合生态系统可持续发展进行评价时，要涉及生态、环境、经济、社会等很多方面，需要建立指标体系进行评价。

由于指标体系是建立在某些原则基础上的指标集合，它是一个完整的有机整体，而不是一些指标的简单组合。因而复合生态系统可持续发展评价指标体系必须是根据可持续发展原则建立起来的反映复合生态系统发展质量和水平的指标体系。

但目前建立一个能为大多数人所基本接受的评价指标体系和综合评价指标很复杂、很困难，需要一个较长的过程。与此同时，实践中又急需这样一个评价指标体系，因而人们往往不得不在科学准则与社会经济实践的需求之间做某些权衡或妥协，以建立一个可持续发展评价指标体系，之后再使其不断完善。

图 2-5 至图 2-8 是根据广州市实际发展情况建立的城市生态可持续发展指标体系及其子体系的层次结构图，也可以运用于国内大多数城市生态可持续发展水平的评价。

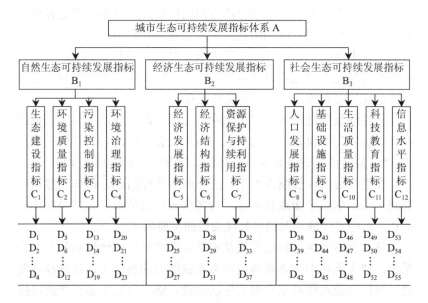

图 2-5　城市生态可持续发展指标体系层次结构

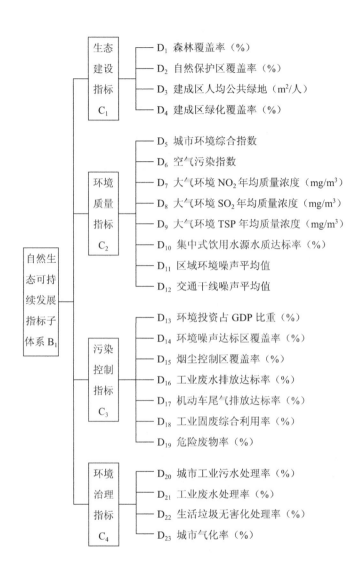

图 2-6　自然生态可持续发展指标子体系层次结构

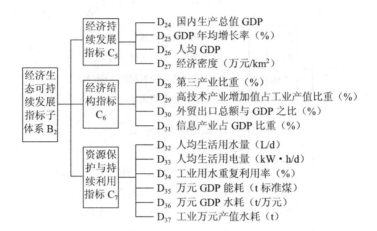

图 2-7　经济生态可持续发展指标子体系层次结构

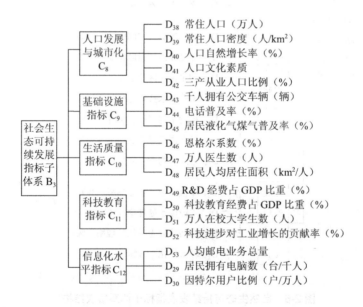

图 2-8　经济生态可持续发展指标子体系层次结构

第五节　复合生态系统安全

国际应用系统分析研究所（IASA）提出：生态安全是指在人的生活、健康、安乐、基本权利、生活保障来源、必要资源、社会次序和人类适应环境变化的能力等方面不受威胁的状态，包括自然生态安全、经济生态安全和社会生态安全，它们共同组成一个复合人工生态安全系统。

因而我们可以知道，在第一章内所讲的无论是国家生态安全、经济生态安全，还是基因生态安全；无论是水、大气、能源生态安全还是矿产、土壤、生物生态安全，归根结底讨论的皆是复合生态系统生态安全的问题。

复合生态系统生态安全问题产生的实质在于资源代谢在时间、空间尺度上的滞留和耗竭；系统耦合在结构、功能关系上的破碎和板结以及社会行为在局部和整体关系上的短见和调控机制上的缺损。

由于复合生态系统生态安全具有时间上的累积性（历史的开发行为决定现时的安全状态，而现时的开发行为又影响着未来的生态安全）、空间上的耦合性（流域上下游之间、上下风向之间以及城乡、水陆、山区和平原之间都是相互影响、交叉作用的，一个地区的生态安全与邻近地区息息相关）、数量上的临界性（超过一定的临界值，系统就会发生不可逆的结构性变化和功能性退化）、结构上的多维复合性（由社会、经济、自然等多方面的生态关系交织而成）以及序理上的共轭性（人为与自然、风险与机会、生存与发展）等特点，因而在对生态安全进行管理时，需要从深入了解风险的生态动力学机制出发，运用生态控制论方法调理系统结构、功能，诱导健康的物质代谢和信息反馈过程，建设和强化生态服务功能，把生态风险降到最低。

从复合生态系统自然—社会—经济三方面来看，生态安全具体包括以下内容：

（1）自然子系统　生态安全首先是自然子系统为人类活动提供的承载、缓冲、孕育、支持、供给能力的安全，主要是人与水、土、能、生物、矿物6类生态因子耦合形成的生态过程的安全。包括环境容量是否溢出、战略性自然资源承载力是否超载、重大生态灾害是否得到防范等。第一是水，水资源、水环境、水生境、水景观、水灾害，有利有弊，既能造福，也能成灾。尤其是水多造成的洪灾、水少造成的旱灾、水质恶化造成的污染和水资源枯竭造成的一系列地质、生物和荒漠化等灾害以及对工农业生产和城乡建设的制约。第二是能，包括太阳能以及太阳能转化成的化学能，由于能的流动导致了一系列空气流动和气候变化，提供了生命生存的气候条件，也导致了各种气象和环境灾害，有限的化石能储备及其开采利用对环境的破坏是影响生态安全的重要因素。第三是土，我们依靠土壤、土地、地形、地景、区位等提供食物、纤维，支持社会经济活动。土是人类生存之本，但土壤侵蚀、湿地衰竭、荒漠化、盐渍化也给人类社会带来灾害。第四是生物，即植物、动物、微生物，特别是人与生物赖以生存的森林、草地、海岸带生态系统的退化，还有灾害性生物和生物入侵，比如病虫鼠害甚至人畜禽流行病的暴发，与我们的生产和生活都密切相关。最后是矿物质，即生物地球化学循环，人类活动从地下、山区、海洋开采大量的建材、冶金、化工原料，在开采、加工、使用过程中只用了其中很少一部分，大部分成为废弃物，产品用完了也大都随意弃置造成污染。以上这些都是人类赖以生存的生态因子，其数量的过多或过少、过程的滞留和耗竭都会危及生态安全。

（2）经济子系统　作为人类生存发展基础的经济生态系统为人类提供的生产、流通、消费、还原和调控6类生态功能的安全，它们组成以物质能量代谢活动为主体的经济生态子系统。一是生产系统。人们将自然界的物质和能量变成人类所需要的产品，满足眼前和长远发展的需要，就形成了生产系统，对自然资源产生耗竭并对周边环境产生污染效应。二是流通系统。生产规模大了、剩余产品多了，就会出现交换和流通，包括金融、商贸物资以及信息和人员的流通，形成流通系统，交换流通的结果把盈利赚给了企业，亏损留给了环境。三是消费系统，包括物资消费、精神享受以及固定资产耗费。由于一般产品不计环境成本，企业为追求最大利润而大批量单功能生产、廉价倾销，结果产品只有一小部分有用，大多数物质以不可降解的形态弃置在环境中形成污染。四是还原系统。城市和人类社会的物资总是不断地从有用的东西变成没用的东西，再还原到自然生态系统中去为生态循环所用，污水、垃圾处理和大气环境治理都是这种行为，但大多是被动的、义务的、循环不完全的。五是调控系统。经济调控有几种途径：①政府的行政和法规调控；②市场的经济杠杆调控；③自然的响应和灾害，自然能通过各种正负反馈来进行强制性调控；④个体和群体人的行为调控。由于人的短期行为和局部利益导向，调控是经济子系统中发育最不完全和最不和谐的功能。

（3）社会子系统 社会生态关系的安全，涉及个体和群体的生理、心理、生殖、发育以及社会关系健康的人口生态安全。社会的核心是人。人口、体制和文化构成社会生态子系统。一是人口的数量、素质、结构、分布等；二是体制，是由社会组织、法规、政策等形成生态安全的基础；三是文化，是人在长期进化过程中形成的知识、伦理、信仰和文脉等，决定了生态安全的刚度，构成社会生态安全的核心控制系统。

由于复合生态系统生态安全的核心在于评价自然生态系统与人类福祉之间的胁迫、响应、服务、建设关系。其生态安全评价主要包括 4 个方面：一是生态系统结构、功能和过程对外界干扰的稳定程度（刚性）；二是生态环境受破坏后恢复平衡的能力（弹性）；三是生态系统与外部环境协同进化的能力（进化性）；四是生态系统内部的自调节自组织能力（自组织性）。因而在对生态安全进行管理时就要掌握和调节好每一个子系统内部以及三个子系统之间在时间（地质演化、地理变迁、生物进化、文化传承、城市建设和经济发展等不同尺度）、空间（大的区域、流域、政域甚至小街区）、数量（规模、速度、密度、容量、足迹、承载力等）、结构（人口结构、产业结构、景观结构、资源结构、社会结构等）、秩序（竞争序、共生序、自生序、再生序和进化序）方面的生态耦合关系，进而促进整个复合生态系统的健康发展。

第三章　自然生态安全

自然生态系统是指在一定的空间和时间内，在各种生物之间以及生物与无机环境之间，通过物质循环和能量流动而相互作用的一个自然系统。在前面对复合生态系统安全的探讨中可以得出，自然生态安全主要探讨的是人与水、土、能、生物、矿物6类生态因子之间的安全问题。下面就各类生态因子分别进行介绍。

第一节　水生态安全

水是人类生命之源。人类的生存与繁衍、社会的进步与发展都离不开水。有了水，才有生命，才有社会的演变和进步。水是不可替代的、有限的人类最宝贵的资源。同时，水还是人类消耗最多的自然资源，全世界煤炭、石油、金属矿物、非金属矿物等消耗总量每年为80多亿t，而每年用水量接近5万亿t。水资源的可持续利用是所有自然资源可持续开发利用中最重要的一个问题。

水是水质和水量的统一体。在人类文明的早期，干旱、洪水和河流改道等自然性问题是水生态安全的主要问题。进入现代社会，人类大量干预水文循环的自然过程，水生态安全问题逐渐从自然性转为人为性。由于人类活动影响，水资源减少，污染加剧，改变了水文循环平衡，并且降低了水质。其后果是隐性、广泛和滞后的，当长期作用累积超过承受阈值时，就会危及自然和社会经济系统的正常运转，引发水生态安全问题。人类不可持续的社会经济活动使得水体弱化或丧失正常功能，不能维持其社会与经济价值，危及人类对水的基本需求，进而引发一系列的经济、社会和环境安全问题。

一、水生态安全的基本概念

目前关于水安全的概念已有不少论述，以下介绍几种有代表性的概念。

洪阳（1999）认为水安全是由于人类活动的不当影响造成的，应从外部环境和条件去解析水安全，其着眼点在水质和水量上。人类不可持续的社会经济活动使得水体弱化或丧失正常功能，进而引发一系列的经济、社会和环境安全问题。

第二届世界水论坛及部长级会议（2000）对水安全进行定义：确保淡水、海岸和相关的生态系统得到保护和改善；确保可持续发展和政治稳定得到加强；确保人人都能够以可承受的开支获得足够安全的淡水；确保能够避免遭受与水有关的灾难的侵袭。

波恩国际淡水会议（2001）认为：以公平和持续的方式利用和保护世界淡水资源是各国政府迈向更加安全、公平和繁荣的过程中遇到的重要挑战，把水安全与可持续发展以及社会公平联系起来，充实了水安全的内涵。

贾绍凤等（2002）认为，水安全是指水资源供给能够满足合理的水资源需求。如果一个区域的水资源供给能够满足其社会经济长远发展的合理要求，那么这个区域的水资源就是安全的，否则就是不安全的。

韩宇平等（2003）认为水安全可以理解为：在现在或将来，由于自然的水文循环波动或人类对水循环平衡的不合理改变，使得人类赖以生存的区域水状况发生对人类不利的演进，对人类社会的各个方面产生不利的影响，表现为干旱、洪涝、水量短缺、水质污染、水环境破坏等方面，并由此可能引发粮食减产、社会不稳、经济下滑及地区冲突等。

郭永龙（2004）等人进一步将水安全问题划分为由干旱、洪涝和河流改道而造成的自然性水安全问题以及由人为活动造成的人为性水安全问题。人为性水安全问题主要有：健康安全、粮食安全、生态环境安全、经济安全、国家安全等。

陈绍金（2004）认为水安全的概念可表述为一个地区（或国家）涉水灾害的可承受和水的可持续利用能确保社会、经济、生态的可持续发展。"涉水灾害的可承受"指在一定的社会经济发展阶段、科学技术和财力允许的情况下。将超标准涉水灾害控制在不损害一个国家或地区社会经济持续发展的程度之内。"水的可持续利用"指一个国家或地区实际拥有的水能够保障该国或该地区社会经济、生态当前以及可持续发展的需要。

张翔、夏军、贾绍凤等（2005）认为：水安全是指水的存在方式（量与质、物理与化学特性等）及水事活动（政府行政管理、卫生、供水、减灾、环境保护等）对人类社会的稳定与发展是无威胁的，或者说存在某种程度的威胁。但是可以将其后果控制在人们可以承受的范围之内。

水生态安全是涉及从家庭到全社会的重要安全问题，涉及水资源的统一管理与自然资源的保护和利用。水生态安全与健康、教育、能源和粮食安全等具有同等重要的意义。提高水生态安全水平是使人类摆脱贫困、确立"人水相亲、自然和谐"的水生态理念，以及保持社会安定、提高社会生产力的关键手段，是实现经济社会可持续发展的重要内容。

水生态安全的内涵包括三个方面：一是水生态安全的自然属性，即产生水生态安全问题的直接因子是自然界中水的质、量和时空分布特性；二是水生态安全的社会经济属性，即水生态安全问题的承受体是人类及其活动所在的社会与各种资源的集合；三是水生态安全的人文属性，即安全载体对安全因子的感受，就是人群在安全因子作用到安全载体时的安全感。具体说就是与水生态安全和水生态系统的资源丰枯等属性有关，与人类社会的脆弱性有关，与人群心理上对水生态安全保障的期望水平、对所处环境的水资源特性认识以及自身的承载能力等有关。

水生态安全的外延指的是由水生态安全引发的社会经济安全和生态环境安全，以及这些系统下面的子系统，如社会经济系统下的粮食安全、政治稳定等。这里应该强调的是，并不是所有的社会经济安全和生态环境安全都是水生态安全的外延，只有由水生态安全的破坏所引发的社会经济安全和生态环境安全等问题才是水生态安全问题。

从自然生态的角度看，水生态安全是水生态资源、水生态环境和水生态灾害三者的综合效应。实际上，这三者之间有着相互的联系，如水生态资源的多寡与水生态灾害之间，以及水生态环境恶化与水生态危机之间。对三者的单独分析，或对三者单独分析结果的简单叠加，都不可能全面而客观地反映水生态安全状况。从本质上看，水生态安全强调在一定程度上满足社会经济发展与人类健康生存对水资源的需求，从可持续发展的长远目标出发，着眼于在一定时间内重构水资源的可持续利用状态。实现水生态安全的目的就是在现实情况下处理好人与人、人与自然的"人水相亲、自然和谐"的关系，具体体现在水资源可持续利用、社会经济可持续发展和生态环境可持续健康的关系上。

水生态安全是与水生态危机联系在一起的。水生态安全和水生态危机是一对概念，相辅相成、互为因果。水生态安全是水生态危机的逆向描述，水生态安全程度的高或低等同于水生态危机的缓或急。水生态安全与水生态危机有相同的自然属性，在发生水生态危机的地区需要根据水生态安全的理念制订方案来重构水资源的可持续利用，在未发生水生态危机的地区需要用水生态安全理念来确保水资源的可持续利用。

水生态安全问题一直伴随着人类，古亦有之。如我国大禹治水的传说和西方圣经中的诺亚方舟神话，说明无论是东方还是西方，水生态安全问题一直是客观存在的。1972 年，联合国发出警告："水，将导致严重的社会危机"，并把 1981—1990 年作为"国际饮水供给和卫生"10 年，提出人人都有得到保质保量的用水权利。但现在 10 年早已过去，水危机不但未得到改观，反而更加严重，水的问题已成为 21 世纪危及全球的重大国际问题。

二、水资源紧缺

（一）水资源现状

水资源是人类生存与发展的基本需求，水资源安全是国家安全的重要组成部分。广义的水资源安全是指国家利益不因洪涝灾害、干旱缺水、水质污染、水环境破坏等受到严重损失，水资源的自然循环过程和系统不受破坏或严重威胁，水资源能满足国民经济和社会可持续发展需要的状态。狭义的水资源安全是指在不超出水资源承载能力和水环境承载能力的条件下，水资源的供给能在保证质和量的基础上满足人类生存、社会进步与经济发展，维系良好生态环境的需求。

目前世界上有 80 个国家的约 15 亿人面临淡水不足，其中 26 个国家约 3 亿人完全生活在缺水状态。20 亿人的饮用水没有保证。有关专家将 1 000 m³ 定为一个国家人均年淡水占有量的警戒线。年人均淡水拥有量在 1 000～1 600 m³ 的国家为淡水紧张国家，说明这些国家面临严重缺水，其经济发展和人民生活均受到威胁。实际上，许多国家的人均淡水占用量远远低于这一警戒线。阿尔及利亚、布隆迪、坦桑尼亚、肯尼亚等国的人均淡水量在 600～700 m³，以色列、突尼斯等国为 400～500 m³，而叙利亚、沙特阿拉伯、约旦、也门等国家年人均淡水量仅有 100～200 m³。

在水资源匮乏的同时，水资源浪费严重，而且利用率很低。世界上因管道和渠沟泄漏以及非法连接等，致使有 30%～40%甚至更多的水被白白地浪费掉。

（二）缺水的危害

缺水问题将严重制约着全球经济和社会发展，并可能导致国家间的冲突。美国太平洋研究所专家彼得·格雷克（Peter Gleiek）曾编纂了一个数据库，详细整理了 1898 年以来全世界所爆发的水冲

突和水战争。美国俄勒冈州立大学艾伦·沃尔夫（Aaron Wolf）等
人也构建了一个 1948—1999 年在跨国河流流域发生的 1 800 多起与
水有关的冲突与合作的数据集。从这些数据可看出，亚洲、非洲和
中东等地的水纠纷和水冲突日趋严峻，并与既有的领土纠纷、民族
矛盾和宗教冲突纠缠在一起。水已成为影响国家安全、地区安全乃
至全球安全的凸显因素，水的短缺使得水成了国家之间和国家内部
的一种经常性的低度紧张的根源。

　　国家间的用水冲突主要发生在跨界河流上，涉及边界划定、河
流航行安全、上下游国家间的水资源分配、水资源污染防治、生态
环境保护、区域合作等方面。国际河流是涉及两个或两个以上国家
的河流，既包括流经两个或两个以上国家的跨国河流，也包括分隔
两个国家的边界河流，如亚洲的澜沧江—湄公河、印度河、雅鲁藏
布江—布拉马普特拉河、恒河等大河。非洲的尼罗河流经布隆迪、
卢旺达、扎伊尔、乌干达、肯尼亚、埃塞俄比亚、苏丹、埃及等 10
个国家；约旦河流经黎巴嫩、叙利亚、以色列和约旦四国；幼发拉
底河是土耳其、叙利亚、伊拉克三国的重要水资源。在这些流域地
区，国家间的冲突和纠纷长期存在。据统计，目前全球的国际河流
（国际流域）共有 263 条。由河流沟通联系的流域盆地是一个独立
的地貌与水文体系，两个或多个国家常位于同一个流域以内，共享
同一河流的水资源。如果一个国家的全部或部分领土位于跨国界流
域以内，即被称为流域国家（Basin State）。据估计，全世界有40%
的人口生活在跨国界的流域内。从整体上看，国际流域内各国的利
益是休戚与共的。

　　尽管水导致国际冲突的例子众多，但并非所有水资源问题都会
引发国家间矛盾。在如下因素的作用下，水资源对国际关系和国际
安全的作用可能更大，引起冲突的可能性也更大：①国家或地区范
围内缺水的程度，越缺水就越容易发生纠纷；②同一水资源被不同
国家或地区的分享程度，分享越多，在水资源的分配、利用、管理
等方面发生纠纷和冲突的可能性就越大；③流域国家的相对实力比
较，如上游国家处于相对优势，下游国家的选择比较有限；④国家

或地区对共享水源的依赖程度以及获得其他可供选择的干净水源的难易程度；⑤拥有共同水资源的国家在政治、种族、宗教、国家战略等方面的差异愈大愈容易发生水冲突，尤其当一国所依赖的水源被认为是处于敌意国家的控制之下时，发生水冲突的可能性就越大，比如水纠纷是解决中东和平进程和南亚印巴克什米尔冲突无法绕开的问题；⑥当一个国家或地区人口迅速发展，与之相应的农业、工业发展起来，对水的需求量将大幅度增加，水则变得越来越缺乏，这时国内地区间的水纠纷与国家之间的水冲突就日益突出。

（三）我国的现状

我国水资源安全形势十分严峻，全国水资源总量约 28 124 亿 m^3，占全球水资源的 6%，仅次于巴西、俄罗斯和加拿大，居世界第 4 位；但人均水资源约为 2 200 m^3，不到世界人均量的 1/4，其中天津、宁夏、上海、北京、河北、山东、河南、陕西、江苏的人均水资源量低于 500 m^3。随着社会经济的发展，缺水矛盾将更加突出，预计到 2030 年，我国人均水资源将下降为 1 760 m^3，接近国际公认的 1 700 m^3 的严重缺水警戒线。因此，未来我国水资源紧缺的形势将更为严峻，保持水资源的可持续利用是我国社会、经济可持续发展必须解决的一个重要的战略问题。

另外，我国水资源既存在地域上的分布不均（南北差异巨大），又存在着时段上的分布不均，北旱南涝或春旱夏涝的现象时有发生。而由于存在水资源管理不善、资金投入不足、基础设施建设滞后或不足等问题，我国水资源的开发利用率较低，同时也存在着过度开发、粗放性取水现象。目前，我国灌区灌溉水利用率和工业用水的重复利用率均不足先进国家的 1/2，占整个用水量约 70%的农业用水基本上采用地面灌溉方式，浪费十分严重；工业和城市的循环用水利用率较低，仅供水管网泄漏损失就达到 20%以上；生活用水浪费现象也十分普遍。此外，由于点面源污染大量叠加，大量生活污水和工业废水未经处理直接排入河流中，2006 年全国废污水排放总量达到 750 亿 t，其中大部分未经处理直接排入江河湖库，90%以上城市水域污染严重（数据来源于《中国水资源公报 2007》）。

这既不利于水资源的有效开发利用，浪费了大量的水资源，又会造成生态环境的破坏，引发其他方面的安全问题，加剧人类水生态安全与水灾害的威胁。

三、水环境恶化

（一）水环境恶化的表征

水环境是一个与水、水生生物和污染等有关的综合体，是一个以水为核心的动态空间系统，是水量、水质及生态的统一体。我国水体水质总体上呈恶化趋势，水环境持续被污染，有超过一半的水质低于Ⅲ类标准。造成水生态环境恶化的主要因素有：对水资源的过度开发（地表水的不合理开发和地下水的超采）、森林植被破坏、水土流失、河道淤积、水污染等。这些因素会造成地面下沉、海水入侵、水资源平衡破坏、干旱、洪涝灾害、水质污染、湿地和湖泊萎缩、河流断流等现象，使水环境恶化、水资源匮缺。而水环境与水资源二者又是相互交织作用的，一方面，水环境的恶化加剧了水资源的匮乏；另一方面，水资源的匮乏又进一步使得水环境问题更加严重。

人类活动和自然过程的影响可以使水的感官性状（色、嗅、味、透明度等）、物理化学性质（温度、氧化还原电位、电导率、放射性、有机物质组分和无机物质组分等）、水生物组成（种类、数量、形态和品质等）以及底部沉积物的数量和组分发生变化，破坏水体原有的功能，这种现象称为水体污染。

（二）水体污染的来源

造成水体污染的原因既有自然因素又有人为因素。根据污染产生的来源的不同，可将其分为自然性污染和人为性污染。自然性污染主要是由于水与土壤间的物质交换，如风刮起泥沙、粉尘进入水体等自然过程造成的水体污染。人为性污染主要是由于人类活动所造成的水体污染，主要包括生活性污染、工业性污染、农业性污染和交通运输污染。与自然过程相比较，人类活动是造成水体污染的主要原因。

按排放方式的不同，可将水体污染源分为两大类：点污染源和非点污染源。

点污染源是指城市或乡镇生活污水和工业企业废水通过管道和沟渠收集又排入水体的废水。生活污水主要来自家庭、商业、机关、学校、餐饮业、旅游服务业及其他城市公用设施。生活污水中含有纤维素、糖类、淀粉、蛋白质、脂肪等有机物质，还含有氮、磷与硫等无机盐类以及病原微生物等污染物。农村废水一般含有机物、病原体、悬浮物、化肥、农药等污染物；畜禽养殖业排放的水常含有大量的有机物；由于过量施用化肥，使用农药，农田地面径流中含有大量的氮、磷营养物质和有毒的农药。工业废水来自工业生产过程，其水量和水质随生产过程而异，一般分为工艺废水、原料及成品洗涤水、设备与场地冲洗水、冷却用水以及生产过程中的跑、冒、滴、漏流失的废水。按工业废水中所含的主要污染物的种类的不同，可将其分为有机废水、无机废水、重金属废水、放射性废水和热废水等。

非点污染源是指分散或均匀的通过岸线进入水体的废水和自然降水通过沟渠进入水体的废水。主要包括城镇排水、农田排水和农村生活废水、矿山废水、分散的小型禽畜饲养场废水以及大气污染物通过重力沉降和降水过程进入水体等所造成的污染废水。

（三）水体污染物的种类

水体污染物的种类繁多，大体上可以包括以下几种：

（1）悬浮物　主要是指悬浮在水中的污染物质，包括无机的泥沙、炉渣、铁屑以及有机的纸片、菜叶等。水利冲灰、洗煤、冶金、屠宰、化肥、化工、建筑等工业废水和生活污水都含有悬浮状的污染物，排入水体后除了可以让水体变混浊，影响水生植物的光合作用外，还会吸附有机毒物、重金属、农药等，形成危害更大的复合污染物沉入水底。

（2）耗氧有机物 生活污水和某些工业废水中含有糖、蛋白质、氨基酸、酯类、纤维素等有机物质，这些物质以悬浮状态或溶解状态存在于水中，排入水体后能在微生物作用下分解为简单的无机物，在分解过程中消耗氧气，使水体中溶解氧减少，促进微生物繁殖。当水中溶解氧降至 4 mg/L 以下时，将严重影响鱼类和水生生物的生存；当溶解氧降至零时，水中厌氧微生物占据优势，造成水体变黑发臭，将不能用作饮用水源和其他用途。

（3）植物性营养物 主要含有氮、磷等植物所需营养物的无机化合物、有机化合物，如氨氮、硝酸盐、亚硝酸盐、磷酸盐和含氮、磷的有机化合物。这些污染物排入水体，特别是流动较缓慢的湖泊、海湾，容易引起水中藻类和其他浮游生物大量繁衍，形成富营养化污染。除了会使自来水处理厂运行困难，造成饮用水的异味外，严重的也会使水中溶解氧下降，鱼类大量死亡，甚至导致湖泊的干涸灭亡。

（4）重金属 很多重金属对生物有显著毒性，并且能被生物吸收后通过食物链浓缩千万倍，最终进入人体造成慢性中毒或严重疾病。

（5）酸碱污染 酸碱污染物排入水体会使水体 pH 发生变化，破坏水的自然净化作用。当水体 pH 小于 6.5 或大于 8.5 时，水中微生物的生长会受到抑制，致使水体自净能力减弱，并影响鱼类生产，严重时还会腐蚀船只、桥梁及其他水上建筑。酸碱污染物对水体的污染，还会使水的含盐量增加，提高水的硬度，对工业、农业、渔业和生活水都会产生不良影响。

（6）石油类 含有石油类产品的废水进入水体后会漂浮在水面并迅速扩散，形成一层油膜，阻止大气中的氧进入水中，妨碍水生植物的光合作用。石油在微生物作用下降解也需要消耗氧，造成水体缺氧。同时，石油还会使鱼类呼吸困难直至死亡。此外，这种污染会使得幼鱼致畸和鱼卵不能孵化。

（7）难降解的有机物 难以被微生物降解的有机物，它们大多数是人工合成的有机物。例如，有机氯化合物、有机芳香胺类化合物、有机重金属化合物以及多环化合物等。它们的特点是能在水中长期稳定的存留并通过食物链富集最后进入人体。它们中一部分具有致癌、致畸和致突变的作用，对人体的健康构成了极大的威胁。

（8）放射性物质 主要来自核工业和使用放射性物质的工业或民用部门。放射性物质能从水中或土壤中转移到生物、蔬菜或其他食物中，并发生浓缩和富集进入人体。放射性物质释放的射线会使人的健康受损。

（9）热污染 废水排放引起水体温度升高，被称为热污染。热污染会影响水生生物的生存及水资源的利用价值。水温升高还会使水中溶解氧减少同时加速微生物的代谢速度，使溶解氧的下降更快，最后导致水体的自净能力降低。

（10）病原体 生活污水、医院污水和屠宰、制革、洗毛、生物制品等工业废水常含有病原体，会传播霍乱、伤寒、胃炎、肠炎、痢疾以及其他病毒传染的疾病和寄生虫病。在许多发展中国家，特别是用水量低时，病原体污染尤为严重，甚至造成婴儿死亡。

（四）水体污染的危害

水体污染的危害主要涉及以下几个方面：

（1）危害人体健康 水体污染直接影响饮用水源的水质，也必然带来对人体健康的威胁。当饮用水源受到合成有机物污染时，原有的水处理厂不能保证饮用水的安全可靠，这将导致如腹水、腹泻、肠道线虫、肝炎、胃癌等疾病。与不洁的水接触还会染上如皮肤病、沙眼、血吸虫、钩虫病等疾病。

（2）降低农作物产量和质量 由于污水提供的水量和肥分，许多地区的农民有污水灌溉农田的习惯。但惨痛的教训表明，含有毒有害物质的废水污水污染了农田土壤，造成作物枯萎死亡，使农民受到极大的损失。尽管有些地区也有获得作物丰收的现象，但在作物丰收的背后，掩盖的是作物受到污染的危机。研究表明，在一些污水灌溉区生长的蔬菜或粮食作物中，可以检出痕量有机物，包括有毒有害的农药等。

（3）影响渔业生产的产量和质量　水体污染不仅造成鱼类死亡影响产量，还会使鱼类和水生物发生变异。淡水渔场由于水污染造成鱼类大面积死亡的事故，已不是个别事例。许多天然水体中的鱼类和水生物正濒临灭绝或已经灭绝，海水养殖事业也受到了水污染的破坏和威胁。此外，在鱼类和水生物体内还发现了有害物质的累积，使它们的食用价值大大降低。

（4）制约工业发展　由于许多工业需要利用水作为原料，水质的恶化将直接影响产品的质量。工业冷却水的用量较大，水质恶化会导致冷却水循环系统的堵塞、腐蚀和结垢问题，水的硬度增加还会影响锅炉的寿命和安全。

（5）造成经济损失　近年来，我国水体污染日益严重，目前80%的水域、45%的地下水受到污染，90%以上的城市水源严重污染。据对七大水系和内陆河流的110个重点河段的统计，符合"地面水环境质量标准"Ⅰ、Ⅱ类的占32%，Ⅲ类的占29%，属于Ⅳ、Ⅴ类的占39%，主要污染指标为氨氮、有机物（高锰酸钾耗氧量）挥发酚和生化需氧量等。黄河、松花江、辽河属Ⅳ、Ⅴ类水质的河段已超过60%。淮河枯水期的水质已达不到Ⅲ类，其大部分支流的水质，常年在Ⅴ类以上。长江和珠江的水质为Ⅳ、Ⅴ类的江段已超过20%。与此同时，城市内及其附近的湖泊普遍已严重富营养化，例如滇池的藻类含量达3 000万个/L。此外，全国以地下水源为主的城市，地下水几乎全部受到不同程度的污染。水污染总体呈现恶化趋势，形势十分严峻。淮河、海河、松花江和辽河等水系污染严重，致使水系统功能严重衰退，水资源可利用率低。

专栏 3-1　三江源区水生态安全问题

三江源区地处青藏高原腹地，是欧亚大陆上孕育大江大河最多的一区域，是生物多样性资源的宝库，也是湿地生态资源的发育区，被称为地球的"第三季"，它是整个三江流域中下游地区乃至东南亚国家生态安全及可持续发展的生态屏障。三江源区域由青海省境内的长江流域、黄河流域和澜沧江流域组成，水资源总量约为 450 亿 m^3。全区辖 4 个藏族自治州、1 市、18 县，总人口 58 万人，是青海省的主要畜产品基地。

特殊的气候、自然、地理等因素，形成了海拔高而积温低，植物生长周期短的特点，水资源丰富，生态系统极其脆弱，生存与发展环境恶劣，生产单一，贫困面广，经济发展难度相对较大。随着全球气温不断趋暖，人类活动强度不断增加，加之不合理的区域经济发展方式，青藏高原的自然生态逐渐退化，不少地区大面积优质草场退化，甚至沙化，形成新的水土流失；鼠虫害蔓延，黑土滩面积不断扩大；冰川融化速率加快，雪线逐渐抬升，造成春季河溪断流；生物多样性锐减，沼泽湿地萎缩，生态环境极度脆弱，不仅严重影响到当地牧民群众的生产生活，也对三江流域中下游地区的工农业生产和人民生活造成潜在的威胁。

四、水生态安全的科学研究

水生态安全是一个长期存在且不断变化的动态系统，只要有水存在就会有水生态安全问题。水生态安全需要我们不断地打破旧的平衡系统，追求建立新的水生态安全平衡系统。水生态安全问题已成为直接威胁人类生存安全、社会安全、经济安全、生态环境安全和国家安全的重要因素。目前，针对水生态安全问题的研究已经得到了广泛的重视，水生态安全也已成为国内外水利、资源与环境科学等领域最前沿的研究课题和研究热点。

（一）水生态安全研究的内容

水生态安全研究主要包括水生态安全基本理论研究和水生态安全策略及其应用研究两大类。水生态安全基本理论研究主要是明确水生态安全定义、水生态安全的内涵和外延、水生态安全属性，以及对水生态安全的研究方法等进行研究探讨；水生态安全策略及其应用研究主要是对水资源安全、水生态环境安全、水质安全、水量安全和水灾害安全防范措施及其风险评价等进行研究，建立和运用水生态安全预警、调控与评价系统或提出解决水生态安全问题的新思路与新方法。

（二）水生态安全研究的现状

2003 年 IGBP-BAHC 针对全球变化和水资源问题，开始了全球水系统计划（GWSP），重点研究全球日益显著变化的水循环与环境和资源问题。从国际水科学研究发展趋势来看，变化环境的水循环和水生态安全研究是当今国际水科学前沿问题，是人类社会经济发展对水资源需求面临的新的应用基础科学问题。目前，水生态安全问题研究已产生了很多纲领性的文件和重要的研究成果，但研究的焦点多集中于定性描述和保障策略上，而定量分析目前还处于初步的研究探索阶段，具体实施应用还有待于进一步的研究和验证。第四届世界水论坛提出了"从展望到行动"的主题，意味着水生态安全的研究需要从目前的思辨阶段尽快地进入到量化与实施阶段，并对水生态安全进行系统、全面的研究。

近年来，我国政府越来越重视从战略的高度来认识和解决水生态安全问题，并对此开展了广泛的研究。1994 年公布的《中国 21 世纪议程》，把水资源可持续利用作为我国经济社会可持续发展战略的重要方面。水利部汪恕诚部长提出了由工程水利向资源水利转变的战略思路，以水资源的可持续利用支持社会经济可持续发展，实现人与自然和谐相处的战略目标。2002 年，由钱正英、张光斗等43 位中国工程院院士及大批专家完成的《中国可持续发展水资源战略研究》，在分析了当前中国水资源现状和所面临的问题基础上，提出了我国水资源总体战略（八大水战略措施），被认为是我国水生态安全战略研究的里程碑。

专栏3-2 我国水资源总体战略措施

人与洪水协调共处的防洪减灾战略；

以建设节水高效的现代灌溉农业和现代旱地农业为目标的农业用水战略；

节流优先、治污为本、多渠道开源的城市水资源可持续利用战略；

以源头控制为主的综合防污减灾战略；

以保证生态环境用水的水资源配置战略；

以需水管理为基础的水资源供需平衡战略；

解决北方水资源短缺的南水北调战略措施；

与生态环境相协调的西部地区水资源开发利用战略。

此外，目前国家和各省（自治区、直辖市）制定和出台的法规、规章和规范性文件达 700 余件。全国省级以上水行政主管部门共组织审查了水资源论证项目 1 100 余项。截止到"十五"末，全国颁发取水许可证 65 万余份，许可审批水量 $4\,500×10^8\,m^3$。已有 30 个省（自治区、直辖市）由水行政主管部门统一征收水资源费，年征收额已达 33 亿元。

专栏3-3 今后五年国家将投资近千亿元彻底解决农民饮水困难

国家水利部负责人最近表示，今后五年国家将投资近千亿元全面完成饮水安全工程建设，这就意味着从 2009 年开始，剩下的 2.27 亿农村饮水不安全人口每年要减少 4 540 万人。获得安全的饮用水是人生存的基本条件和基本权利。根据党的十七届三中全会的部署，

> 到 2013 年，我国将全部解决农村人口饮水不安全问题。今后五年，我国平均每年要新建 5 万多处集中供水工程，30 多万处分散供水工程。同时，将深化供水管理体制改革，落实管理主体和责任主体，健全规章制度，科学确定水价。此外，将加大水污染防治力度，完善城乡饮用水水质监测网络，加强水质监测和水环境综合整治，努力减少面源和点源污染，确保民众饮水安全。

（三）保障水生态安全的策略

针对我国存在与所面临的水生态安全问题，依据"立足现在、着眼未来"的可持续发展利用的客观思想，可以采取以下策略保障水生态安全：

（1）制定长远的可持续发展水生态安全战略　以《中国可持续发展水资源战略研究》为蓝本，用科学的战略思维方法，系统、全面、动态地制定长远有利于可持续发展的水生态安全战略。

（2）建立水生态安全信息管理与评价系统　如何实现水生态安全和水资源的可持续利用，关键是要建立水生态安全信息管理与评价系统，对水生态安全实施动态监控和预警，实行人、水、社会和经济多位一体的有效管理模式，以实现人与自然的协调发展、人与水的和谐共处。

（3）加强水资源的统一管理与调控　借鉴国外的成功经验，成立权威的统一综合管理部门，并赋予相应的权利和职责，实行水资源的一体化管理、优化配置和高效可持续利用。

（4）建立水资源市场机制　在水资源管理上引入市场机制，实行水资源的"有偿合理"使用，实现水资源市场化管理，解决水资源浪费与短缺等问题。

（5）建立农业、工业与城市节水系统　依靠先进的科学技术，建立高新技术节水系统。把传统农业转变为节水高效的现代化农业；实行节流优先、治污为本、多渠道开源的城市水资源可持续利用战略。

（6）适度加大科研和工程建设投资，合理有效开发利用水资源　加大对水生态安全研究的科研投入，可为水生态安全提供有力的技术支持；加强对水利和生态环境等工程的投资建设，可有效提高水资源的开发利用，确保水生态安全。据最新可靠复查数据，虽然我国水资源贫乏，但水能资源却十分丰富。我国大陆的水电理论蕴藏量约 $6.944×10^5$ MW，其中，技术可开发利用量达 $5.416×10^5$ MW，经济可开发利用量达 $4.48×10^5$ MW，居世界首位。

（7）充分运用新技术、新方法和新理论，解除水生态安全危机，确保水生态安全　运用虚拟水策略，解决一个国家或地区的水资源短缺危机。利用各种先进的节水技术、污水处理设备等，节约水资源和提高水资源的利用率。

（8）制定相应的法律法规，确保水生态安全　加强法制建设，制定和完善相应的法律、法规，依法保护和实现水生态安全。

（9）加强全民节水意识，建立节水型社会经济模式　树立全民节水社会意识，通过节水和产业结构调整，建立节水型社会经济运行模式，促进社会经济和水资源的可持续发展。

第二节　土壤生态安全

土壤生态安全是指土壤环境能够为人类生存和发展提供必要的保障，并适应人类社会和经济发展所需要的状态。它与土壤质量、区域气候、生态分布及全球气温变化等直接相关。

土壤生态安全首当其冲的是土壤污染问题。自 20 世纪 30 年代以来，因化学废弃物的倾倒导致严重的土壤污染事件不断发生。例如，1931 年日本富山的痛痛病事件、1977 年的美国纽约州腊夫运河（Love Canal）污染事故。目前，土壤污染问题已遍及世界五大洲，尤其以欧洲、亚洲和美洲表现更为明显。在我国，土壤污染物种类和数量总体呈加剧趋势，受重金属污染的耕地多达 $2×10^7$ hm²，约占总耕地面积的 1/7；受各种有机污染物或化学品污

染的农田总计 $6×10^7$ hm²。全国出产的主要农产品中，农药残留超标率高达 16%～20%，PAH 超标率高达 20%以上，对我国生态环境质量、食品安全、人体健康和社会经济持续发展构成了严重的威胁。

其次是土地侵蚀及荒漠化问题。目前，水土流失已成为中国的头号环境问题，对社会经济发展和人民群众生产、生活带来严重的危害。2000 年，我国因水土流失而造成的直接经济损失高达 642.6 亿元，相当于当年全国 GDP 的 0.62%。近 20 年来我国土地沙化平均以每年 2 460 hm² 的速度扩展。

另外，湿地也是土壤生态安全的一个重大问题。与 19 世纪末比较，目前全世界近 50%的湿地已经消失，其中美国湿地丧失了 54%，法国丧失了 67%，德国丧失了 57%。我国近 40 年沿海累计丧失湿地面积占全部沿海湿地的 50%，三江平原湿地减少 64%。有"千湖之省"美誉的湖北 20 世纪 50 年代的 1 066 个天然湖泊，到 90 年代只剩下了 25 个，面积减少 68%。

一、土壤污染

（一）土壤污染的概念与特点

土壤污染是指人类活动所产生的污染物通过各种途径进入土壤并超过土壤的容纳和净化能力后，土壤性质、组成及性状发生变化，使污染物质的积累占据优势，土壤的自然生态平衡被破坏，土壤自然功能失调，土壤质量恶化的现象。

土壤污染具有隐蔽性、不可逆性、长期性等特点。由于土壤污染是污染物在土壤中的长期积累过程，其后果要通过长期摄食受污染土壤生产的植物产品的人体或动物的健康状况反映出来。首先，土壤污染具有隐蔽性，不像大气和水体污染那样易于察觉。其次，污染物在进入土壤环境之后，与土壤其他物质发生了一系列吸附、置换、结合，其中许多污染物形成难溶解化合物沉积在土壤中，极难恢复，尤其是重金属污染完全不可逆。由于土壤污染具有上述特点，因而污染一旦爆发，不仅会影响到农作物的产量和品质，而且会通过食物链、饮水、呼吸等多种途径危害动物和人类的身体健康，构成对人类生存环境多个层面上的灾难性危害。

（二）土壤污染物的类别与危害

凡是进入土壤并影响到土壤的理化性质和组成而导致土壤的自然功能失调、土壤质量恶化的物质，均被称为土壤污染物。

1. 有机污染物

土壤有机污染物主要是指有机农药、石油烃、塑料制品、染料、表面活性剂、增塑剂和阻燃剂等持久性有机污染物（POPs）。有机污染物对自然环境和人体健康的危害很大。以 2001 年 5 月签署的《关于持久性有机污染物的斯德哥尔摩公约》上决定禁止或限制使用的持久性有机污染物为例，进行说明。目前国际公布的持久性有机污染物有 12 种，分别为艾氏剂、狄氏剂、异狄氏剂、毒杀芬、七氯、DDT、六氯苯、氯丹、灭蚁灵、多氯联苯、二噁英、多氯二代苯并呋喃。表 3-1 列出了这些持久性有机污染物的性能及危害。

表 3-1　持久性有机污染物性能及危害

名称	分子式	用途	入侵途径	危害
艾氏剂	$C_{12}H_8Cl_6$	杀虫剂	皮肤吸收	引起中枢神经系统损害；肺水肿、肝肾功能障碍。对水体、土壤和大气均可造成污染
狄氏剂	$C_{12}H_8Cl_6O$	杀虫剂	吸入、食入、皮肤吸收	引起中枢神经系统损害；肺水肿、肝肾功能障碍。对水体、土壤和大气均可造成污染

名称	分子式	用途	入侵途径	危害
异狄氏剂	$C_{12}H_8Cl_6O$	高毒杀虫剂	吸入、食入、经皮吸收	头痛、眩晕、乏力、食欲不振、视力模糊、失眠、震颤等，重者引起昏迷。对水体、土壤和大气均可造成污染
毒杀芬	$C_{10}H_{10}Cl_8$	杀虫剂	吸入、食入、皮肤吸收	侵害神经系统、肾、脑。对水体、土壤和大气均可造成污染
七氯	$C_{10}H_5Cl_7$	杀虫剂	吸入、食入、皮肤吸收	侵害中枢神经系统及肝脏等。对水体、土壤和大气均可造成污染
滴滴涕	$C_{14}H_9Cl_5$	杀虫剂	皮肤吸收	侵害中枢神经系统及肝脏等，对水体、土壤和大气均可造成污染
六氯苯	C_6Cl_6	防治麦类黑穗病，种子和土壤消毒	皮肤吸收	影响肝脏、中枢神经系统和心血管系统，对水体、土壤和大气均可造成污染
氯丹	$C_{10}H_6Cl_8$	杀虫剂	皮肤吸收	侵害中枢神经系统，对水体、土壤和大气均可造成污染
灭蚁灵	$C_{10}Cl_{12}$	杀蚁剂	吸入、食入、皮肤接触、眼睛接触	致癌、致畸、致突变作用，对环境有危害
多氯联苯	$C_{12}H_{10-x}Cl_x$	墨水、油漆、塑料、复写纸	皮肤、眼睛接触或吸入、食入	侵害肝脏，对环境有危害
二噁英		杀虫剂、胶带、软胶		损害肝脏，引起雌性动物卵巢功能障碍，损害免疫系统

目前全球大量使用的化肥农药、城市污泥和污水排放的有机物、垃圾焚烧产生的烟粒，工厂排放或泄漏的石油、多环芳烃、多

氯联苯、甲烷、有机微生物，大中院校实验室排放的废水废渣，城市居民生活废弃物，如洗涤剂、废弃的药物等，都是土壤有机污染物的来源。例如，被称为"世纪之毒"的二噁英，90%来源于城市和工业垃圾焚烧。

以上土壤有机污染物主要来自农药。而实际施用到田间、作用于害虫的农药量不到其总量的 0.11%，其余的农药则进入到环境中污染土壤、水体和大气，进而毒害或影响其他生物，如造成鱼类死亡、鸟类丧失繁殖能力以及人类疾病等。农药在环境中分散途径，如图 3-1 所示。

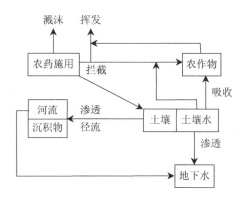

图 3-1　农药在环境中的分散途径

2. 重金属污染物

重金属污染是指由重金属或其化合物造成的环境污染。其中汞、镉、铅、铬、砷，锌、铜、钴、镍、锡、钒等都是重金属污染物。虽然重金属中的锰、铜、锌等是生命活动所需要的微量元素，但是大多数重金属并非生命活动所必需，并且所有的重金属在超过一定浓度后都会对生物体造成危害。表 3-2 列出了重金属污染物的性能及危害。

表 3-2　重金属污染物性能及危害

名称	用途	危害
镉及其化合物	钢、铁、铜、黄铜和其他金属的电镀；制造体积小和电容量大的电池；颜料和荧光粉	对呼吸道产生刺激，并造成嗅觉丧失症、牙龈黄斑或渐成黄圈；影响肝、肾器官中酶系统的正常功能，损坏肾小管功能，贫血；致畸和致前列腺癌等
汞及其化合物	化学上制取烧碱和氧气；物理上制造汞弧整流器、水银真空泵；医学上可作消毒、利尿和镇痛原料和牙科材料	侵害肾、脑和睾丸，使神经系统、肾脏系统、免疫系统、心脏、生殖系统甚至是基因发生紊乱
铅及其化合物	铅蓄电池，铸铅字，做焊锡，制造放射性辐射、X 射线的防护设备、建筑材料、乙酸铅电池、枪弹和炮弹、焊锡、奖杯和一些合金	影响大脑和神经系统
砷及其化合物	制造硬质合金，砷及其化合物可用于杀虫和医疗	造成糖尿病、脑缺血、血管肥大
稀土元素	稀土微肥、饲料添加剂、稀土工业材料、稀土添加剂	易在动物体内脏器和组织中蓄积，在骨骼、骨髓、眼、大脑、心脏、脂肪和睾丸中残留量较高，对人体生长和智力发育影响较大

重金属污染土壤主要来自两方面：其一，工业废水、废气、废渣未经处理直接进入环境。例如，一些金属冶炼厂、硫酸厂、化工厂及采矿区附近的重金属经过风、雨等自然作用，再由于重力或者自然的沉降、雨水的淋溶等途径进入土壤层，进而进入正常循环的生态系统。另一个主要途径就是使用含有重金属的农药、化肥和利用未经处理的污染水灌溉农田。譬如使用含镉、汞的磷肥，含铅及有机汞的农药以及含这些重金属的污水，都为土壤的重金属污染埋下了祸根。

重金属污染土壤分为外源重金属污染土壤和内源重金属污染土壤。内源重金属污染土壤的重金属来自成土母质，主要以残余态形式存在，较为稳定，释放较缓慢。外源重金属污染土壤的重金属主要分布于细颗粒中，具有明显的向细颗粒富集的特点。土壤中的重金属离子可以作为中心离子与土壤中的水、羟基、氨以及一些有机质中的某些分子形成螯合物，并在土壤中迁移转化，被植物或微生物吸收利用，继而通过食物链进入人体，引起各种生理功能改变。

重金属污染土壤难以控制、毒性大、潜伏期长、易沿食物链向生物富集，一旦污染环境，很难从环境中通过自然净化过程和人工治理去除，因而必须重视主要重金属污染物的性能及其危害。

3. 放射性污染物

土壤中的放射性元素主要来自于核爆炸的大气散落物、核工业（原子能和平利用时期所排放的各种废气、废水和废渣）、人类采矿和燃煤、农用化学品、科研（作大气层核试验的沉降物）以及医疗机构等产生的各种废弃物等。

含有放射性元素的物质随自然沉降、雨水冲刷和废弃物堆放进入土壤中并在土壤中积累，对人体和其他动物健康构成威胁。譬如由核裂变产生的放射性核素 ^{90}Sr 和 ^{137}Cs 进入大气并被降水带入土壤，其中 ^{90}Sr 吸附于土壤的表层，经水冲刷流入水体，危害人体健康；^{137}Cs 通过植物积累经食物链进入人体。在进入人体后，会使得人发生内照射损伤，使受害者头晕、疲乏无力、脱发、白细胞减少或增多、发生癌变等。研究表明，在 400 rad 的照射下，5%的受照射的人死亡；当照射量增至 650 rad 时，人 100%死亡。放射性还能引起基因突变和染色体畸变，使一代甚至几代受害。

4. 病原微生物污染物

病原微生物是指可以侵犯人体引起感染甚至传染病的微生物，主要包括病原菌和病毒两类。它主要来源于未经处理的人畜的粪便、垃圾、城市生活污水、饲养场和屠宰场的污物以及用于灌溉的污水等。

人若直接接触含有病原微生物的土壤，可导致病原体的侵入。若食用被土壤污染的蔬菜、水果等间接受到污染，使得病原体在人体中生长繁殖、释放毒性物质，进而引起机体不同程度的病理变化。

通过以上对土壤污染物类别及其危害的论述，可归纳土壤污染的危害主要有以下几点：

（1）引起并加速环境污染　由于土壤是一个开放的系统，它以大气、水体和生物等自然因素和人类活动作为媒介，通过与环境间的物质和能量的交换和环境发生联系。当输入到土壤中的物质数量超过土壤容量和自净能力时，土壤系统中某些物质（污染物）破坏了原有的平衡，引起土壤系统状态的变化，发生土壤污染。污染的土壤系统在向环境输出物质和能量时，会引起大气、水体和生物的污染，从而使环境发生变化，引起环境质量下降，造成环境污染。土壤对环境的影响，其性质、规模和程度都随着人类利用和改造自然的广度和深度而变化。

（2）影响植物生长，造成作物减产　无论是哪一种污染物都会影响作物的生长发育。例如，长期对土壤施用酸性肥料或碱性物质均会引起其 pH 值的变化，降低土壤肥力，减少作物产量；当土壤受铜、镍、锰、锌、砷污染时，会引起植物的生长和发育障碍；土壤中病原微生物污染也会危害植物。

（3）对人类的生存与发展，有重要影响　农药、有机物、重金属、放射性物质等，都严重威胁着自然生态安全和人类社会的进步。

（三）土壤污染治理

土壤污染已对生态环境的质量、食品安全、人体健康构成了严重的威胁。目前，国外在防治土壤污染方面已采取多种手段。

首先，颁布保护土壤资源的法律法规。日本早在 1970 年就颁布了《农业用地土壤污染防治法》，在 2002 年 5 月又颁布了《土壤污染对策法》，并制定了《土壤污染对策法施行规则》。德国 1998 年颁布了《联邦土壤保护法》，1999 年制定了《污染土地管理规则》。英国自 2000 年以来颁发了《污染土地规则》和《污染防治规则》。美国 1986 年颁布了《超级基金法》，并根据该法律，美国国家环境保护局（USEPA）又制定了一系列的规则或技术规程。

其次，制定土壤标准体系。日本、美国、法国、德国、意大利、英国、加拿大等均制定了土壤标准，具有完备的土壤标准体系。

与国外相比，我国现行的土壤环境保护标准体系尚不完备，尚缺少为土壤污染防治制定的专门法规，未形成有效的土壤污染防治体系和管理机制。

针对我国目前土壤污染情况并结合国外土壤污染治理经验，要使我国社会经济实现可持续发展，对土地污染进行治理，需要从以下几个方面着手进行：

（1）加强土壤保护法律法规体系和管理体系建设 应尽快制定我国的《土壤污染防治法》，并加大对土壤污染防治监督管理和节能减排的工作力度，有效防治土壤污染。

（2）尽快开展全国土壤污染调查 尽管"七五"期间，国家环境保护局建立了主要类型土壤环境背景值，但近 20 年来随着经济发展，许多情况发生了很大变化。但在此期间并未系统开展过全国性的土壤污染调查和质量监测，造成对当前我国土壤污染的整体状况不明、家底不清。因而，要尽快组织开展全国土壤污染调查，为国家采取措施防治土壤污染提供基础数据。

专栏 3-4 美国土壤污染防治体系

1. 法律手段

《综合环境污染响应、赔偿和责任认定法案》是美国污染防治体系的法律基础。依据该法，美国政府建了名为"超级基金"（Superfund）的信托基金，故将该法案称为"超级基金法"。法案主要针对土地受污染后责任进行认定。

2. 经济手段

（1）污染付费原则 政府根据超级基金法有权要求造成污染事故的责任方治理土壤污染，或者支付土壤污染治理的费用。拒绝支付费用者，政府可以要求其支付应付费用 3 倍以内的罚款。

（2）税收政策 对特定的化学制品（每吨征收 0.22～4.87 美元）、石油及其制品的生产或进口（每桶征收 0.79 美分）征收环境税，并将这些资金用于支付环境责任难以认定的土地污染事故的修复费用。

（3）政府补助及基金作用 政府于 1994 年实施"棕色地块经济自主再开发计划"，并提供"棕色地块修复补贴"、"棕色地块评估补贴"、"棕色地块，周期性贷款补贴"、"棕色地块环境培训补贴"。

3. 行政管理手段

受污染土壤调查和后续管理框架。假如怀疑某一地块受污染，美国环境保护局就会将该地块的相关信息输入到综合环境污染响应、赔偿和责任认定信息系统，并对地块污染危险性进行评估。

4. 土壤污染防治技术保障

制定一些技术规则，专门指导和规范土壤环境调查，作为环境管理制度实施的技术依据和保障。

（3）研究国际上土壤污染防治的经验和教训，为我国污染土壤的防治工作提供借鉴 我国陆续参与签订了《关于持久性有机污染物的斯德哥尔摩公约》《巴塞尔公约》和《鹿特丹公约》等国际公约，但与其他国家间的合作仍需加强。

（4）加强对土壤污染治理和修复技术的科学研究，建立土壤危险废物污染预警系统 完善我国土壤环境监测网站建设，建立土壤环境质量信息网络和数字化信息平台。对已污染的土壤提出科学合理的治理措施，开发经济有效的土壤污染修复技术。在土壤污染预警方面，选择典型地区并采用数学模型综合评价区域土壤环境污染状况，开展区域土壤污染风险评估。在此基础上对我国主要地区进行土壤环境安全区划，明确土壤污染优先控制区及控制对象，为研究制定我国土壤污染综合治理的中长期规划和土壤污染防治国家行动计划提供技术支持。

（5）加强土壤环境保护的宣传与科普工作力度 由于土壤污染

具有高度的隐蔽性，难以引起人们的高度关注，因此须对公众开展保护土壤资源、防止土壤污染的教育、加强土壤污染防治的科普工作。

二、土壤侵蚀

土壤侵蚀是主要的全球性环境问题之一，极大影响着亚洲、非洲、拉丁美洲的发展中国家。以亚洲为例，印度耕地总面积为 8.0×10^5 km²，其中每年因土壤侵蚀损失的土壤高达 6×10^9 t。而我国是世界上水土流失最严重的国家之一，水土流失面广量大。无论山区、丘陵区、风沙区，还是农村、城市、沿海地区均存在不同程度的水土流失问题，如图 3-2 所示。仅水蚀和风蚀面积就达 3.569×10^6 km²（数据来源于第二次全国土壤侵蚀遥感调查），占国土面积的 37.6%。

图 3-2　小峡谷上冲积后农田面土的侵蚀

图片来源：http://www.ust.hk/-webpepa/pepa/lecture_notes/human/index_c.htm.

土壤侵蚀不但导致土壤退化，土地生产力降低，影响农业生产和食物安全，而且随径流泥沙运移的污染物质对异地（侵蚀区的相邻地区，包括位于侵蚀流域的下游地区、湖泊和近海地区）的生态环境、人类生存和社会经济发展带来严重影响。同时，土壤侵蚀和泥沙搬运使土壤有机碳、氮的含量、组分产生较大变化，进而影响全球生源要素（碳、氮、磷、硫）循环乃至全球气候变化。据报道，2000 年我国因水土流失而造成的直接经济损失高达 642.6 亿元，相当于当年总 GDP 的 0.62%。

（一）土壤侵蚀的概念与类型

土壤侵蚀是指在水力、风力、冻融和重力等外力作用下，陆地表面疏松土壤、土壤母质和其他地面组成物质（包括风化岩体）被破坏、剥蚀、转运和沉积的过程。

根据侵蚀形式可分为面蚀、沟蚀、崩塌、泻溜和滑坡、泥石流等。

面蚀是指由于分散的地表径流冲走坡面表层土粒的一种侵蚀现象，它是土壤侵蚀中最常见的一种形式。面蚀面积大，侵蚀的一般是肥沃的表土层，因而对农业生产的危害很大。

沟蚀是指由汇集在一起的地表径流冲刷破坏土壤及其母质，形成切入地表及以下沟壑的土壤侵蚀形式。面蚀产生的细沟，在集中的地表径流侵蚀下继续加深、加宽、加长，当沟壑发展到不能为耕作所平复时，即变成沟蚀。在多暴雨、地面有一定倾斜、植物稀少、覆盖厚层疏松物质的地区，沟蚀的表现最为明显，如图 3-3 所示。

图 3-3 典型的面蚀和沟蚀

图片来源：http://www.wcb.yn.gov.cn/news/1200.html.

崩塌是从较陡斜坡上的岩、土体在重力作用下突然脱离山体，崩落滚动，堆积在坡脚（或沟谷）的地质现象。崩塌体为土质者，称为土崩；崩塌体为岩质者，称为岩崩；大规模的岩崩，称为山崩。土崩和岩崩可以发生在任何地带，山崩限于高山峡谷区内。

泻溜是指在石质山区、红土或黄土地区，土体表面受干湿、冷热和冻融等变化影响而引起物体的胀缩，造成碎土和岩屑的疏松破碎，在重力作用下顺坡而下地滚落或滑落下来，形成陡峭锥体的地质现象。

滑坡是指斜坡上的土体或者岩体，受河流冲刷、地下水活动、地震及人工切坡等因素影响，在重力作用下，沿着一定的软弱面或者软弱带，整体地或者分散地顺坡向下滑动的自然现象。

泥石流是山区沟谷中，由暴雨、冰雪融水等水源激发的，含有大量的泥沙、石块的特殊洪流。其特征是往往突然暴发，混浊的流体沿着陡峻的山沟前推后拥，奔腾咆哮而下，在很短时间内将大量泥沙、石块冲出沟外，在宽阔的堆积区漫流堆积，常给人类生命财产造成重大危害。

根据侵蚀营力可分为水蚀、风蚀、重力侵蚀、冰川侵蚀、海岸线侵蚀等。

水蚀是指土壤因降雨而松弛，或者被水流剥离，土壤粒子被冲到斜面下方，冲走的土壤积存到水道或下游流域。它包括溅击侵蚀（水滴石穿）、片状侵蚀（雨水击碎土壤颗粒填塞土壤空隙，使渗透减少，当渗透小于降雨量时，形成表面径流，表面径流由于没有固定的行进路线，进行片状侵蚀）、细沟侵蚀（主要是指山坡上形成的沟渠携带土壤颗粒对沟渠周围的地表进行冲刷侵蚀）、江河侵蚀（当水流量很大时，行走路线固定，逐渐对行走路线上的土表进行侵蚀从而形成低洼地带）、泥石流等。由于水蚀是以人为活动破坏植被的地段作为突破口而进一步发展，一般是以片蚀和沟蚀为主。其中在花岗岩地区，以崩岩的方式发展。在碳酸盐岩类地区是以溶蚀作用为主。受水蚀影响后，不仅土壤表土层会受到影响，土壤的蓄水能力和养分保持能力也将会丧失。

风蚀是由风的吹动带走土壤颗粒而形成的侵蚀。它是地表松散物质被风吹扬或搬运以及地表受到风吹起颗粒的磨蚀的共同作用的结果，主要发生在干旱、半干旱气候区和遭受周期性干旱的湿润地区。风蚀使土壤颗粒在空间上重新分布和分选，深刻地影响人类的生产和生活环境。

重力侵蚀是指地表土石在受到地震、降水、地表径流和地下水、海浪、风、冻融、冰川、人工采掘和爆破等任何一种营力作用时，在自重力为主的作用下，失去平衡而产生破坏、迁移和堆积的一种侵蚀过程。它包括山地滑坡、崩塌等由重力因素造成的水土流失，常见于山地、丘陵、河谷和沟谷的坡地上。

冰川侵蚀是指由于冰的移动，尤其是冰山的移动引起的侵蚀。冰川体一方面有巨大的压力，另一方面是运动的，故挟带岩石碎块的冰川对冰床和谷壁有很强的侵蚀作用。

海岸侵蚀是指在自然力（包括风、浪、流、潮）的作用下，海洋泥沙支出大于输入，沉积物净损失的过程，即海水动力的冲击造成海岸线的后退和海滩的下蚀。海岸侵蚀现象普遍存在，包括液压侵蚀（海浪拍击岩石，在岩石隙缝中形成液压差，产生压力对岩石形成侵蚀）、土砂流送（沙土随海浪进入海洋，形成水土流失）等。中国 70%左右的砂质海岸线以及几乎所有开阔的淤泥质岸线均存在海岸侵蚀现象。

（二）土壤侵蚀的原因

土壤侵蚀是由自然因素与人为活动共同作用引起的。决定土壤侵蚀发生、发展的自然因素，主要有气候、地形、土壤、地质和植被等。地面坡度陡峭，土体的性质松软易蚀，高强度暴雨，地面没有林草等植被覆盖等对土壤侵蚀起到一定促进作用。另外，人不断以自己的各种活动（毁林、毁草、开荒种地；提高复种指数、增施化肥；过度放牧；陡坡开荒等）对自然界施加影响，使得正常侵蚀的自然过程在受到人为活动的干扰和影响下，由自然侵蚀状态转化为加速侵蚀状态，如图 3-4 所示。总的来说，气候、地形、土壤、地质和植被等自然因素是产生土壤侵蚀的基础和潜在因素，而人为不合理活动是造成土壤加速侵蚀的主导因素。

图 3-4　黄土高原水土流失

（三）土壤侵蚀的危害

土壤侵蚀的危害主要表现在以下几个方面：

（1）破坏水资源，加剧土地荒漠化和洪涝灾害，造成耕地、草地生态危害　土壤侵蚀使土层变薄，土壤蓄水能力日趋减少，土壤水分和作物需水量之间的矛盾加剧，造成农业干旱；土壤渗入水量的减少，地表径流的增加，将直接影响地表和地下的水资源分配，破坏正常的水量平衡关系。1962—2002 年我国因土壤侵蚀而流失毁掉的耕地多达 $2.67×10^6$ km²，经济损失每年在 100 亿元人民币以上。造成退化、沙化、碱化草地约 $1×10^6$ km²，占我国草原总面积的 50%。

（2）使农耕地耕作土层变薄，质地变粗，养分和黏粒物质减少，土壤结构被破坏，土质恶化，从而降低土壤肥力，造成了农业生产巨大的损失　土层薄会影响根系向土层的深层和广度伸展，因而土层薄的土壤保水能力往往差，地表径流多，流失量大，易涝、易旱，影响养分供应，造成对土壤肥力及粮食安全的危害。其中我国的黄土高原是世界上水土流失最为严重的地区之一，该地区的水土流失按入河泥沙计算，侵蚀模数为 3 700 t/（km^2·a）。特别是每年 7—9 月份的大暴雨，冲走了大量的表土层，土壤的肥力严重下降。每年因水土流失带走的氮、磷、钾约 4×10^7 t，接近于全国 1 年的化肥生产总量。

（3）土壤侵蚀使土地资源锐减，生物多样性丧失　在水土流失区，由于人类滥伐森林、陡坡开垦和过度放牧等，加剧了水土流失，使许多地区出现大面积的光山秃岭，形成了与生物气候带不相适宜的生态景观。在长江中上游一些山丘地区，由于坡度陡、雨量大、土层薄（一般为 10～30 cm），而人口相对稠密，水土流失造成"红色沙漠""白沙岗""石漠化"等现象相当普遍。它不仅对当地农业和农村经济发展带来严重危害，而且影响着中下游地区的长治久安。由于土壤侵蚀，生物资源过分利用，工业化城市化的发展，外来物种的引进或侵入及无法控制旅游的影响等，生态系统的物种成分受到严重的破坏，某些物种正在从地球上消失。据国际自然与自然资源保护同盟的资料，自 1850 年以来，人类已使 75 种鸟类和哺乳类动物灭绝，并使 359 种鸟类和 297 种兽类面临灭绝的危险。濒临灭绝的动物中还包括 190 种两栖类、爬行类和 80 种鱼类。据专家推测，如果一个生态环境的面积减少了 90%，大约一半的物种就会消失。人类靠生物多样性为生，没有生物特别是植物，人类就无法生存。生物物种的绝灭，会使人类丧失食品、医药、科研、工业、农业等原料，影响或阻断人们生产生活的正常进行。

（4）加速了泥沙灾害，造成水面污染　水土流失不仅造成淤积，而且携带大量养分、重金属、化肥、农药的泥沙随水土流失进入江河湖库，为水体的富氧化提供物质，增大水体浊质，污染水体。水土流失已成为我国氮、磷、钾污染的主要途径。长江中上游宜昌站年输沙量 5.3×10^8 t，其中氮、磷、钾达 500×10^4 t。一般水土流失严重的地方，土壤更为贫瘠，农民对化肥、农药的使用量更大，随水土流失进入水体的化学污染物质也更多。

（5）威胁国民经济的发展，对工业、交通、城市建设、人体健康等各方面都带来严重影响　20 世纪末我国城市数达 668 个，随着我国城市化的飞速发展，城市化建设日新月异，而城市化建设带来的严重水土流失问题毋庸置疑地摆在了我们面前，已成为城市现代化建设的一个重要问题。建在长江峡谷的湖北三峡秭归县城，因滑坡三迁城址。地处塔克拉玛干沙漠南部的皮山、民丰两县城，因风蚀危害两次搬迁，策勒县 3 次搬迁。水土流失不仅对城市造成威胁，还干扰能源基地的建设和经济的可持续发展。

（四）防止土壤侵蚀的措施

防止土壤侵蚀，就要防治水土流失，保护、改良与合理利用山区、丘陵区和风沙区的水土资源，维护和提高土地生产力，以利于充分发挥水土资源的经济效益和社会效益，建立良好的生态环境。主要可以采取以下措施：

（1）采取土壤农作措施　在土壤中施用有机物质，阻止上部土壤水分下渗并保蓄下部土壤水分。

（2）采用工程措施　譬如土地开发中对土地资源尚未被利用或利用还不充分的地区进行合理垦殖，发展交通，建设居民点，进行综合开发利用，以充分发挥土地资源的生产潜力，提高土地利用率。再如土地治理中对各种难以利用或由于使用不当而退化的土地，采取工程措施和生物措施相结合的方法，进行有计划的综合治理，以恢复和提高土地生产力，建设有利于集约利用的土地生态系统。又如土地改良中为改变土地的不良性状，防止土地退化，恢复和提高土地生产力而采取的各种措施：兴建农田水利工程、修筑梯田、改造坡耕地、平整土地、实行耕地园田化等农业工程措施；营造护坡林、护田林、固沙林、固沙草等生物措施；采用合理的种植制度、耕作制度、施肥制度等农业技术措施。还应在土地保护中，为防止土地遭受破坏、土地退化和保护土壤、防止污染的各种科学技术措施和工程措施。

（3）充分发挥生态修复的作用　实践证明，在水土流失区实行封育保护，加强管护，依靠大自然的力量，充分发挥生态自我修复能力，不仅能加快水土流失治理的速度，而且省钱、省工、效果好，正是顺应自然规律，符合我国国情，是从根本上解决水土流失和植被恢复等问题最为有效的途径。

（4）对于水土流失严重、生态环境相当脆弱、生产条件极为落后的地方，应该实施水土保持综合治理。综合治理应坚持水土流失治理与农业结构调整相结合，以建立高效水保生态农业为重点，工程、生物、耕作三大措施并举，进行山顶、坡面、沟道立体开发，拦、蓄、排、灌、节合理配套，山、水、田、林、路综合治理，强化防治面源污染，因地制宜、宜林则林、宜草则草、集中连片、注重规模，狠抓水土保持生态建设，达到社会效益、生态效益和经济效益的统一，有效地保护水土资源、防治面源污染和改善当地的生态与环境。

三、荒漠化

荒漠化是当今全球最为严重的十大环境问题之一，已成为实现联合国千年发展目标的重要障碍。预防荒漠化对提高人类福祉水平和实现社会经济可持续发展具有重要意义。

（一）荒漠化的概念

根据法国植物学家、生物学家 Aubreville 于 1949 年出版的《热带非洲的气候森林和荒漠化》一书中的定义，荒漠化是指"在人为造成土壤侵蚀而破坏土地的情况下，使生产性土地最终变成荒漠的过程"。1992 年联合国环境与发展大会这样定义，"荒漠化是由于气候变化和人类不合理的经济活动等因素使干旱、半干旱和具有干旱灾害的半湿润地区的土地发生退化"。

沙漠化、石漠化、冻融荒漠化、土壤盐渍化等都属于荒漠化的范畴，共同表现为环境或土地的退化过程。

沙漠化是"干旱、半干旱及部分半湿润地区由于人类不合理经济活动和脆弱环境相互作用而造成的土地生产力下降、土地资源丧失、地表呈现类似沙漠景观的土地退化过程"。它是以空气动力为主要自然营力叠加在人类活动的条件下所造成的土地退化过程，即风蚀性荒漠化，如图 3-5 所示。

图 3-5　土壤荒漠化

图片来源: http://xian.qq.com/a/20080617/000090.htm.

　　石漠化是土地石质荒漠化的简称，是在亚热带湿润岩溶地区及其发育的自然背景下，由于人为活动的干扰，森林植被遭受破坏，土壤有机质和细小颗粒的减少，基岩裸露或沙砾堆积，地表呈现荒漠化的土地退化，这是石质山区生态恶化的极端形式。它是以流水冲刷为主要自然营力引起的水土流失加之人为过度干扰而导致的土地退化，即水蚀性荒漠化。

　　冻融荒漠化是中国冷高原所特有的荒漠化类型，是在气候变化、人为活动的作用下，使高海拔地区多年冻土发生退化，季节融化层厚度增大，地表岩土的冻土地质地貌过程得到强化，造成植被衰退、土壤退化、地表裸露化、破碎化的土地退化过程。

　　土壤盐渍化是指易溶性盐分在土壤表层积累的现象或过程，也称盐碱化，主要发生在干旱、半干旱和半湿润地区。盐碱土的可溶性盐主要包括钠、钾、钙、镁等的硫酸盐、氯化物、碳酸盐和重碳酸盐，硫酸盐和氯化物一般为中性盐，碳酸盐和重碳酸盐为碱性盐。

（二）荒漠化的现状

荒漠化是当今世界具有局地与全球效应的最为严重的环境问题之一，除南极洲以外的其他各洲均存在荒漠化土地（表 3-3）。按照联合国环境规划署（UNEP）的分类标准，地球陆地表面 41%为干旱半干旱地区，其中 69%的土地已经退化。

表 3-3　各大洲荒漠化状况

地区	干地总面积/10^4 km²	退化面积/10^4 km²	退化比例/%
非洲	1 432.59	1 045.84	73.0
亚洲	1 881.43	1 341.70	71.3
澳洲	701.21	375.92	53.6
欧洲	145.58	94.28	64.8
北美洲	578.18	428.62	74.1
南美洲	420.67	305.81	72.7

就我国而言，根据第三次全国荒漠化和沙化监测最新数据，截至 2004 年现有荒漠化土地 $2.636×10^6$ km²，占国土地总面积的 27.46%，其中沙化土地面积 $1.73×10^6$ km²，占国土总面积的 18.12%，而且情形还在继续恶化。仅沙化面积每年增加的速度就达 $2.46×10^3$ km²。草地退化率 56.6%，耕地退化率也超过 40%，不少地区森林大面积衰退以致死亡，800 多 km 铁路和数千公里公路因风沙堆积而阻塞，数以千计的水利工程设施和城镇设施受到危害，受影响人口近 4 亿，每年造成的直接经济损失高达 630 亿元。许多地方受到风沙、山洪及泥石流危害，粮食供求关系紧张，部分地区的温饱问题至今尚未得到解决。不少人因此被迫放弃家园，流离失所，成为环境难民。

荒漠化地理分布：一是北方沙漠化区域，涉及内蒙古、黑龙江、吉林、辽宁、河北、山西、陕西、宁夏、甘肃、青海、新疆 11 个省

（区），面积 $3.71×10^5 km^2$，占国土面积的 3.8%；二是石漠化区域，主要分布在广西、贵州、云南 3 省（区），在湘西、粤北、川南、重庆等地也有部分分布，其中贵州石漠化面积达 $5×10^4 km^2$，广西达 $4.7×10^4 km^2$，云南达 $3.3×10^4 km^2$。从整个西南岩溶山地来讲，石漠化土地主要分布在长江上游的金沙江、乌江流域和珠江上游的红水河段，南北盘江、左江、右江流域以及国际河流红河、澜沧江、怒江流域。根据国家林业局最新发布的岩溶地区石漠化状况公报显示，截至 2005 年底，长江流域石漠化面积最大，为 $7.321×10^4 km^2$，占石漠化总面积的 56.5%；珠江流域次之，为 $4.865×10^4 km^2$，占 37.5%；其他依次为红河流域 $5.23×10^3 km^2$，占 4.0%；怒江流域 $1.77×10^3 km^2$，占 1.4%；澜沧江流域 $7.6×10^3 km^2$，占 0.6%。

我国历史上的土地沙漠化主要发生在干旱草原及荒漠草原地带和干旱地带的沙漠边缘的河流沿岸或深入到沙漠内部的河流下游地区。而现代沙漠化土地从 20 世纪 50 年代开始，面积扩大、速度加快。自 90 年代以来，整个北方沙漠化土地以每年 $2\,460\ km^2$ 的速度扩展。

西南各省的石漠化总体上呈加剧趋势，每年以 $1\,800$ 多 km^2 的速度扩展着。据预测，在 25 年内石漠化面积还要翻一番。据滇、黔、桂三省区的统计，严重石漠化面积现仍以每年 $263\ km^2$ 的速度增加，严重威胁西南岩溶石山地区 $8\,000$ 多万居民的生存。20 世纪 80 年代末至 90 年代末，石漠化面积以年均 $1\,650\ km^2$ 的速度增长，年增长率为 2%。通过对云南、贵州、广西、湖南 4 个重点省（区）的部分区域进行监测，1990—2002 年，石漠化土地面积均呈扩展趋势，其年均扩展速率在 0.8%～3.2%。

土地盐渍化是全球干旱、半干旱地区土地利用中存在的严重的环境问题。人们一般把表层含有 0.6%～2%以上的易溶盐的土壤称为盐渍土。土壤盐渍化严重时，一般植物很难成活，土地就成了不毛之地。由于人类不合理的农业措施而发生盐渍化称为次生盐渍化，由此生成的盐渍土称次生盐渍土。次生盐渍化使世界上 30 多个国家受到不同程度的危害，严重削弱了土地的生产能力。我国盐渍土或称盐碱土的分布范围广、面积大、类型多，总面积约 $1×10^6 km^2$。

（三）荒漠化的原因

荒漠化是由许多因素综合作用的结果，这些因素既包括土地利用模式、习惯行为和气候变化等直接驱动力，同时还包括人口压力、社会经济和政策因素以及国际贸易等间接驱动力，而且间接驱动力与直接驱动力都随时间和空间发生变化。在间接驱动力的作用下，如果当地的土地使用者对稀缺的自然资源进行不可持续的利用，就会造成荒漠化的发生，再加上全球气候变化的影响，荒漠化过程可能进一步加剧。相反，在条件允许的情况下，如果旱区居民按照可持续利用的方式改善其农耕习惯和提高放牧的迁移率，则会避免土地退化的发生。以沙漠化、石漠化、盐渍化的成因加以说明。

沙漠化的成因，主要有自然因素和人为因素两类。自然因素主要是指异常的气候条件，特别是严重的干旱条件，由此造成植被退化，风蚀加快，引起沙漠化。近百年来，尤其是自 20 世纪 50 年代以来，我国干旱半干旱和半湿润区的气候，在一系列波动变化中呈现明显的变暖、变干趋势，伴随气候的干暖化，我国的沙漠化土地面积不断扩大，发展速度不断递增。据预测，21 世纪初我国北方沙区的气候将进一步干暖化，因而土地沙漠化的自然过程也将进一步加快和加剧。人为因素主要指过度放牧、乱砍滥伐、开垦草地并进行连续耕作等，由此造成植被破坏，地表裸露，加快风蚀或水蚀。就全世界而言，过度放牧和不适当的旱作农业是干旱和半干旱地区发生荒漠化的主要原因。同样，干旱和半干旱地区用水管理不善，引起大面积土地盐碱化，也是一个十分严重的问题。据统计，因人类活动影响所导致的土地荒漠化，25.4%起源于过度耕种，28.3%起源于过度放牧，31.8%起源于过度樵采燃料，8.3%起源于滥用水资源，其他占 6.2%。过度放牧、过度耕作和大量砍伐薪材是土地荒漠化的主要原因。

石漠化是在潜在的自然因素基础上，主要由人类活动（如过度的农垦、樵采）所致。石漠化的发生、发展过程实际上就是人为活动破坏生态的地表覆盖度降低的土壤侵蚀过程。表现为：人为因素→林退、草毁→陡坡开荒→土壤侵蚀→耕地减少→石山、半石山裸露→土壤侵蚀→完全石漠化（石漠）的逆向发展模式。根据国家林业局最新发布的岩溶地区石漠化状况公报显示，人为因素形成的石漠化土地中，过度樵采占 31.4%，不合理耕作占 21.2%，开垦占 15.1%，乱砍滥伐占 13.4%，过度放牧占 8.2%。另外，乱开矿和无序工程建设等也加剧了石漠化的扩展，占人为因素形成的石漠化面积的 10.7%。

人类不当的灌溉活动对盐渍土的形成有很大的影响。在干旱和半干旱地区，正确的灌溉可以达到改良盐土的目的；反之，不良的灌溉（如灌溉水量过大、灌溉水质不好）可导致地下水水位上升，引起土壤盐渍化。由于不合理的灌溉，我国也发生了大面积的次生盐渍化。全球有 $9.5×10^8$ hm² 土地（约占耕地总面积的 1/3）的生产力受到土壤盐分日益增长的不利影响。近 $6×10^8$ hm² 的耕地，即约灌溉总面积24%的土地，是因灌溉不当而产生盐渍化的。

（四）荒漠化的危害

土壤荒漠化可使土壤生产功能衰退，土地生产力下降，农牧业减产，带来巨大的经济损失和一系列社会恶果。在极为严重的情况下，甚至会造成大量生态难民。据 1997 年联合国沙漠化会议估算，荒漠化在生产能力方面造成的损失每年接近 200 亿美元。从各大洲损失比较来看，亚洲损失最大，其次是非洲、北美洲、澳洲、南美洲、欧洲。从土地类型来看，放牧土地退化面积最大，损失也最大，灌溉土地和雨浇地受损失情况大致相同。

土壤荒漠化使稀疏的作物遮挡不住暴雨对土壤颗粒的冲击，导致土地生产潜力衰退，土地生产力下降。缺少植被而裸露的地表凭日晒风吹，不断地损失它的水分和肥沃的表层细土。单调的作物又吸收走了土壤中的某些无机和有机肥料，并随收获被带出土壤生态系统以外，年复一年，不断减少着土壤的肥力，导致土壤品质恶化，于是水土流失便加速进行。

土壤荒漠化还会导致人类生存环境的恶化，危及社会与经济的可持续发展。荒漠化区域的人均国民生产总值最低，婴儿死亡率最高，人类福祉状况最差。同时，在受荒漠化影响的各类人群当中，贫困人群中妇女和儿童等弱势人群的处境最为严峻。目前，旱区发展中国家的平均婴儿死亡率高出工业化国家 10 倍。在世界上的不同地方以及不同程度的干旱区域，旱区人口的福祉与贫困状况存在显著差异，其中亚洲和非洲的旱区形势最为严峻，其人类福祉水平显著低于世界上的其他旱区，而且旱区的高人口出生率使得这种差异进一步加剧。如果旱区的土地荒漠化和生态系统服务退化进一步加剧，必将使得更多人口的生存遭受威胁。

荒漠化加剧了生态环境恶化，导致生物多样性降低，危及生态安全。荒漠化具有区域与全球尺度的环境效应，有时会对远离荒漠化区域数千公里的其他地区产生不利影响。荒漠化的有关过程，比如植被减少，会促进气溶胶和尘埃的形成。反过来，这些变化又会对云的形成、降水格局、全球碳循环以及生物多样性产生影响。例如，北京春季的大气能见度常常受到来自戈壁荒漠的沙尘暴的不利影响，而且起自中国境内的大规模的沙尘暴有时会对朝鲜半岛和日本，甚至北美的空气质量造成影响。荒漠化加剧了沙尘暴的恶化，沙尘暴的增加，是导致人类在旱季出现不健康症状（发烧、咳嗽以及眼睛胀痛）的一种主要原因。来自东亚和撒哈拉地区的沙尘暴，已对远在北美的居民造成了不利影响，导致该地区的呼吸道疾病增加，同时也对加勒比海地区的珊瑚礁产生了不利影响。此外，旱区植被的减少还会导致旱区之外的下游地区洪水泛滥，造成水库、河流三角洲、河口及沿海地区泥土大量淤积。

最后，荒漠化产生的社会和政治效应也会扩展到旱区之外。旱灾频发以及土地生产力的丧失，已经成为人口由旱区向其他地区迁移的主要原因。外来移民的大量涌入，将会削弱当地人口对生态系统服务的持续利用能力。同时，这种移民方式还会加剧城市的扩张，而且由于对稀缺自然资源的争夺，还会引发内部和跨界的社会、种族及政治冲突。因此，荒漠化引起的移民，会对局地、区域乃至全球政治与经济的稳定性造成不利影响，进而可能招致外来干预。

（五）荒漠化未来发展情景及其防治措施

千年生态系统评估（MA）设计了全球协同、技术家园、实力秩序和适应组合 4 种未来情景来分析未来 50 年（2000—2050 年）政策和生产实践结合对荒漠化的影响。

专栏 3-5　千年生态系统评估

千年生态系统评估（MA）项目主要是应各国政府履行《联合国防治荒漠化公约》《生物多样性公约》《湿地公约》和《迁移物种公约》的迫切要求而启动的。其中，针对《联合国防治荒漠化公约》编写了《生态系统与人类福祉：荒漠化综合报告》，并对全球荒漠化现状、未来情景及治理对策等进行了分析研究。

在全球协同情景中，世界的发展日益全球化，而且对生态系统实行被动式管理，它的主要特征是强调公平、经济增长以及基础设施和教育等公共物品的发展。在技术家园情景中，世界的发展也是日益全球化，但是对生态系统实行主动式管理，它的主要特征是强调清洁技术的发展。在实力秩序情景中，世界的发展日益区域化，而且对生态系统实行被动式管理，它的主要特征是强调安全保障与经济增长。在适应组合情景中，世界的发展也是日益区域化，但是对生态系统实行主动式管理，它的主要特征是强调局部适应与经验的重要性。

但在以上 4 种情景中，荒漠化面积都会不断扩大，没有情景显示荒漠化的威胁会出现消退。但是在不同情景条件下，其发展程度也不相同。在今后一段时期内，贫困和不可持续的土地利用模式将仍是荒漠化的主要驱动力，缓解旱区的土地压力与消除贫困二者密切相关。在 MA 的 4 种情景中，人口增长与食物需求增加将会驱动耕地扩展，而且通常是以牺牲疏林地和牧场为代价，这样就可能导致荒漠化的空间范围不断扩大。此外，4 种情景的荒漠化状况均与气候变化具有密切联系，而且气候变化对荒漠化的影响结果总是随着区域和管理方式而变化。

如果采取主动的管理方式去积极应对旱区的荒漠化及其经济状况，那么未来就会呈现更好的前景。在积极主动的管理方式中，生态系统管理的目标是主动适应各种变化，增强生态系统的弹性，同时提高社会应对荒漠化干扰的能力。因此，适应气候变化和不扩大灌溉面积等措施，将会共同遏制荒漠化的扩展。相反，在消极被动的管理方式中，当前的生态系统服务压力（如气候变化、过度放牧和大规模灌溉）则会保持不变或者进一步加重，从而导致荒漠化加剧。其中，在实力秩序情景中，旱区发展的不可持续性最为严重。

情景分析表明，全球化趋势并非一定导致荒漠化加剧。在全球化背景下，由于制度改革和技术进步，世界各地将会在生态系统管理方面开展更好的合作和更加有效的资源转移。例如，在技术家园情景中，强化产权等政策改革以及对各种环境问题进行更好的通盘考虑，使得旱区的压力相对减小。相反，在区域化的世界里，由于国家或区域之间的资源转移不断减少，全球协议的作用则会受到很大限制。

防治荒漠化策略是以防为主，防治并举，防治用结合，但由于修复荒漠化区域成本昂贵，而且收效甚微，因而工作的重点一般放在预防上。

（1）营造防护林，将资源开发与固沙绿化相结合　自 20 世纪 70 年代开始，国家针对荒漠化的防治先后启动了一批重点生态建设工程，主要的措施有："三北"防护林体系工程、防沙治沙工程、中西部退耕还林还草工程、围封禁牧，建立西部地区自然保护区工程。

（2）针对沙漠化、石漠化、盐渍化不同的荒漠化类型，因地制宜采取不同工程和技术措施进行防治　在治理严重沙漠化土地中，西部沙区结合当地自然特点，因地制宜创造性地研究出适合于极端干旱区的新疆和田地区沙漠化防治模式，适合于半干旱区的陕西省榆林市沙漠化防治模式，适合于高寒区的青海省共和县沙珠玉沙漠化防治模式，适合于干旱绿洲甘肃省临泽县平川沙漠化防治模式。这些工程措施和模式，对于治理我国沙漠化起到了重要的作用，今后还要大力推进。对于轻度、潜在沙漠化土地，主要采用林、田、果（含瓜）、药（含草）、乔、灌、杂（杂粮）复合生态治理模式，即采用围封禁牧、生态移民、舍饲和小草库伦等措施，贯穿荒漠生态恢复和生物工程措施、农业工业化、资源高效利用等新的发展模式，治理土地沙漠化。

石漠化防治可依托长江防护林、珠江防护林、坡改梯等工程，积极有效研究适用技术，探索生态效益、经济效益、社会效益俱佳的石漠化防治的治理模式。如节水农业型、林业先导型、异地移土型、上保中治下开发型、单元流域（小流域）治理型、坡面生态工程模式、环境移民型等模式，实施防治石漠化工程。要及时准确搞好荒漠化监测，全面规划、分步实施国家防治荒漠化措施，合理利用水土资源，加快国土绿化进程。

对于盐渍土的治理，以灌溉排盐为主，实行沟、渠、路、林、田配套，从农、林、牧各业的实际出发，因地制宜地推广地膜棉、合理扩种水稻，适当发展林、牧业，维护生态平衡。实行统一管理、科学指导，将土壤脱盐过程与培肥和改善土壤理化性质、提高土地生产力的过程结合起来，进行综合治理。

（3）改变荒漠化地区居民种植观念，创造新的生计方式　对荒漠化地区居民要利用激励机制，转变当地政府与公众的观念，通过可持续的方式不断改进农业耕作习惯，提高放牧的流动性。例如在干旱地区进行水产养殖业、旱区温室农业及相关的旅游活动等。

四、湿地破坏

（一）湿地的概念与类型

中国对湿地研究的认识和记载已有几千年的历史，《礼记·王制篇》中把水草所聚之处称为"沮泽""沮洳""斥泽"或"下湿地"等。在《禹贡》《水经注》《徐霞客游记》等地埋古籍中都有关于湿地的记载，并赋予不同的名称，反映出其成因类型和物理性状的不同。但到20世纪20年代，在中国地学丛书中才出现"沼泽"名词；到80年代，基本沿用传统沼泽的概念；自1992年中国加入《湿地公约》后，湿地概念被广泛地应用；随着每年"湿地科学家协会"
国际会议的召开，中国湿地研究加快了与国际交融的步伐，才流行
使用"湿地"概念。

湿地是地球表层生态系统的重要组成部分，它是由水陆相互作
用而形成的具有特殊功能的自然综合体。由于它的成因和类型不
同，人们认识上的差异及其目的不同，对湿地的理解和定义也就不
同。其中最权威、最具代表性的是《湿地公约》中的定义，即湿地
是指天然或人工，长久或暂时之沼泽地、湿原、泥炭地或水域地带，
带有静止或流动、咸水或淡水、半咸水或咸水水体者，包括低潮时
水深不超过 6 m 的水域。很多研究者从水文学、植物学、泥炭地质
学和景观学等不同的学科、研究区域及对象的不同，也给出了多种
不同的定义。中国科学工作者总结和提出了符合中国湿地自然特性
的概念，认为湿地具有 3 个相互制约的特征，即地表经常过湿或有
薄层积水；必须生长有湿生植物；土层严重潜育化或有泥炭的形成
和积累。总之，湿地是以多水（积水或过湿）、独特的土壤（水成
土或半水成土）和适水的生物为基本特征的独特景观。

湿地通常分为自然和人工两大类。自然湿地包括了湿原、沼泽、
泥潭、泛滥平原。

湿原又分高、中、低三种湿原形态：高层湿原是指落叶枯木等
堆积物浮在水位之上，低层湿原则是浸于水中，看得见水面的湿原。
大的湿地中有80%属于低层湿原，中间部为高层湿原。

沼泽全年或大多数季节有薄层的积水，包括有海岸的红树林的
大片湿地、沼泽森林的泛滥平原和开阔水面（芦苇和莎草沼泽）。
根据有无泥炭积累，沼泽又划分为泥炭沼泽和潜育沼泽两大类。泥
炭沼泽即泥潭，是由于植物堆积没有完全分解，在半淹没、氧气不
足、酸性、低温或缺乏养分的情况下而形成。泥炭是其特殊的地矿
资源，厚度可达 1 m 至数十米。潜育沼泽地表长期过湿或有薄层积
水，土层严重潜育化，有较厚的草根层，但无泥炭积累，有机质含
量一般在 10%左右，其土体下层有明显的灰蓝色或暗灰色低价还原
物质存在，植被以草本为主。这类沼泽地势低洼，地表常有黏土或

亚黏土层，排水不良，透水能力极差。主要分布于东部平原及滨海地区，如三江平原、松辽平原、华北平原及长江中、下游地区。

泛滥平原靠近江河河道，由于季节性降雨或雪融，造成周期性的洪水，形成众多河边湿地、三角洲或洪漫区以及星罗棋布的湖泊。

人工湿地主要有水稻田、水库、池塘、运河和积水的废矿坑等主要类型。

（二）湿地的生态功能

湿地是重要的国土资源和自然资源。它与森林、海洋一样，是地球上重要的生命支持系统之一，与人类及许多野生动物生存和发展息息相关，在生态学、植物学、生物学、湖沼学、水文学和经济学上都具有重要的意义。它不仅能为人类提供大量食物、原料和水资源，而且在维持全球生态平衡、保持生物多样性和珍稀物种资源以及涵养水源、蓄洪防旱、降解污染、调节气候、补充地下水、控制土壤侵蚀等方面均起到重要作用。

湿地为特有的动植物提供生存环境，是物种基因库。自然湿地不但是水生动物和水生植物优良的生存场所，也是河马、儒艮、白鹤、丹顶鹤、天鹅等许多珍稀和濒危野生动物，特别是水禽必需的栖息、迁徙、越冬和繁殖地。我国湿地生物多样性十分丰富，孕育着 2 200 多种野生植物和 1 770 多种野生动物，仅鸟类就达到 271 种之多。自然湿地还保存了许多物种基因，使许多野生生物在不受干扰的情况下安然生存和繁衍。

湿地是食物链的支持者，它通过滋生植物、滋养生物维持有机物质的循环，经过水流和潮汐运动，将养分和食物交替运出，因此它是水域和陆地联系的纽带。河流、湖泊和海岸等湿地贮藏有丰富的无机盐及有机物，再加上植物体本身枯枝落叶的凋落与分解，使得湿地区域积累了大量的有机养分。这些养料为域中的浮游生物利用，也因其底泥中沉积大量有机物成为一些底栖动物的最佳生存环境，从而构成完整的食物碎屑网。这些有机碎屑可以成为一些基本消费者的食物或释放出大量营养盐并被植物本身或浮游生物吸收。

这不仅给鱼、虾、贝类等生物提供丰富的食物来源及栖息场所，也成为蛋白质的主要生产基地和生态营养贮存库。

湿地调节大自然水分循环，具有较大的水文调节和循环功能，可以有效贮存、滞留降水和地表径流，并补充地下水。通常，$1~hm^2$ 的湿地能蓄滞 $9~144~m^3$ 的水体。我国湿地维持着约 $2.7\times10^{12}~t$ 淡水资源，占全国可利用淡水资源总量的 96%。湿地是良好的蓄水库，有很高的持水能力，能减弱洪峰袭击，防御风暴。美国对密西西比河上游减洪的生态方式研究发现，如果恢复密西西比河上游洪泛区的湿地，能蓄滞 $1~182.72\times10^8~m^3$ 的洪水，相当于 1993 年美国大洪水的洪量，并可以减少 160 亿美元的防洪费用。

湿地具有降解污染、净化水质的功能。通过水的稀释扩散、沉淀堆积、氧化还原、微生物分解等自净能力，降解污染和净化水质，维持着大自然的自身平衡。泥炭及土壤有机物对各种离子有极强的吸附力，可以净化污水中的油脂、重金属化合物，吸收空气中的粉尘和所携带的微生物而净化空气，是各种有毒物质的过滤器。

湿地是全球碳循环的源和汇，在二氧化碳、甲烷等温室气体的固定和释放中起着重要的"转换器"作用。据研究，每平方千米沼泽湿地固碳能力为 $3.43~t$，是同等面积森林固碳能力的两倍。湿地水文条件是影响湿地中碳积累和分解过程的重要控制因素，它控制湿地水位和水的流动速率，进而决定溶解有机碳的输入与输出过程。譬如湿地地表积水深度和地下潜水水位影响土壤二氧化碳和甲烷通量。稳定的水位使湿地在一段时间内处于缺氧环境而生成甲烷。相反，若水位变动幅度大，则沉积的有机碳被氧化成二氧化碳。湿地水文还通过影响土壤的 pH 值，影响微生物活性和土壤有机碳周转，进而造成土壤的碳积累或碳损失。

湿地的作物如红树林、芦苇等，具有良好的环境保护功能。因其特殊的形态特性，不仅可以拦截泥沙、扩大滩地，还可以保护海湾不受飓风大浪直接袭击，具有极佳的护岸功能，红树林落叶还提供鱼类免费的食料，节省养殖成本，具有环境保护效能。

湿地具有很好的经济效能。湿地中的泥炭是其主要地矿资源和类似于煤、石油的能源资源；泥炭也作有机肥基质，可以生产多用途的高档肥料；泥炭腐殖质是重要的有机化工原料。

2002 年联合国环境署的权威研究数据显示，1 km² 湿地生态系统每年创造的价值高达 1 400 万美元，是热带雨林的 7 倍，是农田生态系统的 160 倍。

湿地还是孕育和传承人类文明的重要载体。或因为现在的自然景观，或因为过去的文化、气候、景观的自然遗存，湿地一直是人们旅游和娱乐参观的胜地。例如，尼罗河的古埃及文明、幼发拉底河和底格里斯河的古巴比伦文明、黄河的华夏文明。湿地以其特有的美学、教育、文化、精神等功能，产生了宗教、民俗、音乐等独特文化。许多湖泊是少数民族群众的圣湖和重要的宗教活动场所。中国四大名楼都位于湿地或其周边地区，成就了许多流传千古的诗词歌赋。

（三）湿地的现状

如果湿地被定义为地球上除海洋外的所有大面积水体，那么全球共有湿地 8.558×10^6 km²，占地球表面 6.4%。如果按照《湿地公约》的定义"不超过 6 m"，全球有占地球陆地面积约 1.4%的湿地，但却为地球上 20%的已知物种提供了生存环境，具有不可替代的生态功能。因此湿地享有"地球之肾"的美誉，也受到人们的高度重视。

在我国，从寒温带到热带、从沿海到内陆、从平原到高原山区都有湿地分布，其中单块面积大于 1 km² 的湿地总面积为 3.848×10^5 km²（不包括香港、澳门和台湾，不包括水稻田），约占国土总面积的 4%，位居亚洲第一、世界第四。我国湿地类型众多，分布广泛。一个地区内常常有多种湿地类型，一种湿地类型又常常分布于多个地区。共有滨海、河流、湖泊、沼泽、库塘等湿地 5 类 28 型，是世界上湿地类型最丰富的国家之一。其中滨海湿地 5.94×10^4 km²，河流湿地 8.20×10^4 km²，湖泊湿地 8.35×10^4 km²，沼泽湿地 1.370×10^5 km²，库塘湿地 2.28×10^4 km²。自 1992 年加入

《湿地公约》以来，中国列入国际重要湿地名录的湿地 36 处，总面积达 $3.8×10^4$ km²。具体如表 3-4 所示。

表 3-4　中国国际重要湿地名录

批次	湿地名称	批次	湿地名称
首批 1992	黑龙江扎龙自然保护区 青海鸟岛自然保护区 海南东寨港红树林保护区 香港米埔湿地 江西鄱阳湖自然保护区 湖南东洞庭湖自然保护区 吉林向海自然保护区	第三批 2005	辽宁双台河口湿地 云南大山包湿地 云南碧塔海湿地 云南纳帕海湿地 云南拉什海湿地 青海鄂陵湖湿地 青海扎凌湖湿地 西藏麦地卡湿地 西藏玛旁雍错湿地
第二批 2002	黑龙江洪河自然保护区 黑龙江三江自然保护区 黑龙江兴凯湖自然保护区 内蒙古达赉湖自然保护区 内蒙古鄂尔多斯自然保护区 辽宁大连斑海豹保护区 江苏大丰麋鹿自然保护区 江苏盐城沿海滩涂湿地 上海崇明东滩自然保护区 湖南南洞庭湖自然保护区 湖南西洞庭湖自然保护区 广东湛江红树林保护区 广东惠东港口海龟保护区 广西山口红树林保护区	第四批 2008	上海长江口中华鲟湿地自然保护区 广西北仑河口国家级自然保护区 福建漳江口红树林国家级自然保护区 湖北洪湖省级湿地自然保护区 广东海丰公平大湖省级自然保护区 四川若尔盖国家级自然保护区

我国湿地物种非常丰富。动物类有兽类 7 目 12 科 31 种，鸟类 12 目 32 科 271 种，爬行类 3 目 13 科 122 种，两栖类 3 目 11 科 300 种，鱼类有 1 000 多种。此外，甲壳类、虾类、贝类等脊椎和无脊椎动物种类繁多。植物类中有高等植物约 225 科 815 属 2 276 种，苔藓植物 64 科 139 属 267 种，蕨类植物 27 科 42 属 70 种，裸子植物 4 科 9 属 20 种，被子植物 130 科 625 属 1 919 种。湿地植物种密

度为 0.005 6 种/km²，超过植物区系最丰富的巴西。

在沧桑巨变中，湿地以出色的自我调节能力维持着自身的平衡。但随着人口的增长和人类社会经济的发展，对自然资源的过度和无序的开发利用加剧，污染源形成和对自然环境的污染越加严重，全球湿地不断遭到严重破坏。据 2007 年国家环境公报记载，我国地表水污染严重，湖泊富营养化问题突出。七大水系总体为中度污染，197 条河流 407 个断面中，Ⅰ～Ⅲ类、Ⅳ～Ⅴ类和劣Ⅴ类水质的断面比例分别为 49.9%、26.5% 和 23.6%。其中，长江、珠江水质良好；黄河、松花江、淮河中度污染；海河和辽河重度污染。浙闽区河流，Ⅰ～Ⅲ类、Ⅳ类水质的断面比例分别为 78.2%、21.8%，主要污染指标为石油类、氨氮和五日生化需氧量；西南诸河Ⅰ～Ⅲ类、Ⅳ～Ⅴ类和劣Ⅴ类水质的断面比例分别为 82.4%、11.7% 和 5.9%，主要污染指标为铅、高锰酸盐指数和石油类；西北诸河Ⅰ～Ⅲ类、Ⅳ类和劣Ⅴ类水质的断面比例分别为 82.1%、14.3% 和 3.6%，主要污染指标为氨氮。在监测的 26 个国控重点湖（库）中，重度富营养的 2 个，占 7.7%；中度富营养的 3 个，占 11.5%；轻度富营养的 9 个，占 34.6%，如表 3-5～表 3-7 所示。

表 3-5 全国重点大型淡水湖泊水质状况

湖库名称	营养状态指数	营养状态	水质类别 2007 年	水质类别 2006 年	主要污染指标
白洋淀	83	重度富营养	劣Ⅴ	劣Ⅴ	氨氮、总磷、总氮
达赉湖	64	中度富营养	劣Ⅴ	劣Ⅴ	pH、高锰酸盐指数
镜泊湖	59	轻度富营养	Ⅳ	Ⅳ	挥发酚、总磷
博斯腾湖	57	轻度富营养	Ⅲ	Ⅲ	—
洪泽湖	56	轻度富营养	劣Ⅴ	劣Ⅴ	总氮、总磷
南四湖	53	轻度富营养	Ⅴ	劣Ⅴ	总磷、总氮、石油类
洞庭湖	45	中营养	Ⅳ	Ⅴ	总磷、总氮
鄱阳湖	45	中营养	Ⅳ	Ⅴ	总磷、总氮
洱海	40	中营养	Ⅲ	Ⅲ	—
兴凯湖	—	—	Ⅳ	Ⅱ	挥发酚

表 3-6   全国城市内湖水质评价结果

湖库名称	营养状态指数	营养状态	水质类别		主要污染指标
			2007 年	2006 年	
东湖	65	中度富营养	劣V	劣V	总磷、总氮
大明湖	56	轻度富营养	劣V	劣V	总氮、生化需氧量
玄武湖	55	轻度富营养	劣V	劣V	总氮、总磷
西湖	55	轻度富营养	劣V	劣V	总氮、总磷
昆明湖	47	中营养	III	III	—

表 3-7   全国大型水库水质评价结果

湖库名称	营养状态指数	营养状态	水质类别		主要污染指标
			2007 年	2006 年	
大伙房水库	54	轻度富营养	V	劣V	总氮
于桥水库	48	中营养	V	IV	总氮
丹江口水库	47	中营养	III	III	—
崂山水库	47	中营养	劣V	劣V	总氮
松花湖	44	中营养	V	V	总氮
董铺水库	43	中营养	III	III	—
门楼水库	42	中营养	劣V	劣V	总氮
密云水库	32	中营养	II	III	—
千岛湖	32	中营养	III	III	—
石门水库	—	—	II	II	—

2007 年，全国近岸海域水质总体为轻度污染，水质略有下降。近岸海域Ⅰ、Ⅱ类海水比例为 62.8%，下降 4.9 个百分点；Ⅲ类为 11.8%，上升 3.8 个百分点；Ⅳ类、劣Ⅳ类为 25.4%，上升 1.1 个百分点。四大海区近岸海域中，南海、黄海近岸海域水质良，渤海为轻度污染，东海为重度污染，如表 3-8 所示。

表 3-8 入海河流排入四大海区各项污染物总量

海区	高锰酸盐指数/万 t	氨氮/万 t	石油类/万 t	总磷/万 t
渤海	17.08	3.68	0.15	0.33
黄海	28.41	4.14	0.4	0.81
东海	295.09	57.62	3.27	20.74
南海	102.63	18.71	2.2	3.09
合计	443.21	84.15	6.02	24.97

（四）破坏湿地的危害

湿地遭到破坏，将会导致湿地萎缩，湿地水流量的减少，动物迁徙和洄游的改变，水体富营养化或者污染。

对湿地中泥炭的开采将使得湿地消失、植被遭到破坏、自然环境发生变化。比如 20 世纪 50 年代中叶至 80 年代中叶，阿坝、若尔盖、红原三县在高原泥炭沼泽区开挖人工排水沟渠，开采泥炭 $60 \times 10^4 \, m^3$，使得贮存在湿地内的碳排放到大气中，成为气候变暖的一个重要因素。

对湿地经济物种和生态物种的过度捕捞、乱捕滥猎，直接导致物种的濒危。例如，红树林的砍伐，不仅破坏了资源，丧失风暴和海浪对于海岸冲刷的缓冲作用，还破坏了红树林下多种经济鱼虾的繁殖场所。因湿地数量的减少，污染源的侵染和水体、空气和土壤污染加重，也会使成千上万的水生物及鸟类死亡，造成湿地生物多样性减少。

在江河上修建水坝，以坝围湖，虽然产生了短期的农业、防洪方面的效益，但却影响了河流对湿地的水量补给。比如，沼泽的生态价值要比耕地高许多倍，但往往被误认为废地，通过疏于来转变成具有生产用途的土地，"以湿改农"，围湖、围海造田，不仅减少了湿地，所形成的农田也因生态恶化而风蚀严重，土尘弥漫，水土流失加剧，甚至沙化。

（五）湿地保护

全球湿地正面临着面积缩小、功能衰退等威胁，为加强对湿地
的保护和利用，国内外均采取行动对湿地进行保护。

1971 年 2 月 2 日，来自 18 个国家的代表在伊朗南部海滨小城
拉姆萨尔签署了《关于特别是作为水禽栖息地的国际重要湿地公
约》（以下简称《湿地公约》），如今已有 158 个国家和地区参加世
界湿地公约组织。在 1996 年《湿地公约》常务委员会上决定，从 1997
年起，将每年的 2 月 2 日定为世界湿地日。自 1997 年以来每年的
世界湿地日主题，如表 3-9 所示。

表 3-9   1997 年以来世界湿地日主题

年份	主题
1997	湿地是生命之源（Wetlands：a Source of Life）
1998	湿地之水，水之湿地（Water for Wetlands，Wetlands for Water）
1999	人与湿地，息息相关（People and Wetlands：the Vital Link）
2000	珍惜我们共同的国际重要湿地（Celebrating Our Wetlands of International Importance）
2001	湿地世界——有待探索的世界（Wetlands World——A World to Dis Cover）
2002	湿地：水、生命和文化（Wetlands：Water，Life，and Culture）
2003	没有湿地—就没有水（No Wetlands - No Water）
2004	从高山到海洋，湿地在为人类服务（From the Mountains to the Sea，Wetlands at Work for Us）
2005	湿地生物多样性和文化多样性（Culture and Biological Diversities of Wetlands）
2006	湿地与减贫（Wetland as a Tool in Poverty Alleviation）
2007	湿地与鱼类（Wetlands and Fisheries）
2008	健康的湿地，健康的人类（Healthy Wetland，Healthy People）
2009	从上游到下游，湿地连着你和我（Upstream-Downstream：Wetlands Connect us all）

根据《2008 年中国国土绿化状况公报》可知，近几年来，我国已建立 550 多处湿地自然保护区，设立国家湿地公园总数达到 38 处，湿地保护面积近 1.79×10^4 km²，49%的自然湿地得到有效保护，许多湿地恢复了生态功能。但完全通过建湿地保护区和湿地公园的方式在一定程度上限制了对土地的合理开发和湿地的可持续利用。相比而言，美国作为湿地保护的先行者和积极推动者，在湿地管理和保护方面取得了一些值得学习和借鉴的经验。

专栏 3-6　美国湿地保护制度——缓解银行

20 世纪 70 年代，美国由鼓励湿地开发转而实行湿地保护政策。1988 年，布什总统提出实现湿地"零净损失"目标；1993 年克林顿政府出台"政府湿地计划"的联邦指导，规定保持美国现有湿地"零净损失"为美国湿地保护目标；2004 年，小布什提出了全面增加湿地数量和改善湿地质量的"总体增长"的新政策目标。

在实行湿地"零净损失"和湿地增加政策过程中，对于不可避免的湿地影响的补偿性缓解主要有 3 种方式：特定项目缓解、缓解银行和替代费缓解。其中缓解银行是用湿地面积来量化存款和借款的，开发者可以从缓解银行那里购买湿地"信用"存款（开发者在缓解银行所购买的湿地面积数量）以补偿开发项目所引起的任何损失或借款（缓解银行将支付给开发者的湿地面积数量）。

与金融银行账户不同，开发者或业主所购买的信用只能在陆军工程兵团授予许可并且批准第三方缓解的情况下使用，陆军工程兵团的工程师负责对破坏湿地是否无法避免并且缓解银行是不是补偿缓解的一种有利形式进行核实。

这个方法的好处主要体现在两个方面：一方面，湿地的新建和恢复过程是由在湿地科学方面比较专业的银行主办者来执行，这种技术优势是多数开发者所缺乏的；另一方面，缓解银行的存在相当于在开发者对湿地造成破坏之前就已经进行了相应的新建、恢复和维护工作。

为达到 2010 年我国 50%的自然湿地得到有效保护，湿地面积萎缩和功能退化的趋势得到遏制和初步扭转，到 2030 年 90%以上自然湿地得到有效保护的目标，主要从以下几个方面进行努力：

（1）建立政府管理湿地机构，加强湿地保护管理工作　政府需要做好国家层面立法工作，并推进地方性湿地保护法规制定工作，建立起我国湿地保护管理的法规体系。按照"谁受益，谁补偿"的原则，建立湿地生态效益补偿机制、湿地转变用途的资金补偿和面积补偿机制、湿地生态用水补偿机制和湿地污染的生态功能恢复机制。

（2）强化湿地保护管理的科技支撑，加强科技职能部门的指导详查湿地，进行分类和分类体系建设，以物理学和生物学以及生态学监测参数，制定评价标准和长期发展趋势的一般准则。首先，建立湿地资料库，给保护组织和开发组织提供依据，使湿地保护与科学开发利用计划融为一体；其次，发行湿地保护通信，制定恢复改善湿地环境的准则，敦促政策制定者重视湿地问题，制定湿地保护法律，同时加强湿地知识和管理的科学技术培训，培养一批能胜任湿地研究、管理和监测的专业人员。加强科技研究和推广，提高科技对湿地保护的贡献率。开展湿地与气候变化水资源安全、生物安全等关系的重大课题研究，准确全面地认识湿地生态系统的重要功能和价值。

（3）推进国家湿地保护工程建设　按照《全国湿地保护工程规划》及其《实施规划》的要求，抓好总体布局、重点项目和政策措施的落实，确保工程实施成效。认真履行国际公约，积极开展国际合作，履行好湿地公约常委会成员国和亚洲地区代表的责任和义务，不断提升履行公约的能力。建立健全国际重要湿地监管机制，完善多部门协作的湿地保护管理机制，形成合力共同保护湿地。

（4）广泛开展湿地保护宣传　在全民开展科学发展观教育，广泛开展湿地保护宣传教育，鼓励公众参与。建立中国湿地博物馆和全国五大区域湿地宣传教育培训中心，将此纳入国际重要湿地名录和国家湿地公园的建设项目，打造精品，形成宣教网络。

五、切实保障土壤生态安全

世界经济持续发展和繁荣，依赖于土壤生态安全；一个国家和民族的兴衰，往往同土壤的存在或消失息息相关。要保证或实现土壤生态安全，就是要防止由于土壤生态环境的退化对经济基础构成威胁，避免由于土壤环境质量状况恶化和自然资源的减少及退化而削弱其对经济可持续发展的支撑能力，防止环境问题导致环境难民大量产生而影响社会稳定。

中国生态环境恶化的原因是多方面的，既有自然原因，又有人为因素，主要是长期沿袭的粗放型经济增长方式和资源不合理开发利用。同时，一些地方的环境和资源保护监管薄弱，重开发、轻保护，重建设、轻管护，也是造成生态恶化的重要原因。随着城镇化和工业化的发展，人口增长和资源开发利用对生态环境的压力越来越大，国家生态安全面临更加严重的威胁。必须采取有效措施，切实解决生态环境问题，维护国家生态安全。

1. 规范国土空间开发秩序，促进人与自然和谐

要根据区域资源环境承载能力、现有开发强度和发展潜力，规范国土空间开发秩序，形成合理的空间开发结构，实行分类管理的区域政策，从源头上处理好保护与发展的关系。国家要对自然保护区等禁止开发区域，依法实行强制性保护，控制人为因素对自然生态的干扰。对重要生态功能区这样的限制开发区域，要坚持保护优先、适度开发，因地制宜发展资源环境可承载的特色产业，加强生态修复和环境保护。对重点开发区域要促进产业集群发展，壮大经济规模。对优化开发区域要改变依靠大量占用土地、大量消耗资源和大量排放污染物来实现经济较快增长的模式，提升产业结构层次。通过分区定位、分区开发、分区管理，有目的地约束人们的经济社会行为，改善人与自然环境的矛盾，促进人与自然和谐。

2．完善生态保护政策法规和环境经济政策，拓宽资金投入渠道

制定《土壤污染防治法》，做到有法可依，依法行政。进一步完善绿色信贷政策、绿色保险、上市公司环保核查制度和高污染高风险产品名录等。按照"谁开发谁保护，谁破坏谁恢复，谁受益谁补偿"的原则，加快建立生态补偿机制，研究制定下游对上游、开发区域对保护区域、受益地区对受损地区、受益人群对受损人群以及自然保护区内外的利益补偿政策，积极探索建立遗传资源获取与惠益共享机制，完善政府、企业、社会多元化环保投融资机制，拓宽资金投入渠道，解决生态保护资金短缺问题。

3．建立生态监测评价体系，提高环境监管水平

第一，建立国家生态安全的监测、预警系统，及时掌握国家生态安全的现状和变化趋势，为国家提供相关的决策依据；第二，制定国家生态安全的评价标准，对国家生态安全状况进行总体评价，并定期发布国家生态安全状况，让全社会直观、形象地了解我国的生态环境状况，提高人民群众对生态环境的关注度；第三，各地要根据当地生态环境状况，建立和完善适应当地的生态安全预警和防护体系。

4．强化资源开发环境监管，防止人为生态破坏

坚持保护优先、防治结合的原则，重点控制不合理的资源开发活动。资源开发利用规划和建设项目必须严格执行环境影响评价制度，从源头上防止生态破坏。要依法加强对土地、资源开发规划和项目的环境管理，切实加强中小型建设项目的环境监管。要严格控制破坏地表植被的开发建设活动，重点控制农牧交错区的土地退化和草原沙化。要加大生态保护的执法力度，对一些涉及面广的资源开发造成的生态环境问题，环保部门要积极协调有关部门共同行动，联合查处。

5. 提高全民生态安全意识，建设环境友好型社会

要提高人们的生态安全意识，在全社会开展生态安全教育和宣传，使每一个公民都意识到保护生态环境是公民的基本义务。要充分发挥广大人民群众的积极性，在全社会形成保护生态环境的良好氛围。

第三节　大气生态安全

一、大气生态安全的基本概念

大气环境安全是国家安全的重要组成部分。随着人类改造自然能力的飞速提高，人类活动对大气环境产生的负面影响也越来越大，大气环境问题日益成为制约人类社会可持续发展的重要因素。当前，大气环境不仅存在酸雨污染、温室效应、臭氧层空洞等传统的安全危害，还面临着人为破坏活动、局部战争和地区冲突、大气污染突发事故等新的安全威胁和挑战。

工业革命尤其是 20 世纪中叶以后，大气环境污染已发展成为公害。震惊世界的八大公害中五大公害与大气污染相关，如表 3-10 所示。此外，目前最为人们关注的全球性环境问题——臭氧层空洞、温室效应和酸雨，都与大气污染直接相关。

大气污染主要是指人类生产、生活活动向大气排出的各种污染物，其含量超过环境承载能力，使大气质量发生恶化，使人们的工作、生活、健康、设备财产以及生态环境等遭受恶劣影响和破坏。

表 3-10　与大气污染有关的五大公害事件

名称	时间及发生地	中毒情况	原因
马斯河谷烟雾事件	1932 年 12 月比利时马斯河谷	咳嗽、呼吸短促、流泪、喉痛、恶心、呕吐和胸窒闷，数千人发病，60 人死亡	二氧化硫转化为三氧化硫进入肺部
多诺拉烟雾事件	1948 年 10 月美国多诺拉	咳嗽、喉痛、胸闷、呕吐和腹泻，4 天内约 6 000 人患病，17 人死亡	二氧化硫同烟尘作用生成了硫酸盐，吸入肺部
伦敦烟雾事件	1952 年 12 月英国伦敦	咳嗽、喉痛、胸闷和呕吐，5 天内 4 000 人死亡，历年共发生 12 起，死亡近万人	粉尘中的三氧化二铁使二氧化硫转化为硫酸，附在烟尘上，吸入肺部
洛杉矶光化学烟雾	1943 年 5～10 月美国洛杉矶	刺激眼、喉、鼻，引起眼病、喉炎，大多数人患病，65 岁老人死亡 400 人	石油工业和汽车废气在紫外线辐射作用下产生的光化学烟雾
四日哮喘事件	1955 年以来日本四日市	支气管炎、支气管哮喘、肺气肿，患者 500 多人，死亡 36 人	有毒重金属微粒及二氧化硫吸入肺部所致

（一）大气污染的特点

大气污染有以下三大特点：

（1）不可见性　除颗粒污染外，大多数大气污染是看不见的。

（2）污染的广泛性与危害的严重性　由于气体的流动、地球的转动，大气一旦受到污染，易扩散开来。一方面，在大气中污染物传播得最快，蔓延的距离最远，大大超过在水中或海洋中；另一方面，大气还只是个过渡地带，气体或颗粒物只是暂时在空气中存在，最终将污染水体或土壤。

（3）污染的无国界性　由于大气流体往往是扩散的、开放的、非蓄意的，污染的传播和扩散不受地域的限制，并且还可以在时间上进行一定量的累积。在全球化背景下，一国的环境安全问题既来源于本国的环境安全威胁，也来源于全球化进程中的污染转嫁、资源掠夺、生态难民跨国界迁徙、长程越界污染等环境安全威胁。大气环境安全问题在全球性方面的特征更显著。当一个地区的大气受到污染后，很容易蔓延到其他国家和地区，而且持续影响的时间很长。因此环境问题不是一个局部性的问题，也无法以人为划定的疆界为限。据 1972 年《超越国境的污染大气中硫化物和降雨对环境的影响》报告，瑞典天空的二氧化硫有 77%来自国外。

（二）大气污染来源

污染源可分为天然污染源、人为污染源和气象污染源三类。

1. 天然污染

天然污染是指自然界本身发生自然灾害而影响大气质量的污染来源，如火山爆发、龙卷风、海啸、森林火灾等自然现象。它们能产生大量尘埃、二氧化碳、二氧化硫，从而影响大气质量，但它不是当前大气污染的主要因素。

2. 人为污染

人为污染源可按不同的方法分类：按污染源空间分布方式可分为点污染源、面污染源、区域性污染源；按人们的社会活动功能可分为生活污染源、工业污染源、交通污染源等；按污染源存在的形式可分为固定污染源和移动污染源。

（1）生活污染　在一些城市，天然气在居民的生活中还没有普及，煤仍然是人们的首选燃料。而在燃煤市场上，高硫煤仍占主导地位。由于经济条件的限制，人们不可能放弃廉价的高硫煤而去购买环保型的低硫煤，这就造成二氧化硫的大量排放。

（2）工业污染　工业污染是大气污染的主要来源。尤其是燃料燃烧，向大气中排放了大量烟尘、二氧化碳、二氧化硫等。火电厂、钢铁厂、焦化厂等工矿企业的燃料燃烧，各种工业窑炉的燃料燃烧以及各种民用炉灶、采暖锅炉的燃料燃烧均向大气中排放出大量的污染物。此外，化工厂、石油加工厂、钢铁厂、水泥厂等各种类型的工业企业，在原材料及产品运输、粉碎以及各种原材料制成成品的过程中，都会有大量的粉尘、含硫化合物、挥发性有机化合物、含氮化合物及卤素化合物等排放到大气中。

（3）交通运输　近些年来，交通运输发展迅速。特别是近年来，私人轿车的数量剧增。但是，交通运输的发展带来了严重的环境问题。汽车的尾气中含有大量的挥发性有机化合物、一氧化碳、氮氧化物、含铅污染物、苯并[a]芘（B[a]P）等，对人体的危害极大，特别是一些柴油大货车和冒烟车辆。排放的尾气中夹杂着大量的可吸入颗粒物，是导致疾病的重要因素。

（4）农业污染　农业生产过程对大气的污染主要来自农药和化肥。有些农药能在水面悬浮，并同水分子一起蒸发进入大气；氮肥在施用后，可直接从土壤表面挥发成气体进入大气；而以有机氮或无机氮进入土壤的氮肥，在土壤微生物的作用下可转化为氮氧化物进入大气。此外，稻田和一些畜牧场释放的甲烷，也会对大气造成污染。

3. 气象污染

大气稳定度是影响污染物在大气中扩散的极为重要的条件。因此，影响大气稳定度的气象条件是大气污染事件中不可忽视的重要因素，它通过气象要素不同的条件，独立地或是共同地影响着大气污染。

对流层与人类关系最密切，下热上冷形成了强烈的上下对流作用，使得该层状态极不稳定，有利于集中的污染物或是气团（污染源排到大气中的污染气体通常不会立即与周围的大气混合，而相对地保持着一个气团）的扩散和稀释。当逆温层出现时，近地面的气流不得上升，污染物在近地面滞留，随污染物的不断排放而逐渐累积，造成严重的大气污染。

污染物在大气中的稀释扩散能力主要决定于大气边界层内空气的运动状况，风对排入大气中的污染物有明显的输送、稀释和扩散作用。

（三）大气污染的成因

造成大气污染的因素众多，但是地形和气候因素是影响大气质量的基本原因。特殊的地形地貌和气象条件，不利于大气污染物的稀释和扩散。以兰州市为例，全市总的地形特点是以西北的祁连山余脉和东南部的山脉为最终点，相向成阶梯形，逐渐下降到以中部西东流向的黄河及其支流冲积而成的河谷川地为鞍底，形成一巨大马鞍形，相对高差为 2 181 m。另外，裸露的谷侧山峰对谷间大气有明显的加热效应。由于山峰表面吸收太阳辐射温度升高，其表面温度高于空气温度，造成超绝热温度递减率。白天，山峰对谷顶空气加热，谷底空气温度较低，形成脱地逆温。夜间，谷间辐射，冷空气沿坡面下滑，形成夜间谷间辐射逆温。山谷盆地日间的脱地逆温层形成的逆温层，是造成山谷大气污染的根本原因。

（四）大气污染的类型

大气污染物按其状态可分为粒子状态污染物和气体状态污染物。

1. 粒子状态污染物

粒子状态污染物是分散在空气中的微小液体或固体颗粒，所以也叫颗粒物。粒径大于 10 μm 的颗粒物为降尘，小于或等于 10 μm 的颗粒物叫可吸入颗粒物或飘尘。可吸入颗粒物具有胶体性质，故又称其为气溶胶。它可随呼吸进入人体肺部，并可进入血液输往全身，对人体健康危害很大。颗粒污染物主要包括烟、雾、尘三大类。

（1）烟　根据不同来源及成因，烟有黑、红、黄、灰、白等不同颜色，主要有煤烟、油烟、沥青烟、冶金烟（如有色金属冶炼产生的氧化铅烟、氧化锌烟等）。

（2）雾　液体雾化及化学反应等过程中形成的空气中的悬浮体。如水雾、酸雾、碱雾、油雾等。

（3）粉尘　悬浮于气体介质中的微小固体颗粒。如石英粉尘、煤尘、水泥粉尘、石棉粉尘、灰土粉尘、金属粉尘等。粉尘通常是在固体物质破碎、研磨、抛光、分装、运输等机械过程中产生的。

2．气态污染物

气态污染物是指以分子状态存在的大气污染物，主要有以下几种：

（1）含硫化合物，主要包括二氧化硫、硫化氢、硫酸酸雾等。

（2）氮氧化物，主要包括一氧化二氮、二氧化氮、一氧化氮、三氧化二氮、四氧化二氮、五氧化二氮，通常用氮氧化物表示。其中污染大气的主要是二氧化氮和一氧化氮。

（3）碳氧化物，主要包括一氧化碳和二氧化碳，这是大气污染物中产生量最大的一类污染物，是造成全球气候变暖及"温室效应"的主要因素。

（4）硫酸烟雾，系大气中的二氧化硫等硫氧化物，在有水雾、含有重金属的悬浮颗粒物或氮氧化物存在时，发生一系列化学或光化学反应，生成的硫酸雾或硫酸盐气溶胶。硫酸烟雾所引起的刺激作用和生理反应等，其危害要比二氧化硫气体大得多。

（5）光化学烟雾，是在阳光照射下，大气中的氮氧化物、碳氢化合物和氧化剂之间发生一系列光化学反应而生成的蓝色烟雾（有时带些紫色或黄褐色）。其主要成分有臭氧、过氧乙酰硝酸酯、酮类和醛类等。光化学烟雾的刺激性和危害要比一次污染物强烈得多。

（五）大气污染的危害

大气污染的危害主要体现在对人类健康、植物生长以及天气和气候变化三方面。

1．对人类健康的影响

大气污染对人体健康的影响体现在污染物与皮肤和眼睛黏膜直接接触，通过消化系统食入含有大气污染物的食物和水，通过呼吸系统吸入被污染的空气。其中通过呼吸系统吸入被污染的空气对人体危害最大。这些影响易引起人类呼吸道疾病，如高浓度污染可造成急性中毒甚至死亡，长时期低浓度污染会引起慢性气管炎、支气管哮喘、肺气肿以及肺癌等病症，具体可参见表3-11。

表 3-11　大气污染物对人体影响

名称	对人体的影响
二氧化硫	视程减少，流泪，眼睛有炎症。闻到有异味，胸闷，呼吸道有炎症，呼吸困难，肺水肿，迅速窒息死亡
硫化氢	恶臭难闻，恶心、呕吐，影响人体呼吸、血液循环、内分泌、消化和神经系统，昏迷，中毒死亡
氮氧化物	闻到有异味，支气管炎、气管炎，肺水肿、肺气肿，呼吸困难，直至死亡
粉尘	伤害眼睛，视程减少，慢性气管炎、幼儿气喘病和尘肺，死亡率增加，能见度降低，交通事故增多
光化学烟雾	眼睛红痛，视力减弱，头疼、胸痛、全身疼痛，麻痹，肺水肿，严重的在1小时内死亡
碳氢化合物	皮肤和肝脏损害，致癌死亡
一氧化碳	头晕、头疼，贫血、心肌损伤，中枢神经麻痹，呼吸困难，严重的在1小时内死亡
氟和氟化氢	强烈刺激眼睛、鼻腔和呼吸道，引起气管炎、肺水肿、氟骨症和斑釉齿
氯气和氯化氢	刺激眼睛、上呼吸道，严重时引起中毒性肺水肿
铅	神经衰弱，腹部不适，便秘、贫血，记忆力减退

2. 对植物的影响

植物因为有庞大的叶面积同空气接触并进行活跃的气体交换而容易受到大气污染的危害。植物也不像高等动物那样具有循环系统，可以缓冲外界的影响，为细胞和组织提供比较稳定的内环境，许多气体污染都会抑制植物的生长与发育。气体污染可以从以下几个方面来危害植物：抑制植物的功能组织；在运输和消除污染物的过程中导致植物新陈代谢超过负荷；破坏原生质的完整性和细胞膜。这些过程会抑制细胞繁殖，抑制根系生长及其功能，减弱输送作用与导致生物产量减少。

3．对天气和气候的影响

大气污染物对天气和气候的影响是十分显著的，可以从以下几个方面加以说明：

（1）减少到达地面的太阳辐射量　从工厂、发电站、汽车、家庭取暖设备向大气中排放的大量烟尘微粒，使空气变得非常混浊，遮挡了阳光，使得到达地面的太阳辐射量减少。据观测统计，在大工业城市烟雾不散的日子里，太阳光直接照射到地面的量比没有烟雾的日子减少近 40%。大气污染严重的城市，天天如此，就会导致人和动植物因缺乏阳光而生长发育不好。

（2）增加大气降水量　从大工业城市排出来的微粒，其中有很多具有水气凝结核的作用。因此，当大气中有其他一些降水条件与之配合的时候，就会出现降水天气。在大工业城市的下风地区，降水量更多。

（3）酸雨增加　有时候，从天空落下的雨水中含有硫酸。这种酸雨是大气中的污染物二氧化硫经过氧化形成硫酸，随自然界的降水下落形成的。硫酸雨能使大片森林和农作物毁坏，能使纸品、纺织品、皮革制品等腐蚀破碎，能使金属的防锈涂料变质而降低保护作用，还会腐蚀、污染建筑物。

（4）大气温度上升　在大工业城市上空，由于大量废热排放到空中，因此，近地面空气的温度比四周郊区要高一些。这种现象在气象学中称作"热岛效应"。

（5）对全球气候的影响　近年来，人们逐渐注意到大气污染对全球气候变化的影响。经过研究，人们认为在有可能引起气候变化的各种大气污染物质中，二氧化碳具有重大的作用。从地球上无数烟囱和其他种种废气管道排放到大气中的大量二氧化碳，约有 50% 留在大气里。二氧化碳能吸收来自地面的长波辐射，使近地面层空气温度增高,这叫做"温室效应"。经粗略估算,如果大气中二氧化碳含量增加25%,近地面气温可以增加0.5~2℃。如果增加100%,近地面温度可以增高1.5~6℃。有的专家认为,大气中的二氧化碳含量照现在的速度增加下去,若干年后会使得南北极的冰融化,导致全球的气候异常。

二、全球大气污染问题

全球环境问题是国际社会必须优先考虑的课题之一。1988年5月多伦多首脑会议通过的经济宣言比过去更加强调了环境保护问题。这个宣言中特别提出了臭氧层破坏等大气污染问题,呼吁各国采取实际行动予以解决。当前臭氧层破坏、全球变暖、酸雨等问题可以说是对全球环境的三大威胁,也可以说大气污染是当前全球环境问题的焦点所在。

近来人们常说环境问题没有国界。在各种环境问题中,这句话形容大气最恰当。大气可以自由地穿越国界,有好处,全人类可以共同分享,相反,当大气受到污染,全人类亦不可避免地都受到危害。某个国家若是向大气中排放了污染物,这些污染物一方面会得到稀释,另一方面会向四外扩散,使大气原有功能受到损害。这不仅使发生污染源国家,同时使其他国家同样受害,对人体健康和生态系统亦会产生不利影响。

(一)温室气体及其危害

1. 温室效应

在1896年,斯文蒂·阿伦纽斯(Svante Arrhenius)就提出警告说,燃烧的煤将释放大量的二氧化碳,从而使地球变暖,同时他创造了"温室效应"这个词。

温室效应是指透射阳光的密闭空间由于与外界缺乏热交换而形成的保温效应,就是太阳短波辐射可以透过大气射入地面,而地面

增暖后放出的长波辐射却被大气中的二氧化碳等物质所吸收，从而
产生大气变暖的效应。

形成温室效应的气体，目前已知的除二氧化碳外，还有氯氟代
烷、甲烷、一氧化氮等其他 30 多种气体。其中二氧化碳约占 75%、
氯氟代烷占 15%～20%。

2．温室效应的危害

（1）温室效应导致全球变暖　20 世纪 60 年代末，非洲撒哈拉
牧区曾发生持续 6 年的干旱。由于缺少粮食和牧草，牲畜被宰杀，
饥饿致死者超过 150 万。南极冰川融化，海水上涨，海平面上升，
导致很多海拔低的濒海国家被淹。

根据科学家的最新观察结果，在过去的一个世纪里，地球表面
温度已经上升了 0.4～0.8℃。到 20 世纪 40 年代北半球高纬地区和
极地升温幅度达 2.4℃。如果不采取有效的措施加以控制，这种趋
势必将持续下去。而国际应用系统分析研究所 1991 年的预测也表
明：到 2030 年，全球平均气温将比现在还上升 0.5～2.5℃，到 2050
年，则可能上升 3.6～4.5℃。

（2）温室气体直接影响生物种群变化　二氧化碳是重要的温
室气体，同时又是植物进行光合作用的原料。随着大气中二氧化
碳的浓度升高，植物的光合作用强度将上升，但这种光合作用强
度的上升不是盲目的。因为不同植物具有不同的二氧化碳饱和点，
当二氧化碳浓度超过饱和点时，植物的光合作用强度也不会再增
强了。尽管二氧化碳饱和点较高的植物或许能够适应大气中二氧
化碳浓度的升高而快速生长，但是，二氧化碳饱和点较低的植物
则不能快速生长，甚至会发生二氧化碳中毒现象，从而导致种群
衰退。

3．控制温室效应的措施

（1）提高能效，采用替代能源　提高能效可显著减少二氧化碳
排放。现在人类使用的化石燃料占能源使用总量的 80%以上。开采

化石燃料，扰动了地层中原有元素的埋藏方式，通过燃烧使之成为可活动因子，是温室气体中二氧化碳的主要来源，所占份额最大。目前的能源结构是以石油、煤炭为主，寻找替代能源，开发利用生物能、太阳能、水能、风能、核能等，可显著减少温室气体排放量。目前全人类所需要的化石能源仅占地球每年从太阳获得能量的二万分之一，世界已开发水电仅占可开发量的 5%，新能源具有很大的开发潜力。

另外，开发农村沼气，改进耕作制，减少秸秆、薪柴等物质的直接燃烧，沼肥施于农田可大大减少氮肥的使用量，减少二氧化碳、一氧化二氮的排放。

（2）提高土壤的有机质含量　人类活动对土壤的影响表现为土地的耕作和化肥的施用，不合理的耕作和施肥会导致土壤有机质含量下降。过去 1 万年来，全球土壤有机碳含量呈下降趋势，土壤有机碳的下降已使大气中二氧化碳浓度提高。因此，提高土壤有机质含量，把碳素贮于土壤中是避免温室效应加剧的最佳战略之一。

（3）提高生物圈生产力与海洋吸收量　限制森林砍伐和提高森林生产力可增加固碳量。据统计，全球由于人类活动已损失约 $2.0 \times 10^9 \ hm^2$ 森林。以平均 1 hm^2 森林含碳量 100 t 计，则损失储碳能力达 200 英吨*。如恢复已损失森林面积的 20%～30%，就完全可以解决全球大气二氧化碳浓度增长的问题。

海洋通过生物、化学、流动和沉积等过程不间断吸收大气中的二氧化碳，年吸收速率为 1.2～2.8 英吨，并运输储存于海底或转换为其他含碳物质。加速浅层海水与深层海水间的交换有利于提高海洋的二氧化碳吸收量。

（4）加强政府行为与国际合作　目前各种世界性有关环境或气候的宣言、公约和会议等，都是政府行为和国际合作的具体体现。1992 年签署的《联合国气候变化框架公约（UNFCCC）》的每个缔约国都承诺"采取国家政策及相应的措施，通过限制其温室气体的

---

* 1 英吨=1 016 kg。

人为排放，保护和增强温室气体的汇和库，以减缓气候变化"。

2005 年 2 月 16 日《京都议定书》正式生效，要求在 2008—2012 年工业发达国家的温室气体排放量比在 1990 年的基础上平均减少 5.2%，制定了 4 种减排方式。《京都议定书》规定两个发达国家之间可以进行排放额度买卖的"排放权交易"，即难以完成削减任务的国家，可以花钱从超额完成任务的国家买进超出的额度；规定以"净排放量"计算温室气体排放量，即从本国实际排放量中扣除森林所吸收的二氧化碳的数量；规定可以采用绿色开发机制，促使发达国家和发展中国家共同减排温室气体；规定可以采用"集团方式"，即欧盟内部的许多国家可视为一个整体，采取有的国家削减、有的国家增加的方法，在总体上完成减排任务。离开政府行为和国际合作的支持，全球范围内温室效应的有序减缓是不可能实现的。

（二）臭氧层破坏

1. 臭氧层空洞

1985 年，英国乔·法曼在 Nature 上对南极上空春季空洞存在问题进行阐述，从而第一次提出臭氧层空洞的理论。

臭氧层空洞的产生主要与一种名为氟氯碳化物（CFCs）的化学物质有关。氟氯碳化物又称氟利昂，不可燃，无毒，成本低廉，过去一直被认为是安全理想的化学物质。CFCs 生命期长达 40～150 年，会在大气中不断积累，最后由对流层上升至平流层。在平流层低温的条件下，平流层冰晶云的表面会吸附 CFCs 中含氯和溴的物质，激发氯和溴的活性，在紫外线的作用下，通过光化学反应破坏平流层中的臭氧，其中 1 个氯原子可以破坏 10 万个以上的臭氧分子。

2. 臭氧层破坏的影响

臭氧层被大量损耗后，吸收紫外辐射的能力大大减弱，导致到达地球表面的紫外线明显增加，给人类健康和生态环境带来多方面的危害。目前已受到人们普遍关注的主要有对人体健康、陆生植物、水生生态系统、生物化学循环、材料以及对流层大气组成和空气质量等方面的影响。

（1）对人体健康的影响 阳光紫外线的增加对人类健康有严重的危害，潜在的危险包括引发和加剧眼部疾病、皮肤癌和传染性疾病。例如，紫外线会损伤角膜和眼晶体，引起白内障、眼球晶体变形等。据研究分析，平流层臭氧减少 1%，全球白内障的发病率将增加 0.6%～0.8%，全世界由于白内障而引起失明的数将增加 10 000～15 000 人。

（2）对陆生植物的影响 臭氧层损耗对植物的危害的机制目前尚不如其对人体健康的影响清楚。但研究表明，在已经研究过的植物品种中，超过 50%的植物有来自紫外线的负影响，比如豆类、瓜类等作物，另外某些作物如土豆、番茄、甜菜等的质量将会下降。

（3）对水生生态系统的影响 臭氧层的破坏会使得浮游植物生产力下降。由于浮游生物是海洋食链的基础，浮游生物种类和数量的减少还会影响鱼类和贝类生物的产量。据科学研究的结果，如果平流层臭氧减少 25%，浮游生物的初级生产力将下降 10%，这将导致水面附近的生物减少 35%。

此外研究发现，阳光中的紫外线辐射对鱼、虾、蟹、两栖动物和其他动物的早期发育阶段都有危害，最严重的影响是繁殖力下降和幼体发育不全。即使在现有的水平下，阳光紫外线已是限制因子，紫外线很少量的增加就会导致消费者生物的显著减少。

（4）对生物化学循环的影响 紫外线的增加会影响陆地和水体的生物地球化学循环，从而改变地球——大气这一巨系统中一些重要物质在地球各圈层中的循环，例如温室气体和对化学反应具有重要作用的其他微量气体的排放和去除过程，包括二氧化碳、一氧化碳、氧硫化碳及臭氧等。这些潜在的变化将对生物圈和大气圈之间的相互作用产生影响。增加的紫外线会改变植物的生成和分解，进而改变大气中重要气体的吸收和释放。在水生生态系统中，紫外线会造成对水生生态系统中碳循环、氮循环和硫循环的影响。紫外线对碳循环的影响主要体现在对初级生产力的抑制；对氮循环的影响在于它们不仅抑制硝化细菌的作用，而且可直接光降解硝酸盐等简单无机物；对硫循环的影响可能会改变氧硫化碳和二甲基硫的海—气释放。

（5）对材料的影响　紫外线的增加会加速建筑、喷涂、包装及电线电缆等所用材料，尤其是高分子材料的降解和老化变质。特别是在高温和阳光充足的热带地区，这种破坏作用更为严重，全球每年造成的损失估计达到数十亿美元。

（6）影响对流层大气组成及空气质量　平流层臭氧的减少使到达低层大气的紫外线辐射增加，紫外线的高能量将导致对流层的大气化学更加活跃。

3．控制臭氧层破坏的措施

国际社会在意识到 CFCs 对臭氧层的破坏之后，将限制 CFCs 排放作为一个紧急议题对待。1985 年 3 月，21 个国家的政府代表在维也纳签署了《关于保护臭氧层的维也纳公约》，标志着保护臭氧层国际统一行动的开始。1987 年，联合国众多成员国签署了《关于消耗臭氧层物质的蒙特利尔议定书》，承诺分阶段停止生产和使用 CFCs 制冷剂，开始真正对消耗臭氧层物质的生产、使用实行国际控制。1995 年 1 月 23 日，联合国大会通过决议，确定从 1995 年开始，每年的 9 月 16 日为"国际保护臭氧层日"。

中国除分别于 1991 年 6 月和 2003 年 4 月加入了《关于消耗臭氧层物质的蒙特利尔议定书》伦敦修正案和哥本哈根修正案以外，《中华人民共和国环境保护法》和《中华人民共和国大气污染防治法》是中国淘汰 CFCs 行动所依据的基本的国内法。其中《大气污染防治法》2000 年修正案专门针对 CFCs 淘汰问题新增了第四十五条和第五十九条。新增第四十五条第一款规定："国家鼓励、支持消耗臭氧层物质替代品的生产和使用，逐步减少消耗臭氧层物质的产量，直至停止消耗臭氧层物质的生产和使用。"这一款原则性的规定为现行管理体系提供了明确的、原则性的国内立法支持。2007年7月1日起，国家环境保护总局规定，任何企业不得生产除药用吸入式气雾剂用途、原料和豁免用途以外的 CFCs 物质。

专栏 3-7　2008 年臭氧空洞面积为历史第五

　　2008 年 11 月初美国商务部下属海洋和大气管理局（NOAA）宣布，本年度平流层臭氧层空洞面积为有历史记录以来第五大。今年臭氧空洞面积在 9 月 12 日达到最大，面积为 1 050 万平方英里*，深度达 4 英里。历史记录最大的臭氧空洞发生在 2006 年，那时它覆盖面积为 1 140 万平方英里。臭氧空洞现象发生在每年南极春季上空，其形成主要是由于氯氟烃之类的合成物质经分解形成的氯和溴在平流层云表面发生的催化作用。臭氧空洞面积每年有波动，除化学作用外，还因为当地的风和气象条件。虽然早在 1987 年联合国制定的《蒙特利尔议定书》中就已规定禁止生产和使用氯氟烃（CFCs）和其他类似化学物质如溴氟烃、四氯化碳等，但通常这些化合物一旦进入大气层就有可能停留长达数十年，从排放到进入平流层亦需要数年时间。由于上述原因，NOAA 并不指望禁用氯氟烃之类物质会在 2050 年之前使南极臭氧空洞得以完全恢复。

（三）酸沉降及其危害

1. 酸雨

　　在仅考虑大气中二氧化碳溶解影响的前提下，一般把 pH < 5.6 的大气降水称为酸雨。"酸雨"这一术语最早是罗伯特·史密斯在对英格兰酸沉降的科学调查中提出的。1956 年，瑞典斯德哥尔摩国际气象研究所主持建立了欧洲大气化学监测网，对降水化学全面而系统的长期观测研究才开始起步。1972 年联合国在斯德哥尔摩召开

---

* 1 英里 ≈ 1.609 km。

的人类环境会议上，瑞典政府向联合国人类会议提交了《跨国界的大气污染：大气和降水中的硫对环境的影响》的报告，第一次把酸雨作为国际性问题提出，由此酸雨现象在世界引起了公众广泛的关注。在 1986 年肯尼亚首都内罗毕召开的第三世界环境保护国际会议上，专家们认为酸雨现象不断发展，对生态系统造成严重危害，已成为严重威胁世界环境的十大问题之一。

目前全球已形成三大酸雨区。第一个是以德、法、英等国为中心，波及大半个欧洲的北欧酸雨区，第二个是包括美国和加拿大在内的北美酸雨区。这两个酸雨区的总面积大约 $1 \times 10^7 \, km^2$ 以上，降水的 pH 小于 5，有的甚至小于 4。由于二氧化硫和氮氧化物的排放量的渐渐增多，以我国长江以南、青藏高原以东及四川盆地的广大地区为中心的亚洲地区已成为世界第三个酸雨区。我国酸雨主要分布地区是长江以南的四川盆地、贵州、湖南、湖北、江西、浙江、江苏及沿海的福建、广东等省、市部分地区，面积高达 $2 \times 10^6 \, km^2$ 以上。我国酸雨区面积扩大之快，降水酸化率之高，在世界上也是罕见的。其中以长沙、怀化、赣州、南昌为代表的湖南和江西省是华中酸雨区酸雨污染最严重的区域，其中心区年降酸雨频率高达90%，几乎到了逢雨必酸的程度；华南酸雨区主要分布在以珠江三角洲为中心的广东东南部和广西东部；西南酸雨区以四川的宜宾、南充、贵州的遵义和重庆市为中心；华东酸雨区则分布范围较广，覆盖江苏省南部、浙江全省、福建沿海地区和上海，高酸雨频率（≥80%）和高酸度降水（pH≤4.5）的城市比例仅次于华中酸雨区。在以往很少见到酸雨沉降的北方地区，如侯马、丹东、图们等地最近几年也出现了酸雨。

2. 酸雨的危害

（1）对水生生态系统的影响　酸雨可造成江、河、湖泊等水体的酸化，致使生态系统的结构与功能发生紊乱。水体的 pH 降到 5.0以下时，鱼的繁殖和发育会受到严重影响。水体酸化还会导致水生物的组成结构发生变化，耐酸的藻类、真菌增多，有根植物、细菌和浮游动物减少，有机物的分解率则会降低。流域土壤和水体底泥中的金属（例如铝）可被溶解进入水体中而毒害鱼类。在我国还没有发现酸雨造成水体酸化或鱼类死亡等事件的明显危害，但在全球酸雨危害最为严重的北欧、北美等地区，有相当一部分湖泊已遭到不同程度的酸化，造成鱼虾死亡，生态系统破坏。例如，挪威南部5 000 个湖泊中有近 2 000 个鱼虾绝迹。加拿大的安大略省已有 4 000多个湖泊变成酸性，鳟鱼和鲈鱼已不能生存。

（2）对陆生生态系统的影响　酸雨可使土壤的物理化学性质发生变化，加速土壤矿物如硅、镁的风化、释放，使植物营养元素特别是钾、钠、钙、镁等淋失，降低土壤的阳离子交换量和盐基饱和度，导致植物营养不良。酸雨还可以使土壤中的有毒有害元素活化，特别是富铝化土壤，在酸雨作用下会释放出大量的活性铝，造成植物铝中毒。同时酸性淋洗可导致土壤有机质含量轻微下降。受酸雨的影响，土壤中微生物总量明显减少，其中细菌数量减少最显著，放线菌数量略有下降，而真菌数量则明显增加（主要是喜酸性的青霉、木霉）。特别是固氮菌、芽孢杆菌等参与土壤氮素转化和循环的微生物减少，使硝化作用和固氮作用强度下降，其中固氮作用强度降低 80%，氨化作用强度减弱 30%～50%，从而使土壤中氮元素的转化与平衡遭到一定的破坏。

酸雨除了通过进入土壤，改变土壤性质，间接影响植物生长以外，还直接作用于植物，破坏植物形态结构、损伤植物细胞膜、抑制植物代谢功能。酸雨可以阻碍植物叶绿体的光合作用，影响种子的发芽率。

（3）酸雨对人体健康的影响和危害　酸雨对人类健康会产生直接或间接的影响。首先，酸雨中含有多种致病致癌因素，能破坏人体皮肤、黏膜和肺部组织，诱发哮喘等多种呼吸道疾病和癌症，降低儿童的免疫能力。其次，酸雨还会对人体健康产生间接影响。在酸沉降作用下，土壤和饮用水水源被污染，其中一些有毒的重金属会在鱼类机体中沉积，人类因食用而受害。据统计，欧洲一些国家每年因酸雨导致老人和儿童死亡的病例达千余人。美国国会调查表明，美国和加拿大在 1990 年一年中约有 5 200 人因受酸雨污染病死。

（4）酸雨对建筑物和材料的危害　酸雨地区的混凝土桥梁、大坝和道路以及高压线钢架、电视塔等土木建筑基础设施都是直接暴露在大气中，遭受酸雨腐蚀的。酸雨与这些基础设施的构筑材料发生化学的或电化学的反应，造成诸如金属的锈蚀、水泥混凝土的剥蚀疏松、矿物岩石表面的粉化侵蚀以及塑料、涂料侵蚀等。

3．控制酸雨的措施

为了更好地缓解、进一步抑制我国的酸雨污染，结合我国的实际情况，应采取以下控制对策。

（1）严格遵守国家相应政策、法律法规和环境保护的规定，从源头来削减二氧化硫的排放量。从国家层次上要进一步加强相关立法，严格执法，尤其是对"两控区"，既要防止酸雨污染恶化，又要加强对二氧化硫总量目标的控制。此外，要加大环境保护工作的力度，如禁止新建含硫成分超过 3%的煤矿，已建成的要逐步限产或关停；新建、改造含硫成分超过 1.5%的煤矿应当配套建设洗选设备；除以热定点的热电厂外，禁止在大中城市城区及近郊区新建燃煤火电厂；对重污染、超标排放的工业炉窑要限期整理或关停。

（2）大力发展节能技术，积极推行清洁能源及可再生能源的利用。技术的改进和更新使得煤的高效节能成为现实，如能源阶梯利用（热电联产、热电冷联产、热电煤气联产等），高效发电、输电、蓄电技术（含超临界机组发电、联合循环发电、高效输电系统等技术），终端能源节约技术（包括高效加热技术、余热利用技术、炉窑的自动控制技术等）。推行清洁能源，使用优质低硫煤、动力洗煤、固硫型煤等清洁煤及低硫油、气体燃料和核能，减少因燃煤而引起的二氧化硫污染。此外，积极开发水能（水电）、风能（风力发电）、太阳能、生物质能等可再生能源。

（3）加大对现有大中型燃煤炉窑的治理，增加烟气脱硫、脱硝、除尘设备，减少大气污染。燃煤产生的二氧化硫和氮氧化物是产生酸雨的主要物质，而烟尘由于在大气中吸附不同的化学成分对酸雨的形成有着重要影响。当前主要的烟气脱硫技术有干法、半干法等脱硫方式。湿法、干法、半干法脱硫主要是根据烟气吸收剂的液态、干态（粉状或粒状吸收剂、干燥条件下）和混合态（气、固、液态）等进行区分的。脱硝技术分为燃烧中脱硝、烟气中脱硝等。烟气除尘方式主要有袋式除尘、电除尘等。

除上述措施外，改善交通状况、削减机动车尾气污染、加强绿化等措施也是有效的方法。

三、我国大气污染问题

我国是大气污染比较严重的国家。我国大气污染属于煤烟型污染，北方重于南方；中小城市污染势头甚于大城市；产煤区重于非产煤区；冬季重于夏季；早晚重于中午。目前中国能源消耗以煤为主，约占能源消费总量的 3/4。煤燃烧产生大量的粉尘、二氧化碳等污染物，是中国大气污染日益严重的主要原因。近年来，被称为"空中死神"的酸雨不断蔓延，不仅影响中国大陆，而且也影响港澳和邻近国家。据国家环境保护部《2008 年中国环境状况》报告，"城市空气质量总体良好，比上年有所提高，但部分城市污染仍较重；全国酸雨分布区域保持稳定，但酸雨污染仍较重。2008 年度，全国有 519 个城市报告了空气质量数据，达到一级标准的城市 21 个（占 4.0%），二级标准的城市 378 个（占 72.8%），三级标准的城市 113 个（占 21.8%），劣于三级标准的城市 7 个（占 1.4%）。全国地级及以上城市的达标比例为 71.6%，县级城市的达标比例为 85.6%。"这表明我国近年来大气污染问题得到一些控制。

（一）我国城市大气污染

我国大气污染的问题主要是城市大气污染的问题。

1．我国城市大气环境状况

我国实施的《环境空气质量标准》（GB 3095—1996），规定了 10 项污染物不允许超过浓度限值，这 10 项污染物为二氧化硫、总悬浮颗粒物、可吸入颗粒物、氮氧化物、二氧化氮、一氧化碳、臭氧、酸碱、苯并芘、氟化物。

根据 2004 年环境状况公报，全国城市空气质量总体上与上年变化不大，部分污染较严重的城市空气质量有所改善，劣三级城市比例下降。但空气质量达到二级标准城市的比例也在降低。总悬浮颗粒物或可吸入颗粒物是影响城市空气质量的主要污染物，部分地区二氧化硫污染较重，少数大城市氮氧化物浓度较高。酸雨区范围和频率保持稳定，酸雨区面积约占国土面积的 30%。

2．我国城市大气污染特点

中国是一个发展中国家，城市化正在加速发展，由于过去对环保认识不足，大气污染近几年又有进一步加重的趋势。具体地说，我国城市大气污染具有以下特点：

（1）总悬浮颗粒物（TSP）和可吸入颗粒物（PM_{10}）含量高　据环境公报，我国城市空气质量恶化的趋势有所减缓，TSP 和 PM_{10} 是影响城市空气质量的主要污染物，部分地区二氧化硫污染严重，少数大城市氮氧化物浓度较高。在调查的 341 个城市中，64%的城市 TSP 平均浓度超过国家空气质量二级标准，其中 101 个城市颗粒物平均浓度超过三级标准，占 29.2%。

（2）含菌量大　由于城市人均绿地面积小，人口密集，大气中的细菌含量高。个别城市街道每立方空气中含菌量达数十万个，商场每立方米空气中含菌量达数亿万个。

（3）煤烟型污染占重要地位　燃煤是形成我国大气污染的根本原因。我国能源结构中煤炭占 76.12%，工业能源结构中燃煤占 73.9%，在工业燃煤的设备中又以中小型为主。预测表明，我国国内生产总值每增加 1%，废气排放量增长 0.55%。2000 年，全国工业废气排放总量 138.145×10^8 m^3，其中燃料燃烧废气占 59.3%，生产工艺废气占 40.7%。

（4）新兴城市和小城市大气污染也日益严重 由于前几年一些小城市和新兴城市在追求经济增长速度的同时，没有把环境保护放在同等重要的地位，搞粗放经营，浪费资源，耗能过大，污染严重，尤其是二氧化硫和悬浮颗粒物严重超标，甚至出现了酸雨。

（5）部分城市污染转型 随着城市机动车辆的迅猛增加，我国一些大城市的大气污染正在由煤烟型向汽车尾气型转变。有资料报道，我国多数大城市中，机动车排放造成的污染已占城市大气污染的 60%以上。以上海和广州为例，上海机动车排放污染分担率二氧化碳为 86%，氮氧化物为 56%；广州二氧化碳为 89%，氮氧化物为 79%。以上数据表明，机动车排放污染已成为部分大气污染的主要来源。

此外，我国城市大气污染还具有北方比南方严重；冬季重于夏季，且差距正在缩小；产煤区重于非产煤区；大城市污染最严重，特大城市次之，中等城市和小城市再次之的特点。

专栏 3-8　北京第十五阶段控制大气污染措施

措施共有 6 部分、23 条，其中推进以淘汰高排放黄标车为主的机动车污染防治措施 6 项，推行"绿色施工"为主的工地扬尘污染防治措施 4 项，推进以深化产业结构调整为主的工业污染治理措施 6 项，搞好以优化能源结构为主的燃煤污染治理措施 5 项，严格控制垃圾填埋场污染排放措施以及实施极端不利气象条件下空气污染控制应急措施各 1 项。

其中推进以淘汰高排放黄标车为主的机动车污染防治方面将实施以下 6 项措施：

（1）严格执行机动车环保准入标准；

（2）加快淘汰黄标车，2009 年 10 月 1 日前，保障城市运行的黄标车全部予以淘汰或更新；

（3）加大对黄标车的限行力度；

（4）本市公交等公共服务行业新购机动车，应优先选用电动车、混合动力车、天然气车、无轨电车等污染排放低或零排放车辆；

（5）支持相关企业建立符合绿色环保标准要求的货物运输"绿色车队"，保障城市生产生活物资运输需要；

（6）外省、区、市进京机动车按本市绿标、黄标车管理规定行驶。

（二）我国突发性环境污染

近年来我国重大环境污染事件频繁发生，对生态环境、人民健康及社会安全产生严重影响。根据《全国环境统计公报》（2001—2007 年），每年环境污染与破坏事故次数及其影响呈现上升趋势，造成的直接经济损失高达数百亿元人民币，其中大气污染事故占31%～40%，是第二大事故类型。

突发性大气环境污染事故没有固定的排放方式和途径，发生突然，危害严重，危险源在瞬时或短时间内排放大量有毒污染物质，往往对环境造成严重且长远的污染和破坏，给人民的生命和财产造成重大损失。

在突发性环境污染事故中，相当数量的事故与有毒气体物质有关，该类事件近年来在我国的发生率相当高，给我国的社会和经济带来很大影响。

专栏3-9 我国突发性大气污染事故

2003 年 12 月 23 日，重庆开县发生特大天然气井喷事故，由于未能及时检测到喷射出的大量有毒气体及扩散方向，造成 243 人死亡、数千人受到毒气危害、数万人转移的严重后果；2004 年 4 月 15 日，重庆天源化工厂发生氯气泄漏事故，造成数十人死伤，约 15 万人被迫撤离；2005 年 7 月 4 日，上海市南汇区发生液氨泄漏事故，导致百余人氨气中毒并被送往医院救治；2004 年 8 月 25 日，上海市奉贤区新寺镇沪江生化厂一车间发生有毒气体三氯化磷泄漏事故；2004 年 5 月 26 日，湖南省湘潭市某郊区私营化工厂发生一起急性二氧化硒气体污染周围环境，导致 28 名居民急性中毒；2005 年 11 月 13 日，吉林石化集团公司一生产基地发生爆炸事故，毒气弥漫，造成 5 人死亡，1 人失踪，数万人疏散。此外，北京市怀柔区中发黄金冶炼有限公司八道河冶炼厂发生氰化氢气体泄漏事故，造成 3 人死亡。江西省南昌市江西油脂化工厂发生废弃氯气钢瓶残留氯气泄漏事故，造成多人中毒等。

据不完全统计，2002—2004 年，我国内地共发生非爆炸品类危险化学品事故 1 091 起，共造成 977 人死亡、1 477 人受伤，另有 8 695 人中毒。我国的大气环境污染事故随着工农业生产的快速发展有增加趋势，成为我国城市发展过程中一个不可忽视的问题。

（三）我国大气污染存在问题

1. 能源利用率低，能源消费结构不合理

我国基础工业整体装备水平较低，能源利用率不高。全国工业锅炉近 60 万台，平均热效率仅为 65%，与发达国家大于 80%的水平相比，存在较大的差距。我国是名副其实的燃煤大国，煤炭产量和消费量均居世界之首，一次能源消费结构中煤炭占 75%，而我国发电的用煤量仅占总煤量的 30%，工业及民用燃煤占 60%，并且大部分是直接散烧。煤炭消费比例极不合理，非常不利于对大气环境的保护。

2. 执法不严，监督管理力度不够

尽管我国大气污染防治法规的建设已取得很大进展，但有法不依、执法不严、违法不究的现象仍十分严重。在建设新项目时，不能严格执行国家"先评价、后建设"的规定，出现了一些新的不合

理布局；对大气污染防治措施的投资常留缺口，甚至挪用治理资金；大气污染防治设施不能正常使用等。

3．大气污染防治的资金投入不足

（1）环境保护没有真正纳入国民经济和社会发展计划　虽然国家和地方的国民经济和社会发展计划中有关于环境保护的内容，但计划所纳入的仅是一些原则要求和宏观指标。环保纳入国民经济和社会发展计划，在一定程度上只具有象征性意义。

（2）环保投入严重不足　控制环境污染，改善环境质量，资金投入是必要的手段。目前，全国污染防治与治理有关的城市基础设施建设投资，虽然有所提高，但也只占国民生产总值的 1%左右，这与我国环境污染严重、历史欠账太多和经济快速发展对环保投资需求相比，差距太大。城市集中供热、供燃气等基础建设工程的经济效益并不突出，但是它是解决城市大气污染非常有效的手段。但多年来，其发展缓慢，根本原因就是资金投入问题。在全国定量考核的主要城市中，北方供热城市的平均热化率仅为 45%左右。究其原因仍为分散热源、旧账未还、又欠新账。热电联产重要目的是供热，但相当多的城市建完了电厂，却没钱投入供热管网建设，使之不但没有减少大气污染问题，反而增加了城市的大气污染。

4．工业技术装备落后，不能满足防治污染的要求

我国传统工业发展的起点低，技术改造难度大。20 世纪 50 年代的工业技术及装备仍有约 40%得不到改造，资源、能源消耗高，生产效率低，污染严重。新建的一些工业企业通过改造应用先进技术和进行现代化管理，但工业的整体改造受到资金、科技水平限制，短期内还难以实现。乡镇工业焦炭、冶金、选矿等原料加工技术起点仍然不高。

5．大气污染防治工作的监督管理技术手段滞后

我国虽然已建立环境监测网，但在线连续监测技术不足 10%。

对污染源监督性监测仍很落后，污染监督管理水平仍不高。专业监测机构的应急监测能力低下，给污染事故的有效处置与污染纠纷的合理处理，带来了依据上的不科学性。

四、大气污染控制方法

通过北京环境空气质量定点监测资料的研究，北京市城近郊区近 20 年来环境空气质量的变化趋势从年际变化上看，二氧化硫、降尘浓度显著下降，而氮氧化物、二氧化碳浓度和臭氧超标情况显著上升，空气污染处于由煤烟型向机动车尾气型转变的过程中，表现出典型的复合污染特征。年内变化显示，采暖期污染比非采暖期严重，尤其二氧化硫在采暖期浓度是非采暖期的 5.7 倍。从空间分布上看，总悬浮颗粒物、降尘、臭氧表现为近郊区污染重于城区；二氧化硫、氮氧化物、二氧化碳表现为城区污染重于近郊区。空气污染源增加的压力与环境保护措施的相互作用是驱动北京市近 20 年环境空气质量变化的主要因素。产业结构的变化、重点污染源的整治、能源结构调整、能源的清洁使用、机动车尾气排放标准的提高等对保护环境空气质量起到一定作用。

近年来，植物修复污染大气受到人们的广泛关注。植物修复是单独利用植物或与微生物联合降解、同化、代谢土壤、水体、大气各种污染环境中的污染物技术的总称。目前利用植物修复技术治理大气污染的报道相对较少，国际上正在加强研究和发展，而我国在这方面的研究才刚刚起步。

Takahashi 等研究了 50 种野生草本植物、60 种栽培草本植物和 107 种栽培木本植物同化大气中二氧化氮的能力。结果发现：菊科（*Compositae*）、桃金娘科（*Myrtaceae*）、杨柳科（*Salicaceae*）、茄科（*Solanaceae*）、山茶科（*Theaceae*）、蔷薇科（*Rosaceae*）对二氧化氮的同化能力高，而禾本科（*Gramineae*）却不能同化二氧化氮。就物种而言，烟草（*Nicotiana tabacum*）、矮牵牛花（*Petunia hybrida*）、灯笼果（*Ground cherry*）、西红柿（*Lycopersicon*）、曼陀罗（*Datura stramonium*）、马铃薯（*Solanum tuberosum*）、常春藤（*Hedera nepalensis*）和爬山虎（*Parthenocissus tricuspidata*）对二氧化氮有较强的吸收能力。

鲁敏等通过对绿化植物吸收大气中二氧化硫能力研究证明，绿化树种对大气中二氧化硫污染具有很强的吸收修复能力，其中修复能力最强的树种是加拿大杨（*Populus canadensis*）、旱柳（*Salix matsudana*）、花曲柳（*Fraxinus，rhynchophylla*）；中等修复能力的树种有榆树（*Ulmus pumlia*）、京桃（*Prunus davidiana*）、皂角（*Gleditsia*）、刺槐（*Robinia pseudoacacis*）、桑树（*Morus alba*）；修复能力较弱的是美青杨（*Populus Cathayana*）和丁香（*Eugenia caryophyllata*）。这些植物可以作为城市绿化树种，有效修复二氧化硫污染，减少空气中二氧化硫。

大气中有机污染物浓度低，不利于采用物理或化学方法去除。对于低浓度污染物的降解，植物修复有很好的效果。大气中的有机污染物黏附在粉尘、雾滴等悬浮物上，植物通过物理截留将污染物吸附存体表，再通过进一步生化作用将有机物降解。通常植物难以将有机污染物彻底降解为二氧化碳和水，而是将其矿化为无毒物质。

另外，利用总量控制方法对大气污染单位的污染物允许排量进行科学合理的分配，也是目前大气污染治理的有效手段。

大气污染总量控制实施的一般方法：首先，应取得在空间和时间上具有代表性、能准确反映该地区大气环境质量的监测数据，并根据监测数据确定总量控制区域及其范围；其次，选择适合该地区的大气污染扩散模式，在对污染源调查的基础上建立适合该区域大气污染物排放量与大气环境质量间的定量响应关系；最后，按区域大气环境容量和大气环境质量目标要求计算出污染物允许排放量和削减量，并按照一定的总量分配原则，将这一控制负荷分配到源，从而达到总量控制的目的。

五、保障大气安全的策略

从表面上看，臭氧层破坏、全球变暖、酸雨等大气污染问题之间并没有什么内在的联系，而实际上在表现形式、性质等方面它们有着许多共同之处。

（1）受害范围之大。这一点显而易见，无须赘言。

（2）由于污染物排放到大气中，从而使环境变化和而后产生的各种不利影响之间的因果关系极为复杂。

（3）经过一系列复杂过程而产生的环境变化，待出现有害现象之后再采取有关对策往往已为时过晚。

（4）受害是因多种环境因素影响而产生的。例如，过去几乎都是围绕着对人体健康的影响为中心来讨论大气污染问题，现在看来，全球规模的大气污染，不仅会给人体健康带来不利影响，而且对自然生态系统、农作物的生长环境，对工业、交通等也会带来不利影响。

由于问题的表现形式有共同之处，因而在解决问题对策的立项、实施过程中也有许多共同困难。例如，远距离污染源的产生者和受害者很难取得统一的意见。因对各种环境因素产生危害的估计不同，从而对未来变化的预测也很困难。由于全球规模大气污染比过去一般大气污染需要更多对策，所以推广起来更为困难，需花费更多精力。

另外，全球规模的大气污染问题是相互联系的，这给对策的立项和实施进一步增加了困难。例如，单从减少温室气体二氧化碳的排放考虑，应提高燃烧的热效率，但这样做难免会增加氮氧化物的产量，而后者恰好是产生酸雨的重要物质。为此，不应只从一方面考虑决定某项对策的取舍。反之，有时综合考虑结果会促进某项对策的实施。例如，利用某项对策解决某一问题时似乎对经济不太有利，但综合考虑可能会收到一举两得或一举三得的效果，实施起来非常有效、合理。具体地讲，仅从保护臭氧层这一目的来看，氟利昂减少到一定程度就可以了，但进而考虑到温室效应问题，进一步削减氟利昂的量将比减少其他温室气体来得更有效。

此外，酸雨、全球气候变暖引起的干燥化，臭氧层破坏引起的紫外线增加等都会对森林产生不利影响。将这些影响相叠加，则比各自单独影响更为严重。在这种情况下，从全球规模大气污染角度看，对各个问题分别采取对策莫如采取综合的强有力的对策。全球规模的大气污染应被看做一个有内在联系的问题群来处理，在分别考虑这些问题的对策时，也应适当地考虑其他大气污染问题。

再者，还应注意，全球规模的环境污染和其他能产生环境危害的全球规模问题有一定的联系。如海洋污染会破坏海洋中的生物量，后者是二氧化碳的重要吸收源。伴随全球变暖而产生的干燥化会促进沙漠化的发展。另外，随着沙漠化的蔓延和森林的毁坏会使河水流量增加，进而增大暴发洪水的危险性，全球变暖引起的海面上升，更进一步增大了洪水的危害。在这种情况下，需要制定并实施综合平衡的对策，以收到更好的效果。

各种全球环境问题均是由于全球环境系统全面变化产生的，其相互间有着很强的内在联系，所以在考虑某地区大气污染的对策时，必须考虑到与其他地区环境问题的关系。若不从全球环境保护观点出发考虑问题，则解决全球大气污染问题将是很困难的。

因此，要较好地解决大气污染的问题，需要从以下 6 个方面着手：

（1）齐抓共管，调整工业布局和产业结构　首先，调整工业布局和产业结构。依靠科技进步，推行清洁生产，压缩淘汰技术含量低、能耗高、污染重的产业和产品，提升和优化产业产品层次。结合城区改造，逐步调整工业布局，对污染严重的企业搬出城区。其次，落实政策加强管理。不论对老厂还是新建或重组企业，全面贯彻落实《大气污染防治法》。凡未经处理或处理仍超标的废气严禁排放，并限期治理达标，各职能生产、环保、监督部门应制定相应的各项技术、经济政策，切实履行安全与生产"三同时"制度，建立健全各种政策法规，减少机动车和不卫生饮食行业造成的污染。

最后，进一步加强环境评价机制，对新办企业，严格执行"三同时"并加大对老企业的技术改造，使其达标排放。任何一项工程都必须坚持环境质量预评价，以获取质量、环境（ISO 9000～ISO 14000）一体化认证，促使企业产品质量和环境治理达到一个新的水平。针对目前工业大气污染严重的现状，应该重点做好如电力、造纸、化工、冶金等污染大户的脱硫除尘治理，缓解工业区对城市大气环境的污染。

（2）加大清洁能源推广力度，巩固发展燃煤污染治理成果

①将小煤炉分散取暖改造为集中供暖，尽量采用联片供暖，实行热电联产，发展集中供热，用机械投煤和湿法除尘的集中供热系统；

②应尽快建立液化石油气储配站，以改善燃料结构，扩大石油液化气供应范围，提高城市气化率；

③推广使用新型能源，在市区进一步扩大使用无污染能源，如电和天然气，在农村地区推广使用沼气并开发利用太阳能；

④在市区，应对工业及生活燃煤锅炉的使用进行控制，尽快取缔 5 t 以下工业及生活燃煤锅炉，逐步取缔 10 t 以下燃煤锅炉；

⑤应强化控制上游工业废气排放，尽快建立和完善工业的烟气脱硫装置，使用工业和民用固硫型煤和低硫型煤，从根本上减少污染物的排放量；

⑥严把新建餐饮业、洗浴业的环保审批关，现有餐饮、洗浴单位烟尘、油烟排放不达标的一律停业整改。

（3）加大机动车量监管力度，减少机动车对大气环境的影响　机动车产生的道路扬尘和机动车排气对城市大气污染影响较大。目前，由于管理体制等问题，我国对机动车污染大气环境问题的管理尚属空白点，机动车辆带尘进城和冒黑烟问题随处可见。因此，政府应协调公安、交通、环保、城市管理等部门，加大机动车辆的监管力度，通过采取一定的行政手段，降低汽车氮氧化物排放量。实行交通管制，减少大型汽车和拖拉机通过市区，使氮氧化物排放量得以控制。同时继续加强对汽车尾气的治理，开展对摩托车尾气的

治理，实施双燃料汽车工程，控制机动车尾气污染日趋加重的态势。

（4）加强对城市大气环境的管理　一是搞好城市绿化，加大城市绿化建设力度，强化基础设施建设。通过植树造林，种草栽花，扩大绿化覆盖面积，进一步发挥植物吸尘、滞尘作用，以净化城市空气。二是加快城市市容保洁方式的机械化步伐，市区主要道路尽快实行机械吸尘式清扫，增加市区主干道洒水次数，密闭清运生活垃圾。三是加强对建筑施工、固体废弃物和环境卫生的管理，避免发生二次扬尘污染。建筑工地和市政施工工地都必须采取有效的、符合环保要求的防尘降尘措施，减少黄土裸露，硬化工地车辆出入道路，封闭清运建筑垃圾，车辆驶出工地必须冲洗轮胎，环保不达标工地一律停工整顿。

（5）加强市区大气污染防治工作的法制建设，建立长效机制　法制建设是治理大气环境污染主要手段之一。目前，由于种种原因，我国缺乏大气污染防治具有可操作性的法规，大气污染防治各个部门职责还存在权责不清的问题，协调还存在不到位的问题，大气污染防治依靠环境保护部门单兵作战局面始终未得到突破。因此，建立完善大气污染防治工作的法制规范和长效机制，尽快形成环境保护部门牵头，各部门协同作战的大气污染防治体系刻不容缓。同时，严格环境执法，增加环境投资，加强环境教育，提高环境意识。

（6）加大国际合作力度　由于大气环境安全所具有的扩展性和多因性，大气环境问题不仅仅是一个国家就能够完全解决的，应该协调国际社会一起努力来构建环境安全体系。一些全球性的大气环境问题，如臭氧层破坏、温室效应等，只有通过世界各国的共同努力才能得到缓解和遏制。全球大气环境的严峻形势对进一步加强国际合作提出了迫切要求，可持续发展是国际社会共同关注的问题，需要各国超越文化和意识形态等方面的差异，采取协调合作的行动。联合国环境规划署（UNEP）和可持续发展委员会（CsD）是推动世界环境问题解决的两大主要国际机构。此外，拥有巨大经济影响力的世界银行也在世界环保领域发挥着重大作用。应该充分发挥这些国际机构或机制的作用，开展国际间合作，协调行动，减少二氧化碳、甲烷、氮、硫氧化物等对大气安全造成威胁气体的排放量，限制污染物越境迁移等。

第四节 能源生态安全

能源是国家战略性资源，是一个国家经济增长、社会发展和国家安全的重要物质基础。能源安全是实现国民经济持续发展和社会进步所必需的能源保障。能源生态安全主要包括两方面的含义：能源安全与生态环境。

一、能源安全问题

能源安全问题是一个全球性问题。目前，发达国家仍是少数，绝大多数的发展中国家必然要走工业化和现代化的道路。工业化和现代化往往意味着大量的能源消费，以现在能源供给是不可能支撑80%的国家都走上工业化、现代化的发展道路。从世界各国的经验来看，没有任何一个国家是完全依靠自身的能源资源来完成本国工业化进程的。因此，在经济全球化不断发展的今天，能源资源的全球化配置是大势所趋。

（一）全球能源竞争加剧

正是由于全球能源分布的不均衡，导致了各国对能源的激烈争夺。从近几年的情况来看，大国对战略资源尤其是对石油能源的争夺和控制比过去更加激烈。美国通过伊拉克战争加强了在中东的战略地位，通过军事手段加强了对石油运输通道的掌控，通过超大型跨国公司的活动加强了对全球战略资源的控制。俄罗斯是一个能源大国，普京通过对能源资产重组，恢复了国家对能源部门控制，掌握了全国石油产量的 67%。仅国家控股的俄罗斯石油公司和俄罗斯天然气工业股份公司就掌握本国 1/3 的石油、9/10 的天然气资产。

欧盟和日本由于本土资源匮乏，长期以来奉行进口多元化政策，利用其发达的产业资本、金融资本的渗透换取油气，成功地保证了能源供应。日本因为资源问题与邻国摩擦不断。中国和印度这两个最大的发展中国家由于经济的迅速发展，对油气的需求不断增加，进口依存度越来越高。由于石油资源的不可再生性、稀缺性和其对经济发展的极端重要性，各国政府在加强对本国油气资源掌控的同时，积极寻找并控制海外的油气资源，世界范围内的能源争夺愈演愈烈。

专栏 3-10　与奥林匹克赛跑

2008 年 7 月 29 日，联合国秘书长潘基文呼吁全世界各国在北京奥运会期间停止所有战事。然而，8 月 8 日，也就是北京第 29 届夏季奥林匹克运动会开幕的当天，俄罗斯与格鲁吉亚之间爆发了武装冲突。有媒体评论说这场战争背后是美国与俄罗斯之间的较量，但是我们也应该看到冲突背后的能源因素。随着战争的进行，俄罗斯军队迅速进入了格鲁吉亚的分裂地区南奥塞梯共和国和格鲁吉亚本土，占领了距格鲁吉亚首都第比利斯 47 英里的哥里城（Gori）。位于伦敦的全球能源研究中心（Center for Global Energy Studies，CGES）高级分析师 Julian Lee 称，俄格战争显示了该地区的分裂程度以及该地区对外的能源供给存在的风险。巴克莱资本（Barclays Capital）商品研究主管兼常务董事 Paul Horsnell 称，尽管里海地区蕴藏着大量的碳氢资源，土耳其 BTC 枪击和格鲁吉亚战争构成的挑战意味着它永远不会成为中东石油的正式替代选择。

在全球化背景下，尽管围绕能源的国际竞争与合作都在上升，越来越多的国家也重视参与国际能源合作，但能源出口国与消费国之间、能源消费大国之间仍存在复杂的利益与矛盾，围绕石油生产、运输通道、管线走向等问题的国际争夺也在不断加剧。加上国际油价居高不下、高位震荡，从长远看，产油国和消费国都将面临巨大压力。

总之，国际能源竞争加剧，能源问题与地缘政治争夺相互交织，能源安全问题也空前突出。能源安全问题从来没有像今天这样深度影响着世界的经济发展与和平稳定。在国际能源争夺背景下，主要能源消费大国都在积极调整国家能源战略，都在积极进行"能源扩张"，积极参与到国际能源开采中，实行能源方面的对外直接投资，以保障本国国内能源的安全、稳定供应。

（二）能源安全观的转变

能源安全是一个老话题，但经济全球化的发展和维护能源安全的实践却总是不断赋予它新的内涵。中国作为一个发展中国家，已经一跃而成为世界第二大能源生产国和能源消费国，是世界能源市场不可或缺的重要组成部分。这一变化使得中国在影响全球能源供给格局的问题上已经处于一种独特的位置，在维护全球能源安全方面更有着举足轻重的作用。2006 年 7 月 17 日，中国国家主席胡锦涛出席八国峰会并首次提出："为保障全球能源安全，我们应该树立和落实互利合作、多元发展、协同保障的新能源安全观。"这一论述体现了中国作为发展中大国对全球能源安全问题的关注和责任，也是对世界能源新格局下传统能源安全观的新挑战。

传统的能源安全观，强调以能源供应的充足、持续和价格合理为基本内容，反映的是石油、煤等高碳经济的时代特征。直到今天，世界各国仍普遍将高碳能源的供应、需求、价格、运输和使用等问题的合理安排及实施效果作为本国能源安全的评价标准。与此不同，新的能源安全观则是以可持续发展为出发点，强调环境安全是能源安全战略中的重要组成部分，认为孤立的能源区域性安全是暂时的，维护能源安全需要超越高碳能源极限，不断进行多元化发展。新型能源安全观不仅需要战略的新高度、新思维，更需要关注新现象，解决新问题。

（三）世界各国需要合作

促进世界能源供求平衡，维护世界能源安全，是世界各国共同面临的紧迫任务。为保障全球能源安全，世界各国必须要加强能源开发利用的互利合作。要实现全球能源安全，必须加强能源出口国和消费国之间、能源消费大国之间的对话和合作。国际社会应该加强政策协调，完善国际能源市场监测和应急机制，促进油气资源开发以增加供给，实现能源供应全球化和多元化，在能源需求和供给基本均衡的基础上确保稳定的可持续的国际能源供应及合理的国际能源价格，确保各国能源需求得到满足。

以石油为例，石油问题给全球能源安全带来的压力，对世界经济、政治、安全等领域产生了诸多方面的深刻影响。首先，高油价加大了全球通货膨胀压力，冲击了传统国际金融体系，加重了石油进口国的经济负担；其次，在当前世界经济受到美国次级抵押贷款危机影响而出现增长放缓、风险上升的情况下，高油价及高位震荡问题带来的系统性风险更突出。因此，唯有国际社会的进一步对话与合作，才有可能对其加以综合解决。

二、生态环境问题

能源资源的开发利用促进了世界经济的发展，同时也带来了严重的生态环境问题。一次性能源的消耗，排放大量温室气体，导致全球气候变暖。全球气候变暖对自然生态环境系统和社会经济系统造成一定的负面影响，如极端水事件发生的频次加快、大气中的酸雨增强、海平面上升、粮食减产等。

（一）石油开采的生态保护

为了石油工业的良性发展，在石油开采时必须使产油区的生态资源、生态环境处于持续的保护状态，使其具有可靠性、完善性和发展性。就产油区而言，生态安全与生态资源、生态环境之间存在重要关系。生态安全是生态资源再造、生态环境优化的基础，生态资源和生态环境则是对生态安全的外化。倘若没有生态安全作保证，任何生态资源的再造和生态环境的优化都将无从谈起。只有保证生态的安全性和持续性，才能促使生态资源和生态环境处于长期稳定、不断完善和发展的状态。

科学的发展观证明，石油工业要想朝着具有前景的良性状态发展，必须具备两个最基本的现实条件：其一，必须找到接替资源，这种接替资源包括待开发的石油资源和生态资源；其二，必须找到具有发展前景的接替产业，使其具有持续性。长期以来，由于传统经济学蔑视科学发展观，搞掠夺性开发和经营，只追求利润指标和单一产业的发展，而忽视了资源和产业的接替性或接续性，割断了石油安全和生态安全之间的联系，导致了对科学发展观的背离。从世界石油工业发展的历史看，在石油工业发展过程中，保护生态比什么都可贵、都重要。苏联的巴库油田由于只注重开发，从根本上忽视了对生态和环境的保护，在短暂的辉煌之后，很快就销声匿迹。相反，开发较早的美国洛杉矶和开普敦油田长期以来注重生态安全和环境安全，充分利用生态资源，在生态环境保护、替代资源和替代产业接续上，为世界石油工业的未来发展找到了出路，展示了石油工业发展的前景和规律。这一反思使我们认识到，掠夺式的开发与经营已成为历史，用科学的发展观审视石油安全和生态安全将成为石油工业现在和未来发展的坐标。

（二）煤炭利用的环境污染

在各种能源资源中，煤具有重要的地位，但同时又是一种污染严重的不可再生资源。煤的燃烧利用能产生大量的二氧化硫、二氧化碳、氮氧化物、烟尘等污染物。

1. 二氧化硫污染

大部分二氧化硫污染来源于硫酸厂尾气、有色金属冶炼过程排放的废气、燃煤烟气 3 个方面，其中燃煤烟气中的二氧化硫是污染的主要来源。全国煤炭多为高硫煤（含硫量大于 2%），其贮量占煤炭总贮量的 20%～25%。在全国煤炭的消费中，占总量约 84%的煤炭被直接燃用，燃烧过程中排出大量的二氧化硫，使我国成为世界三大酸雨区之首。

2．二氧化碳污染

煤炭中质量百分含量最高的元素就是碳元素。在煤炭燃烧时，碳完全氧化产生二氧化碳，不完全燃烧则生成一氧化碳。其中二氧化碳是造成地球温室效应的主要原因。温室效应导致地球温度上升、两极冰雪融化、海平面上升、陆地被淹没等不可估量的损失。据测算，大气中的二氧化碳浓度从 1870 年的 300 mL/m^3 升到了 1990 年的 355 mL/m^3。其中，煤炭燃烧产生的二氧化碳占了绝大多数。

3．氮氧化物污染

燃煤过程中生成的氮氧化物，其中一氧化氮占 90%以上，二氧化氮占 5%～10%，而一氧化二氮占 1%左右。燃煤电站锅炉是氮氧化物的主要排放源。2000 年中国所有电站锅炉氮氧化物的平均排放浓度为 750 mg/m^3，氮氧化物排放总量为 258.02 万 t。据预测到 2010 年氮氧化物排放总量将比 2000 年增长 136 万 t 左右。氮氧化物对植物有害，对动物有致毒作用。大气中氮氧化物和挥发性有机物在太阳光照射下经过一系列复杂的光化学反应，就会产生毒性很大的光化学烟雾。而且氮氧化物能形成酸雨，造成水污染，还能破坏臭氧层，对全球气候变化产生极为不利的影响。因此，需提高煤的燃烧效率，控制氮氧化物的排放。

4．烟尘污染

在煤炭燃烧外排的烟气中，主要污染物除了二氧化硫、二氧化碳和氮氧化物外，还有一种比较严重的污染物就是烟尘。烟尘是燃煤过程中排放出来的固体颗粒物，其主要成分是二氧化硅、氧化铝、氧化铁、氧化钙和未经燃烧的炭微粒等。常见的烟尘有黑烟、红烟、黄烟和灰烟。不同颜色的烟尘，其组成和来源各不相同。黑烟含有大量焦油、炭黑，主要来自燃煤、燃油业；红烟含有大量氧化铁，主要来自钢铁厂；黄烟含有大量氮氧化物，主要来自化工厂；灰烟主要来自水泥厂和石灰厂。全球每年约有 1 亿 t 的烟尘排放到空气中，其中不乏有毒烟尘，危及人类的健康。

（三）核能开发的环境问题

1954 年，前苏联建成了世界上第一座核电站，人类开发利用原子动力的梦想终于成了现实。当前世界正在运行的核电站已达数百座，在不少国家和地区，核电已经居电力生产的主要地位。50 多年来的实践证明，核电是一种清洁、安全和经济的能源。从长远看世界经济的未来，开发利用核能是增加能源的一个有效途径。但核电的利用与发展面临着诸多挑战：一方面，由于核电是一项复杂的系统工程，发展核电必须首先解决核电站的安全建设问题，同时还要妥善应对核燃料可靠供应、放射性废物安全处置和公众是否接受等复杂问题；另一方面，如何确保核技术及核材料的和平利用，防止敏感技术及核材料被用于非和平目的，防止放射性物质或放射源被国际恐怖主义分子获取，也是当今国际社会需要共同面对的问题。

尽管目前全球核安全水平正在不断提高，但是控制不当和管理上的漏洞往往也会给生态环境带来巨大的破坏。1954 年 3 月美国试验爆炸一枚氢弹，严重污染了海水，放射性物质通过浮游生物在鱼体内逐渐积累，并随生物移动而扩散。当年 12 月日本渔船捕获的鱼类体内放射性物质浓度超过危害人体健康指标的 30 倍，从而不得不大量销毁。1979 年 3 月，美国三哩岛核电站二号堆发生了一次严重的失水事故，幸好冷却紧急注水装置和安全壳等设施发挥了作用，使排放到环境中的放射物质含量极小。

（四）水能开发的环境问题

水能是一种清洁的可再生能源。水能开发主要用于发电，一方面，会给我们带来巨大的经济效益和社会效益；另一方面，不可避免地会对当地的生态环境造成一定的负面影响。水能开发对生态环境的影响主要是由于水工建筑物对河道的阻隔、水沙情势的变化、库区淹没和工程施工等作用施加的。主要有以下几方面：①工程现场施工以及建筑材料的开采、加工和堆放对天然植被的破坏，加剧了水土流失，增加了河道淤积；②水库大坝的淹没、阻隔和径流调节，对生物资源和生物多样性等方面的影响，特别是对水生生物和鱼类资源的影响；③水库泥沙淤积对河道的影响，库区周边水位抬高对土壤盐渍化的影响；④水库蓄水后，山体滑坡和诱发地震的影响；⑤对库区水质的影响等。

三、日本的经验与启示

日本是世界上仅次于美国的第二经济大国，也是能源消费大国，更是能源短缺大国。正是基于能源匮乏的国情，以 20 世纪 70 年代所遭遇的两次能源危机为契机，结合国内自身的经济发展和国际能源的供需趋势，日本通过制定正确有效的能源政策，迅速调整其过于依赖石油的能源政策并顺利实施。这不仅为解决环境问题、能源安全问题、保持经济稳定增长、构筑可持续发展的经济社会奠定了基础，而且还使日本摆脱了依赖石油的传统能源政策的束缚，成为能源多样化的国家。日本在能源政策构建中积累的许多经验，对其他国家具有重要的启示和借鉴价值。

（一）日本能源政策及措施

日本能源政策的重要目标是实现能源安全（Energy Security）、经济增长（Economic Growth）和环境保护（Environmental Protection）（简称 3Es）的共同发展。3Es 中的三个因素同样重要，不可偏废。确保能源安全、提高能源效率、积极开发新能源和可再生能源，以及合理利用核能源对实现 3Es 目标具有重要意义。为此，日本在 20 世纪 70 年代后实行了下列有效的能源政策：

（1）谋求能源结构多样化，能源开发与节约并重，提高能源的

使用效率 由于受到 20 世纪 70 年代的两次石油危机的严重冲击，日本决定进行能源结构调整，实施能源多样化方针，力求天然气、煤炭、核能和石油的均衡使用，并积极开发新能源，减少对石油能源的依赖。除大力发展煤电、水电、油电、气电之外，日本逐步加大了核电在国家能源构成中的比重。投入巨资开发利用太阳能、风能、光能、氢能、超导能、燃料电池等可再生能源和新能源，并积极开展潮汐、波浪、地热、垃圾等发电项目的研究和实验工作。

在大力开发各种能源的同时，日本十分注重节能和环保技术的开发利用。日本采取行政督导和政策法规相结合的措施，鼓励企业生产节能高效的产品。通过不断改进技术，推进了能源转换效率的提高以及未利用能源的回收再利用技术的开发。

另外，日本十分注重提高能源的使用效率。日本的能源使用效率水平是世界最高的，日本每千美元 GNP 中的能耗为 0.16 t 油当量，是工业发达国家中最低的，比国际能源署成员国的平均指标低40%，这与日本政府在能效方面采取的有力政策密切相关。

（2）保障石油稳定供应，分散石油进口来源，拓展海外市场 日本从 20 世纪 90 年代以来努力实施石油多元化战略，目前其石油供应国和地区多达 40 个。具体措施有：①调整中东地区进口来源。当 2003 年 2 月日本在沙特的油田权益受到威胁时，日本调整了从该国进口石油的战略，先后与阿联酋、伊朗等多个中东国家陆续签订了长期稳定的供给协议，以确保一旦发生石油危机，日本能以优惠的价格进口石油。②谋求俄罗斯的石油资源。加大同俄罗斯的能源合作，从其进口的油气资源是日本近些年来"能源外交"的重点。③插足非洲石油。为了从非洲国家获取更多的石油资源，日本通过淡化政治、突出经济、提供财经援助、发展经贸关系等手段，发展与非洲国家的关系，并且获得了令其满意的回报。④拓展中亚油气资源。日本努力推进与中亚国家在能源领域的合作，并向中亚国家提供能源技术支持。⑤从组织上、技术上和经济上鼓励日本公司大力进行海外石油勘探开发。日本公司以多种方式参与国外油气合作，如以购买股份、签订产量分成协议、签订各种转让协议、直接投资开发油田等方式大规模参与海外石油勘探开发，执行"变他国资源为自己资源"的战略。

（3）高度重视并投入巨资建立和完善石油战略储备制度　石油的战略储备是日本的一项基本国策。20 世纪 70 年代初，对进口原油的高度依赖促使日本政府决定建立战略石油储备制度，防范可能出现的危机。从 1972 年 4 月开始，日本规定从事石油进口和石油提炼业务的企业必须储备相当于自身需要 60 天的石油。此后，日本又制定了《石油储备法》，规定政府必须储备可供 90 天，民间必须储备可供 70 天消费需求的石油。经过 30 多年的不断完善，日本石油储备制度已成为能源安全的重要保障。2004 年 4 月的石油储备为 8 899 万 kL，可用 169 天，居世界第一。其中，国家储备 4 844 万 kL，可用 92 天，民间储备 4 055 万 kL，可用 77 天。

（4）重建与中东石油出口国的合作伙伴关系　日本在能源安全方面的另一个政策是鼓励中东主要石油出口国投资日本的石油下游产业，通过石油出口国参与日本石油工业来确保能源安全。在石油出口国获得石油需求的稳定和安全的同时，日本也将获得石油供应的稳定和安全。

（5）重视新技术、新能源的开发利用　为积极争取海外油田自主开发权，日本特别注重在石油勘测、开采、运输上采用新技术。运用新技术提高海外自主勘测开采的油田的产量并降低其生产运输成本，为日本国内石油供应提供长期保障。同时，日本也在加快对新能源甲烷水合物的开发利用。

（6）发挥国轮优势，确保能源运输安全　因为日本一次性能源的 80%以上依靠进口，严重依赖海上通道特别是马六甲海峡。为了保障本国的能源运输安全，日本对于关系国家经济命脉的战略物资石油的进口，更重视发挥国家油轮的优势，规定由国家油轮承担全部运输，或者优先使用国家油轮运输，以确保国家战略物资储备和能源的安全。对航运企业实行非常有利于本国船队营运的保护政策，在买造船方面给予补贴和低息贷款，对本国商社租用本国船队也给予一定程度的税费减免。长期以来，日本油轮船队是通过船舶公司、银行、石油公司、造船厂四方合作而发展起来的。日本船舶公司要建造油轮，首先要与石油公司签订一项长期合同，然后银行才能提供贷款或融资，有了银行的资金保证，日本造船厂才能接受日本船舶公司的建造订单。

（7）注重加强法律制度建设　日本能源利用的一个突出特点就是注重运用法律对相关能源产业、能源供需制度进行调节和监管。日本先后对能源的开发利用分别进行了规制，通过法律制度强化贯彻国家不同时期的能源政策。一旦国家能源政策调整变动，相关法律规范就要进行相应修改、废止或重新立法。因此，日本对能源法律规范的修改频繁，立法活动增多，使国家能源政策与法律趋于一致，以有利于通过法律手段贯彻国家政策。由于日本能源立法完善，因而较好地避免了本国能源短缺的劣势，并仍在降低能源需求的条件下，保持经济增长的优势。

（二）有关启示

1. 把节约和提高能源利用效率置于能源发展的重要位置

节约能源已被专家视为与煤炭、石油、天然气和电力同等重要的"第五能源"，对于国家能源可持续发展具有十分重要的意义。国家应将节能和提高能源的利用效率摆在能源发展的重要位置。要从根本上解决能源问题，必须选择资源节约型、质量效益型、科技先导型的发展方式，切实转变经济增长方式，要大力调整产业结构、产品结构、技术结构和企业组织结构，依靠技术创新、体制创新和管理创新，在全国形成有利于节约能源的生产模式和消费模式，发展和建设节约型社会。

2. 优化能源结构，实施替代石油政策，提高能源综合利用水平

国家应当重点发展清洁能源和高效能源，优化能源消费结构，特别是发展天然气、核电和水电，减少对煤和石油的依赖。要调整和优化能源结构，实现能源供给和消费的多元化，研究如何使能源

资源得到最有效的配置和利用，准确把握它们之间的比例关系，建立一个科学的、量化的使用标准。

3. 积极开发新能源，以技术创新来提高能源安全的保障率

促进新能源的开发和应用，一方面可以进一步优化能源结构、提高能源安全的保障，另一方面可以利用新能源开发和应用中的技术积累为提升能源领域的整体技术水平服务。为了保证能源安全，国家应该积极开发清洁、高效的新能源和可再生能源；应该成立政府指导和协调下的新能源开发专门机构，将政府、科研单位、企业联合起来；投入专门资金，并制定相应的新能源利用法规和发展规划以及与此配套的实施细则和补贴、奖励制度，从而保证新能源的研发和应用。

4. 将保障石油安全作为能源安全的重点

石油是一种涉及国家能源安全的特殊产品，石油短缺是国家能源安全的主要矛盾，确保国家能源安全的首要任务是保障国家石油安全。其中重中之重是建立多元体系的战略石油储备，这需要做好下列工作：①制定和实施《石油储备法》；②建立严密的管理层次和职责分明的管理制度；③确定适当的战略石油储备规模；④建立官民一体的战略石油储备体系；⑤拓宽石油储备的筹资路径。

5. 要尽快健全和完善与能源安全相关的法律规则体系

完善的能源法律规则体系是保障能源可持续发展的基础。国家应尽快系统完善能源法律规则体系，即在重点展开制定能源基本法的同时，完成能源专门法相关的立法和修改工作，以完善能源专门法的体系和内容。此外，国家还应加强能源基本法和专门法的贯彻实施工作，详细制定相关法律规范的实施细则和相关关系法规，确保能源法和能源专门法的贯彻实施。

四、中国的能源生态安全

（一）中国的能源现状与特点

近几十年来，中国能源发展取得了很大成就，但仍存在许多亟待解决的问题。目前，中国在能源方面主要表现出以下特点：

（1）人均能源相对不足　从能源储量上看，中国拥有比较丰富而多样的能源资源，其中水能和煤炭较为丰富，蕴藏量分别居世界第 1 位和第 3 位。而优质的化石能源相对不足，石油和天然气资源的探明剩余可开采量仅列世界第 13 位和第 17 位。但由于人口众多，各种能源资源的人均占有量均低于世界平均水平（图 3-6），其中中国人均煤炭占有量为世界平均值的 55%，人均石油占有量仅为世界平均值的 11%。

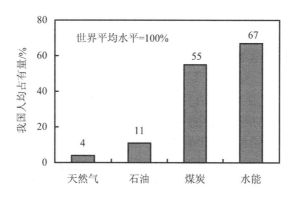

图 3-6　中国主要能源资源人均占有量与世界平均水平的比较

（2）能源资源分布不均　中国能源资源总体的地区分布特点是北多南少、西富东贫，如煤炭资源的 64% 集中在华北地区，水电资源约 70% 集中在西南地区，而能源消费地主要分布在东部经济较发达地区。能源资源分布和经济布局不协调，使得长距离输送能源的格局不可避免，"北煤南运"、"西煤东运"、"西电东送"的不合理格局要长期存在，并使能源输送环节中的建设投资增大，能源输送损失增多。

（3）进口比例不断加大　中国经济的高速增长和工业化、城市化、汽车化、国际化进程，对能源产生了巨大的需求，特别是石油和天然气。1993 年中国从石油出口国变成石油净进口国以来，对石油的需求量逐年增加，而同期石油产量增长缓慢，所以进口比例逐渐加大。2001—2005 年，中国原油进口分别是 $6\,026\times10^4$ t、$6\,941\times10^4$ t、$9\,113\times10^4$ t、$12\,282\times10^4$ t、$12\,708\times10^4$ t。据预测，到 2010 年中国对石油的需求量为 3.4×10^8 t，国内产量达到 1.8×10^8 t，缺口为 1.6×10^8 t，依赖进口程度为 47%；到 2020 年中国对石油的需求量为 4.5×10^8 t，国内产量达到 1.8×10^8 t，缺口为 2.7×10^8 t，依赖进口程度为 60%。天然气消费量也持续增长，到 2010 年中国的天然气需求量将为 $1\,000\times10^8$ m³，国内产量为 800×10^8 m³，缺口为 200×10^8 m³；到 2020 年，中国的天然气需求量将为 $2\,000\times10^8$ m³，国内产量为 $1\,200\times10^8$ m³，缺口为 800×10^8 m³。

（4）能源进口安全受到威胁　中国原油进口地主要来自中东、非洲、欧洲和亚太地区。2006 年，中国进口的石油 44%来自中东，36%自来非洲。而这些地区恰恰也是政局动荡、战乱频仍、矛盾突出的地区。因此，产油地区的安全因素不容忽视。而整个石油运输体系中，90%的石油依赖于海上运输。中国船队虽然总吨位居全球第四位，但是船型结构不合理，油轮普遍存在吨位小、船龄长的严重问题，不适合规模运输的进口原油运输，海洋运输能力受限。目前我国 85%左右的进口原油是依靠国外船队运输。另外，来自中东和非洲的石油必须经过马六甲海峡。美国在新加坡设有樟宜基地，在印度洋上建有迪戈加西亚基地，其航母战斗群可以威慑几乎整个印度洋和马六甲海区。中国目前海军实力有限，无法有效控制马六甲海峡，中国的石油安全随时面临来自竞争对手的威胁。

（5）以煤为主的能源结构正面临着日趋严峻的挑战　煤炭一直是中国经济发展的重要物质基础，如果没有煤炭工业的大发展，中国近50 年经济的发展和人民生活水平的提高是很难想象的。这种能源结构特点，在全世界是很少见的。以燃煤为主的能源结构导致能源利用效率低、经济效益低下，并造成日趋严重的大气污染和生态破坏。

（6）节能潜力巨大，节能难度加大 中国主要工农业产品的单位产品能耗比发达国家高 30%～80%，单位产值能耗是工业发达国家的 4～6 倍。产生如此大的差距，其主要原因之一是，许多发达国家推进了工业化及其新技术发展，从而较早地实现了单位能耗低的目标。发展中国家由于经济发展时间短，设备及技术落后，能源浪费大，能源利用率低，生产产品附加值小，致使单位产品与单位产值能耗高。近 20 年来，中国广义节能工作取得巨大成效，单位产品能耗与单位产值能耗已有较大幅度下降。但种种分析表明，中国节能潜力巨大，但节能难度也在不断加大。

（7）广大农村生活用能主要依靠物质能源 据农业部统计，中国农村生活用能的 2/3 依靠薪柴和秸秆，煤炭供应不足，优质油、气能源的供应严重短缺。1996 年全国 8 亿多农村人口生活上用煤炭仅 1×10^8 t。

（8）一次性能源的消耗对生态环境的影响日益突出 一次性能源的开发利用促进了我国经济的发展，同时也带来了严重的生态环境问题。

（二）解决能源问题的对策

1．优化能源体系

能源问题是关系国家经济建设、长治久安的重大问题，建立可持续能源体系是一个长期的过程，有关工作应在科学拟定的、正确的发展战略指导下进行。

能源安全战略体系的构建和实施，直接决定着一国乃至全球的能源安全状况。我国目前正处于重新审视和研究本国未来能源发展战略的关键时期，用新能源安全观来指导维护我国的能源安全，具有重要的战略意义和现实意义。

中国能源战略的基本内容：坚持节约优先、立足国内、多元发展、保护环境，加强国际互利合作，努力构筑稳定、经济、清洁的能源供应体系。在此战略指导下，中国的能源体系将向以下方向发展：一次能源结构将发生明显变化；保障石油供应是能源安全的突出矛盾；电力发展更加迅速，电源结构也将改变。

2．煤的现代化利用

全国一次能源的生产和消费结构以煤为主，这种能源格局在相当长时间内不会有大的变化。我国 2005 年原煤产量为 22×10^8 t，若保持其份额不变（69%），到 2050 年，则年产量约为 60×10^8 t，达到当前全世界煤炭总产量水平。从环境污染、温室气体排放及资源的合理可持续利用来看，这都是不允许的。即使 2050 年煤炭份额降至 40%，其年耗量仍在大幅度增长，大气污染与二氧化碳排放可能更为严重。所以必须大力推进煤的现代化利用，发展煤的高效、清洁、低碳排放转换技术。

煤的清洁燃烧技术与污染控制技术是实现节能和满足环保要求的有效技术措施。煤燃烧理论、污染防治理论、发展新型的二氧化碳分离技术是煤燃烧领域重点研究的内容，其研究成果是煤的清洁燃烧和污染防治技术的理论基础。全国燃煤电厂应采用高效燃烧技术和发电技术，包括增压流化床燃烧技术、整体煤气化联合循环发电技术、蒸汽超临界参数发电技术等，可提高发电热效率 3%～6%，这也是减排硫氧化物的重要技术。同时改造现有固定床技术，推广流化床技术，发展煤炭地下汽化技术和煤气化多联产一体化技术，也可以降低污染物排放。

煤气化多联产一体化就是把煤先气化，变成一氧化碳和氢气，然后再用来做液体燃料和发电，把化工的过程和发电的过程结合起来，以气化为龙头，煤、化、电联产。煤的现代化利用，以气化为龙头，气化以后去掉所有的杂质，通过燃烧用燃气/蒸气联合循环，效率比较高。气化以后的氢气和一氧化碳还可以用来制造甲醇或者二甲醚等液体燃料。醇和醚是小分子，比汽油、柴油的分子要小得多，燃烧效率比较高。这样一方面解决发电的不干净的问题，另一方面解决我国液体燃料的短缺问题。

3. 建设绿色生态油气田

建设绿色生态油气田是全国石油天然气工业发展的必然选择。所谓绿色生态油气田，是指以保护生态环境为宗旨，充分利用湿地、森林和海洋资源及油气资源，采用高新技术，实现资源良性循环和区域经济可持续发展的绿色基地。绿色生态油气田的含义及特征主要表现为以下几个方面：其一，采取边开发、边保护的原则，以开发为手段，以保护为目的，开发与保护并举；其二，充分利用高新技术，将油气污染和废品污染降到最低限度，并且能够对生态资源和环境资源进行有效还原；其三，建立绿色生态基地，对原有生态环境进行修复、改造和提升，扩大原有的生态效应和环境效应；其四，实行封闭式管理，严格按照国家的法律法规，对湿地、森林和海洋内的动物资源、植物资源和微生物资源严加保护管理，并不断培植和发展新生资源；其五，选拔具有较高素质的员工进入绿色生态油气田工作，保证绿色生态油气田的正常运行和发展。

4. 拓宽进口渠道、加强能源储备

要积极开展能源外交，通过投资能源项目、开展经济合作、提供政府援助等手段，努力加强与中东、俄罗斯、中亚、非洲及拉美等地能源供给国的关系。实现中国未来的能源安全，除了应继续从中东地区进口石油外，还必须尽可能实现能源来源多元化。俄罗斯及中亚国家的能源矿产资源非常丰富，特别是油气资源。俄罗斯是油气资源大国，石油探明储量 $65×10^8$ t，占世界探明储量的 12%～13%，天然气蕴藏量 $48×10^{12}$ m³，占世界探明储量的 1/3，居世界之首。而且，俄罗斯及中亚国家与我国接壤，相比较途经马六甲海峡进口的非洲、西亚油气，俄罗斯及中业油气更具备油源的稳定性和运输的安全性优势。以中哈石油管线为例，从里海沿岸城市阿特劳到新疆的独山子，整个输油管道都在中哈两国国境之内，安全系数高，大大降低了运输过程中外部势力的威胁。因此，无论是从扩大

中国的海外油气进口来源来说，还是从中国进口能源的多元化战略来说，这些国家都是中国未来能源需求最重要而又最现实的供应方。中国应积极利用地缘优势，开拓俄罗斯及中亚国家的能源市场，建立与俄罗斯与中亚国家交流的长效机制，保障能源长期供给安全。

加强战略能源储备同样是一件十分重要的事情。中国发展改革委员会在《能源发展"十一五"规划》中提到，未来 5 年内，要加快政府石油储备建设，适时建立企业义务储备，鼓励发展商业石油储备，逐步完善石油储备体系。以应对石油天然气供应中断为核心，建立完善能源安全预警制度和应急机制。

5．大量使用核能

中国人均能源并不丰富，有计划地建设核电站是国民经济发展的需要。目前全国除了努力开发利用石油、天然气和水力资源外，非常重视研究、开发与利用核能。2003 年 1—10 月，在中国电力生产各领域中，增幅最大的核电为 $357.6 \times 10^8\,\text{kWh}$，同比增长 84.6%。中国科学院院士、著名的核反应堆及核电工程专家欧阳予博士说，越来越多的研究和实践表明，核电是安全、清洁、经济的能源。

在核能方面，尽管 20 世纪以来相继发生了一些核能污染生态的案例，但是偶然事故仍不能改变核能发展的必要性。据称，美国一项耗资几百万美元，花了 3 年时间于 1975 年发表的《反应堆安全研究》一文中有这样的结论：在美国建 100 座压水堆和沸水堆核电站，对美国人每年造成的个人死亡风险只有汽车事故的十万分之一，飞机事故的三千分之一。因此可以说，核电是一种比较安全的能源。任何科技都是"双刃剑"，只要人类合理、科学地利用放射性核素，加强管理，它是不会给人类带来大灾难的。如何更好地利用核能，如何加强相应的管理工作，将成为未来发展的主要方向。

6．使用再生能源

水能是重要的清洁可再生能源，而且中国水能资源丰富，总量居世界首位。截至 2007 年年底，我国水电发电为 $4.8 \times 10^{11}\,\text{kWh}$，占全国年发电量的 16%左右。根据有关部门的预估，为了满足我国国民经济的发展和日益增长的社会用电需求，2020 年，我国水电发电量占发电总量的比例将上升到 30%左右。为此，应该做好以下工作：①切实做好流域综合规划，坚持水电开发服从流域综合规划；②改革移民机制，创新移民模式，使移民切实分享到水电开发的效益；③加强水电建设和运行调度中的生态环境保护；④统筹部署水能资源开发利用与水资源开发利用；⑤加大科技投入，为高标准的水电开发和利用提供关键技术支撑。

目前，风力发电已开始进入规模发展阶段，可以期望 2050 年达到数亿千瓦的规模。为此，要抓紧解决大容量新型风电机组研制与国产化，近海风电场前期研究与有效进入电网的调度、储存、调节与控制问题。

太阳能的利用方式包括热利用与太阳能建筑的规模推广，制氢的多途径探索研究，以及太阳能发电的研发、示范、产业化与大规模应用。太阳能发电包括光伏发电与热发电。要大力加强新型光伏电池及光伏电池材料的探索与研发，大幅度降低成本、提高效率，尽快实现大批量光伏硅材料的国产化，形成大规模产业。要探索新的太阳能利用模式，及早部署荒漠地区集中式超大规模太阳能电站的分阶段研发与示范，与荒漠地区生态治理及资源开发利用紧密结合。2020 年建成 1×10^5 kW 级示范电站，2030 年建成 1×10^6 kW 级示范电站，才能填补此后与时俱增的能源缺口。建立大型太阳能基地，还要解决大型太阳能电站有效融入电力系统、储能及与输电有关的电力技术难题。

生物质能是重要的可再生能源。有些地方像河南、河北、吉林，有大量剩余秸秆，还有整个森林的废弃物。对现有资源及能源作物资源的潜力分析和估算表明，到 2050 年每年可达 15×10^8 t 标煤。传统生物质能的利用包括沼气发电、制造颗粒燃料和液体燃料等。生物质能大规模发展的关键是提供大规模的生物质资源，并要与解决"三农"问题相结合。根据我国的情况，要在边际土地建立稳定的生物质能的产业基地，大力进行能源植物遴选、改良，努力提高生物质能转化的效率和科技水平，为大规模发展创造条件。其中研发以纤维素为原料的新技术具有特殊的意义，为此必须加大科研投入，因地制宜地发展农村地区生物质能分散利用技术。

7. 节能

节能是一个很复杂的问题，不单是技术问题，更主要的是体制和政策问题、贯彻问题以及人们的思想问题。例如，北方的取暖就非常浪费。全国在同等纬度的取暖所耗费的能量是欧洲的 2 倍。整个房子的绝缘、房子的保温、自我的控制、自己的付费都没有一个完整的制度体系。说到底，这基本上是一个体制问题。总之，节能是一个很大的问题，中国万元 GDP 的耗能量比日本多 5 倍。全国面临着非常严峻的挑战，所以我们应该对能源有一种危机意识、忧患意识，以后做每一样事情都要从能源方面考虑考虑。

第五节　生物生态安全

通常意义上的生物安全问题作为一种现象古已有之，只是过去发生的事件单一，加上人们当时认识的局限性，没有进行普遍的联系，往往被当做孤立事件而被忽略。近年来，随着全球化进程的深化，世界各国都不同程度地存在生物安全问题。这些问题涵盖的范围十分广泛，不但涉及动物、植物与微生物的种植、培养、繁育、环境释放、运输、储藏、加工与利用，还包括人体身心健康安全与人类社会经济可持续发展等方面。20 世纪 90 年代，国际社会签署了《生物多样性公约》（以下简称《公约》）。在《公约》框架内，经过艰苦的谈判，2000 年又专门签署了《生物安全议定书》（以下简称《议定书》），用来规范国际间有关生物技术开发和利用及产品越境转移活动。在《公约》和《议定书》中，生物安全作为一个专门问题被提出来，引起了世界各国的高度关注。

国际上，关于什么是生物安全问题，目前至少有以下两种描述：

（1）广义的生物安全问题，用英文表述为 Bio-security 国际自然保护联盟（IUCN）专家 McNeely 等将其定义为：管理由于某些生物体通过排斥、削弱、适应、抑制和根除等途径造成的对经济、环境和人体健康的各种风险。实际上，这一定义的内涵表述的是普遍意义上的生物安全，即传统的生物安全，指生物本身的安全受到一定的外部因素的影响或威胁，从而影响其生存发展。

对于传统的生物安全问题，最具代表性的是外来有害物种入侵的问题，即物种从一个生态系统被自然或人为的力量带到另一个生态系统，进而对后者的结构和功能造成难以逆转的损害。过去我们所熟知的鼠疫、瘟疫等病毒的流行入侵，给人类的生命健康造成了巨大的危害。现在我们熟知的禽流感，以及入侵到我国许多地区的水葫芦等。这些都是典型的生物安全问题。

引发生物安全问题的自然因素，具有难预知、非可控和损失大的特点。如地震、海啸、洪水、火灾、飓风等自然力量都可导致生物安全事件的发生，威胁和减少生物多样性。2007 年 4 月 2 日，所罗门群岛发生里氏 8 级地震，在引发海啸造成人员伤亡的同时，将当地一座名为拉农加的岛屿"拔高"了 3 m。这个长 32 km、宽 8 km 小岛的上升使岛屿周围海岸线向外延伸了近 70 m，珊瑚礁暴露在空气中，大量珊瑚虫及其海洋生物死亡。这是典型的自然力量造成局部生物安全问题的例证。

（2）狭义的生物安全问题，英文表述为 Bio-safety 它指的是"做出各种努力以减轻或消除由于生物技术和其产物所造成的各种潜在风险"。这一概念针对《公约》下的《议定书》，专指现代生物技术及其产品在开发利用和越境转移过程中可能产生的风险，包括对人体健康和生物多样性的威胁。目前，狭义的生物安全概念主要适用于转基因生物（《议定书》称为改性活生物体）的安全管理，如转基因大豆、棉花、玉米等。

据英国《每日邮报》2007 年 3 月 5 日报道，经美国农业部批准，加州一家生物技术公司获准在堪萨斯州种植 1 200 hm² 转基因水稻。这种水稻含有人类基因，可制造人体蛋白质用于生产治疗儿童腹泻、脱水等药物。据《新民晚报》2006 年 5 月 20 日报道，上海市在城市绿化过程中使用了植入带鱼基因的转基因杨树、柳树，以防治虫害，但同时也截断了以昆虫为生的鸟类的食物来源。

目前，生物安全也已成为国家安全的重要部分。这是因为生物安全关注的不仅仅是生物本身的安全、生态系统是否稳定、结构和功能是否正常，还包括利用生物技术研制生物武器，用于恐怖活动或战争。一旦这种技术被谬用，就会对人类自身的生存发展产生重大的潜在威胁，对国家来说，则直接威胁国家安全。因此，对从业人员进行严格的规范，对相关技术进行严格管理，都是保障生物安全的重要手段，同时，还要截断一些别有用心的人获得此类技术的途径。可见，生物安全是国家安全的组成部分，保障生物安全就是保障国家安全。

总的来看，生物多样性锐减问题、外来物种入侵问题和转基因生物的环境安全性问题已成为国际社会生物生态安全领域的三大焦点问题。

一、生物多样性锐减

（一）生物多样性的概念

生物多样性（Biological diversity 或 Bio-diversity）是指"所有来源的活的生物体的变异性，这些来源包括陆地、海洋和其他水生生态系统及其所构成生态综合体"，也可简单地理解为地球表面生物圈层的各种生命形成的资源，包括植物、动物、微生物、各个物种拥有的基因和各种生物与环境相互作用所形成的生态系统以及它们的生态过程。

生物多样性包括遗传多样性、物种多样性、生态系统多样性和景观多样性 4 个层次。

（1）遗传多样性（Genetic Diversity）　又名基因多样性，是生命进化和物种分化的基础。广义的遗传多样性是指地球上生物所携带的各种遗传信息的综合。狭义的遗传多样性是指生物种内基因的变化，包括种内显著不同的种群之间以及同一种群内的遗传变异。

（2）物种多样性（Species Diversity）　是生物多样性的核心，是指地球上动物、植物、微生物等生物种类的丰富程度。它包括两个方面：一方面是指一定区域内的物种丰富程度，可称为区域物种多样性；另一方面是指生态学方面的物种分布的均匀程度，可称为生态多样性或群落物种多样性等。

物种是指遗传特征十分相似，能够繁殖出有生殖能力后代的一类生物。物种水平的生物多样性即为物种多样性。地球上目前已知的生物种类有 200 多万种，据科学家估计，地球上实际存在的物种数从 500 万种到 1 亿种之间。我国是世界上物种多样性极为丰富的国家之一，仅就物种而言，有 353 科 3 184 属 27 000 余种高等植物；陆生脊椎动物约有 2 300 种，占全世界的 10%；水生脊椎动物约有 800 种，其中近半数为特有种，多数具有较高的经济与科研价值。

（3）生态系统多样性（Ecosystem Diversity）　是指地球上生态系统组成、功能的多样性以及各种生态过程的多样性，包括生境的多样性、生物群落和生态过程的多样化等几个方面。生态系统多样性是指生物圈内生境、生物群落和生态过程变化的多样化及生态系统内生境的差异。在一定区域内，即使有相似的自然条件也存在着多种多样的生态系统。

（4）景观多样性（Landscape Diversity）　是指由不同类型的景观要素或生态系统构成的景观在空间结构、功能机制、时间和空间尺度方面的多样化程度。景观是一个大尺度的宏观概念，具有高度的异质性。构成景观的要素可分为嵌块体（Path）、廊道（Corridor）和基质（Matrix）。景观多样性就是指由不同类型的景观要素或生态系统构成的景观在空间结构、功能机制和实践动态方面的多样化和变异性，是人类活动与自然过程相互作用的结果。地球上存在着各种各样的自然和非自然景观，如农业景观、城市景观、森林景观、海洋景观等。

（二）生物多样性的价值

生物多样性作为一种生物资源，在人类的生产生活以及调节气候、保证水质、保持土壤肥力等方面具有众多的价值功能。

1．经济功能

首先，生物多样性提供了人类食物的多样性。人类日常食用的多种粮食、蔬菜、水果、肉、蛋、奶和鱼虾贝藻等，无不得益于生物多样性。

其次，生物多样性是重要的药物来源。从神农尝百草开始，中国人就开始了利用野生动植物作药材的历史。目前用于做药材的生物种类已达 5 000 多种。国外的生物药用也十分广泛，例如，印度药用生物品种也有 2 000 种。发展中国家 80%的人口依靠从生物中提取的传统药物治疗各种疾病。随着生物技术的进步，生物药用价值不断提高。近年来，欧美、日本等发达国家十分重视利用生物制造药物。近 20 年来，海洋药物研制是世界各国新药研究的热点之一，并取得令人瞩目的进展。

最后，生物多样性还提供多种重要的工业原料。食品加工业、造纸业、木材加工业及许多其他工业都以动植物为原材料。另外，生物多样性也是重要的旅游资源。

2．生态功能

主要表现在固定太阳能、调整水文过程、防止水土流失、调节气候、吸收和分解污染物、贮存营养元素并促进养分循环和维持进化过程等方面。

（1）形成并维持生命支持系统　生物多样性是亿万年地球环境演化的产物，同时又是人类及其他生命环境的缔造者与维持者。可以设想，今天人类离开了生物多样性，尤其是绿色植物，这个环境很快会变得不堪人居。当前复杂而精巧的生命支持系统正是以生物多样性的存在为前提。

（2）形成和保护土壤　民以食为天，而食则以土为本，生物多样性是形成和保护土壤的基本因素。

（3）保护水源，防止水土流失，减轻自然灾害的危害程度　大面积的森林和植被既能保蓄水分，又能调节水分和湿度，维持着自然界的水循环。因此，保护森林和植被也间接地保护了农业生产的根本——土地及物种和生态系统多样性。从某种意义上讲，常见的自然灾害除了发自地下的地震等灾害外，山体滑坡、洪涝、干旱、风沙暴、沙漠化等均是由于生物多样性减少所致。

（4）降解与净化污染物　绿色植物以及大量的微生物可吸收和分解环境中的有机废物和污染物，起到净化环境、减少污染物毒害作用。

（5）促进营养元素的循环　在营养物的循环过程中，生物多样性起着关键作用，越复杂的生态系统，营养元素的循环越完备，系统生产效率越高。

（6）防风固沙，调节气候　生物多样性具有调节气候的功效，这是因为在全球尺度上考虑，遍布各地的生物通过生命活动主要是绿色植物和自养微生物调节大气中二氧化碳的浓度，进而具有影响全球气候的力量。

（7）维持生态系统的动态平衡　生态系统的稳定性很大程度上取决于生物多样性中食物网的特征，食物网越复杂的系统抗干扰能力越强。生物多样性的价值还包括其伦理价值和审美价值。

3．潜在功能

由于人类认识上的局限，难以预测未来会遇到什么问题，需要什么或如何去满足这些需要，更无法确定哪些物种是有用的或是有价值的。

（三）生物多样性测度方法

生物多样性研究的一个任务是对以前和现有物种进行测度，生物多样性测度上有很多尺度——组成、结构、功能、时间、空间，而且能够从不同水平（基因、生物个体、生态系统等）上进行研究。

下面是国内外生物多样性测度的一些方法：

（1）多样性测度指数的应用　多样性指数是度量生物多样性高低及空间分布特征的数值指标。众多的物种多样性指数可以分成 4 种主要类型：丰富度指数、变化度指数、均匀度指数和优势度指数。为了确定生物及系统在空间内的多样性，Whittaker 引入了 α、β、γ 多样性和 δ 多样性的概念。α、β、γ 指数是现在群落多样性结构测度时被经常应用的体系，α 多样性是指同一地点或群落中物种的多样性，是种间生态位分异造成的。α 多样性主要包括物种丰富度、物种相对多度分布模型、物种多样性指数和物种均匀度。传统的 β 多样性是以环境梯度为界定的。γ 多样性是不同地点的同一类型环境中，物种组成随着距离或地理区域的延伸而改变的程度。δ 多样性是最近由于先进工具的使用才出现的，相当于自然地理尺度的多样性。

（2）多样性测度的时、空尺度样方数据的应用　多样性测度的时、空尺度样方数据在生物多样性时间和空间尺度的测度中应用极为广泛。物种多样性结果的取样效应的产生与否，与生态位关系、生境多样性、群体效应和生态学的同等性 4 种生物因素综合作用相关。不同研究对象及内容的取样方法是不同的。一般认为，研究群落物种多样性的组成和结构多采用临时样地法中的典型取样法；研究群落功能和动态多样性则采用永久样地法。研究物种多样性的梯度变化特征，采用样带法或样线法。

（3）种—多度和种—面积在多样性测度中的应用　种—多度（Species—Abundance）关系阐述的是群落中各个物种个体数量的分布规律，可以用几种曲线和数学模式来拟合，通过拟合可以观察到群落中的各个物种分布情况和可利用的资源方式，比较各物种的相对重要性。经常应用的模型有 4 种：即分割线段模型、对数级数分布、几何级数分布和对数正态分布。种—面积曲线关系可以更好地描述群落的物种丰富度，也可以外推来估计群落的物种数目和确定群落的最小面积。

（4）多元分析技术的应用　多元分析中的关联分析在分析时

间序列群落动态、环境影响群落演替方面应用广泛，特别是灰色关联的应用。植物群落学常用的多元分析方法是双向指示种分析（Two-Indicator-Species-Analysis）和除趋势对应分析（Detrended Correspondence Analysis），我们还可以用聚类分析、排序分析和主成分分析等进行综合分析。

（5）测度多样性新技术新理论的应用　近年来，生物多样性短期数据（Short-Term Inventories）的测度得到关注，应用的方法被称为生物多样性的快速估计（Rapid Biodiversity Assessments，RBAs）。这种方法能够提供生物多样性在迅速过程中物种变化信息，从而为物种保护提供了有效的数据。分形几何（Fractal Geometry）是目前国际上广为应用的非线形模型，它能够对物体随尺度变化的特征给予刻画，应用到植被群落异质性分析可以弥补 β 多样性指数在取样尺度的局限性。

遥感可以作为一种生态系统多样性结构的研究工具，具有识别群落结构，如格局、扩展、动态、分布和物种的能力。

（四）生物多样性现状

随着人类工业文明的到来，在人类物质及精神上得到空前满足的同时，不断增长的人口及不断加剧的生产实践也给人类赖以生存最重要的基础——生物多样性造成了巨大的压力和威胁。"无法再现的基因、物种和生态系统正以前所未有的速度消失"。而这些基因、物种和生态系统等都是宝贵的自然财富，它们的任何损失均是不可逆的，它们对人类的持久生存都是无价之宝。如今，自然进化赋予人类的生物多样性正以惊人的速度遭到毁灭，大量的物种和基因尚未知道其用途就已在地球上灭绝。

1. 物种灭绝速度加快

世界上有多少种动植物，人们并不确切知道。已经鉴定和描述过的约有 174.2 万种，其中哺乳动物 4 200 种，鸟类 8 700 种，爬行动物 5 100 种，两栖动物 3 100 种，鱼类 2.1 万种，高等维管束植物

25 万种，低等植物（苔藓、地衣等）15 万种，最多的是无脊椎动物昆虫，有近 130 万种。

在远古时期，无脊椎动物大约每 3 000 年形成一个新的物种，每 3 000 年灭绝一个物种。在过去的 2 亿年中，平均大约每 100 年有 90 种脊椎动物灭绝，每 27 年有 1 种高级植物灭绝。人类的影响使生物物种的灭绝速度明显增加。

鸟类在 3 500～100 万年前，平均每 300 年灭绝 1 种；最近 300 年间，平均 4 年灭绝 1 种；20 世纪后，每年灭绝 1 种。1 600 年以来，大约有 113 种鸟类和 83 种哺乳动物已经消失，如图 3-7 所示。

图 3-7　生物多样性逐渐丧失

图片来源：http://www.nmdzps.com/bbs/ShowPost.asp?PostID=3737.

据世界自然和自然资源保护联盟估计，世界上已知的 25 万种高等植物已经有 2 万～2.5 万处于严重危急状态。据国际鸟类保护委员会统计，在世界近 9 000 种鸟类中，1978 年以前有 290 种不同程度受到灭绝的威胁，现在上升到 1 000 多种，约占鸟类总数的 11%。世界上脊椎动物濒危物种是 3 400 多种。联合国环境规划署的一项报告估计，到 2050 年，地球上 25%的物种将有灭绝的危险。现在每年都有 1 万～2 万个物种灭绝。人类社会发展造成的物种灭绝速度是自然状态下的 1 000 倍。专业人士认为，即使做出最大的努力来保护世界的生物多样性，物种 1/4 仍将在 100 年内灭绝。

我国是世界八大起源中心之一，具有丰富而独特的生物多样性。

我国具有陆地生态系统的各种类型，包括森林 212 类，竹林 36 类，灌丛 113 类，草原 55 类，草甸 77 类，荒漠 52 类，沼泽 37 类，高山冻土、流石滩植被 17 类，总共 599 类。我国是世界上仅次于澳大利亚的第二大草原大国，草地面积近 4 亿 hm^2。我国湿地面积 6 300 万 hm^2，其中天然湿地 2 500 万 hm^2，人工湿地 3 800 万 hm^2。我国海洋生物物种中的鱼类占世界种类的 14%，蔓足类占 24%，昆虫类占 20%，红树植物占 43%，海鸟占 23%，头足类占 14%。我国有高等植物 30 000 种，占世界 10%；裸子植物 250 种，占世界 29.4%，居首位；脊椎动物 6 347 种，占世界 14%；其中鸟类 1 244 种，居世界首位。

我国 3 万种高等植物中有 4 000～5 000 种受到威胁，占总种数的 15%～20%，高于世界 10%～15%的水平，其中 200 种高等植物已经灭绝；被子植物有珍稀濒危种 1 000 种，极危种 28 种，已经灭绝或可能灭绝 7 种；裸子植物濒危和受威胁 63 种，极危种 14 种，灭绝 1 种；脊椎动物受威胁 433 种，灭绝和可能灭绝 10 种；野生动物有 400 多种处于濒危状态。在《濒危野生动植物物种国际贸易公约》列出的 640 个世界性的濒危物种中，我国有 156 种，约占其总数的 1/4。

2. 生态系统多样性破坏严重

生态系统中物种之间是相互依存、相互制约的，每一物种都有各自特殊的生态功能。有些种类特化成为依赖于特有的物种进行生活，有的种类则成为生态系统中的关键种群，对生态系统有控制作用。有资料表明，一种植物灭绝，就有 10～30 种与之相依的生物（如昆虫、高级动物等）也随之消失，从而导致大量其他生物的灭绝。

近百年来，全世界范围内生物多样性急剧退化，生物资源遭到严重破坏。因此，生物多样性锐减已成为世界各国关注的全球三大环境问题之一，是当今世界生物环境中的重要课题，是现代生物学竭力维护与追求的目标。全球生态环境的平衡有赖于生物多样性的维护。

3. 经济贸易

据估计，世界每年野生动植物贸易额至少达到 50 亿美元，其中

1/4～1/3 是非法贸易。全球市场上买卖的野生动物大部分来自非洲、东南亚、热带美洲、亚洲热带地区，尽管有国际公约的限制和各国家限量贸易，甚至杜绝贸易的政策和法规，也阻挡不住非法行为。

（五）生物多样性维持机制

（1）环境随时间变化的非平衡概念　干扰有利于竞争力弱的物种。中等程度的干扰可以使得多样性最高，它允许更多的物种入侵和建立种群。干扰可打开断层，物种在不可预测的环境中对环境的侵占是随机的，对资源的占领也是没有规律的。因此，任何物种都有可能在竞争中存在，实现共存。

（2）生态位分化概念　环境的空间变化引起物种的不同结合可能是由于对不同栖息地的偏好，也为逃避来自其他物种的竞争排斥提供可能性。

（3）群落交错区和边缘效应现象　群落交错区是一个过渡地带，由于其环境条件比较复杂，植物种类往往更加丰富多样，从而能更多地为动物提供营巢、隐蔽和摄食条件。在这种群落交错区中生物种类和种群密度增加的现象，叫边缘效应。

（4）空间异质性学说　环境越复杂越多样，异质性越高，则其动物和植物的区系就越复杂。

（5）竞争学说　在气候温和而稳定的地区，生物之间的竞争则是物种进化和生态位特化的动力。

（6）强胁迫—弱胁迫机制　由于强胁迫环境中的物种竞争程度较小，因此，比较优越的弱胁迫环境能容纳数量较多的物种共存。

（7）聚集分布与物种多样性的维持机制　种内竞争强于种间竞争时，即使没有生态位分离，共存也可以实现。在自然群落内物种总是以种群聚集分布形势出现（种子扩散或克隆特性导致），荒漠草原的种群斑块现象更明显。

（六）生物多样性锐减的原因

造成生物多样性锐减的原因是多方面的，其中生存环境破坏、环境污染、外来物种入侵、全球气候变化和农业及林业的工业化等是当前生物多样性大规模急剧丧失的直接原因。

1. 生存环境破坏

生物的灭绝主要是不适应生存环境的结果。这种不适应是由两个原因造成的：一是生物遗传的稳定性；二是环境的变化性。生物的遗传是稳定的，这使它们对环境的适应性是相对不变的。但是，地球上的环境在不断变化。当环境发生了超出生物适应能力的变化时，就会导致生物灭绝，大约 90%的已知临近灭绝的物种的灾难是由生存环境破坏引起的。生存环境破坏的原因有很多，既有自然原因，如水灾、火灾、旱灾、病虫害及气候变化等自然灾害，也有人为原因，如森林大量砍伐、森林或农田城市化、修建公路、机场、围湖造田、过度放牧等，其中人为原因是主要的。

由于近代人类对经济增长的盲目追求，过度放牧、乱垦滥伐、水土流失、沙漠化等一系列的世界性环境问题相继出现。土地利用及其变化（包括森林变成农田或草地及农田上造林、城市化、工矿活动、交通及建筑等过程）是影响生物多样性的主要因素。有效栖息地面积是决定物种丰富性和生态系统多样性的主要因子。栖息地的破碎化和丧失是生物多样性受到威胁的主要驱动因素，土地利用变化是导致栖息地破碎和散失的主要过程。

1862—1978 年，世界森林面积由 55×10^6 km^2 减少到 25.6×10^6 km^2。每年彻底消失的热带雨林有 11.10×10^4 km^2。另有约 10 km^2 森林受到严重破坏，致使每年有 0.5%～1%生长在其中的物种灭绝。我国的东北虎原来主要分布在小兴安岭和老爷岭，自 20 世纪 50 年代小兴安岭大规模开发以来，原始红松林面积大大缩小，代替原始林的是次生林和树种单一的人工林，生物多样性较原始红松林大为降低。森林的砍伐，不仅破坏了虎的栖息地，更重要的是破坏了虎的主要食物狍、野猪、马鹿等的栖息生境。栖息地的缩小，限制了虎的活动，更容易被盗猎者猎杀。在小的范围内更易发生近亲交配，导致基因恶化、种群衰退。目前，东北虎在野外分布不足 20 只。

2．环境污染

环境污染会影响生态系统各个层次的结构、功能和动态，进而导致生态系统退化。环境污染对生物多样性的影响目前有两个观点：一是由于生物对突然发生的污染在适应上存在很大的局限性，故生物多样性会丧失；二是污染会改变生物原有的进化和适应模式，生物多样性会向着污染主导方向发展，偏离其正常轨道。

（1）遗传层次上影响　污染使种群的敏感性个体消失，具有的特质性的遗传变异消失，进而导致整个种群的遗传多样性水平降低；污染引起种群规模减小，由于随机的遗传突变的增加，降低种群的遗传多样性水平；污染还引起种群数量减小。

（2）种群水平上　当种群以复合种群的形式存在时，某处的污染会导致该亚种群的消失，而且由于生境的污染，该地方明显不再适合另一亚种群入侵和定居。

（3）在生态系统层次上　污染会影响生态系统的结构，功能和动态。

3．外来入侵物种

外来入侵物种是指通过有意或无意的人类活动被引入到自然分布区外，在自然分布区外的自然、半自然生态系统或生存环境中建立种群，并对引入地的生物多样性构成威胁、影响和破坏的物种。

（1）破坏生态系统，通过压迫和排斥本地物种导致生态系统的物种组成和结构发生改变，最终导致生态系统和生态环境受到破坏。

（2）入侵物种本身形成一个优势种群，使本地物种的生存受到影响并最终导致本地物种灭绝，破坏物种多样性，导致物种单一化。

4．工业化和城市化的发展

工业化使农渔牧品种结构单一化，降低了物种的丰富度和种类的遗传多样性。城市化的发展使得城市内部和周边地区生物多样性受到破坏。

世界上农业生产的主要产品都是从生态系统中获得，如种植的谷类、豆类、水果，饲养的家禽家畜等。农业可持续发展的立足点是生物多样性，物种和遗传多样性为农业提供了适应变化和维持生产的能力，生态系统多样性为农业提供了可持续发展的条件。我们不仅要保护农业领域的牲畜与作物，更要保护森林、海洋和陆地其他生态系统中的丰富物种资源。维护拥有多种物种和遗传资源的功能性生态系统，与我们人类的利益息息相关。

5. 气候变暖

全球气候变化对自然生态系统、人类生存环境及经济社会产生了重大影响。气候变化直接或间接导致干旱、海平面上升、厄尔尼诺现象频率和强度增加、水患风灾等异常气候增多等，对自然生态系统和物种分布造成严重威胁。许多生态系统由于气候变化而受到威胁，20%～30%的物种可能面临日益严重的灭绝危险。

究其根源，造成生物多样性锐减的根源在于人口的剧增和自然资源的高速度消耗，不断狭窄的农业、林业和渔业贸易，生物资源利用和保护产生的惠益分配的不均衡，经济政策和法律制度的不合理。因此，生物多样性锐减的根本原因有以下几个方面：

（1）人口急剧增加　人口增长是破坏和改变野生生物栖息地和过度利用生物资源的最主要原因。人口增加后，不可避免要扩大耕地面积，满足吃饭的需求，这样就对自然生态系统及生存在其中的生物物种产生了最直接的威胁。为了解决日益增长的人口对粮食的需求，人们不断通过毁林开荒、围湖造田、围海造田，使得自然植被直接减少。庞大的人口规模和野生物种争夺空间资源，致使动植物自然生长和栖息的环境急剧缩减。

（2）片面追求商业利润　一切以经济利益为目的，给生物多样性带来了极大的危害。部分决策者的急功近利和受到地区的、个人的经济利益驱使，破坏了其他人和后代可持续利用生物多样性的基础。人工经济林取代了原始森林，当发展农、林、渔、牧时片面追求高产或高效，使品种结构单一化，生物多样性降低。旅游业发展也导致生物多样性遭到破坏。

随着新技术、新发明的涌现，人们不断地进行野生生物育种选种。野生动物驯养、植物新品种培育和种子改良，为人类自身谋取了极大经济利益。以"中药之王"甘草为例，我国甘草主要产于内蒙古、新疆、甘肃、宁夏等地。20 世纪 50 年代，甘草产区分布面积为 $3.2 \times 10^4 \sim 3.5 \times 10^4 \ km^2$，蕴藏量约为 $5 \times 10^6 \ t$，而现在甘草比较集中的分布面积仅为 $1.10 \times 10^4 \ km^2$，减少了 70%，总储量只有 50 年代的 1/5 左右。有关专家预测，按照当前的采挖速度，5 年后我国的土地上将很难找到一根生存的甘草。

（3）生存环境破碎化　生存环境破碎化是将大片的生境分离或隔离成空间独立的小片段的非自然过程，是导致生物多样性降低及生态系统退化最严重的因素。破碎的生存环境由于片断面积太小而不能长期维持物种生存繁衍。

（4）保护和利用得到的效益分配不公　这包括一个国家内不平等和国家之间不平等。生物多样性丰富的地区一般经济较为贫困，他们保护了这些生物多样性，但没有得到相应的补偿或从中受益。不平等的国际贸易使得发展中国家大量的生物资源包括传统资源被发达国家低价或无偿掠夺，发达国家利用这些资源创造了高价值的生物制品，又倾销到发展中国家谋求高额利润，同时以保护知识产权为借口，阻碍发展中国家得到这些技术。

（5）法律制度不健全　大多数国家保护生物资源法律不健全或执行不得力，甚至不少法律法规都不利于生物多样性保护。为了进一步保护生物多样性，就必须继续加强立法，强化执法，做到有法可依。

（七）保护生物多样性的措施

最近，英国科学家为了确定 2050 年前英国在生物多样性保护方面可能面临的挑战，进行了广泛深入的研究，以表格的形式列出了每个问题面临的相关的威胁、机遇和研究需求等，结果如表 3-12 所示。

表 3-12　25 个问题及机遇、威胁、研究需求、影响生物多样性的可能性（机遇、威胁）

问题	机遇	威胁	研究需求	可能性	机遇	威胁
纳米技术	其他物质的约束减少了其对生物多样性的影响和生物修复的机会	毒性，物理影响和增加生物利用度	描述了离子的特性，确定来源和运输途径，确定并量化影响及其机理，评估并量化影响，生物修复技术的开发，利用和调节因素的认知	高		
人造生命和仿生机器人对生态系统的服务，入侵性潜在和可能污染得到控制的影响	提供生态系统服务	未知。但可能类似于入侵物种	评估修复潜力、扩散力和影响力。终止措施的效力，开发、应用和调节因素的认知	低		
现代生物技术方法产生的病原体导致的不可预测的后果		转基因病原体对英国生物多样性的影响	确定寄主的特殊性，评估蔓延到目标范围以外的可能性	低		
新型病原体控制的直接影响	潜在增加的群落多样性	关键种、极危种丰富度的普遍削减	新发病对生物多样性威胁的常规水平扫描、新发病的影响和可能的干预措施	高	低	高
对新型病原体控制的努力的影响		带菌者栖息地的迁移和化学/生物控制的影响	分析如何平衡保护需求和疾病控制有效性。可接受的控制制度的发展	高		中
气候变化和"入侵灾难"导致非本土入侵种的泛滥	生态系统功能和多样性可能增加	入侵物种统治群落，本土物种灭绝	确定入侵灾难发生的条件。确定潜在的入侵者和入侵控制策略	中	低	高

问题	机遇	威胁	研究需求	可能性	机遇	威胁
标志性野生动物及其栖息地的大面积恢复	可持续食物网的恢复	成本效果低，遭受严重威胁的物种/栖息地向保护区资源转变	确定标志性生物和栖息地可行的恢复规模，对其他物种的重要意义，以及社会经济的成本和效益	中	高	低
面对气候变化促进物种分布范围变化的行动	有利于分布和保护的目标	管理行动的后果可能深不可测且有损害	迁移的效果。了解变化范围。迁移和加强生境连通性之间的平衡	高	高	高
极端天气事件的频率	某些物种可能从较少的冷冬受收益，早期演替种可能在干旱和暴雨中受益	极端事件造成生物多样性减少，导致本地物种灭绝	回顾极端事件的频率和影响，预测概率。极端事件的围隔试验。评估极端事件交汇的敏感性。根据极端事件的监测和调查研究发展过程	高	中	高
减缓气候变化影响的地质工程	减缓气候变化对生物多样性的影响	未知或不可预见的多样性结果	地质工程计划的风险评估	高	高	高
所采取的生态系统方式对生物多样性的影响	更加可持续地和广泛地支持保护方案的发展	生物多样性保护已不再是土壤管理的首要任务	生态系统方式的开发和测试框架，它可量化经济、社会、土壤和生物多样性要素	中	高	中
火灾增加的风险	耐火物种和演替早期群落受益。良好的防火管理制度可创建新的生境	改变防火制度对物种和群落的负面影响，特别是对不能适应火灾的栖息地	发展和评估有利于生物多样性保护的火灾管理制度。开发预测和探测火灾的新技术	高	低	高
生物燃料和生物量需求日益增加	用于生物量作物的栽培技术未减少。一些作物与传统作物或传统的土地用途相比，可能含有更多的保护利益	半自然的生境丧失，农作物用地集约化，农药使用量和水资源利用的增加	量化与每一农作物密切相关的生物多样性，发展定位和规模的影响。了解需求、摄取量和规章制定	高	低	高

问题	机遇	威胁	研究需求	可能性	机遇	威胁
食物需求的逐步变化引发的对农业耕地的压力		半自然的生境丧失及农田的日益集约化	新型耕作制度的风险评估，了解农民对提高粮食价格、生产奖励办法及发展新的监督办法的反应	中	高	高
海洋酸化	非钙化有机体潜在增加	海洋生物的钙化率减少，钙化（有壳）生物减少	估计钙化减少后的种群和生物群落。可能的干预后果	高		
大陆架冷水海洋栖息地减少	耐热物种及栖息地的潜在范围扩大	抗寒物种及其栖息地潜在范围缩小	发展气候变型模型以预测物种运动和灭绝的可能性，包括海洋生境/生境特异品种的规模和范围的研究。海洋生态系统、渔业和保护区管理的意义	高	中	高
海岸和沿海发电站的大量增加	渔业活动的自然排斥行为为一些海洋物种创建了安全的避难所	候鸟、鱼类、海洋哺乳类动物面临主要河口和沿海栖息地丧失的风险，对深海物种及其栖息地的负面影响	方案的影响评估。可再生能源计划的成本效益分析比较及最佳地点和规模的确定。包括对生命周期影响在内的生命周期分析	高	低	高
极端高水位海岸事件	事件后生态演替发生。限制海岸沿线的发展和管理的海岸沿线后退	海岸和潮间带栖息地及低注淡水水域丧失，盐渍化影响	认识沿海植被和潮间带系统响应的能力。恢复计划。设计有抵抗力的海岸线	中	高	高
海平面上升导致海岸和潮间带栖息地的丧失	有创建新的近海海底栖息地的潜力	海岸和潮间带栖息地丧失	量化水益的动态融化，确定淡水、农业和沿海生物多样性的应对措施及对陆地和海洋空间未来进行规划的结果	低	中	高

问题	机遇	威胁	研究需求	可能性	机遇	威胁
淡水流的急剧变化	上游湿地的连通性和扩展程度增加	河流、湿地、河口和沿海水域的生态群落发生变化；下游的连通性降低	极端水流的生态影响监测和评估。确定水文连通性开发累积效应模型。成本效益的管理干预	高	中	高
自然保护政策和行动可能与环境变化不同步		保护目标可能太高或难以达到	检验生物多样性对环境变化响应的预测和制度及文化对变化的限制的认识。建立保护区风险评估的方法	高	低	高
网络和新的电子技术将人和环境信息连接起来	改善了与生物多样性问题有关的知识、认识和参与情况	电子技术成为感受自然的替代物	鼓励人们参与活动、收集数据和传播信息的新技术的开发和利用	中	高	高
与自然相处的能力下降		环境认识减少、关注度降低	了解人们如何与自然相处，并进行态度和行为发生改变的纵向研究	高	高	高
把货币价值作为保护决策的关键因素	把生物多样性纳入主流决策	生物多样性价值的改变。潜在的低生物多样性价值使人们降低对保护价值的理解	可把生物多样性价值适当纳入决策的研究工具	高	高	中
因察觉到人类健康受到威胁，公众对抗野生动植物		对降低耐受性和支持野生动植物保护进行反对	了解公众的态度及这些态度可能产生的影响	高		高

　　研究生物多样性的目的是保护生物多样性，全球用于保护生物物种的经费已达数百亿美元。尽管如此，乱捕滥猎、乱砍滥伐和走私销售仍未受到遏制，人类保护生物多样性的任务任重而道远。

1. 近期应当重点关注的问题

　　（1）生物多样性保护的法律法规不健全　有法不依、执法不严的情况仍较普遍，甚至还存在知法犯法的现象。

　　（2）生物多样性保护的宣传教育力度不够　群众对生物多样性保护的深远意义认识欠缺。一方面是群众的文明消费观未树立，吃野生动物的陋习未能扭转；另一方面为追求眼前的经济利益，乱捕滥猎、乱砍滥伐、非法经营野生动植物的现象屡禁不止，掠夺式开发生物资源，造成生物多样性锐减。

　　（3）自然保护区建设落后　由于一些地方对建立自然保护区的重要性缺乏认识，重视不够。对自然保护区建设经费投入不足、保护区机构不健全、管理人员素质不高严重制约了自然保护区事业的发展。

　　（4）自然保护区生态效益补偿机制未建立　由于合法合理的补偿经费不到位，群众为生计所迫不得不进行带有破坏性的开发，导致了野生动植物的严重破坏。同时，土地、林权不落实，给自然保护区建设管理带来很大隐患。一些保护区在批建时面积和范围界限不明确，而其中的林地多属集体所有。当地政府已将林权证发给林农个人，林农有经营自主权，因此林农在保护区内进行的一些不合理开发难以得到有效制止。

　　（5）生物多样性保护的科学研究工作严重滞后　由于科研经费投入不足，尚未建立有效的科研和监测体系，对野生动植物资源现状、种群结构和栖息地生境、种群退化原因、物种就地保护及异地保存、繁殖技术等方面的研究较薄弱，一些管理上亟待解决的问题长期得不到解决。此外，野生动植物救护和引种保存机构的数量规模和水平还不能适应生物多样性保护工作的需要。

2．生物多样性保护的相应对策及措施

（1）加强科研工作，理顺管理体制　加强科技投入，加强生物多样性保护的科学研究工作；对生物种群分布、食物链、繁殖地等情况进行研究，查清生物多样性的基本情况，编制生物名录；对濒危物种的现状、生境、分布、数量及其变化规律和濒危原因进行调查和系统研究，编制生物多样性评价标准和保护规范。

（2）加强自然保护区建设　对自然保护区建设与管理的认识要进一步提高，尽快确定保护区边界范围；有计划地建立相当规模和数量的自然保护区、保留区，形成区域性自然保护区网；尽快在实施自然保护的地区实行生态效益补偿机制，加强自然保护区外的生态系及物种的保护。

中国的自然保护区建设只有 50 年的历史，但发展非常迅速。截至 2006 年年底，全国共建有各种类型、不同级别的自然保护区 2 395 个，总面积 151.535×10^4 km^2，占陆地面积的 15.8%。这些保护区保护了全国 85% 的陆地自然生态系统类型，40% 的天然湿地，20% 的天然林，绝大多数的自然遗迹，85% 的野生动植物种群和 65% 的高等植物群落。中国自然保护区不仅在数量上而且在面积上都超过世界平均水平，取得了世界公认的成就。

（3）履行国际公约、健全法律法规　生物多样性的保护是 1972 年在瑞典召开的联合国人类环境大会上首次作为重点被确定下来。1992 年在巴西里约热内卢召开的联合国环境和发展大会上，有 153 个国家签署了《保护生物多样性公约》。1994 年 12 月，联合国大会通过决议，将每年的 12 月 29 日定为"国际生物多样性日"，以提高人们对保护生物多样性重要性的认识。

中国是世界上最早制定"国家生物多样性保护行动计划"的国家之一。《中国生物多样性保护行动计划》编制项目于 1991 年启动，1993 年完成。1994 年 6 月，项目开始实施，标志着中国生物多样性保护事业揭开新的一页。2003 年经国务院批准，中国成立了由环境保护部牵头、17 个部委参加的生物物种资源保护部际联席会议制

度，部际联席会议成立 5 年来，在物种立法、制定规划、开展调查和执法检查等方面取得了积极进展。

结合我国履行《生物多样性公约》与《生物安全议定书》的国际法律义务，对《环境保护法》进行修订，将生物安全管理的内容纳入法律文本中，使《环境保护法》成为我国生物安全的基本法律，或者组织农业、林业、环保、质检等有关部门，探讨制订《生物安全法》，为生物安全法律法规建设提供依据。

（4）可持续地开发利用生物资源　改善及完善各种有效的开发利用技术措施，合理利用我国的森林、海洋及淡水鱼类、特色中草药、野生动植物等生物资源。

（5）加大宣传教育力度　宣传保护生物多样性的意义，提高全民生态意识；注重教育，使人们从小就知道保护生物多样性就是造福全人类的道理；禁止一切以污染环境为代价单方面追求生产力提高与发展的经济活动。

（6）保护基因多样性　当前，基因工程的兴起，引发了基因的"世纪之战"，加剧了对生物资源的争夺。基因多样性保护的关键之一就是保护物种。只有保护了物种多样性，才会有遗传的多样性。

（7）开展科研监测工作和国际合作　切实开展科研监测工作和国际合作与交流，加强国际与区域合作。在生物多样性管理、科学研究、技术开发与转让、人员培训等领域加强交流与合作，包括开展跨国民间组织之间的合作与交流，形成养护、研究和管理的国际合作机制。履行国际合作机制，参与国际保护行动计划，使发达国家的高新技术用于发展中国家生物多样性的研究和保护上。

中欧生物多样性项目是由欧盟、联合国开发署、商务部和国家环保总局共同发起的，总投资约 5 000 万欧元，将涵盖我国的北部、中部和西部。受到资助的地方性项目包括地方示范、政策研究和宣传教育三方面内容，该项目将制定、实施和推广一些创新方法。通过国内、国际组织来共同解决生物多样性丧失问题，建立与之相适应的监测体制以跟踪项目进展，并在全国范围内把监测结果和政策进展联系起来。

（8）建设生物多样性信息系统与监测系统　建立和保持一个与生物多样性有关的数据和信息系统，主要包括保护和持续利用两方面提供高质量的数据和信息，帮助不同地区发展做出决策，实施管理；提高各级决策者的决策能力，更有效地评估和利用生物多样性信息；逐步建立国家生态系监测体系、生物多样性保护国家信息系统并实现与世界相关信息系统的联网。

（9）建设示范工程　落实扶贫、移民计划，认真重视和扎实开展社区互动共建工作，做好实用技术培训与相关项目合作。积极采用旅游模式、人工养殖模式、综合利用和深加工模式和寓教于游、主动式增加数量和提高质量的保护行动，达到保护与开发并举以及生态效益、经济效益和社会效益相统一的目的，促进公众自觉保护意识的普及。

二、外来物种入侵

（一）外来物种入侵的概念

在国际自然保护联盟物种生存委员会发布的《防止外来入侵物种导致生物多样性丧失的指南》中规定，"外来物种"是指那些出现在其过去或现在的自然分布范围及扩散潜力以外（即在其自然分布范围以外或者在没有直接或间接引入或人类照顾下而不能存在）的物种、亚种或以下的分类单元，包括其所有可能存活、继而繁殖的部分、配子或繁殖体。外来物种并不是天生就是入侵物种，只有当它们由于人类经济、交往活动的频繁而被有意或是无意带到了本不属于它们的地方，并在自然或半自然生态系统或生境中建立了种群，改变或威胁本地生物多样性的时候，它们才成为了"外来入侵物种"。

一般来说，外来入侵物种往往具有先天的竞争优势，在新的环境中缺乏相抗衡和制约的生物，多会出现爆发性的增长阶段，排挤本土物种，形成单一优势种群，影响当地的生态环境或景观，破坏生物多样性。

目前所指的外来物种入侵主要是某一生物物种从其自然分布区通过有意或无意的人类活动而被引入，在当地的自然或半自然生态系统中形成了自我再生能力，并在缺乏天敌等制约因素的新环境下繁殖、扩散，进而对当地生态环境、社会经济产生难以估量的负面影响，甚至带来灾难性的后果。

（二）外来物种入侵的主要途径

全球经济的快速发展，尤其是国际贸易的往来，为外来物种入侵提供了便利的渠道，也增加了有害生物存活的可能性，从而极大地增加了有害外来物种在国与国之间传播入侵的机会，使某地域物种比过去更常被有意或无意地携带或转移到另一个地域。

外来物种入侵主要有三种途径：

（1）因农业生产、生态环境建设等目的的引种，后演变为入侵物种　人类为了实现对高产量饲料或牧草、环保性植物的需要，有意地将某一物种由其生产地转移至其他地区而引起的外来物种入侵。以水葫芦为例，它作为观赏植物 1903 年从东南亚引入中国台湾，20 世纪 30 年代由台湾引入中国大陆，五六十年代在中国南方各省作为动物饲料被推广种植。在云南的滇池，水葫芦疯长成灾使连绵 10 km^2 滇池的美丽风景和水质安全受到严重影响。据调查，60 年代以前滇池主要水生植物有 16 种，水生动物 68 种。但到了 80 年代，大部分水生植物相继死亡，水生动物仅存 30 余种，这正是外来物种入侵的结果。水葫芦现已广泛分布在华北、华中、华东和华南的 17 个省市，给部分省市造成直接严重的经济损失，每年全国总的水葫芦打捞费用至少超过 1 亿元，而水葫芦带来的农业灌溉、粮食运输、水产养殖、旅游等方面的经济损失更大。

（2）随着贸易、运输、旅游等活动而传入的物种　国际贸易中商业船舶压载水的异地排放是外来物种的主要入侵途径。作为运送国际贸易货物的重要载体，各类运输船舶频繁地穿梭于各国之间。

当船舶进入港口后，为在没有满载时增加船舶的稳定性而装载的压载水必须在装运货物之前被抛弃。这样，除了运送货物之外，船舶也通过压载水将种类繁多的动植物物种从一个地理区域运送到另一个地理区域。这些物种经常会成功侵袭它们新的栖息地，并给进口国造成巨大损失。

通过木材国际贸易及木质包装材料传入已成为我国外来物种入侵的主要渠道，并带来了严重的危害。据统计资料显示：2002 年我国共进口原木、锯材、胶合板、纤维板、枕木实际材积（混合立方米）计约 $3.151×10^7 \, \text{m}^3$，总值 39 亿美元；全国各木材进境口岸在进境原木上共截获二类有害生物 3 种 153 批次，潜在危险性有害生物 6 种 129 批次，其他有害生物 185 种 1 442 批次；全国系统共检疫进境木质包装 419 684 批，全国各主要口岸从进境木质包装上截获有害生物 98 种 4 829 批次，占全国总疫情检出批次的 21.53%。通过木材国际贸易引入的松材线虫、湿地松粉蚧、松突圆蚧、美国白蛾、松干蚧等森林入侵害虫在我国境内传播迅速，危害面积每年已达 $1.5×10^4 \, \text{km}^2$ 左右，给我国造成了巨大的经济损失。

随着国际贸易的增加，国际旅游也日益兴旺，旅游业已经成为各国经济的一个主要部门。旅游者可能经常不知不觉地通过身体或者活体生物如水果、蔬菜或宠物等携带入侵物种，这种入侵是典型的随旅行者"搭便车"。

（3）靠物种自身的扩散传播能力或借助自然力量而传入　自然传入包括媒介传入、迁移传入、海洋漂移传入、寄生传入等途径。虽然外来物种可以借助自然力实现传入，但是，山川、海洋、沙漠、戈壁等自然屏障的阻隔，使物种单纯靠自然力实现入侵的概率微乎其微。如原产于中美洲的毒草紫茎泽兰，繁殖和生存能力强，一丛就能产生 70 万粒成熟的种子，其草籽干粒总重不到 0.45 g，借助风力从中缅、中越边境沿公路、河道扩散到云南境内，传播速度很快，如图 3-8 所示。

图 3-8 国外入侵物种紫茎泽兰

（三）外来物种入侵的特点

外来物种入侵是把典型的"双刃剑"。一方面，它可以美化我们的生活环境，显著提高农产品产量，而且大部分有意引入新生态系统的外来物种都是对人类有益的。但另一方面，消费者和生产者受益的同时，它们可能引起的巨大损失是进口者当初所没有料想到的，包括本地脆弱物种的灭绝、生态系统的结构和功能发生改变等。

外来物种入侵主要有以下特点：

（1）入侵行为具有隐藏性和突发性 一旦达成入侵，某些外来物种往往在短时间内形成大规模爆发之势，很难防范和监测。比如1845 年爱尔兰从南美引进的马铃薯带有晚疫病，导致境内马铃薯全部枯死，饿死 150 万人，这个实例说明这种入侵效率极高的病原微生物的突发性会给人类生存带来极大的影响。外来入侵物种带来的危害和损失很可能只暴露了一小部分，大部分还处于潜在的我们目前所未知的状态，这个过程需要较长的时间。许多外来入侵物种对生物多样性的影响一般具有 5～20 年的潜伏期。所以，外来物种并不是从入侵开始时就会显现出其破坏性的，其入侵是悄悄进行的，有一个从量到质的变化过程，在其入侵的初期往往难以被人察觉，容易使人对其放松警惕。1929 年，一种非洲蚊子由飞机带到巴西，10 年后疟疾大规模流行，几十万人被传染，1.2 万人死亡。从这个事例中我们可以看到，非洲蚊子从引入到成为入侵物种前后经历了10 年的动态过程。

（2）入侵过程具有阶段性特点　一般分为 4 个阶段：引入和逃逸期、种群建立期、停滞期（或潜伏期）和扩散期。这个过程一方面是外来物种与新的生态环境适应、与本地物种竞争、最后爆发的过程，另一方面也是新的生态环境因物种的入侵而使原有的生态结构和生态功能发生变化的过程。

（3）入侵范围广泛　涉及陆地和水体的几乎所有生态系统，后果难以估量和预见，并可能引发一系列的连锁反应，并具有不可逆性，防除的代价高昂。比如我国凉山州 1 000 多 m 海拔的草场，现在被紫荆泽兰大面积破坏，造成牧业的严重损失。同时我国的森林也由于引入的灌木占领了森林下层区间，而造成很大破坏。

近年来，随着人类生产生活活动的增加，外来物种的分布已逐步从交通干线两侧、人口稠密地区以及人工生态系统向偏僻地区和自然生态系统扩散，不少外来物种已经扩散到自然保护区范围内。自然保护区是我国珍稀濒危物种及特有生态系统的最后避难所，一旦受到破坏，将对生物多样性保护造成不可挽回的损失。

我国从北到南、从东到西跨越了 50 个纬度，包含了 5 个气候带：寒温带、温带、暖温带、亚热带和热带，生态环境多样，很容易遭受外来入侵生物的危害。目前，我国所有的省、自治区和直辖市都能发现外来入侵物种。

据初步统计，目前我国已知的外来入侵物种至少有 400 多种。

其中包括 300 种入侵植物，40 种入侵动物，11 种入侵微生物。在国际自然保护联盟公布的全球 100 种最具威胁的外来物种中我国就有 50 种，是全球受外来生物入侵影响最严重的国家之一。我国几乎所有类型的生态系统都不同程度地受到外来入侵物种的危害，入侵的主要生境类型为农田生态系统，占到 59.1%，其次是森林生态系统、海洋生态系统、内陆水域和湿地。

（4）入侵影响的长期性　比如曾使我们身受其害的 SARS，威胁人类健康的外来疾病，还有最近的禽流感问题等，这些事实都证明了外来物种对人类身体健康所带来的不可忽视的问题，其危害将长期存在。

（5）入侵具有条件性或选择性特征　被入侵生态系统的特点多是物种单一，人为干扰严重，退化的、有资源闲置的、缺乏自然控制机制的生态环境，相比于生态完整性良好的生态系统，外来物种入侵的概率较高，造成的影响普遍更大。

南京环境科学研究所首次在我国进行的外来入侵物种调查中，39.6%是有意引入，49.3%无意引入，自然入侵的占到 3.1%；在外来入侵的植物中，有一半左右是以提高经济收益、环保、绿化和观赏为目的的有意引入；在水生生物入侵中，有意引入也是一种主要途径。

（6）补救的艰难性　外来物种一旦成为入侵物种，在引入地得以蔓延，进行补救是非常困难的。

专栏 3-11　外来物种入侵补救的艰难性

　　首先，外来物种入侵的治理方法存在着很大的局限性。控制和清除外来入侵物种的典型方法可以分为物理防治、化学防治、生物防治 3 种，然而这 3 种方法都不可避免地存在不足。物理防治，主要是依靠人力捕捉外来害虫或拔出外来物种，或者利用机械设备来防治外来植物。其弊端在于作用范围太小，速度太慢，其防治的速度往往赶不上物种繁殖的速度。化学防治是指用杀虫剂、除草剂等化学农药对付入侵物种。但化学农药弊端就在于在消除外来入侵种的同时，许多本地生物也会受到损害，而且会给环境造成污染和损害，并且威胁到人体健康。生物防治是指从外来有害生物的原产地引进能控制其种群密度的天敌对其控制的方法。生物控制具有防治成本较低、效果持久的突出特点，但是生物防治本身是具有一定的风险的，被引进的天敌可能不针对目标物种反而进攻本地的其他物种，有可能因此而导致引进的天敌也成为入侵物种。

其次，针对外来物种所进行的科学研究的水平和深度也存在很大的局限性。由于各种原因，我国目前对外来物种入侵的科学研究明显滞后，至今还没有完全查清我国入侵物种的种类、数量、分布区域、成灾潜势及对当地生态系统功能可能的影响等情况；对入侵物种的侵入途径、潜伏机能、生态适应性、种群变化和迁移规律等更缺乏深入系统的研究；目前也没有针对全国各地外来物种入侵状况作出综合性普查，所以无法为制定科学合理的防治方案提供必要的科技支持。

再次，涉及外来物种入侵的相关管理体制也并不健全。防治外来物种入侵往往涉及环保、检疫、农、林、牧、渔、海洋、卫生等多个不同部门，对外来入侵物种进行清除控制需要诸多相关部门的通力合作，采取协调一致的行动。但我国防治外来物种入侵的监督管理体制不完善，部门之间的分工不甚明确，缺乏有效的协调机制。

最后，外来物种入侵所导致的危害后果在一定程度上也具有不可逆转性。专家们指出，外来生物一旦入侵成功，要彻底根除极为困难，用于控制其危害、扩散蔓延的防治代价极大，费用昂贵。例如 1994 年入侵蔓延的美洲斑潜蝇，目前在全国的发生面积已达 100 多万 hm^2，每年防治费用就需 4.5 亿元。据原国家环保总局的统计，我国每年几种主要外来入侵物种造成的经济损失高达 574 亿元。在难以预料的情况下，外来物种的入侵，不仅会对作物的生长、产量造成危害，还会带来农作物大面积的减产以及高额的防治费用，甚至可能造成某受害地区的经济崩溃。一个地区的生物资源配置原本相对平衡，外来物种的入侵会抢占其他生物的生存资源，打乱原有的生态秩序。

（四）外来物种入侵的危害

1. 破坏生态平衡

外来物种的入侵对原有生态系统的破坏是显著与直接的。外来物种成功入侵后，可以多种形式给土著物种带来危害。有时仅仅一个外来物种就可能导致稀有物种或关键种灭绝，打破原有生态系统的整体平衡，导致不同生物地理区域生态系统的结构和功能发生变化。如在关岛，外来的棕色树蛇引起了关岛本地 10 种森林鸟类、6 种蜥蜴和 2 种蝙蝠的灭绝，使当地生态系统结构发生巨大变化，平衡遭到破坏。20 世纪 60—80 年代，我国为保护滩涂，从英、美等国引进大米草。经人工种植和自然繁殖，大米草在我国北起辽宁锦西县疯狂扩散，造成沿海养殖的多种生物死亡；堵塞航道，并诱发赤潮；与沿海滩涂植物竞争生长空间，致使大片红树林消亡。表 3-13 是不适当引入物种造成引入地生态环境变化的一些典型案例。

表 3-13　不适当引入物种造成引入地生态环境的变化

外来物种	引入时间	原产地	引入地	目的	后果
大米草	1963	丹麦、荷兰、英国	我国辽宁锦西向南达广西海滩	沿海护境、改良土壤、生产饲料和造纸原料	根系强大，不宜拔除，在原引种地段滋生蔓延，形成优势种群，排挤其他植物
水葫芦	20 世纪 60 年代	美洲	我国	花卉观赏，20 世纪 50—60 年代作为猪饲料推广	繁殖力极强
仙人掌	1645	加勒比海岸	我国	耐寒，耐风沙	在我国南方沿海地区普遍繁殖，难以铲除
牛蛙		北美洲		做饲养肉用	适应力强，繁殖力强，食性广、天敌少，对引入地动物生存构成威胁

外来物种	引入时间	原产地	引入地	目的	后果
福寿螺	1984	美洲	我国广东	牛蛙饲料	适应力强，繁殖力强，食性广、食量大，破坏粮食作物、蔬菜和水生生物
马缨丹	1645	热带美洲	我国台湾	观赏	植株有臭味、茎有刺，是有毒灌木，在我国热带和南亚热带地区蔓延
食人鱼		美洲	我国广州、南宁	观赏	极强繁殖力，屠杀其他鱼类
桉树		澳大利亚	美国	防风、美化海岸	种在山上后会侵入保护区，威胁物种生存

2．造成生物多样性丧失

当入侵物种和当地生物存在杂交机会时，可以加速本地物种的消失或导致群落遗传多样性的丢失。杂交也可以将当地生物的基因引入入侵物种中，可能导致入侵种群遗传变异的增加，从而增强了入侵物种在新环境中的适应度。目前我国关于生物入侵对遗传多样性影响的研究较少，而国外对其研究的较多，如 Roques 等使用 8 个微卫星位点对大西洋西北部 17 地点 80 条 2 种鲑鱼进行了分析，发现混合区域的 S. fasciatu 杂合度（0.832）比其单独存在种群杂合度（0.757）要高，而混合区域的 S. mentella 等位基因数（149）却比其单独存在种群的（160）明显降低。外来物种入侵之后，与土著物种竞争水分、光、养分及栖息地等，对土著物种的生存也带来压力和威胁，致使其数量减少甚至灭绝。能在新的环境里生存下来的外来物种，其繁殖和适应环境而生存的能力一般都很强，因此容易改变群落的物种组成，导致入侵地区物种区系的多样性降低。

据国际自然保护联盟的统计资料显示，外来物种入侵是最近 400 年中造成 39 种动植物灭绝的罪魁祸首，在全球范围内，它已成为对全球生物多样性构成严重威胁的第二位原因，仅次于环境破坏。

具有"植物杀手"之称的微甘菊入侵广东以后，高 5 m 以下的小乔木和灌木一旦被它紧紧缠绕并盖满顶部，便会因不能进行光合作用而窒息死亡。入侵西南地区的紫茎泽兰和飞机草、沿海地区引进的大米草、全国范围内的水花生和凤眼莲等均对本地区生物多样性造成了巨大的威胁，甚至到了难以控制的局面。

3. 对自然生态系统的其他影响

外来物种入侵还可能对自然生态系统的其他影响，如改变地表覆盖、加速水土流失、改变水文平衡、增加自然灾害发生频率等。

4. 对经济发展的危害

由于缺少天敌，一些通过无意或有意途径引入的外来物种在当地大量繁殖，使农业、林业、畜牧业等行业遭受巨大损害。据"生物多样性公约组织（CBD）"统计，近年来美国、印度等国每年因外来物种入侵造成的经济损失分别高达 1 370 亿美元、1 170 亿美元，而全球因外来物种入侵给各国造成的经济损失每年超过 4 000 亿美元。

我国每年因外来物种入侵给农业造成的损失占粮食产量的 10%～15%，棉花产量的 15%～20%，水果蔬菜产量的 20%～30%。以物种而论，美洲斑潜蝇、豚草、褐家鼠、烟粉虱、温室白粉虱、紫茎泽兰造成的损失均在 10 亿元以上。据统计，2003 年我国已发现外来入侵物种 283 种，每年因此造成的环境与经济损失高达 1 198.76 亿元人民币，约占国内生产总值的 1.36%，其中 11 种主要外来入侵生物造成的经济损失为 574 亿元。

入侵我国的凤眼莲入侵湖泊、河流、水道、水塘等淡水水域，只要条件适合，就会迅速繁殖，很快覆盖整个水面，致使其他水生植物减少甚至消失。密集处覆盖率高达 100%，堵塞河道，使航运受到严重影响。在大坝电站上游大面积入侵繁殖，会严重威胁电站的正常生产和安全。据不完全统计，凤眼莲对我国造成的年直接经济损失将近 80 亿～100 亿元，对生态系统造成的间接损失难以估算。

5. 对基础设施的毁坏

小楹白蚁主要筑巢于干燥木材中，对房屋建筑、树木、河流堤防和水库堤坝、公路桥梁构成严重威胁；麝鼠住在土坝的水下坝壁，打洞营巢，危害河堤和防洪设施；河狸鼠的掘洞行为常造成堤岸、码头设施沿河公路和铁路破坏；上海市黄浦江上的凤眼莲，在江面上成片漂浮，堵塞河道和港口，影响黄浦江的通航；褐家鼠、小家鼠等外来鼠类性喜磨牙，遭其破坏的包装材料及建筑设备颇为严重，据统计有 1/4 原因不明的火灾，可能为鼠类咬断电线引起短路所致。

6. 对人类健康的威胁

外来物种入侵不仅对生态环境和经济发展带来了巨大危害，而且还威胁着人类的健康。许多入侵物种本身就是人类的病原体或者病原的传播介质，一旦入侵成功，进入快速扩散期会造成大范围疾病的流行，严重影响人类的健康和生存。入侵我国的毒麦，其子粒内含内毒麦碱能导致视力障碍，麻痹动物中枢神经。人、畜食后会引起中毒，轻者头晕、呕吐、昏迷和痉挛，重者则中枢神经系统麻痹甚至造成死亡。

豚草花粉是人类变态反应症的主要致病源之一。空气中飘浮的大量豚草花粉会引起过敏体质者患枯草热病，世界上每年约有 1% 的人群产生不同程度的不良反应，美国现在每年仅用于治疗枯草热病人的费用就达 6 亿美元。由按蚊传播的疟疾是人类生存的大敌，1930 年按蚊从非洲西部传入巴西东北部地区，传入当年，在仅有 1.2 万人口的 15.5 km² 地区内就有 1 000 余人感染疟疾。1942—1943 年，该病从苏丹传入埃及尼罗河地区，致使该地区的死亡人数超过 13 万。另外，为了将有害外来物种控制在疫区之内，并将危害减少到最低程度，不得不大量使用农药，结果造成环境的污染，环境中残留农药对人体健康也构成威胁。

7．对国家安全的威胁

美国地质调查局入侵物种科学研究所的生态学家斯托尔格林说："外来物种入侵是 21 世纪最大的环境威胁，它比全球气候变暖的问题更大。"华盛顿州立大学生态学家马克说："不管我们是同外来物种入侵进行斗争，还是忽视其存在，我们都要为这类入侵物种付出代价。"例如美国小麦价格低、质量好，但是携带一种名为小麦矮星黑穗病的病菌，如果传入我国，有可能导致我国小麦产量下降50%以上，威胁国内的粮食安全。

（五）防止外来物种入侵的措施

一个新的入侵种一旦被发现造成重大影响时，它已经在该地区扎住了根，再想消灭它已是很困难，甚至是不可能的了。全球入侵物种计划（GISP）的研究表明：对入侵现象，预防比控制更为可行，也更为经济。因此，改进预防系统，以及将其扩展到应对农业和环境的威胁，应成为目前研究的主要目标。为了应对外来物种的入侵，我国需从以下方面采取措施：

（1）研究入侵生物价值　一枝黄花可提取黄色染料，可入药，有散热去湿、消肿解毒、活血止痛的功效，还可以治毒蛇咬伤、痛疖和胃炎、膀胱炎等。近来，加拿大一枝黄花在苏浙沪一带迅速蔓延、来势凶猛，它是否有相同的用处有待研究。幼嫩的豚草可以做羊、兔的饲料。一年蓬可以全草入药，是治疟疾的良药，可治急性肠胃炎等。对入侵物种利用价值的研究，可以变废为宝，扭转被动局面，有利于对已经发生的灾害进行控制。

（2）保护入侵物种天敌　对于外来入侵物种，大面积使用化学药剂防除，虽然可以达到防除效果，但又破坏区域生态环境的多样性。采取人工防除耗资巨大且难以根除。如美洲斑潜蝇，由于幼虫潜食危害，发生初期症状不明显，使用杀虫剂很难奏效。农药的施用不但导致斑潜蝇抗药性的产生，更重要的是，也杀死了斑潜蝇的许多天敌。

生物防治是世界各地控制外来种采取的较为普遍的方法。释放自然天敌来控制温室中的斑潜蝇在欧洲已取得成功,在哥伦比亚、法国、美国和荷兰,利用贝氏姬小蜂成功控制了温室花卉上斑潜蝇的危害。我国斑潜蝇的天敌以寄生蜂为主,有十几种之多。实验室研究发现,大米草对叶蝉的吸食极为脆弱,如果存在着高密度的叶蝉,超过 90%的大米草会死亡。运用天敌防治,保护生物多样性,增加生态系统抵御能力,确保持续发展。

(3)提高公众防范意识 生物入侵在很大程度上是人为造成的:①尽管一些物种有能力入侵到那些受到良好保护且未被打扰的生态系统中,但似乎外来入侵物种更容易入侵到人类干扰过的地方,例如农田、人类集聚地和道路;②人类把种子、孢子、植物部分和整个有机体从一个地方运到另一个地方,特别是通过现代化的全球运输和旅行;③一些外来物种是因为经济原因而被有意引进的。一些植物物种在一个环境中(特殊的生活环境、气候带或者地理区域)可能被看做是严重的杂草,而在另一个环境中则被认为是一个几乎没有生态学和经济上的重要性的物种、一种令人喜欢的"野花"或者生物多样性的一个重要组成部分。鉴于此,一种作物在某个国家获得了生物安全认可,这只是表明它们在这个国家的生态环境中是安全的,而这样的作物在别的国家的生态环境中也许就成了富有侵略性的和破坏性的外来物种,是不安全的。因此,对别国所给予的生物安全认可的作物也给予同样的生物安全认可,是不可行的。

(4)加强国际合作 在国际贸易政策如何防止外来物种入侵方面,国外学者详细分析了动植物卫生检疫制度、关税、配额以及强制性的禁止贸易等控制和减轻外来物种入侵损害的有效措施如何影响国际贸易进出口商品构成以及消费结构。相关贸易政策的实施以及防止外来物种入侵费用的投入能够影响商品价格、产品产出、生产者及消费者福利;外来物种入侵是市场失灵的表现,入侵导致了外部负效应,因此应通过关税使外部成本内部化,根据不同的关税税率控制外来物种的入侵,入侵风险越高的物种应征收越高的关税。

(5)健全法规体系 目前,面对外来有害生物入侵,各国纷纷出台法律措施。美国早在 1990 年第 101 届国会上通过了《外来有害

水生生物预防与控制法》，其后在 1996 年第 104 届国会上又通过了
《国家入侵物种法》，强调了联邦及各级政府的责任。此外，美国还
成立了入侵物种理事会作为防治外来入侵物种的权威机构，协调各
部门、各行业加强源头控制，进行综合治理。澳大利亚的防治工作
也取得了一定成果。1996 年，澳大利亚首先从总体上制定了《澳大
利亚生物多样性保护国家策略》，旨在通过制定各种环境影响评价计
划以及建立防治有害外来物种的生物学和其他方法，最大限度地减
小外来物种引进的风险。1997 年由澳大利亚和新西兰环境与保护委
员会、澳大利亚林业部等共同发布了《国家杂草策略》（1999 年最新
修订），新西兰也于 1993 年颁布了《生物安全法》。丹麦、芬兰、冰
岛、挪威和瑞典等国家先后制定了外来物种防治的法律法规。

　　我国涉及防治外来物种控制问题的相关法律主要有《渔业法》
《对外贸易法》《货物进出口管理条例》《进出境动植物检疫法》《海
洋环境保护法》《植物检疫条例》《动物防疫法》《国境卫生检疫
法》和《陆生野生动物保护实施条例》。这些法律法规对外来物种
的管理仅局限于检疫中，只要检疫出不携带病虫害和威胁人类健康
的有害生物就可以允许进入我国，并没有涉及是否会对生物多样性
和生态环境造成损害。因此，我国外来入侵物种立法多为综合性立
法，缺乏一部外来入侵物种管理工作专项性法律，对外来入侵物种
的引入、转移、预防、预警、监测、防治和利用等方面缺乏统一指
导和管理。缺乏外来入侵物种专项法规，使各部门外来入侵物种管
理缺乏有效的管理依据。

　　外来入侵物种已是威胁我国生态安全的隐患，保护生物多样
性，保障生态安全，维持资源可持续利用的环境问题已成为国家安
全的热门话题。鉴于此，我们需要对外来物种入侵进行专项立法，
从法律上对外来物种风险评估、引入、控制、消除、生态恢复和赔
偿责任等都作出明确规定，对外来入侵物种做到有法可依。

　　（6）完善管理体系　由于外来入侵物种问题涉及环保、农业、
林业、质检、卫生、科技、教育等多个领域。因此我国国内形成了
由环保部门牵头，农业、林业、质检等多个行政主管部门分别管理

的格局。目前关于控制外来物种入侵的主要机构包括进出境动植物检疫局、农业部分布在全国各地的农技推广中心或植保植检站，以及林业局的森林保护（检疫）站等。而外来入侵物种问题往往要涉及许多部门，比如海关、卫生防疫、农业、水产、环保等。由于我国外来入侵物种管理职能分属多个部门，这使得在外来入侵物种防治权责不明，造成"谁都在管，谁都不管"的状况，所以如何构建我国的外来物种管理体系是一个亟待解决的问题。

我国应建立一个跨部门的外来物种入侵委员会，总体统筹规划，协调各部门防范和管辖范围方面的关系，合理配置各职能部门的权利，最大限度地统一执法主体，在涉及的检验检疫，农、林、牧、渔、环保等部门之间建立合作协调机制。

（7）采取风险预防措施　在预防措施上，首先，可以参照环境法中环境行政许可制度，在外来物种引入时确立外来物种引入的风险评估制度，成立外来物种引入评估中心，统一进行风险评估。要求任何引入外来物种的个人或单位，在从国外引入或者从国内跨不同的生态系统引入时，必须办理申请。评估中心决定是否引入时，分别就该物种对人类健康、生态环境、生物多样性和经济发展方面等作为关键问题进行科学评估，确定该引入不会产生威胁后，颁发引入许可证。譬如，新西兰规定了对引进物种严格的制度，并建立了一个环境风险管理机构（ERMA），负责对申请引入的新生物体进行评估，并决定许可证的发放。我国国土面积大，生态系统类型多样，需要每个省都加强对外来物种的引种许可证制度，使审批程序规范化和法律化。其次，即使对于颁发引入许可证的外来物种，也不能放松警惕。引用环境法中的环境保护协议制度，利用合同或者合意的方式促使引入外来物种的个人或单位基于其自身的自主性而主动采取措施保护环境，为防止该外来物种的入侵而采取一定作为或不作为签订书面协议。要求引入外来物种的个人或单位对该物种引入后的状况负责进行监管，一旦发现该物种有很强的繁殖能力，其蔓延扩散阻碍和破坏其他生物生长繁殖，必须向有关机构或单位反映，并且在条件允许的情况下，采取一定的措施控制和消除这种不良影响，切实做好未雨绸缪，尽可能把会带来风险的外来物种拒之于门外,防患于未然之中。

专栏 3-12　风险预防原则

风险预防原则应用在外来物种入侵上针对的是外来物种入侵对环境恶化结果发生的滞后性和不可逆转性这一特点。在该原则提出之前,只有在科学证据证实严重的环境问题已经出现或即将出现时,国际社会才能采取相应的行动。例如,1946 年《国际捕鲸公约》第 5 条第 2 款要求有关修改捕鲸管理计划和行动的决定以科学调查的结果为依据;1972 年《防止因倾弃废物及其他物质而引起海洋污染公约》第 15 条第 2 款规定对公约附件的修改须以科学的或技术的考虑为依据;1979 年《野生动物迁徙物种保护公约》第 3 条第 2 款规定只有可靠证据,包括最佳可得科学证据,表明一迁徙物种处于濒临灭绝的危险之中时,方可将其列入公约的濒危迁徙物种名单。但是与应用在生物安全领域的风险预防原则不同,它强调不以科学上的不确定性为不行动或延迟行动的理由,它要求在环境问题尚未严重到不可逆转的程度之前采取行动,加以预防。

目前,风险预防原则在生物安全法律保护实践中的运用,主要是 1992 年联合国环境与发展大会通过的《生物多样性公约》和 2000 年 1 月由《生物多样性公约》缔约国签署的《卡塔赫纳(Cartagena)生物安全议定书》。《生物多样性公约》在序言中明确提出:注意到生物多样性遭受严重减少或损失的威胁时,不应以缺乏充分的科学定论为理由,而推迟采取旨在避免或尽量减轻此种威胁的措施。《卡塔赫纳生物安全议定书》是在《生物多样性公约》确立的法律框架内,在国际生物安全法律保护的专门性国际法律文件的序言中,缔约国明确表达了在国际法中建立规范外来物种入侵的国际法律框架的共同意愿,并提出将外来物种入侵生物安全的国际法律保护,建立在风险预防法律原则基础之上。风险预防原则的出现为引进外来物种,提供了一个重要的前提:除非有充分理由说明引进物种是无害的,除非能够控制引进物种繁衍生长不泛滥成灾。风险预防原则的确立,是对传统法律思想的创新和发展,对于维护各国的生物多样性,保障生物安全,规制外来物种入侵都有极为重要的意义。

三、转基因生物安全

（一）转基因生物的概念

转基因生物（Genetically Modified Organisms，GMO）是指通过基因工程的方法，对相关生物进行基因融合和基因置换，引入外源基因，所产生的从性状特征到遗传物质发生变化的改良种或新种。转基因通过基因重组，可将动物、植物、微生物的基因相互转移，从而打破物种间的界限，根据人的需要产生新物种。它的研究是建立在经典遗传学、分子遗传学、结构遗传学和 DNA 重组技术的基础上，为当前分子生物学研究的热点之一。外源基因来源于动物、植物或微生物，目前动物和微生物方面的 GMO 主要用于科学研究和实验，GMO 大规模市场运作主要体现在对农作物的生产和加工。

转基因植物是从植物中分离目的基因，通过各种方法把目的基因转移到植物的基因组内，使之稳定遗传并赋予植物新的农艺性状，例如抗虫、抗病、抗逆、高产、优质等。转基因动物是指基因中含有外源基因的动物。它是按照预先的设计，通过细胞融合、重组、遗传物质转移、染色体工程和基因工程技术将外源基因导入精子、卵细胞或受精卵，再以生殖工程技术育为转基因动物。转基因微生物是在未经天然交配或天然重组的情况下，基因物质被修改了的生物。某些经过性状改良的基因工程微生物被广泛应用于环保、养殖、林业、农业、食品和环卫等领域，其应用地点已不局限于人工封闭环境，而是更多进入自然环境。但在自然环境中，微生物间的基因转移十分普遍，基因工程微生物的遗传物质很可能水平转移至其他微生物中，形成具有新特性的微生物体。据调查，某些微生物的环境释放也可能对土著微生物群落产生影响。此外，一些科研机构出于研究需要储藏了某些高致病性病原体。这些病原体一旦保管不善，很有可能逃逸进入环境，对人群造成威胁。

转基因生物从严格意义上来说，仍是自然的生物，只不过是改造了的自然生物。转基因生物本质上与常规育种和突变育种一样，都是一种基因操作，都在原有的品种基础上对其一部分基因进行修饰，或增加新特征，或消除原来的不利性状。所不同的是，有性杂交局限于同种或近缘种之间，而转基因突破了这一限制，其外源基因可来源于任何一种生物。在这种情况下，人们对可能出现的新组合、新性状是否会影响人类健康和生物环境还缺乏足够的认识和经验。从目前来说，人们还不能很精确地预测某一外源基因在新的遗传背景下会产生什么样的相互作用以及转基因植物对环境可能产生的影响。这就是人们所担心的生物遗传转化的安全性问题。

（二）转基因技术的优越性

转基因技术跨越了自然界中天然的生物杂交屏障，基因可以在不同物种之间流动、表达和遗传。转基因技术有望在提高作物抗逆性、增加产量、改良作物品质、保障粮食安全、增加农民收入、提高农业综合生产能力方面发挥重要作用。

1. 较高的经济效益

转基因作物可将抗病虫害机制引入植物中，提高植物的抗病性，通过基因修饰可以提高植物吸收养分的能力，可以增强植物在逆境中的生态适应性。

在国际上，自 1983 年第 1 例转基因植物在美国问世以来，随着世界生物技术的迅速发展，到 20 世纪 90 年代全球转基因农作物（GMC）种植面积和种植地区逐年扩大。据农业生物技术应用国际服务组织（ISAAA）资料表明，全球转基因农作物种植面积由 1996 年的 1.7×10^6 hm²，迅速发展到 1999 年的 3.99×10^7 km²。2000 年以来，在国际上对转基因作物的安全性问题争论不休的情况下，转基因作物的种植面积仍在继续增加，平均年增长率超过 10%，到 2006 年达到 1.02×10^8 km²。在 1996—2006 年，全球转基因作物种植面积增加了 60 倍，是作物生产技术中应用速度最快的技术之一。22 个国家近 1 030 万农户种植了转基因作物。美国、阿根廷、巴西、加拿大、印度、中国分列前 6 位。

2006 年，在全球种植面积中，转基因抗除草剂作物种植面积位居第一，抗除草剂作物主要是大豆、玉米、棉花、油菜和苜蓿，占全球转基因作物种植面积的 68%，抗虫作物种植面积占 19%，同时具有除草剂耐性和抗虫性复合性状的转基因作物种植面积占 13%。图 3-9 为转基因水稻。表 3-14 和表 3-15 列出了 1996—2001 年全球主要转基因作物的种植情况。

图 3-9　转基因水稻

表 3-14　全球主要转基因作物种植国家及面积分布　　单位：10^6 km^2

国别	1996 年	1997 年	1998 年	1999 年	2000 年	2001 年
美国	1.5	8.1	20.5	28.7	30.3	35.7
阿根廷	0.1	1.4	4.3	6.7	10.0	11.8
加拿大	0.1	1.3	2.8	4.0	3.0	3.2
中国		0.1	0.1	0.3	0.5	1.5
其他国家		0.1	0.1	0.1	0.4	0.4
总计	1.7	11	27.8	39.9	44.2	52.6

表3-15 全球主要转基因作物种植种类和面积分布 单位：$10^6 km^2$

种类	1996 年	1997 年	1998 年	1999 年	2000 年	2001 年
大豆	0.5	5.1	14.5	21.6	25.8	33.3
玉米	0.3	3.2	8.3	11.1	10.3	9.8
谷物	0.8	1.4	2.5	3.7	5.3	6.8
油菜	0.1	1.2	2.4	3.4	2.8	2.7
总计	1.7	11.0	27.8	39.9	44.2	52.6

转基因技术把优良的基因转入到转基因作物中，一定程度上改善了其品性，提高了其产量，减少了生产成本，所以转基因作物具有明显的经济效益。据 ISAAA 统计，2005 年全球种植转基因作物 $90×10^4 km^2$，直接农业收益大约是 50 亿美元，如果再加上阿根廷种植的第二熟大豆所产生的收益，那么收益将增加到 56 亿美元，具体如表 3-16 所示。

表3-16 1996—2005 年全球范围内种植转基因农作物所带来的农业收益

单位：百万美元

特性	2005 年增加的农业收益	1996—2005 年增加的农业收益
转基因抗除草剂大豆	2 281（2 842）	11 686（14 417）
转基因抗除草剂玉米	212	795
转基因抗除草剂棉花	166	927
转基因抗除草剂油菜	195	893
转基因抗虫玉米	416	2 367
转基因抗虫棉花	1 732	7 510
其他	25	66
合计	5 027（5 588）	24 244（26 975）

注：括号内的数字为加上阿根廷种植的第二熟大豆的总收益。

2. 一定的环境效益

在过去，种植传统的作物，需要喷洒大量的化学农药，这就给生态环境造成了较大的压力，严重影响到生态系统的健康发展。而抗虫、耐除草剂转基因作物的种植，减少了农药的使用，降低了环境影响指数，从而减轻了对生态环境的破坏。据 ISAAA 的统计，从 1996 年开始，种植转基因作物的那些耕地用于农作物的农药总量减少了 7%，环境影响净减少了 15.3%。自 1996 年开始，由于转基因耐除草剂大豆的种植，相比于种植传统的栽培植物，除草剂的使用量减少了 4.1%，环境影响减少了 20%。从 1996 年开始，转基因抗虫棉的种植，相比于种植传统的棉花，杀虫剂的使用量减少了 19%，环境影响减少了 24%。

因此，转基因作物的经济效益和环境效益是很明显的，如果一国放弃了转基因作物的种植及其产生的效益，将是一个重大的损失。

3. 为保障粮食安全作贡献

要解决粮食问题，就必须提高粮食产量。而提高粮食产量只有两种途径：一是扩大耕地，二是提高单产。第一条途径是行不通的，因为各国的城市化、工业化占用了大量的耕地，荒漠化、水土流失等生态破坏减少了大量耕地，这使得各国未来耕地面积不可能增加，最多和现在持平（通过努力开垦更多新的耕地）。第二条途径即通过使用大量的肥料、农药和运用传统的植物培育技术（比如通过杂交来培育新的优良品种）提高单产，这在"绿色革命"中确实发挥了很大的功效，解决了几亿人的吃饭问题，但发展到现在，出现了很大的"瓶颈"，很难再有大的突破。在这样的情况下，粮食问题的解决需要付诸新的现代科技力量。转基因技术的应用和转基因作物的种植似乎让我们看到了一缕曙光，因为它在提高粮食单产上很有潜力。

（三）转基因生物的安全影响

由于转基因生物往往具有抗环境胁迫、生长快、抗病虫等性状，因此很可能成为原有生态系统中的入侵物种，因而环境释放可能出现杂草化、生物多样性破坏等潜在生态风险。国际上，由于现代生物技术而产生的生物安全事件近年来也时有发生，包括墨西哥玉米基因污染事件、美国转基因玉米污染普通大豆事件等著名的转基因生物安全事件，为转基因生物安全敲响了警钟。在关注生物安全的过程中，更要关注人类自身技术发展所带来的负面影响，关注转基因技术及其产品对生物多样性和人体健康的潜在威胁。

就目前科学技术水平而言，还难以完全准确地解释清楚转基因生物与其他生物能否和睦相处和相互适应。因此，转基因生物及其产品对人类健康与环境安全问题在国际上引发出了激烈的争论。自20 世纪 80 年代以来，人们对转基因生物安全的疑虑和争论就从未间断。在某些条件下，转基因生物不仅可能导致物种的遗传多样性丧失，还可能对农林业生产与人体健康构成潜在威胁。一些生态学家认为，转基因生物环境释放后可能导致转基因的逃逸与水平转移。同时，转基因生物还有可能影响土壤生态系统与非标靶生物，并可能产生新的抗性害虫与新型病毒。一些食品卫生专家也认为，虽然目前转基因食品似乎不会对人体健康产生危害，但其中的转基因 DNA、蛋白质与某些关键酶等成分仍有可能对人体健康产生长期影响，需要对其进行长期的食用安全性评价。

另外，由于受利益冲突、宗教习俗、极端主义等因素的影响，加上媒体缺乏科学依据的新闻炒作，例如各国媒体互相炒作的英国 Pusztai 事件、美国大斑蝶事件、墨西哥玉米污染事件等，导致转基因生物安全的科学问题与国际贸易、集团利益、宗教伦理、公众态度等相互交织，使单纯的科学问题演变为复杂的科学、政治、经济和社会问题。

转基因生物的安全影响主要体现在以下几个方面：

（1）转基因对非目标生物的影响 在农业生产中，为了杀死环境中的有害生物，向环境中释放抗虫和抗病类转基因植物。但这些抗虫和抗病类转基因植物除了对害虫和病菌有毒害作用外，也会对环境中的其他非目标生物产生毒害作用，严重时能通过食物链、能量流动和附近植物交叉授粉等方式影响到益虫、益鸟、哺乳动物和微生物等其他生物。

基因定向重组可能产生新的病毒致命株系，尤其是那些用病毒基因改造以产生病毒抗性的转基因植物。转基因玉米花粉伤害大斑蝶幼虫的实验就是一个很好的事例。

专栏 3-13　转基因玉米花粉对大斑蝶幼虫的影响

　　Losey 等在实验室水平上做了一个很简单但影响深远的实验。他们用一种大斑蝶，也称君主斑蝶（*Danausp lexippus*）作为实验对象，这种蝴蝶的唯一食物是马利筋属的杂草，包括马利筋（*Asclepias curassavica*）。由于这种杂草在田内或田边有大量分布，玉米扬花时花粉可随风飘 60 m 远，在杂草叶片表面上撒落有相当密度的花粉。作者以撒有与自然界同样密度的转基因 Bt 玉米花粉的马利筋叶片喂饲大斑蝶，并以同样条件的正常玉米花粉和不加花粉的马利筋作为对照。每张叶片上放 5 条 3 日龄的幼虫，每个实验重复 5 次。4 天后记录马利筋叶片的消耗量、虫子的成活率及幼虫的重量。喂有 Bt 玉米花粉马利筋叶片的幼虫第 2 天就有 10%以上死亡，4 天后死亡 44%，而两个对照全部存活。幼虫对不同处理的马利筋叶片摄取量也明显不同，摄取不加花粉的叶片量最大，而加 Bt 花粉的叶片摄取量少了很多。由于叶片摄取量少，幼虫生长就缓慢，实验结束时摄食 Bt 花粉叶片的幼虫重量平均只有无花粉叶片的一半。

　　这虽是实验室的结果，但有深层的内涵。因有成亿数量的大斑蝶每年从美国的东北部经过中西部到墨西哥中部 Oyamel 森林中越冬。这一点最近已被用稳定性同位素的实验证明了。中西部是美国的玉米种植带，大斑蝶迁移经过的时间是 6 月晚些时候到 8 月中旬，此时是蝴蝶幼虫叶片喂饲阶段，又是玉米扬花季节。如果实验结果能适用于大田的话，则对大斑蝶物种生存将可能造成重大的威胁。

　　几乎与 Losey 等的工作同时，美国 Iowa 州立大学的昆虫学家 Obrycni 和 Hansew 在网上公布了类似的大田实验的结果。他们用的马利筋叶片是玉米田内或田边收集的，用的大斑蝶的幼虫是刚孵化出来的。实验结果说明用 Bt 玉米花粉处理的 48 小时后就有 19%死亡，而非玉米花粉处理的幼虫无一个死亡，而没有花粉处理的对照死亡率为 3%。由此可见，Bt 玉米对大斑蝶的生存造成了严重威胁，即对生物多样性产生了深远的影响。

（2）转基因植物增加目标害虫的抗药性 转基因植物的大量应用导致了目标害虫的抗药性。作物中转入抗虫或抗病基因后，会加大对某一种害虫或病原体的选择，使害虫或病原体加速突变产生抗体，给防治增加麻烦。如果连年大面积种植同一种抗虫转基因作物，可能造成抗虫性降低。仍以转基因抗虫棉为例，如果在一个区域连年大面积种植抗虫棉，存在棉铃虫抗药性增强的风险。为此，专家建议采用设立庇护所的办法，即规定在大面积种植抗虫棉的地方，设置一定比例面积的非抗虫棉种植条带或区域。作为害虫的庇护所，这种办法可以有效地防止害虫抗药性发展速度，延长抗虫棉的使用寿命。

（3）基因污染及杂草化问题 转基因生物中的外源基因通过花粉等的传播（基因流）被转移到另外的生物体中，就会造成自然界基因库的污染，这种现象称为基因污染。基因流发生的途径很多，既可由花粉通过虫媒或花媒进行传播，又可由种子通过动物或在装卸、运输过程中无意扩散而传播。基因通过花粉等途径在植物种群之间进行扩散。从理论上说，外源基因通过花粉可能向周边同种作物甚至遗传性状近缘的野生种转移，使这些生物增加了转基因性状。

近几年，在美国中北部地区，随着转基因抗性作物的大面积种植，自生的转基因抗性向日葵、玉米和油菜已成为后茬作物大豆田的主要杂草。在加拿大西部，自生的转基因抗性油菜发生率已达11%，转基因抗性春小麦种子在土壤中至少可以存活 5 年，在后茬作物田平均密度可达 5.2 株/m^2，这是始料未及的问题。

（4）干扰生物多样性 通过对动物、植物和微生物甚至人的基因进行相互转移，转基因生物已经突破了传统的界、门概念，具有普通物种不具备的优势特征，若释放到环境中，会改变物种间的竞争关系，破坏原有自然生态平衡，导致物种灭绝和生物多样性丧失。转基因生物通过基因漂移会破坏野生近缘种的遗传多样性。例如，种植耐除草剂基因作物必将大幅度提高除草剂的使用量，从而加重环境污染的程度及农田多样性的丧失。此外，种植耐除草剂转基因作物必将大幅度提高除草剂的使用量，从而加重环境污染的程度以及农田生物多样性的丧失。例如转基因棉田里，棉铃虫天敌寄生蜂的种群数量大大减少，昆虫群落、害虫和天敌亚群落的多样性和均匀分布都低于常规棉田。

（5）转基因生物对人体健康的影响　目前全世界转基因生物作物方面主要集中在 4 种作物，其中大豆与玉米占了 80%，加上棉花、油菜加在一起达到 99%。但商业化生产已经有几十种转基因的植物和动物，比较大的有小麦、水稻、转基因鱼等。这些都还有待于环境释放，还没有正式的批准，但是作为转基因的作物品种，都是已经成功了的。目前市场上的转基因动物还不多，几乎没有商业化的生产。转基因活生物体及其产品作为食品进入市场，可能对人体产生某些毒理作用和过敏反应。例如，转入的生长激素类基因就有可能对人体生长发育产生重大影响，转基因生物中使用的抗生素标记基因，如果进入人体，也可能使人体对很多抗生素产生抗性。

现在对转基因食品是否安全的检验普遍采用的是"实质等同性原则"，即"如果一种新的食品或成分与一种传统的食品或成分实质等同，即它们的分子、成分与营养等数据经过比照而认为实质相等的，则该种食品或成分就可以视为与传统品种同样安全"。现实的情况是由于现有科学研究和知识的限制以及时间的限制，转基因作物对人类健康是否有危害呢？一时还难以断定，需要充分的科学依据和长时间的实践检验，需要时间来检验。

由于 StarLink 玉米事件与 Pusztai 事件，人们对食用转基因食品安全性问题开始关注。前者 2000 年发生在美国，经美国环境保护局批准为家畜饲用的 StarLink 玉米，因管理不当与供人使用的玉米混合，造成 40 多人发生食品过敏反应；后者则是英国苏格兰 Pusztai 博士发现老鼠食用转基因马铃薯之后发育受阻且免疫系统受到破坏。

如今人们对于基因改造生物会给人的健康带来的影响主要是来自于对转基因食品的担忧。欧洲一些国家认为转基因食品应用于生产和消费的时间尚短，食品的安全性和可靠性都有待于进一步的研究和证明，转基因食品可能会导致一些遗传学或营养成分的非预期的改变，从而会对人类健康产生危害。转基因食品对人类健康和环境的影响要经过长期的观察，有的其至要在几十年之后才会显现出来。比如农药 DDT 在研制生产的初期，经过安全性试验证明对人类是无害的，但经过几十年后才发现 DDT 残留的危害，并且由于残留时间较长，很难在短期内解决。所以可以想象，转基因食品一旦对人类健康造成了伤害，恢复起来是非常困难的，因此有必要采取谨慎的态度。

（6）转基因生物对国家安全的影响　通过转基因技术制造特殊生物武器用于恐怖活动和战争工具，从而给环境和人类生命健康造成重大威胁。目前，生物武器的研发和使用安全已引起世界各国的高度关注，成为各国生物安全和国家安全领域的重要议题。2002 年 7 月 11 日，美国的 E. Wimmer 等人在《科学》杂志发表文章称，他们利用公开购买的化学试剂和互联网上获取的基因组序列信息，成功合成了只有 7 741 个碱基的脊髓灰质炎（小儿麻痹症）病毒。这项实验证明，人们可以利用公开的技术手段，照方抓药，在市场上购买化学试剂合成病毒，这一创造性的发明，开创了该领域十分危险的先例。

特别要提出的是，微生物使用与保管的环境安全性问题也日益受到我国政府和群众的关注，特别是 2003 年 SARS 疫情过后，我国一些实验室相继发生的 SARS 实验室感染与人员伤亡事件，使我国微生物使用与保管环境安全性面临更加严峻的考验。而微生物一旦利用不当或管理不善，不仅十分容易造成环境污染，甚至还会危及人体健康与国家安全。近年来，随着全球反恐战争的逐步深入，一些恐怖分子利用病原微生物制造恐怖袭击，这也给包括我国在内的许多国家敲响了警钟。

（四）转基因生物安全评价

图 3-10 是转基因生物工作流程图。由图可见，对转基因生物安全的评价和管理在转基因生物工作中占有重要的地位。

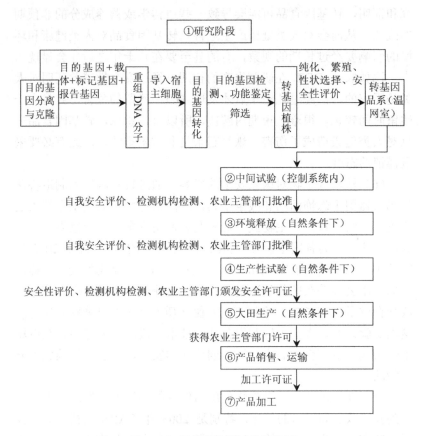

图 3-10　转基因生物工作流程图

转基因生物是过去人类历史上从未经历和遇到过的新鲜事物，其对生态环境的影响存在着很多不确定性和模糊性，转基因生物在环境中的行为、边界条件、影响过程和机制、各种因果关系等都是很不清楚或难以界定的。由于科学发展水平的限制，转基因生物的安全性还没有一致的结论，尚不能作出精确的评价。

虽然从目前科学研究领域对转基因生物认识水平来看，还很难定量地评估转基因生物的环境风险。但是，在评估转基因生物环境风险时，可以依据评估程序，在遵循科学性原则、熟悉性原则、逐步评估原则和个案评估原则的基础上，最大限度地确保风险评估结果的准确性和可靠性，以识别风险的种类，推断风险发生的概率、潜在危害程度和风险水平。这三者之间的定性关系，如表 3-17 所示。

表 3-17 风险发生的概率、所产生的潜在危害程度和
风险水平间的定性关系

发生概率	危害程度			
	严重危害	中度危害	低度危害	可忽略危害
高度可能（P1）	IV	IV	III	I
中度可能（P2）	IV	III	II	I
低度可能（P3）	III	III	II	I
几乎不可能（P4）	I	I	I	I

注：表格中的罗马数字 I、II、III、IV表示风险水平。

从表 3-17 中我们可以看出，各种转基因生物释放所引致的风险情况是不同的，我们应该在进行坚实的风险评估基础上，确定相应的对策，决定是否禁止某种转基因生物商业化操作或使用。

我国安全评价的范围按生物种类包括转基因植物、动物和微生物 3 类生物。按照转基因生物安全程度分为尚不存在安全风险、低度安全风险、中度安全风险和高度安全风险 4 个安全等级。按照从试验研究到生产应用的进程分为试验研究、中间试验、环境释放、生产性试验和安全证书 5 个阶段。安全评价的内容主要包括环境安全评价、食用安全评价和目的性状评价。安全评价是安全管理的基础和依据，得到世界各国普遍承认。

我国的标志管理有 2 个特点：一是采取定性标志的办法，对目录规定的产品只要含有转基因成分，不管含量多少都要标志；二是目录以外的产品，尽管含有转基因成分但是可以不标志。这样的规定主要考虑到可操作问题。

对于较多进口用作加工原料的转基因农产品，要求境外研发公司在通过安全评价取得安全证书的基础上，贸易商直接申请办理进口安全证书。对于其中进口具有生命活力的转基因农产品，如进口

转基因大豆、油菜子用于加工食用油，由于大豆、油菜子具有生命活性，有流散到环境生长的可能，为防止环境风险，规定了按批次进口审批并按规定加以标志。

（五）转基因生物安全监管

目前与转基因生物密切相关的多边国际协定主要有 4 个，其中WTO 框架下 3 个——《卫生和植物卫生措施协定》（SPS）和《贸易技术壁垒协定》（TBT）及《知识产权协定》；非 WTO 框架下 1 个——《生物多样性公约》下的《卡塔赫纳生物安全议定书》。另外，《国际植物保护公约》、国际食品法典委员会、世界兽医卫生组织等都已经或正在制定相关的规定。根据 SPS/TBT 协定，WTO 成员采取技术性贸易措施时必须遵循以下原则：①具有充分的科学依据，并进行了风险评估或是在科学依据不充分的情况下临时实施；②鼓励采用国际标准和保护水平透明的原则。当采取更严格的技术性措施时，WTO 成员必须陈述科学理由，并公布采用的措施。

专栏 3-14　卡塔赫纳生物安全议定书

根据 1992 年在巴西里约热内卢召开的联合国环境与发展会议决定，为防止现代生物技术产品可能对生物多样性造成的有害影响，经过漫长和艰苦的谈判，《卡塔赫纳生物安全议定书》（以下简称为《议定书》）终于在 2000 年获得通过，于 2003 年 9 月获得生效。至 2006 年 7 月为止，已经有 134 个国家和地区批准了这项《议定书》。中国于 2005 年 9 月 6 日批准了该《议定书》，成为《议定书》的缔约方。

《议定书》的目的为根据预先防范的办法，采取充分的保护措施，协助确保 LMOs 的安全转移、处理和使用，从而避免或尽可能减少 LMOs 存越境转移、过境、处理或使用过程中，对生物多样性保护和可持续持续利用产生不利的影响。并特别侧重越境转移，同时考虑对人类健康构成的风险。《议定书》明确规定其所规范的是基因修饰生物 LMOs 的越境转移、过境；处理、使用问题。提前知情同意程序（AIA）是《议定书》的一个中心程序机制。根据该程序，出口缔约方有法律义务确保进口缔约方的国家主管部门收到 LMOs 拟越境转移的通知；进口缔约方有义务在规定的时间内对是否收到这样的通知进行确认；进口缔约方对拟进口的 LMOs 做出决定。

《议定书》规定了进行风险评估的基本要求，需要遵守的一般原则和具体的操作程序。此外，还要求应以科学上合理的方式和国际公认的技术开展风险评估工作。缔约方有义务制定并保持适当的机制、措施和战略来制约、管理和控制根据《议定书》进行风险评估所查明的各种风险。

目前，通过立法来防止食品污染、保障消费者健康权益已经成为新时期主要发达国家转基因生物安全监管的主要特点。目前，世界上主要国家对农业转基因生物及其产品的安全管理基本上都是采取了行政法规和技术标准相结合的方式。在具体管理上，归纳起来可以大体分为 3 种类型。

专栏 3-15　国外转基因生物安全管理模式

1. 以产品为基础的美国模式

美国对转基因食品持积极支持的态度，认为转基因生物与非转基因生物没有本质的区别。监控管理的对象是生物技术产品，而不是生物技术本身。美国一般只要求该转基因生物（产品）达到与传统产品一样的安全标准，但是对一些在安全性方面有本质差别或者还缺乏充分认识的，应该对转基因生物及其产品（如质量性状、多基因和复合性状的转基因作物，医药和工业用转基因植物）进行全面、严格的安全性评价和管理。

2. 以工艺过程为基础的欧盟模式

欧盟认为重组 DNA 技术有潜在危险，不论是何种基因、哪类生物，只要是通过重组技术获得的转基因生物，都要接受安全性评价和监控。欧盟在国际上极力主张对转基因产品采取"预先预防态度"，不仅针对 GMO 及其产品，而且针对转基因生物的管理基于研制过程进行监管。欧盟各成员国有的直接使用欧盟法规，有的依据这些法律建立本国的法规。

3. 中间模式

加拿大比较接近美国模式，澳大利亚比较接近欧盟模式，但都有自己的独到之处，甚至声称是世界上最好的模式。

在世界各国都在不同程序上加强了转基因生物安全的管理，其采取的方式大体上有两种：一种是在现行法律、法规的基础上修改补充关于转基因生物安全管理的条款；另一种方式是制定新的转基因生物安全管理法律框架。

比如美国，作为生物技术研究大国和转基因农产品出口国，美国为保障公众消费和环境安全，保障转基因农产品输出的信誉，在原有法规体系的基础上补充制定了转基因生物安全管理指南。

一些发展中国家在全球环境基金项目支持下，采取制定国家生物安全法律框架的方式。巴西于 2005 年 3 月由总统颁布《生物安全法令》，该法令赋予生物安全国家技术委员会评估生物技术产品的研究和商业化生产。自 2005 年 3 月起，该委员会已经收到 500 余项申请。在国家生物安全管理机构的设置上。由于转基因生物安全管理涉及方方面面，多数国家和地区不止一个政府部门负责转基因生物的管理。

欧盟早在 20 世纪 90 年代已经制定了相关法规对转基因技术及其产品实施管理。2002 年，欧盟成立食品安全局，对转基因农产品实行统一管理。欧盟食品安全局由 4 个独立的部分组成：管理委员会、执行董事、顾问团、专业委员会和若干工作组。欧盟食品安全局特设转基因生物特别小组，要求建立对食品饲料企业的全面跟踪体系，从源头开始及生产加工过程的各个环节，直至消费者手中，实施溯源机制。2003 年欧盟公布了对转基因农产品追踪管理的技术法规（1830/2003 条例），即《关于转基因生物的可追踪性和标志，及由转基因生物制成食品和饲料产品的可追踪性》《关于转基因生物的越境转移（1946/2003 条例）》《关于转基因食品和饲料（1829/2003）》以及《开发和设立转基因生物独特标志系统（65/2004）》等新法规。

日本为主要的生物技术研究大国和农产品进口国，于 2003 年 11 月签署了《卡塔赫纳生物安全议定书》，并早在 2003 年 6 月制定了本国的《限制转基因生物使用确保生物多样性法》及相关法规，采取了一系列限制转基因生物使用和传播的措施。日本国内的转基因生物安全管理机构涉及多个部门包括农林水产省、环境省、厚生省、经济贸易和工业省等。

近年来，我国在转基因生物安全管理方面颁布与实施的专项法律法规主要有 12 部，如表 3-18 所示。这些法规与部门规章，对农业与林业转基因生物的生产、进口、检验检疫、审批、标志与审查等做出了规范。

表 3-18　我国转基因生物安全管理法律法规

法律法规名称	颁布时间	颁布部门
《基因工程安全管理办法》	1993	科技部
《新生物制品审批办法》	1999	农业部
《农业转基因生物安全管理条例》	2001	农业部
《农业转基因生物进口安全管理办法》	2001	农业部
《农业转基因生物标志管理办法》	2001	农业部
《农业转基因生物安全评价管理办法》	2001	农业部
《农业转基因生物进口安全管理程序》	2002	农业部
《农业转基因生物标志审查认可程序》	2002	农业部
《农业转基因生物安全评价管理程序》	2002	农业部
《进出境转基因产品检验检疫管理办法》	2004	质检总局
《开展林木转基因工程活动审批管理办法》	2006	林业局
《农业转基因生物加工审批办法》	2006	农业部

但是，目前我国尚未形成完整的转基因生物安全立法体系，缺乏一部转基因生物管理的专项性立法。我国制定的《基因工程安全管理办法》是我国第一部转基因生物安全管理法规，也曾是其他转

基因生物安全立法生态安全的范本和依据，但属于部门规章的《基因工程安全管理办法》立法层次较低，已经不能适应转基因生物安全管理的需求。此外，目前我国转基因生物安全立法多为农业部内部规章，仅能在农业转基因生物及其产品领域进行相应管理，无法对林业、环保等其他领域进行管理。随着我国成为《生物安全议定书》缔约方，转基因生物安全立法必须形成由专项法律法规与部门规章形成的完善法律体系，对转基因生物安全管理做出系统规定，才能与我国的国际履约义务相协调。

此外，我国现行转基因管理规章主要是有关部门依照管理职责需要制定，仅能对部门职能范围内的转基因生物进行有效管理。如现行体系中，我国在农业转基因生物管理方面建立了一些管理制度，但缺乏对其他领域转基因生物进行研究、实验、进口、储藏、转移、运输、环境释放、应用、环境风险评估、公众参与以及损害与赔偿等一系列行为的规定。一旦任何环节出现问题，相关部门将面临着无法可依的窘迫局面。因此，我国现有的转基因生物安全立法体系已经不能满足履行生物安全国际公约的要求，需要从国家层面构建转基因生物安全管理立法体系。

在微生物安全管理方面，我国主要由卫生、环保、质检、建设与农业几个部门共同负责。在职能分工方面，卫生部主要负责医疗废物管理与病原体微生物管理；建设部主要负责对微生物实验室建设及相关技术方面的管理；国家质检总局主要负责对微生物实验室建设技术标准、人员设备以及微生物菌剂进出口等方面进行管理；农业部负责对兽医实验室与动物病原微生物进行管理；国家环保总局则主要负责病原微生物实验室的备案与环境影响评价，以及实验室的废水、废气和危险废物的环境安全管理工作。各部门制定和出台了一系列法规、规章与标准规范，主要包括《病原微生物实验室生物安全管理条例》（国务院令第 424 号）、《医疗卫生机构医疗废物管理办法》（卫生部令第 36 号）、病原微生物实验室生物安全环境管理办法》（国家环保总局令第 32 号）与《兽医实验室生物安全管理规范》（农业部公告第 302 号）等法规与规章。此外，卫生部、建设部与质检总局还发布了《实验室生物安全通用要求》（GB 19489—2004）、《生物安全实验室建筑技术规范》（GB 50346—2004）等一系列技术指南与技术规范。这些法规、规章与技术规范，在一定程度上为我国微生物安全管理提供了基本保证。

但是，随着我国微生物研究与应用技术的快速发展，微生物菌剂的安全使用、监控、应急，进出境与环境释放安全性等问题日益突出，使微生物安全管理面临着更大的挑战。目前，我国的微生物安全管理中存在法律法规体系尚未完善，部门信息共享不畅，微生物菌剂市场缺乏有效管理等问题。我国现有的微生物管理立法体系，缺乏一部能够对微生物安全管理进行规定的专项性法律。国务院颁布的《病原微生物实验室生物安全管理条例》，虽然对病原微生物实验室的运行与管理做出了规定，但是无法对微生物进出境，环境释放与应急预警等问题进行管理，造成微生物管理在这些方面存在盲区。此外，由于我国微生物管理相关部门间缺乏有效的信息沟通与共享机制，使各部门的部门规章之间缺乏有效衔接，造成微生物管理存在盲区，如在微生物菌剂进出口领域，由于缺乏相关法规与部门规章的规范，造成微生物菌剂进出口存在管理不力的局面。

综合来看，目前我国在生物安全管理方面存在的问题主要有以下四点：

（1）缺乏生物安全管理专项性法律法规　我国现有的生物安全管理法律法规中，相关的法律不少，但这些法律法规很难在生物安全方面做出系统、全面的规定。由于缺乏牵头的专项性法律，我国现有生物安全立法多为零散的部门性规章，仅能对生物安全的某些方面进行规定，而在一些重点管理领域尚未建立规章，甚至缺乏必要的技术性标准与规范，从而使某些不法人员有机可乘。

（2）法律法规体系不健全　我国在外来入侵物种防治，转基因生物安全管理与微生物安全管理 3 个方面的法律与法规体系显得很不完整，其特征是多以部门的内部管理规章为基础。这些规章仅能对生物安全管理的某一方面做出规定，若一旦出现重大生物安全问题，或者问题范围超出部门规章的管理范畴，相关部门则很难进行管理。

（3）部门间信息交流与共享机制不完善　在我国多个部门共同管理的现有格局中，信息交流与协调机制是做好部门间生物安全管理的关键保证。由于该机制在我国生物安全管理格局中尚未完善，部门之间的工作容易出现重复管理与管理空白。

（4）缺乏统一的监管机构与监管机制　由于各部门都各自立法并规定相应的立法机构，部门之间的工作缺乏有效协调出现"谁都在管，谁都又管不了"的多头管理格局，这造成国内外被管理主体时间和经济成本的大量浪费，也容易使我国在进行国际交涉时出现麻烦。

（六）控制转基因生物安全的措施

1．完善转基因法规体系，协调部门关系

法律的合理性、可行性和合法性是法律得以有效实施的基本要求。《议定书》建立了生物安全交换所，缔约方在转基因生物越境转移的任何规定和修改都必须通知生物安全交换所。它也是一个缔约方了解其他缔约方转基因生物安全管理动态的窗口。中国可以借鉴其他国家的管理经验，结合本国实际，进一步完善现有的法规规定。

2．加强农业转基因生物的安全性研究，为安全评价和管理提供技术支撑

转基因生物安全研究对提高安全评价的针对性、科学性至关重要，其所涉及的技术、检测方法和标准是安全性评价和依法管理的重要依据。转基因生物安全管理的核心是风险评估。尽管国际上采取通用的风险评估的原则和基本方法，但在开展风险评估的出发点、评估范围程度及其对评估的结果的分析因国家和地区而异。2004年，欧盟的转基因植物及其食品、饲料添加剂的风险评估指南，增

加了 13 个方面的风险分析工作，主要集中在环境风险评估的特殊部分和上市后的监测。随着转基因生物技术的发展，新的转基因生物品种、性状不断涌现，风险评估和监测检测的技术和手段也需要不断地提高和更新。

3. 加强对公众的宣传和转基因生物安全管理人员的专业培训

人员的培训不仅要包括专家队伍建设、执法人员培训，而且也要包括从事转基因生物的企业、消费者和公众的培训。通过人员培训，强化转基因生物安全研究和管理队伍建设，提高执法水平；加强法规宣传和安全知识普及，提高公众对转基因技术及其产品的认知水平；增强农业转基因生物研发、生产、经营单位的安全意识和法律意识；加强转基因生物安全信息的风险交流，充分尊重公众的知情权和选择权，科学稳妥地引导公众消费。

4. 加强国际和区域性的谈判与合作

1994 年 1 月 1 日生效的北美自由贸易协定（NAFTA）中的环境协定开创了在贸易协定中涉及环境问题的先河。目前，WTO 框架内贸易自由化取得了长足的进步。由于环境问题的不断出现，各国都在贸易自由化进程中考虑环境因素，GMO 贸易已被引入 WTO 所管理的框架。我国加入 WTO 后，国内市场准入条件降低，GMO 及其制品的进口量还会有一个增长的过程。由于 GMO 潜在的环境生态安全的原因，要熟悉 WTO 环境条款和相关协议（如 TBT），积极参加多边贸易谈判、增加话语权、提升说话的分量，争取主动；另外，在双边合作领域，进一步开展环境合作，相互吸收环境管理上的经验；GMO 的潜在隐患是全球性的，国际间的合作是必需的。

5. 积极慎重地做好转基因生物的商业化生产工作

由于农林牧渔业生产、生态环境建设及生态保护等工作的需要，适当地推广转基因生物的商业化生产是必要的，但要遵循以下

3 个原则：无害利用原则，即在转基因生物的商业化生产过程中，应尽量避免对当地物种、生态系统以及人类健康所造成的危害；谨慎发展原则，这是指在转基因生物的商业化生产时，不能仅仅看重该生物在未来可能带来的经济效益，更应充分考虑到该生物可能带来的环境风险以及对人类健康的威胁等；风险预防原则，是在没有科学证据证明所应用的转基因生物确实会发生环境损害的情况下，也要采取预防措施，防止可能损害的发生。比如，我国是水稻和大豆等物种的起源地，野生近缘种极为丰富，这些物种的转基因生物在我国的大面积商业化生产要极为慎重。

第六节　矿产生态安全

矿产资源是地壳在其长期形成、发展与演变过程中的产物，是自然界矿物质在一定的地质条件下，经一定的地质作用而聚集形成的。不同的地质作用可以形成不同的矿产。它们以元素或是化合物的集合体形式产出，绝大多数为固态，少数为液态或气态，人们习惯上称之为矿产。按照矿产的可利用成分及其用途，可以分为金属、非金属、能源三类。金属矿产又可分为黑色金属、有色金属、贵重金属等。黑色金属矿产主要是指铁矿、锰矿等；有色金属矿产主要是指铜矿、铅锌矿等；贵金属矿产主要是指金矿、银矿等。非金属矿产可分为冶金辅助原料、化工原料、建筑材料等非金属。冶金辅助原料非金属矿产主要是指菱镁矿、萤石等；化工原料非金属矿产主要是指黄铁矿、磷矿等；建材原料非金属矿产主要是指灰岩矿、石材等。能源矿产主要是指煤、石油、天然气等。

矿产资源是人类生存、经济建设和社会发展不可或缺的重要物质基础，它具有以下特点：

（1）不可再生性和可耗竭性；

（2）区域分布不平衡性；

（3）动态性和可变性。

人类及人类社会的生存和发展离不开对矿产资源的开发利用，但由此也造成对环境生态的影响甚至破坏。矿产资源的开发，特别是大规模不合理地开发、利用，大大改变了矿山生态环境系统的物质循环和能量流动方式，产生了一系列链状环境问题，对矿山及其周围环境造成污染并诱发多种地质灾害，破坏了生态环境。越来越突出的环境问题不仅威胁到人民生命安全，而且严重地制约了国民经济的发展。

一、矿产生态安全现状

（一）造成环境污染

1. 矿业废水

矿山开发时，矿区需排放大量废水。这些废水主要来源于矿山建设和生产过程中的矿坑排水；选矿过程中加入有机和无机药剂而形成的尾矿水；露天矿、排矿堆、尾矿受雨水淋滤、渗透溶解矿物中的可溶成分的废水；各种设备、车间、油库流失的柴油、机油、汽油等油类的污染源；地面雨、雪水或地表水体通过井口、地面塌陷层、断层、裂隙等各种渗漏通道而进入到井下，井下各种作业用水、漏水、废旧巷道及老窑的积水及勘探钻孔渗漏水等。由于矿山废水排放量大，持续性强，众多废水未经达标处理就随意排放，甚至直接排入地表水体中，而且含有大量重金属离子、酸和碱、固体悬浮物、选矿药剂、个别矿山废水中还含有放射性物质等，因此，矿山废水排放会污染矿山环境，使土壤或地表水体受到污染，危害人体健康。

据 2008 年 7 月有关媒体报道，陕西宁陕矿业公司是当地重点扶持的中小企业之一，以生产钼精砂为主，是当地的纳税大户，也是屡屡遭到群众投诉的污染大户。宁陕矿业公司和当地另一家矿业公司因违法超标排污，导致镇安县境内的月河流域河水发白变浑，严重影响下游月河流域水质，造成月河、杨泗、黄家湾 3 个乡镇沿河两岸农业灌溉、人畜饮水极为困难。

2. 矿业废气

矿山及其选、冶矿部门直接排放的废气、粉尘及废渣引起大气污染和酸雨。矿山在生产过程中，产生大量的粉尘和有毒有害气体，不仅污染矿区大气，破坏作业环境，损害工人身体健康，而且由于风的流动，也是矿区周围和全球大气的污染源之一。矿山排出的废石和尾矿在风力的作用下，也会产生大量粉尘，使清新的空气变得污浊。

在煤炭的开采过程中，大量的二氧化碳和甲烷等气体被直接排放到空气中。其中，甲烷比二氧化碳具有更强烈的温室效应，而且大气中的甲烷过量会导致臭氧层的破坏。煤炭采矿行业废气排放量占全国工业废气排放量的 5.7%，其中有害物排放量为每年 $73.13×10^4$ t，主要是烟尘、二氧化硫、氮氧化物和一氧化碳，使矿山地区遭受不同程度的污染。目前，因二氧化硫污染导致的酸雨区面积占国土面积 30%以上。

我国西南地区前几年土法炼锌的生产方式，产生大量废气、废渣，造成了严重的社会公害，以硫化工和煤炭最严重。通常炼 1 t 硫黄需排放 $1×10^4$ m^3 有害气体，其含二氧化硫、硫化氢 1.8 t，并产生大量废水及汞、砷、镉等有害物质。鄂、云、贵、川等省的土硫生产就是一种毁灭生态环境的生产方式，已构成严重的社会公害。此外废渣、尾矿对大气的污染也相当严重。河南一些有色金属矿山的生活福利区，空气中粉尘含量超标十倍至几十倍。

3. 矿业废渣

矿业废渣包括煤矸石、废石、尾矿等。据有关资料显示我国矿业及相关行业废渣堆存情况，矿业及相关行业的固体废渣所占比重超过了固体废弃物的 85%。

固体废物的污染在煤矿中主要是煤矸石的污染。在煤矿开采过程中，会同时采出顶底板的碎石与煤层中的夹矸，经过洗选分离后的煤矸石作为固体废物堆积起来成为了矸石山。煤矸石对环境的影响首先表现为侵占土地，破坏自然景观。据不完全统计，我国煤矸石累计堆积已达 30×10^8 t，占地 55×10^4 m^2 以上；其次是自燃发火，排出大量烟尘、二氧化硫、二氧化碳、硫化氢等有害气体，损害人体健康，抑制作物生长，腐蚀构筑物等。据初步统计，目前我国有矸石山 1 500 座左右，其中正在自燃的有 145 座。某矿务局排矸场自燃，排矸场附近的二氧化硫、硫化氢浓度很高，使周围地区呼吸道疾病率明显提高。此外，高硫煤矸石经雨水淋漓而产生酸性淋漓水会污染周围水体和土壤，损害水生生物和农作物，有个别煤矸石山还会发生喷爆和崩落等事故，威胁人身安全。

4．矿业噪声

矿山是强噪声源集中的地方，根据噪声产生的地点不同，可分为井下噪声源和地面噪声源。矿山井下噪声源主要来自凿岩、放炮、采煤、通风、运输、提升、排水等所用的各种机电设备。由于井下作业空间狭窄，反射面大，容易形成混响声，致使同一机电设备井下作业噪声比地面高 5~6 dB。据调查，目前煤矿井下工作场所的噪声级普遍超过国家规定的容许值 90 dB，有的高达 110 dB。煤矿地面噪声源十分广泛，其强噪声源主要集中在矿井井口、露天采场和选煤厂。矿井井口噪声主要来自安装在井口的地面固定设备，如通风机、提升机等。选煤厂噪声主要来源于振动筛、跳汰机、真空泵、溜槽、鼓风机等。煤矿噪声具有强度大、声级高、连续噪声多、频带宽等特点，对作业环境影响特别严重。

在矿山企业中，噪声突出的危害是引起矿工听力下降和职业性耳聋，此外还引起神经系统、心血管系统和消化系统等多种疾病。噪声使井下工人劳动效率降低，警觉迟钝，不易发现事故前征兆和信号，增加发生事故的可能性；噪声还会污染周围环境，影响人们正常生活、学习、工作；特强的噪声还会使仪器设备受到干扰，甚至损害。因此煤矿噪声问题已成为煤矿亟待解决的重要环境问题之一。

（二）破坏生态资源

1. 水土流失及土地沙化

我国是世界上水土流失最为严重的国家，全国现有水土流失面积 $3.56×10^6$ km^2，超过国土总面积的 1/3。矿业活动特别是露天开采，大量破坏了植被和山坡土体，产生的废石、废渣等松散物质极易促使矿山地区水土流失，而且引起整个周围地区地下水位下降，造成表土缺水，影响植物生长，导致土地沙化、荒漠化。据对全国 1 173 家大中型矿山调查，产生水土流失及土地沙化所破坏的面积 17.067 km^2 及 7.435 km^2，治理投资的费用已达 2 393.3 万元。

经国务院批准，水利部公布了 42 个国家级水土流失重点预防保护区、重点监督区和重点治理区（以下简称"三区"）。这是新中国成立以来，我国首次确定并向社会公布的国家级水土流失防治重点区域。国家级水土流失重点监督区共 7 个，涉及 13 个省区市，总面积 $30.6×10^4$ km^2，其中水土流失面积 $17.98×10^4$ km^2，主要是矿山集中开发区、石油天然气集中开采区、特大型水利工程库区、交通能源等基础设施建设区以及在建的国家特大型工程区，包括辽宁冶金煤矿区、晋陕内蒙古接壤煤炭开发区、陕甘宁内蒙古接壤石油天然气开发区、豫陕晋接壤有色金属开发区、东南沿海开发建设区、新疆石油天然气开发区、长江三峡工程库区，开发历时长，强度大，造成的水土流失及其危害比较严重。

2. 侵占土地

矿山开发产生的各种废石、尾矿等废弃物占用并破坏了大量土地，其中占用土地指生产、生活设施及开发破坏影响的土地，其中破坏的土地指露天采矿场、排土场、尾矿场、塌陷区及其他矿山地质灾害破坏的土地面积。

矿山开发造成土地资源的直接破坏十分严重，如露天开采会直接摧毁地表土层和植被，地下开采则会导致地表塌陷，从而使得土地和植被被破坏。矿山开采过程中的废弃物（如尾矿、废石等）需要大面积的堆置场地，从而导致对土地的大量占用和对堆置场原有生态系统的破坏，引起自然条件发生变化，并形成限制植物生长和发育的环境因子，使植物难以生存或生长不良。

矿山开采在占用土地的同时，还对耕地、森林、草地等造成了破坏。据国土资源部透露，至 2008 年因采矿及各类废渣、废石堆置等，全国累计侵占土地达 $5.86×10^6$ km^2，破坏森林 $1.06×10^6$ km^2，破坏草地 $2.63×10^5$ km^2。地表植被破坏和大量堆放的尾矿，导致严重的水土流失和土地荒漠化。如准格尔煤田土地沙化面积已占煤田面积的 21%。据推算，全国矿山开发占用耕地面积是全国耕地面积的 1.04%，占用林地是全国林地面积的 0.79%。这必然加剧了我国耕地紧张，降低森林覆盖率，引起草场退化。

3. 破坏水均衡系统

矿山开发对水资源的破坏主要表现在地下水源枯竭或流量减少。这样会破坏地表水、地下水均衡系统，造成大面积疏干漏斗、泉水干枯、水资源逐步枯竭、河水断流、地表水入渗或经塌陷灌入地下，影响矿山地区的生态环境。例如，黑龙江省鸡西、鹤岗、双鸭山、七台河 4 个矿业城市，每年因采煤排放地下水 $1.56×10^8$ m^3，约为地下水可开采量的 5 倍，因此形成了地下水疏干区，导致大量水井报废，严重影响城市供水和农业供水；山西省外采煤排水，使区域地下水位下降数十米到 100 m 以上，造成 18 个县 28 万人饮水困难，2 万 hm^2 水田变成旱地，全省井、泉减少 3 000 多处；矿山透水事件时有发生，2002 年广西南丹锡矿发生的透水事件，夺取了81 名矿工的生命，震惊全国。

4．破坏地形地貌

大规模的采矿活动常使地形发生较大改变，破坏原始地貌，严重影响土地的自然状态，破坏土壤的营养成分，会使地表各类建筑物，如村庄、铁路、桥梁、管道、输电线路等受到破坏，可使农田高低不平，灌溉设施失效，或使土地盐渍化，甚至大面积积水而无法耕种，严重破坏矿区土地资源和生态环境。采空区塌陷对土地资源的破坏，在采矿中占有重要地位，主要由地下开采造成。而在我国的矿山开采中，以地下开采为主，据 1 173 家国有大中型矿山调查，地下开采占 68.89%，塌陷区占地面积为 842.014 km²，占矿山开发破坏土地面积的 39.57%。另外，采用水溶法开采岩盐所形成的地下溶腔，可导致地面沉陷。在一些盐矿已有发生，如湖南湘澧盐矿、云南洱源县乔石盐矿和湖北应城盐矿水采基地。

5．改变地表景观

露天开采必须砍伐植物和剥离表土，因而地表植被往往荡然无存，取而代之的是大片的裸地。地下开采常导致地表沉陷、裂缝，影响土地耕作和植被正常生长，从而引发地貌和景观生态的改变。尽管两种采矿方式对土地的破坏途径、程度和方式不同，但都不可避免地造成地表景观的改变，导致数倍于开采范围的区域生态和自然景观的破坏。

6．破坏生物群落的生态平衡和生物多样性

探矿、采矿引起的地表与地下的扰动可以对生物群落造成极大的危害，且许多是不可逆的。裸露的矿业废弃地继续加剧着这种破坏，造成废弃地周围甚至更大范围内生物多样性的减少和生态平衡的失调。如刁江曾是河池市有名的渔乡，有鱼类 20 多种，但由于上游的大厂、车河等选矿废水的污染，导致鱼虾几乎绝迹。

7. 造成地质灾害

冒顶片帮是地下开采空间顶板和边帮岩石冒落、崩塌，是矿山开采导致的最直接的地质灾害。冒顶片帮常常无明显前兆，具有突发性、发生频率高、难以防范的特点，是矿山生产安全的主要危害。据统计，我国有色金属地下开采矿山冒顶片帮造成的人员死亡人数占矿山总事故死亡人数的18%。

需要明确指出的一点是，矿山开发对生态环境影响具有明显的时空变化特征。随着时间的推移，矿山开发对生态环境影响逐渐形成，在矿山整个生产期是动态变化的。最明显的是露天采场、废石场（排土场、排矸场）、尾矿库、地下采空区、塌陷地、地下水降落漏斗，影响范围、影响程度逐步扩大，对地表水、地下水、土地的污染也是逐步形成的。

（三）矿产生态安全问题产生的原因

忽视矿山环境保护与管理是造成我国矿产生态环境问题的最主要原因。从总体上看，我国矿业秩序比较混乱，近年来虽然加大了管理力度，但矿产环境保护与管理中的问题尚未得到根本解决。

1. 生态环境保护监管中存在问题

由于矿产环境保护和治理使采矿企业的生产成本加大，加之目前个别矿产品销售不畅，因此部分企业对矿山环境保护和治理采取消极办法待之。地方政府在宏观决策中，重资源开发、轻生态环境保护，导致基层矿产管理部门和企业业主重生产、重安全，轻生态、轻环保，生态环境保护意识还没有真正树立。基层各级矿产管理部门纯业务管理，忽略对生态环境的管理和监督，不少工矿业主重生产、重利润，在生产过程中，没有考虑矿产生态环境的资金投入和相关治污设施的建设，其主要表现为矿产环评和环保"三同时"执行率低。

国家环保总局在矿产生态环境的监督管理上，项目审批、环评和监督上分属于环评司和自然生态司；国土资源部对矿产环境监督管理的职能主要在地质环境司。具体到各省环保局，项目审查、环评与监督分属不同处室，造成了管理和监督相互脱节，采矿许可证和环境许可证审批相互脱节，造成审批不管监督，监督无法真正履行的被动局面。具体到矿产项目的环评上，还没有突出生态环境和地质环境的特性，不能从源头上把住生态环境关。履行生态环境保护职能的生态处不能真正履行其职责，不能实现矿产项目建设前期和生产过程的全程监督。在这种监管不力的情况下，矿产环境治理工作自然落后，走的仍是"先污染、后治理"的老路或为了局部利益而加重污染的歪路。

2．安全生产监督管理机制有待完善

我国矿产企业得到快速发展，对群众脱贫致富，推动地方经济发展起到了重要作用。但是，由于监管机制滞后，造成矿山开采秩序混乱，安全投入不足，非法开采、冒险蛮干现象严重，事故时有发生。加强矿山安全管理，建立和完善监管机制，辅之以必要的行政手段和法律措施，实行综合治理，势在必行，安全生产责任制度需进一步细化和完善。保障安全生产是地方各级政府应尽的职责，但地方政府的安全管理责任需要进一步细化分解，落实到有关部门，明确管理责任，形成逐级负责，层层落实，共同把关的安全生产监管机制。

3．环境管理体制问题

在矿产环境保护与管理体制上，矿产资源开发分散在十多个部门管理，矿山环境执法管理又涉及多个执法部门，责、权、利尚不明确，各方责、权、利的关系应遵循的原则亦不统一，职责交叉，分类分级管理，互相扯皮，以致在管理上形成要么各行其是，要么失去管理的状态。特别是治理的主体单位与上级主管部门，与左右的相关单位，在法律上和经济上的多方面关系均缺乏明确规定。矿

山环境治理的技术标准尚未出台，从而使工作没有明确的目标。

专栏 3-16　采矿活动引起的地质灾害

　　采矿活动引起大面积的地表塌陷，在塌陷的同时，地表出现高度、深度不等的裂缝。全国因采矿引起的塌陷 180 余处，塌陷坑 1 600 多个，塌陷面积 1 150 km²。全国发生采矿塌陷灾害的城市近 40 个，造成严重破坏的 25 个，每年因采矿地面塌陷造成的损失达 4 亿元以上。由于地下采空、地面及边坡开挖影响了山体、斜坡稳定，导致地面开裂、崩塌和滑坡等地质灾害。滑坡是露天矿山最常见的工程地质灾害。当山体坡度超过 25°，地表为砂质黏土和坡积物时，由于长时期受风化侵蚀或水流冲刷而处于自然平衡的临界状态，尤其当受到采矿影响时，很容易出现裂隙、滑动，继而出现大面积的山体滑坡。有调查资料表明，由于受采矿影响而引起的山体滑坡在全国许多矿山时有发生。另外，采矿破坏了地下岩体的原岩应力，可能存在诱发地震的危害。

　　矿产开发活动中乱挖滥采，随意丢弃废石、土及植被破坏等，都可能诱发泥石流或加大原有泥石流的规模。如云南东川铜矿区由于历史上伐木烧炭炼钢，毁坏了大面积森林，致使生态环境恶化，泥石流灾害频繁发生。1984 年 5 月，东川因民铜矿发生泥石流，冲毁大量生产设施，致使 121 人死亡，全矿停产半个多月，直接经济损失 100 多万元。

4．环境恢复治理缺乏资金支持

　　目前我国政府投入矿产环境恢复治理的资金严重不足。矿区生态环境恢复是一个系统工程，需要大量的投入。而当前国家整体经济实力不强，不少矿山企业负担重、经济效益不好，使得矿区生态环境恢复工作困难重重。不少已形成的矿山地质灾害往往难以找到责任人，或者责任分清后由于种种原因治理资金难以落实到位。新建矿山和老矿山、闭坑矿山要采取不同的政策，尤其是老矿山、闭坑矿山由于矿产资源开发已濒临枯竭，而企业负担又过重，经济效益差，加之历史欠账太多，致使企业无力恢复与治理已被破坏的矿山生态环境。承认老账，不欠新账，逐步还账。矿产环境恢复与治理资金缺乏，需要多渠道、多方面筹集资金、加大资金投入。

5. 环境保护法律法规不健全

我国制定的《矿产资源法》《地质灾害防治法》《环境保护法》《环境影响评价法》等法律法规是进行矿产环境保护执法检查的主要依据。此外，国务院、中央有关部委以及各省、市、区政府也制定了一系列矿产环境保护方面的法规，如《化学矿山环境保护管理暂行规定》《矿山环境保护管理办法》《矿山环境保护条例》等。但是，矿产生态环境保护，目前还没有一个完整的、自成体系的法律。矿产环境问题涉及气、水、土、岩体及生态等各个方面，是一个复杂的生态环境系统。目前我国法律、法规条文中有关矿产环境的规定大多偏重于"三废"污染，涉及矿产生态环境保护的较少。

虽然国家已经制定了部分矿产环境管理的法律法规，但矿产环境管理的法律法规仍不健全。长期以来，我国的矿产环境管理十分薄弱。在国家层面的立法上，矿产资源法和环境保护法只对矿产环境保护提出了原则性的要求，缺少具体管理制度和规章。

6. 历史欠账问题

我国矿产环境问题的形成，大多属于历史欠账。由于以前我国经济社会的发展对矿产资源消耗量少，矿产开发规模小，造成的环境破坏影响不大，环境破坏问题没有得到广泛的关注，致使现在绝大部分已关闭的矿区造成的环境破坏难以找到责任人。一方面，仍在生产的矿产中，许多是在计划经济时期建设的，开采了大量矿产资源，为国家经济建设作出了巨大贡献，但利润大部分交给了国家，现在让企业负担几十年形成的矿产环境破坏的责任，企业根本无力承担。另一方面，矿产资源法虽然有关于矿产环境保护的规定，但缺少具有可操作性的管理内容，新开办的矿产和正在生产的矿产，更需要具体的行之有效的措施保护矿产环境和对矿产生态进行恢复建设。

矿产环境历史欠账的治理，没有形成有效的责任制度和补偿机制。即使到目前，按照国家有关矿产资源成本核算规定，决定矿产资源价格的成本主要是生产成本、销售费用、管理费用和财务费用，矿产资源开发造成的环境成本等费用也没有列入现行成本。近年来，虽然在两权（探矿权、采矿权）使用费和价款中安排了一定的环境治理资金，但远远不能满足需要，政府投入矿产环境治理的资金严重不足。矿产生态环境历史欠账较多，治理资金严重缺乏。由于历史原因，不少矿山未预留生态修复治理资金，地方政府也未认真履行生态环境保护和治理方面的职责，造成许多矿产生态环境破坏存在无人"埋单"现象。新老问题日积月累，矿产环境治理工作的压力非常大。

7．环境保护意识淡薄

粗放型增长方式是产生环境问题、尾矿资源利用率低的根本原因。人口多、资源少，环境容量小，生态脆弱是我国的基本国情，建立在粗放型经济增长方式基础上的快速增长使资源难以为继，环境不堪重负。我国单位产出的能耗和资源消耗水平明显高于国际先进水平，工业万元产值用水量是国外先进水平的 10 倍，国内单位生产总值排放的二氧化硫和氧化物是发达国家的 8～9 倍。由于矿产环境保护与治理将会使企业的生产成本加大，许多矿产企业只注重自身的经济利益，不注重社会效益，对矿产环境保护和治理采取消极的态度。同时，在我国经济快速发展过程中，许多地方政府只注重 GDP 和财政收入等指标的增长，造成部分地方政府在管理过程中，只看重资源开发而轻生态环境保护，生态环境保护意识还没有真正树立。

二、矿产环境污染评价与控制

（一）环境污染评价

1. 水环境评价

煤矿区水污染的主要污染物为悬浮物、有机物、石油类等。悬浮物是矿井水中最主要的污染物，其直接排入河道将会导致河道淤塞，流入农田将降低土壤肥力导致农作物减产；耗氧有机物及毒性有机物进入水体后，水中微生物大量繁殖，使溶解氧含量降低，影响水中鱼类及其他水生植物的正常生长、良性繁殖乃至死亡，水体也会丧失自净能力而变得黑臭；油类污染物在水面形成油膜，阻碍大气中的氧进入水体，使水生生物因缺氧死亡。另外，煤矿区废水 pH 一般在 7～8，如果煤层为高硫煤层则表现为弱酸性，酸性废水污染更加严重，也是煤矿水污染的重要原因。基于上述原因，选取 pH、DO、COD、TOC、重金属作为评价指标。

2. 大气环境评价

煤矿区大气污染物主要为：瓦斯、粉尘、二氧化硫、氮氧化物、硫化氢、二氧化碳、一氧化碳等。瓦斯气的主要成分是甲烷，是煤矿井下开采的灾害因素，由它引起造成人员伤亡的事故占矿井事故的 1/3 左右，而且甲烷的温室效应是二氧化碳的 21 倍；大气中的粉尘，特别是粒径小于 5 μm 的粉尘，吸入后约有 90%沉积在气管和肺的表面，将引起矽肺病、肺心病；二氧化硫进入大气后经过氧化反应转变为 SO_3^{2-}、SO_4^{2-}，最终形成酸雨降落污染土壤、腐蚀建筑物、抑制植物生长、导致鱼类死亡，造成严重的经济损失；过高含量的氮氧化物一经吸入人体可以直接伤害呼吸系统，其中，一氧化氮可与人体内血红蛋白反应生成亚硝基血红蛋白或亚铁血红蛋白，降低人体血液输氧能力，二氧化氮可形成酸雨和光化学烟雾，与二氧化硫、颗粒物共同作用可导致气管炎、肺气肿、肺癌等疾病，一氧化碳吸入人体后会降低血流载氧能力，导致意识力、中枢神经功能、心脏和呼吸功能减弱，致使受害人感到头昏、头痛、恶心、乏力，甚至昏迷死亡。因此，选择总悬浮颗粒、甲烷、二氧化硫、氮氧化物、一氧化碳浓度作为煤矿区大气环境污染状况评价指标。

3. 固体废物污染评价

固体废物的污染在煤矿中主要是煤矸石的污染。煤矸石对环境的影响，首先表现为侵占土地，破坏自然景观导致的植被覆盖率下降和由此引起的水土流失量增加；其次是自燃发火，排出大量烟尘、二氧化硫、一氧化碳、硫化氢等有害气体，损害人体健康，抑制作物生长，腐蚀建筑物等。此外个别煤矸石山还会发生喷爆和崩落等事故，威胁人身安全。但是煤矸石又是完全可利用的资源，煤矸石的综合利用有着重要的经济效益、环境效益和社会效益。因此，选择煤矸石堆放面积、水土流失量、固体废物综合利用率为固体废物污染状况评价指标。

4. 声环境评价

噪声污染可以使人耳聋，引起高血压、心脏病、神经官能症等疾病，特别强烈的噪声还能损坏建筑物与影响仪器设备的正常使用。我国煤矿区噪声环境污染的情况较为普遍，矿山机械噪声和交通噪声是矿区声环境污染的主要原因。因此，选择区域环境噪声和交通噪声为评价指标。

5. 地表沉陷评价

我国煤炭开采以井工开采为主，煤炭开采后在地下形成的采空区可能造成地表塌陷，带来地表生态系统及地面景观的改变，并可能造成事故性灾难，如房屋倒塌等，因此地表塌陷是一个非常重要而敏感的地质灾害问题。这部分内容通常在项目的地质灾害报告书中有较详细的论述，但由于其对地表生态、景观的影响及环境风险的特征，在环境评价过程中也应该进行论述。地表塌陷有专门的模式及电脑软件进行计算，可以对塌陷范围、塌陷深度等进行预测。地表沉陷评价指标为地表沉踏面积、塌陷深度等。

6. 生产力评价

该方法主要采用生物生产力、生物量以及物种量为指标对污染生态影响进行评价。生物生产力和生物量是一个生态系统维持的基础，它反映了生态系统的功能是否稳定，而物种量从总体上反映了生物多样性，生物多样性高，结构复杂，系统也就稳定。

（二）环境污染控制

1. 矿山废水处理利用

矿山废水主要包括伴随矿井开采而产生的地表渗透水、岩石孔隙水、矿坑水、地下含水层的疏放水以及井下生产防尘、灌浆、充填污水、选矿厂和洗煤厂污水等。矿山废水主要带来的污染包括酸碱污染、重金属污染、有机污染、油类污染、剧毒性氧化物污染。这些污染物多能参与生态循环，且随着地表水扩散，对区域水体环境造成不良影响。

为了减小矿山废水造成的危害，必须采取各种措施和方法，严格控制废水排放，减少废水对周围环境的污染，主要从以下三方面入手：①改革生产工艺，尽量减少废水排放量。如选矿厂可采用无毒药剂代替有毒药剂，选择污染程度小的选矿工艺，大大减少选矿废水中的污染物质。②循环用水，一水多用。采用循环供水系统，使废水在一定的生产过程中多次重复使用。③加强井下污水处理系统及设备的管理维护；完善各类用油设备的密封性能，防止漏油；研究开发水介质单体液压支柱，不使用乳化油等。

矿井水是一种很好的水资源，但目前我国矿井水的资源化利用率很低。有的矿区水资源十分紧张，许多矿区实行定时分片供水，甚至远距离输水，但对大量的矿井废水仍未充分利用，大量外排，十分可惜。对矿井水的处理，目前已有较为成熟和全面的水处理理论和方法。矿井废水大多数为复合型水，在设计水处理工艺时必须查清水质和水量，然后遵循"清污分流"的原则，考虑水处理单元操作的取舍和优化组合，采用不同的处理方式，处理后派上不同的用场。

除了废水处理和回用之外，还要考虑选矿废水的综合治理方案，即在选矿工艺过程中，革新工艺，尽可能减少生产用水量和对环境可以产生严重污染的药剂。在这些措施实施以后，可对选矿工艺过程中产生的废水进行合理的处理和循环利用，从而达到选矿废水综合治理的目的，符合清洁生产的标准。

2. 矿山固废物处理

世界各国每年采出的金属矿、非金属矿、煤、黏土等在10 160.47 kg 以上，尾矿或矸石成为矿山开采产生的主要固体废弃物。大量尾矿或矸石的排放、堆积，不但资源没有得到充分的利用，而且还造成了严重的环境污染。

国内外矿山机构主要通过研发新型的选矿工艺和设备，建设回收车间，使固废物中原来不能回收的有用矿物尽可能回收。有用矿物的回收主要采用重选、磁选、浮选 3 种方法相结合的方式，如尼日利亚的阿扎拉重晶石尾矿浮选回收重晶石；用磁选和浮选方法从铁矿固废物中回收磷灰石；波兰铅锌矿采用重选对尾矿分级，回收可用作生产 Ca—Mg 肥料的白云石粉。

20 世纪后期，国际上开始提出和推广"无废采选工艺"，即指在采矿时剥离的岩石、砂、表土被完全利用，采出的矿石经选厂处理后得到精矿和各种可以利用的产品，不产生堆积、废弃的尾矿。矿山的尾矿等固体废弃物也可用作肥料或土壤改良剂，同时矿山固废在工程建筑材料方面也有很多的利用。

煤矸石的综合利用可以变废为宝，节约资源，减少占地，改善环境，促进产业结构优化，有利于促进社会经济的可持续发展。煤矸石的综合利用途径如下：①直接利用矸石。如铺设道路，回填煤矿采空区和地表塌陷坑，绿化现有矸石山。②利用矸石作为发电燃料，是矸石利用的有效途径。目前很多矿区建立了坑口电厂，补充矿区用电，节约标准煤，从而减少矸石排放量和对环境的污染，炉渣还可以作建筑材料。③回收其中有用物质，如从矸石中回收煤炭、黄铁矿等。④可以作建筑材料的原料，如砖瓦、水泥、骨料等，或从中提取氧化铝、聚合铝等化工原料。⑤热量高的煤矸石可以采用气化的方法获得煤气。我国目前的矸石利用率约为30%，无论从环保还是从社会效益、经济效益考虑，都与煤炭生产发展不相适应。但现有的利用方法还存在许多问题，有待进一步实验研究。

3. 矿山粉尘与火灾防治

矿山开采尤其是地下开采矿山的生产，如井巷掘进、炮采、综采、运输等过程中，均产生大量粉尘。矿山粉尘的防治主要采用煤层注水、喷雾除尘、泡沫除尘、除尘器除尘等方法。矿井火灾的控制主要是要改善井下通风和电气设备的安全管理与维护。

4. 矿山噪声控制

我国对噪声的控制起步较晚，但也取得了一些成绩。主要防治方法有：①行政管理措施。依靠矿山管理部门颁布法规来强制性执行噪声控制标准。②厂址的合理选择。矿区应设置在郊外，运输车从外环公路通过。③技术措施。研制了多种类型的消声器和消声、吸声、减震材料，对强噪声源开始了综合利用，如江西煤校校办工厂研制了一种低噪声局扇，经 10 多家单位的试用，证实效果较好。但矿山噪声控制的任务还很重，必须学习先进国家的经验，结合我国的实际，对噪声源进行综合治理。

5. 矿山大气污染控制

矿山大气污染，除危害人体健康外，还会影响生物生长，会因大量的二氧化硫排放而形成酸雨，大量排放二氧化碳产生温室效应，进而影响全球气候。为了控制矿山大气污染，我国已采取了一些对策，包括控制开采高硫煤炭，增加煤炭洗选加工，推广固硫型煤，发展煤气和集中供热，改造和更新陈旧锅炉，配备高效除尘设备，加强煤道气脱硫研究和工程设施等。在矿区，根据矿山具体实际，应重点发展煤气化事业，采取集中供热方式，并对矸石山加快灭火工作等。

矿井瓦斯是一种污染源，而其中所含的高浓度的甲烷则是一种可贵的自然资源，既可用作高质量的燃料，又可用作化工原料。这种废气的产生量很大，如果能使之资源化，其环境效应、经济效益、社会效益十分重大。

我国目前在甲烷资源化方面存在的主要问题是抽放率低、利用率低。为提高抽放效果，应在加大抽放资金投入、增强抽放力度、进一步完善抽放系统的同时，不断改进抽放方式，对低透气性的煤层，可考虑采用高压细射流、液压压裂、向煤层注氮、实行本煤层的长钻孔抽放及高压钻进技术等。

6. 地表塌陷治理

我国对地表塌陷的治理工作已在淮北、淮南、徐州、大屯、平顶山等地取得显著成效。其主要措施：①复田与排矸系统结合。这种方法会使塌陷区成为建筑用地，解决矿区建房和拆迁要求。②复田与电厂排灰相结合。在坑口电站大量排出粉煤灰的情况下，利用塌陷空间储存粉灰粉，进行复土，植树造林，种植农作物。③结合矿区实际，将矿区造成矿区公园。如不少矿务局因地制宜，利用塌陷水面建设高产鱼塘、人工湖、水上公园。对塌陷区的治理，不仅可取得一定的社会效益、经济效益，且与煤矸石、粉煤灰加工利用相结合，变废为宝。但是我国目前的矿山井采基本上是先开采破坏，后复垦治理，生产与复垦相脱节的工业体系。复垦工程投资大、效益低，今后应加强这方面的工作。

三、矿产生态修复

（一）矿产生态修复研究概况

生态修复一般泛指改良和重建退化生态系统，恢复生态学潜力和有益于重新利用。生态修复并不是意味着在所有场合下恢复原有的生态系统，这既没有必要，也没有可能。生态修复的关键是恢复生态系统的功能，并使系统能够自我维持。由于污染后的矿产生态条件极差，靠自然力修复是一个极其漫长的过程，必须通过工程措施才能尽快修复。矿产生态修复就是矿产开采后土地治理和恢复，是为了建立与当地自然生态相和谐的人工生态系统，恢复矿区废弃地的生物学潜力，并且有利于矿区土地的重新利用。一般意义上的生态修复，即指土地复垦。

在理论方面，国内外研究者对矿产生态修复提出的技术对策和成果主要有：①从沉陷地资源合理利用和复垦管理到复垦工程技术诸多方面的对策；②复垦工程的成本、效益的计算公式和经济评价方法；③土壤改良的生物技术和矸石快速熟化技术；④尾矿影响植物定居的主要限制因子及其改良措施；⑤通过生态调查和试验手段，筛选出多种可用于尾矿生态修复的植物种类；⑥尾矿酸化的快速、准确的预测方法及相应的控制酸化措施；⑦深入讨论尾矿植物自然定居的过程和机理，丰富了恢复生态学理论；⑧应用豆科植物和菌根、引入土壤种子库对尾矿废弃地植被恢复的作用；⑨研究了重金属在重建植被中的迁移与积累规律；⑩建立了十多个野外实验基地；⑪利用人工湿地处理金属矿山废水的研究也取得了长足的进展。

（二）国内外矿产生态修复现状

1. 国内矿产生态修复现状

我国矿产生态修复工作始于 20 世纪 50 年代末，但由于过去的矿山开采过程中没有建立起完善的矿产生态修复制度，矿产企业只管开采，不管治理，或者是重开采轻治理，矿产的生态修复也没有引起各级政府的足够重视，致使矿产生态修复进展缓慢。直到 80 年代这项工作基本上还是处于零星、分散、小规模和低水平的状况，部分矿业废弃地的复垦情况如下：1957 年，辽宁桓仁铝锌矿将废弃的尾矿地采取工程措施覆土造田；1958 年，郑州铝厂小关矿利用碎石废土造地 70 多 hm²；1964 年，广东坂潭锡矿利用剥离废土边采边回填采空区造地；河北唐山马各庄铁矿从建矿开始，利用剥岩填沟造地和用尾砂充填河滩地造田等；70 年代初，掖县镁矿排土场开始复田，现已复田将近 30 hm²；1981 年南山铁矿开始种植松树、梧桐，成活率达 30%～50%；1982 年，罗茨铁矿在排土场种植桉树 4 万株，成活率 60%；1983 年，永平铜矿在采场和排土场种植湿地松、野小竹、小斑竹、马尾松、爬藤、芮草等，成活率达 60%～80%；1983 年起，广东凡口铅锌矿在正在运行的尾矿库种植宽叶香蒲，现已形成一个以宽叶香蒲为主体的水生植物净化塘，目前运行良好，经处理而排出的尾矿废水全部达标。

1988 年我国颁布了《土地复垦规定》，使我国采矿废弃地的生态修复工作步入了法制化轨道，其修复的速度和质量均有较大的提高。谢英荷等 1989 年以来在山西阳泉白家庄露天矿区和阳泉三矿进行复垦途径试验，从适应生物种筛选、种植方式选择以及对退化土地培肥熟化效果等方面进行研究，取得了较好的效果。1991 年起，金昌市尾矿沙漠化土地采用砾石覆盖与人工植被建立等综合治理方案，经过 5 年实践结果，取得了良好的治理效应。1996 年起，广东乐昌铅锌矿在一尾矿库中进行植被重建试验，加生活垃圾或表土处理的植物长势良好。1997 年，张海星等在江西德兴尾矿库的废弃地上进行杜仲—花生、旱稻生态修复模式试验，取得较好的效果。

据统计，1990—1995 年全国累计恢复各类废弃土地约 53.3 万 hm²，其中 1 526 家大、中型矿山恢复矿区废弃地约为 4.67×10⁴ km²，占全国累计矿区废弃地面积的 1.62%。但是对 389 座乡镇矿区的调查表明，乡镇小型矿区对土地破坏十分严重，生态修复率几乎为零。从总体上看，我国各类矿山废弃地的生态修复工作并不乐观。

2. 国外矿产生态修复现状

国外的矿产生态修复技术研究和实施工程起步较早，特别是在欧、美等一些发达国家，其基础研究起点可追溯到 19 世纪末期。大规模的生态修复工程在 20 世纪中期普遍展开，并在施工技术、土壤改造、政策法规、现场管理等领域取得了大量成果和成功的经验，且各有特色。

矿山废弃地的恢复利用最早始于德国和美国。德国是世界上重要的采煤国家，年产煤达 2 亿 t，以露采为主。德国政府对煤矿废弃地的复垦、生态修复十分重视，早在 20 世纪 20 年代就开始对露天煤矿矿区废弃地进行复垦。到 1996 年全国煤矿采矿破坏土地 1 534 km²，已经完成复垦、生态修复的面积有 823 km²，恢复率达 53.5%。

美国 Indiana 煤炭生产者协会 1918 年就自发地在煤矸石堆上进行种植试验。《1920 年矿山租赁法》又明确要求保护土壤和自然环境。1977 年颁布了《露天采矿管理与恢复（复垦）法》。除此之外，各州均出台了许多土地复垦相关法规，使土地复垦工作走上了正轨的法制轨道。在完善管理制度的同时，又采用严格的执法手段，其主要措施是采矿许可证制和复垦保证金制，并采用各种政策募集复垦基金。美国在 1970 年以前平均年复垦率为 40%，1970 年以后达到 80%。

20 世纪 50 年代末到 60 年代许多国家也陆续颁布有关法律、法令和法规，开展恢复工程的实践活动，并研究复垦地的利用方向、复垦工艺与设备、复垦技术及复垦经济效益等问题。此后，工业发达国家都陆续开始治理和恢复几十年来累积的大量废弃地。进入 70 年代，复垦技术逐步形成了一门多学科、多行业、多部门联合协作的系统工程，许多国家自觉将土地复垦纳入设计、施工与生产过程中。美国、英国、匈牙利等国政府对复垦资金给予补贴，或建立复垦基金，支持土地复垦工作。

（三）矿产生态修复的制约因素

矿山生态修复制约因素很多，如地形地貌、土壤物理化学生物特征，当地的气候条件、水文条件、表土条件、潜在污染等。下面就矿山典型的破坏污染场地进行简要分析，主要分析露天采场、废石场（排土场、排矸场）、尾矿库、塌陷地、受污染地表水、受污染的土地。

露天采场生态修复的制约因素主要是阶梯状地形、裸露基岩。为了减少剥离量，在保证生产安全的情况下，露天矿一般尽量采用陡帮开采，露天台阶坡度大，有的坡度达到 70°以上。因此，在露天坑的坡面上建立植被非常困难，有的基本上是不可能的。露天坑平台一般为裸露基岩，直接在其上建立植被非常困难，往往需全面覆土或穴状整地客土。露天坑复垦，尤其是深凹露天坑，建立植被往往不是首选。如能作为矿山工业旅游场地开发、固体废物处置场、恢复为水面等二次开发用地，可优先考虑。如要建立植被，其生态修复率一般较低，一般能达到 50%左右。

废石场（排土场、排矸场、矸石山）在采矿过程中产生的在目前的经济技术条件不能被利用的围岩废石，在不同的矿山、不同的矿种习惯用不同的称谓，在此统称为废石场。废石场生态修复的制约因素主要是阶梯状地形、废石块度极不均匀性、潜在污染物等。废石场台阶坡度角往往是废石的自然堆积角，坡度较陡。废石场废石块度极不均匀，大的直径可达到 1 m 多，甚至更大，小的为毫米级、微米级。建立植被时，全面整地覆土、穴状整地覆土都很困难。有的废石场废石，特别是含硫较高的，含重金属元素的废石，极易风化氧化，产生潜在的酸污染和重金属污染，如南山铁矿酸性废石场、德兴铜矿废石场等。废石场生态修复往往以建立植被为主，一般采用全面整地覆土、穴状整地、穴内客土，如有潜在污染物，需要采取阻隔等污染防治措施，如建立植被，其生态修复率可达到85%以上。

尾矿库生态修复的制约因素主要是细粒级尾砂、潜在污染物、阶梯状地形等。尾矿库尾砂粒度细，极易风蚀和水蚀，为防止风蚀和水蚀，一般覆盖一层不少于 30 cm 的表土。尾砂成分受矿石成分影响，一般是含硫、含重金属元素的矿石。对于浮选尾矿还有残余的浮选药剂，尾砂的这些成分具有潜在的污染倾向。尾矿库生态修复往往以建立植被为主，一般采用全面整地覆土、穴状整地、穴内客土，如有潜在污染物，需要采取阻隔等污染防治措施，如建立植被，其生态修复率可达到85%以上。

塌陷地生态修复的制约因素主要是塌陷地的范围和程度，塌陷地一般不改变土层结构，但塌陷地的程度不同，其生态修复的难易程度不同。对于漏斗状的塌陷地，修复的难度大，特别是在金属矿山开采急倾斜深矿体时，如采用崩落法，塌陷程度大，塌陷最深达几十米，甚至上百米，一般采取安全防护措施，以自然恢复为主。对于塌陷程度较小的塌陷盆地等往往是进行土地整理，以恢复耕地为主，如我国很多煤矿塌陷地就是这样。因此，对于盆地型塌陷地其生态修复的生态价值较高，生态修复率较高，可达90%以上。

随着环保意识的增强，环评法的推行，在新建矿山正常情况下一般不会造成地表水的污染，但在事故情况下可能造成地表水的污染。老矿山问题较严重，主要是因为老矿山具有潜在污染的废石场、尾矿库渗滤水等未经处理，直接排到外环境造成的。受污染地表水只要采取源头治理措施，就可慢慢消除地表水污染。

受污染土地生态修复较为困难，污染土地往往是由重金属污染造成的，重金属不能分解，只能改变其存在形式。对受重金属污染土地的生态修复是一个漫长的过程，也是一个世界性的难题，受污染土地的生态修复率一般不高。

（四）矿产生态修复方法

1. 基质改良

矿业废弃地中一般缺乏氮、磷、钾等营养元素，但这些难以由自然过程所恢复，或者需要很长时间，必须通过人为方式恢复。土壤作为植物生长的介质，其理化性质和营养状况是生态修复与重建成功与否的关键。改良土壤基质的方法主要有以下几种：

（1）表土转换　在开发之前，先把表层（30 cm）及亚层（30～60 cm）的土壤剥离并保存封藏，以便工程结束后再把它放回原处。这样虽然植被已破坏，但土壤基本保持原样，土壤的营养条件及种子库基本保证了原有植物种群迅速定居建植，无须更多的投入。目前西欧大多数国家都要求凡露天开采的工程都采用该技术，我国仅有少数矿山采用此技术。

（2）化学改良　化学改良主要是指化学肥料、乙二胺四乙酸（EDTA）、酸碱调节物质及某些离子的应用。矿区废弃地的土壤营养缺乏，结构不良，缺乏氮、磷、钾等大量元素，解决这类问题的办法是添加肥料或利用豆科植物的固氮能力来提高土壤肥力。矿山废弃地施肥可以补充作物所需的养分，但是速效的肥料极易被淋溶，因此在施用时应采取少量多施的办法或选用长效肥料效果更好。利用固氮植物改良废弃地是经济与生态效益俱佳的方法，它可以提高氮肥的利用率，但需要采取一些辅助措施，如施加磷肥、调节过酸或过碱等对废弃地基质做改良及人工补种一些豆科植物以扩大其种群优势。

（3）施加有机物质　利用有机物质进行废弃地改良有重要意义，符合以废治废的原则，具有很好的环境效益和经济效益，且其改良效果优于化学肥料。污水污泥、生活垃圾、泥炭及动物粪便都被广泛地用于矿业废弃地植被重建时的基质改良：①它们富含养分，可以改善基质的营养状况，且养分释放缓慢，可供植物长期利用；②所含的大量有机物质可以整合部分重金属离子，缓解其毒性，同时改善基质的物理结构，提高基质的持水保肥能力；③作物秸秆也被用作废弃地的覆盖物，可以改善地表温度，维持湿度，有利于种子萌发及幼苗生长；秸秆还能改善基质的物理结构，增加基质养分，促进养分转化。

2．植被修复

矿区的表土和植被往往被破坏的面目全非，整体的生态系统受到损害。植被修复除了本身起着构建退化生态系统的初始植物群落的作用外，还能促进土壤的结构与肥力以及土壤微生物与动物的恢复，从而促进整个生态系统的结构与功能的恢复与重建。从植物生长所需条件分析，植被修复最关键的是植物种类选择和土壤条件。

（1）植物种类选择　在矿业废弃地植被恢复与重建的初始阶段，植物种类的选择至关重要，要因时因地选择适宜的植物种。根据矿业废弃地极端的环境条件。植物种类选择时应遵循如下原则：①选择生长快、适应性强、抗逆性好、成活率高的植物；②优先选择具有改良土壤能力的固氮植物；③尽量选择当地优良的乡土和先锋树种，也可以引进外来速生树种；④选择树种时不仅要考虑经济价值高，更主要是树种的多功能效益，主要包括抗旱、耐湿、抗污染、抗风沙、耐瘠薄、抗病虫害以及具有较高的经济价值。尤其那些在矿业废弃地上自然定居的植物能适应极端条件，具有很强的忍耐性和可塑性，应该作为优先考虑的植物。

（2）土壤条件　土壤作为植物生长的介质，其理化性质和营养状况是生态修复与重建成功与否的关键。目前，在该领域研究较多的主要问题有：①土壤物理条件的改善。研究表明，当土壤容重超过 1.8 时，就会限制植物根系的生长。土壤物理条件改善的目标是提高土壤孔隙度、降低土壤容重、改善土壤结构，其常用手段是犁地、施肥、掺混锯末及粉煤灰等。②土壤营养状况的改善。贫瘠土壤可通过种植速生草本植物，加快腐殖质层的形成来提高土壤肥力。酸性土壤可通过施用石灰和磷矿粉来改良酸性；碱性土壤则可通过合理施肥和化学调节剂来调节酸碱性。③土壤中有毒物质的清除。研究表明，废弃地如果存在不利的 pH 值条件、盐浓度高或高浓度毒性重金属离子，那么，即使在废弃地添加各种主要养分也不能促进植物生长。

3. 微生物修复

微生物是利用菌肥活微生物活化药剂改善土壤和作物的生长营养条件，它能迅速熟化土壤、固定空气中的氮素、参与养分的转化、促进作物对养分的吸收、分泌激素刺激作物根系发育、抑制有害微生物的活动等。

菌肥是人们利用土壤中有益微生物制成的生物性肥料，包括细菌肥料和抗生菌肥料。菌肥是一种辅助性肥料，它本身并不含有植物所需要的营养元素，而是通过菌肥中的微生物的生命活动；改善作物的营养条件，如固定空气中的氮素；参与养分的转化，促进作物对养分的吸收；分泌激素刺激作物根系发育；抑制有害微生物的活动等。因此，菌肥不能单施，要与化肥和有机肥配合施用，这样才能充分发挥起增产效能。

微生物修复是利用微生物活化药剂将尾矿复垦土地快速形成耕质土壤的新的生物改良法。发达国家于 20 世纪 80 年代就开展了这方面的研究，并于 1991 年 3 月在美国的圣地亚哥召开了第一届 "原位与就地生物修复" 国际会议。我国在 90 年代也已开始这方面的研究工作。匈牙利在 70 年代后期研制成功了生物快速改良方法，取得了生物复田工艺（BRP）专利之后，成功地应用于匈牙利马特劳山露天矿及美国、巴西等地，在复垦土地上栽培了约 50 多类的 100 种农作物，长势良好。通过近 20 年的不断研究，微生物修复技术已应用于地下储油罐（Underground storage tank）污染地、原油污染海湾、石油泄漏污染地及其废弃物堆置场、含氯溶剂、苯、菲等多种有机污染土壤的生物修复。

4．菌根生物修复

菌根是土壤中的真菌菌丝与高等植物营养根系形成的一种联合体。进入 20 世纪 90 年代，研究人员利用菌根能有效降解和转移环境污染物的特点，将其应用到生物修复中。据报道，VA 菌根外生菌丝的重量占根重的 1%～5%。这些外生菌丝能帮助植物从土壤中吸收矿质营养和水分，促进植物生长，提高植物的耐盐、耐旱性，不但能修复土壤，同时也能改善土壤质量、提高植物抗病力和作物产量。如球囊霉（*Glomus nosseae*）对提高土壤质量非常有效。有学者把菌根真菌根内球囊霉（*Glomus intraradices*）和近明球囊霉（*Glomus claroideum*）接种到牧草上，成功地恢复了矿渣地的植被，达到了植物修复的目的。目前，国内外科研人员已将菌根生物修复技术用于污水污泥、污染土壤的治理。

（五）矿产生态修复考核指标

矿产生态修复工作必须体现矿产开发对生态环境影响的基本特征和时空变化特点，矿产生态修复贯穿于矿产生产的全过程。2005年 9 月国家环境保护总局、国土资源部与卫生部联合发布《矿山生态环境保护与污染防治技术政策》，该技术政策对矿产资源开发规划与设计、矿山基建、采矿、选矿等不同阶段如何考虑生态环境保护提出了具体要求，这里不再重复。

矿产不同开发阶段，不同的占地类型，不同的受污染地，生态修复的制约因素、修复目标和重点是不同的。因此矿产生态修复考核指标也应根据矿产不同开发阶段，不同的占地类型，不同的受污染地，分别设立，分别考核。

矿产施工期结束后即为生产期，对于整个工程是以投产为标志。对于单个工程以单个工程投产为标志，服务期以单个工程服务期满为标志。有的矿产设有两个以上废石场，在生产初期用一个废石场，待第一个废石场服务期满后再启用第二个废石场，以此类推。矿山塌陷地、受污染地也是以一定的范围为标志，所以矿产生态修复应以单个工程和场地为单位考核较为合理。

露天采场、废石场、尾矿库、塌陷地具有明显的时空变化特征，在生产期，只有永久边坡、平台可以进行生态修复。因此这类场地在生产运行期只能对这部分进行考核，在服务期满后应对整个场地进行考核。

塌陷地是随时间推移逐步塌陷、逐步稳定的过程，对塌陷地只能对稳定区进行生态修复，在时间上有滞后效应。因此，对于塌陷地一般是对相对稳定区进行生态修复，进行生态修复考核。

工业场地、办公生活区主要是建构筑物，生产期用绿化率来考核，一般按 15%计。在服务期满后，则要看工业场地是否作其他工业用地，如用作其他工业用地，则仍用绿化率考核，如拆除，则用生态修复率考核。

道路管线区达到国家关于道路管线绿化要求即可。临时占地在施工结束后应立即进行生态修复，生态修复率应达到90%以上。

在正常情况下矿产一般不会发生污染水体、土地，非正常情况下如发生了污染，则要按照应急预案采取应急措施，消除污染，及时恢复。根据以上分析，从全过程出发，根据矿山不同场地生态修复特点，提出并构建矿山生态修复考核指标体系，见表 3-19。

表 3-19　矿山生态修复考核指标

场地类型	生态修复率	
	施工生产期	服务期满后
废石场、尾矿库	永久平台、边坡≥75%	整个场地≥85%
露天采场	永久平台、边坡≥50%	整个场地≥50%
塌陷地	稳定区≥75%	稳定区≥85%
工业场地、办公生活区	绿化率 15%～30%	
道路管线区	达到国家关于道路管线的绿化要求	
临时占地	施工结束后立即恢复，≥90%	
受污染的水体、土地	立即采取应急措施，≥85%	

注：表内数据是一般情况的参考数据，具体应根据矿山实际情况分析确定。

四、保障矿产生态环境安全的措施

《国土资源"十一五"规划纲要》明确提出"十一五"期间矿山环境恢复治理率达到 35%以上，加快矿产环境恢复治理的要点是：查明矿产资源主要开发区地质环境现状，掌握矿业开发形成主要地质环境问题的分布规律、危害程度、发展趋势；编制全国矿产环境保护与治理规划，制定矿产环境保护与恢复治理的对策；在重要矿产资源开发区加大矿产环境保护与治理力度。可见，加强矿产环境保护与恢复治理工作是一项紧迫的任务，为了保障矿产生态安全需要做好以下几个方面的工作：

（1）增强全社会的环境保护意识　积极发挥社会上一些团体、学会的力量，做好环境保护的宣传，通过强有力的宣传教育，提高全社会的资源保护意识和环境保护意识。对环境保护及恢复治理效果好的企业要树立好的典型，好的恢复治理经验和方法要大力推广，扭转地方政府只重视经济效益而轻视环境保护的观念。尤其要加强对县、乡两级党政领导干部和矿山负责人的宣传教育，使他们认识到矿产资源不可再生，必须合理开发利用和有效保护，没有环保措施或不符合环保要求的资源开发项目绝不能再上，已有的项目不符合环保要求的也必须整改或关停并转。提高全民资源环境保护与可持续发展意识，把合理利用资源和环境保护作为干部考核的重要内容，积极调动全社会的力量对矿区环境保护进行监督。

（2）实施清洁生产预防和降低污染　清洁生产是指不断采取改进设计、使用清洁能源和原料、采用先进的工艺技术与设备、改善管理、综合利用等措施，从源头削减污染，提高资源利用效率，减少或者避免生产、服务和产品使用过程中污染物的产生和排放，以减轻或者消除对人类健康和环境的危害。清洁生产是一种将生产技术与环境保护统筹考虑和一体化实施的新技术观。矿业方面的清洁生产技术大多尚处于开发研究和试验阶段，比较成熟的清洁生产技术有溶浸采矿、煤炭地下气化、建立地下尾矿库等。国家应加大对清洁生产采矿技术研究的投入，对较成熟的技术应积极推广，实施以预防为主、保护优先的原则，从源头上保护环境。

我国于 2003 年 1 月 1 日开始实施《清洁生产促进法》，对矿山生产实施清洁生产工艺具有良好的促进作用。在矿业开发过程中，应将清洁生产工艺贯穿于采、选、冶以及其他生产活动的每个环节，即清洁的投入、清洁的生产过程和清洁的产出，注重绿色科技在环境保护和资源开发中的作用，走绿色矿业的道路，从根本上预防污染。

（3）积极倡导尾矿和废石的综合开发利用　尾矿是污染破坏矿山环境的罪魁祸首，是众所周知的难题。只有整体利用尾矿，才不至于浪费尾矿中的有用资源，而且有助于恢复尾矿库原地的生态原貌，使矿区的环境治理能持之以恒，进入良性循环，实现尾矿利用资源化、产业化与环境和谐"双赢"。所以我们要将尾矿整体利用与环境综合治理有机结合，精心组织，以最小的环境代价获得最大的资源经济效益和环保社会效益。

我国矿产资源开发利用水平不高，集约化利用程度不够，共、伴生矿产资源大部分没有得到合理利用，尾矿及废石综合利用能力有限。目前，仅有部分矿山企业对尾矿中含有的共、伴生金属进行再选矿综合回收。另外，尾矿和废石也可以用来生产建筑材料、耐火材料，还能够用作充填材料充填采空区等。未来尾矿与废石的综合利用潜力很大，必须加强综合利用的科研工作，扩大利用范围，减少尾矿和废石的排放。政府应对尾矿和废石进行综合利用的企业给予政策上的优惠加以鼓励，推动矿业的可持续发展。

（4）加强矿区土地复垦和生态重建　生态恢复与重建是根据生态学原理，通过一定的生物、生态以及工程技术，人为地切断生态系统退化的主导因子和过程，调整和优化系统内部及其与外界的物质、能量和信息的流动过程及其时空秩序，使生态系统的结构、功能和生态学潜力尽快成功地恢复到原有的乃至更高的水平。矿区生态重建应遵循以下原则：对于环境生态破坏地带，则力求恢复生态环境；对于生态环境脆弱地带，则应严禁矿业开发活动；对于生态环境正常的地带，则要加以保护，以免遭到破坏。

矿区土地复垦应因地制宜，根据复垦条件分区选择不同的复垦方案，复垦植被的选择应以经济效益和生态效益并重。土地复垦是治理采空区造成的地面沉陷、排土场、尾矿堆和闭坑后露天采场的最佳途径，它不仅可以改善矿山环境，还可以恢复大量土地。目前，我国矿山土地复垦率不足 10%，与国外相比有很大差距。因此，加强对土地复垦对策的研究，提高土地复垦率，是确保矿区环境恢复与可持续发展的重要保证。

（5）采用先进开采技术和环境污染治理技术　采用先进的开采技术，合理配采，可以延长矿井服务年限，有限资源的效益最大化。"煤矿井下矸石充填技术与装备研究"项目是我国煤矿挖掘矿井资源潜力，实现绿色矿山建设的创造性成果。该成果是一项煤矿矸石处理和利用的综合技术，利用该技术可以把煤矿生产过程中所产生的矸石全部填入井下，实现矸石不升井、地面不建矸石山，避免了矸石山对环境造成的污染，并利用矸石置换出煤炭资源，控制地面沉降和变形，实现对建筑物下压煤的开采，从而取得综合的、显著的社会效益和经济效益，为我国众多煤炭企业治理矸石提供了切实可行的技术途径。

在使用成熟的环境污染治理技术的同时，应广泛采用先进的污染修复技术来恢复环境，如生物修复技术和地球化学工程学修复技术。绿色科技是 21 世纪人们处理环境问题的重要技术，各产业部门及相关机构均在不同程度地投入人力、物力开展绿色科技的研究和开发，并相继出现了绿色能源、绿色农业、绿色化学等一系列绿色技术。绿色技术的发展和应用在提高生产效率或优化产品效果的同时，能够提高资源和能源利用率，减轻污染负荷，改善环境质量。注重绿色科技在环境保护和资源开发中的作用，走绿色矿业的道路，发展绿色矿业技术是促进矿业可持续发展的有效途径。

（6）建立健全矿产环境保护与治理的相关法律、法规　完备的法律法规是矿山环境保护与治理的有力保障。必须依据"谁开发谁保护,谁破坏谁治理"的原则,运用市场机制,充分发挥经济手段解决环境问题,修订现有法律法规中不适宜的条款,加快相关法律和规章的制定,建立起配套的矿山环境保护与治理的法律法规体系,以适应新形势下经济、社会与矿山环境的协调发展,使矿山环境保护与治理做到有法可依。近年来,国家出台了一些矿产资源保护和环境保护的法律、法规,各地政府应当制定和完善与之配套的地方性法规、规章和政策,使之形成一套完整的体系。

(7)加强对环境保护及治理的监督和管理 实施污染排放总量控制制度,对排污单位实行排污许可制度,引进技术加强对"三废"的治理和综合利用,变废为宝,充分利用资源,尽可能减少废物废渣对环境的污染和破坏。

健全风险投入管理制度。矿山开采,尤其是地下矿山开采是高风险行业。要研究制定风险管理办法,实行风险抵押金制度。通过收取高额风险抵押金,提高市场准入门槛,使不具备风险预防、治理能力的投资者退出矿业开采行业。同时,要把所募集的资金,用于事故抢险、抢救和善后处理等所需费用,避免出现小矿山发生事故后矿主逃匿、政府处理善后问题的尴尬局面。

全面推行工伤社会保险制度。对于事故多发的矿山企业,参加工伤社会保险尤为重要,要强力推动、全面实行工伤社会保险。完善工伤社会保险制度,对于保障矿山从业人员权益,化解矛盾纠纷有着十分重要的作用,同时也能减轻矿主处理事故的经济负担,间接上起到鼓励其按规定报告事故,有效防范其隐瞒事故的作用。

建立矿山开采退出机制。矿山开采的客观规律不可逆转,到开采后期,生产成本增高,利润降低,风险加大。但矿主仍抱着赢利的期望,继续冒险开采,甚至违法越层越界,争抢资源,严重破坏和扰乱了矿业秩序。要制定相关政策,鼓励投资者主动退出矿业开采行业,运用经济调节的手段,实现矿业开采有进有退和有序发展。

针对矿产环境历史欠账,国家采取引导扶持和社会多渠道投资相结合,逐步偿还矿产环境历史欠账。在充分利用好现有国家矿产环境治理的专项资金基础上，适时从生产的矿产品中从量征收一定比例的销售价款，建立矿产环境保护与治理基金（这是国外矿业国家的通行做法）。矿产环境保护与治理基金交中央财政部门，由国土资源部提出矿产环境治理资源调查与评价年度规划，报财政部审批（或核准），逐步解决计划经济时期以及历史遗留的废弃矿产的环境恢复问题。矿产环境治理要引入市场机制，积极探索矿产环境治理的新途径和新方法，研究并制定相关扶持政策，谁治理，谁受益，因地制宜，综合治理。逐步实现矿区环境保护的产业化、专业化、规范化，使矿产环境保护逐步走上良性循环道路。

（8）加强领导和宏观调控　在矿产开发和环境保护中，往往涉及中央、地方、集体、个体之间的利益分配问题，各利益以矿产、山地、山林、水源、环境、用工、辅助材料、交通运输等方面的权力差异操纵着各方利益，难免出现市场经济控制失灵、恶性竞争等现象。因此，政府要加强宏观调控，及时引导，化解内部各方面的矛盾，处理好效益与公平的关系，兼顾各方面利益，维护正常的尾矿开发秩序和环境保护，防止和及时制止乱采滥挖、破坏环境现象，防止和纠正简单回收、不搞综合回收现象，促进矿产资源整体开发利用、矿山环境治理保护、生态的协调，实现经济社会的科学发展和可持续发展。建议将矿山环境保护与治理的主要监管职能赋予管理矿产资源开发、规划的国土资源管理部门来做，发挥其专业优势，提高监管效率，并明确各管理部门的职责，统一各方权、责、利的关系，加大监管力度，对违法企业及法人代表从严处理。

要研究探索运用有效的经济手段加强矿山环境治理和尾矿开发利用。一是研究探索有利于环境保护和尾矿利用的税收、价格、信贷政策，鼓励循环经济、清洁生产、尾矿综合利用，推动实行可持续生产和消费方式。二是研究建立生态补偿机制，解决上游对下游、开发地区对保护区域、受益地区对受损区域、受益人群对受损人群以及自然保护区内外的利益补偿问题。矿产资源开发、尾矿利用要坚持"谁开发、谁保护，谁利用、谁补偿"的原则，有效防止生态破坏。

第四章 环境与生态安全的法律保障

在环境与生态安全这一全球化问题日益尖锐，沙尘暴、江河水污染、大气污染等环境问题日益显现的今天，如何约束人们的行为，如何在政策、制度层面上用国家强制力对环境与生态予以保护，如何惩治污染环境、破坏生态安全的行为，成为各国需要思考的问题。为此，必须建立健全生态安全法律保障体系，运用法律手段加强对环境活动的宏观调控和监督管理，确保环境、资源的合理与持续运用，维护环境与生态安全。开展环境与生态安全法律保障的理论研究，可以促进生态安全法制建设，为资源合理开发、持续利用提供法律保障。

第一节 生态安全法律的历史与现状

一、环境与生态安全法律的产生与发展

环境与生态安全法律作为人类保护环境的重要法律依据和手段，是随着环境问题的产生而产生的，并随着环境问题的日益严重和人类对环境问题认识的日益深入而不断发展和完善的。事实上，环境法的产生早于人们对生态安全的关注。从环境法到生态安全的立法，人类逐渐经历了一个从只关注自身环境到关注整个生态圈相互联系的过程。要研究生态安全问题，首先就要了解环境法的发展历程，纵观世界环境法领域的发展历史，大致可分为萌芽期、形成期、发展期和完善期4个时期。

工业革命以前为环境法的萌芽期，这一时期的环境保护的法律

法规还没有形成一个独立的法律部门，只是零星地体现在一些立法当中。这是近代和现代意义上的环境法的萌芽。

1769 年英国人瓦特发明的蒸汽机，1866 年西门子（德国人）发明的发电机及 1867 年发明的平炉炼钢法，使得运输业、能源消费与开发及工业飞速发展，欧洲社会人口迅猛增长，森林开发及农业生产力度日趋加强，建筑业突飞猛进，煤炭、石油等大量消费导致了大气的污染，公共生活与自然环境间产生了矛盾。因此，在 19 世纪以后，欧洲将生活卫生列为环境立法的重点对象。19 世纪初，法国、比利时和荷兰采用《法国民法典》（又称《拿破仑法典》，其内容是有关消除工厂或车间散发出来的不卫生的、具有危险性的气体）中的法律法规来规范有害气体排放行为。19 世纪中后期，卢森堡、德国、英格兰和意大利先后制定了关于控制工业污染和保护大气的法律。

工业革命后到 20 世纪 50 年代为环境法的形成期，这一时期人们把治理污染看做是单纯的技术问题，没有把治理污染与自然环境保护紧密联系起来，而是把它们看做为彼此孤立的问题，所以这一时期的环境法比较分散，缺乏有机结合，属于初创阶段。

20 世纪中叶，世界经济的日趋发展促进了日本环境立法的发展。1932 年日本制定了《国立公园法》，大正 8 年又制定了《都市计划法》，其目的是保护都市内的风致景观，防止都市开发行为危害草地等自然景观。日本在战后为了赶上发达国家的经济水平而大力发展国内的经济，这导致了许多工业区悲惨的公害病的发生。在防止水污染方面日本制定了《水质综合法》和《工厂排水法》。在"四大公害事件"被诉诸法院后，日本全国上下逐渐了解到公害问题的严重性，政府于1967 年颁布了《公害对策基本法》，开始走上综合防治公害的道路。

1960—1980 年，为环境法的发展期，这一时期是环境法全面、高速的发展时期，这时的立法已不局限于以往的分散或单项性立法，而注重环境法的体系建立，已经形成了以宪法为基础，以综合性环境保护基本法和保护自然、防治污染的一系列单行法规以及相配套的规范性的环境标准重组成的环境法体系。

1970 年后国际环境立法向全球一体化方向发展。1972 年联合国人类环境会议在斯德哥尔摩举行，该会议为国际环境保护法的建立作出了巨大贡献；1974 年在墨西哥召开的资源利用、环境与发展战略方针的专题讨论会中的内容也组成了国际环境保护法的重要成果。1972 年之后，世界环境问题的尖锐程度有所上升，国际环境保护法的内容就更加具体化。1970—1980 年西方发达国家不断地修改传统的刑法和民法，使之更加适应环境保护。

从 20 世纪 80 年代中期起为环境法的完善期。这一时期的立法主要趋向于符合可持续发展战略的要求，使立法本身向新的全面、深入的方面发展，环境法律体系日趋完善和成熟。

自 20 世纪 90 年代以来，随着全球气候变化、臭氧层空洞、森林及湿地面积减少、生物多样性锐减、生物入侵、基因污染等一系列生态危机在世界范围内的产生和爆发，生态安全引起了世人的广泛关注。联合国先后于 1992 年、2002 年召开环境与发展高峰会议，专题商讨全球生态安全的对策，世界各国也纷纷在保障国家生态安全方面开展了大量的理论研究和立法实践。我国政府也高度重视生态安全的保障问题，力图从国家战略的高度运用经济、行政、法律等措施去研究和解决生态安全问题。如我国"十五"规划所确定的环境政策和措施、国务院 1998 年制定的《全国生态环境建设规划》、2000 年《全国生态环境保护纲要》都将保障生态安全作为战略性问题之一。2002 国家环保总局发布了《2002 年度国家环境安全评估报告》，对我国 2002 年度各省、自治区、直辖市环境安全状况进行了总体评估。我国现行的生态保护法律体系也相继涉及了国家生态安全问题，如全国人大制订或修订的《大气污染防治法》《水污染防治法》《防沙治沙法》等。2006 年我国又把 6 月 5 日世界环境日的中国主题定为"生态安全与环境友好型社会"。生态安全立法，逐渐成了 21 世纪环境与生态安全问题的主流。

二、国内相关立法的现状

有学者认为，我国的环境保护法制体系的框架已经基本建立起来，如图 4-1 所示，已先后颁布了环境法 6 部，资源法 9 部，国务院的行政法规 29 件，国家环保总局的规章（条例）70 多件，国家环境标准 375 项，地方性法律 900 多件，这些法律、法规、条例、标准的颁布和实施，已初步形成了以宪法有关规定为指导思想，以《环境保护法》为基本法律文件和许多专业性法规相结合的较为独立的生态安全立法体系。也有学者认为，中国目前只是形成了较为完备的环境法律体系，形成以《环境保护法》为主体，包括多项专门法（如《水污染防治法》《大气污染防治法》）和有关环保的资源法（如《森林法》《渔业法》《草原法》），以及针对特别环境灾难防治的专门规范（如《水土保持法》《气象法》《防洪法》）等较为完备的法律体系。但是，现代环境法所蕴涵的"生态利益中心主义"价值观、以生态为核心的"可持续发展"保障功能在中国环境立法中鲜有体现。

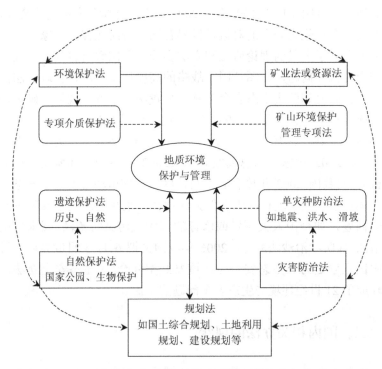

图 4-1　地质环境相关的法律法规

1994 年的《21 世纪议程》、1996 年的《2010 远景目标纲要》、1998 年的《全国生态环境建设规划》等规范性文件均注意到了中国生态安全问题。"生态安全"在我国作为政策实践目标明确提出是在 2000 年《全国生态环境保护纲要》中。该纲要提出了"维护国家生态环境安全，确保国民经济和社会的可持续发展"的全国生态环境保护的目标。2001 年《防沙治沙法》首次将"生态安全"作为立法目的提出。对外，我国已缔结或参加了许多有关的国际公约和条约，如《保护濒危动植物国际公约》《核安全公约》《湿地公约》《海洋法公约》等，这些国际条约从某种程度上弥补了我国国内生态安全立法的不足。可以说，上述环境保护法律体系对我国生态安全的立法建设奠定了良好的基础，并对我国生态安全的维护起到了一定的积极作用。但是，也要注意到关于生态安全的这些文件都停留在政策层面，没有具体的行动纲领，也没有制定详细的措施。

专栏 4-1 我国环境法律体系经历的 4 个时期

（1）新中国成立到 20 世纪 70 年代是环境法的起步阶段 在这一时期，我国政府相继颁布了《矿业暂行条例》（1951）、《国家建设征用土地办法》（1953）、《工厂安全卫生规程》（1956）、《水产资源繁殖保护条例》（1957）、《水土保持暂行纲要》（1957）、《生活饮用水卫生规程》（1959）、《森林保护条例》（1963）、《矿产资源保护试行条例》（1965）。

（2）从 20 世纪 70 年代初到 80 年代末是环境法的发展阶段 这一过程又可分为一般发展阶段（1970—1978）和蓬勃发展阶段（1978—1989）。在前一个阶段，颁布了我国第一个综合性环境保护行政法规《关于保护和改善环境的若干规定（试行草案）》（1973），而后又相继颁布了《防治沿海水域污染暂行规定》（1974）、《放射性保护规定》（1977）、《关于治理工业"三废"、开展综合利用的几项规定》（1977）。在蓬勃发展阶段，已形成的我国环境法是以《中华人民共和国宪法》为基础，以《中华人民共和国环境保护法》为主体，以保护自然环境、防治污染的一系列单行法为主干，以为数众多的各种行政法规和具有规范性标准为支干的较为完整的环境法体系，还包括若干个环境保护单行法及规范性环境标准。

《环境保护法》是 1979 年 9 月 13 日颁布的，是中国第一部环境保护基本法，1989 年 12 月又经过全面修订并重新颁布，主要规定了国家在环境保护方面的基本方针和基本政策。该法是环境法体系的核心。

污染防治立法有《海洋环境保护法》（1982）、《防止船舶污染海域管理条例》（1983）、《海洋石油勘探开发环境保护管理条例》（1983）、《水污染防治法》（1984）、《海洋倾废管理条例》（1985）、《关于结合技术改造防治工业污染的几项规定》（1983）、《关于加强防尘防毒工作的决定》（1984）、《关于防治煤烟型污染技术政策的规定》（1984）、《农药登记规定》（1984）、《大气污染防治法》（1987）。

保护自然环境和资源的立法有《水产资源繁殖保护条例》（1981）、《水土保护工作条例》（1982）、《关于严格保护珍贵稀有野生动物的通令》（1983）、《森林法》（1984）、《草原法》（1985）、《渔业法》（1986）、《矿产资源法》（1986）、《土地管理法》（1986）。1954年的《宪法》中规定："矿藏、水流，由法律规定为国有的森林、荒地和其他资源，都属于全民所有。"

环境管理方面的法规有《建设项目环境保护管理办法》（1986）、《征收排污费暂行办法》（1982）、《全国环境监测管理条例》（1983）、《环境保护标准管理办法》（1983）、《关于加强乡镇、街道企业环境管理的规定》（1984）、《关于开展资源综合利用若干问题的暂行规定》（1985）、《工业企业环境保护考核制度实施办法（试行）》（1985）、《对外经济开放地区环境管理暂行规定》（1986）。

环境标准作为中国环境法律体系的重要组成部分，也逐步建立健全，包括环境质量标准、污染物排放标准、环境基础标准、样品标准和方法标准。具有规范性的环境标准有《大气环境质量标准》（1982）、《海水水质标准》（1982）、《工业企业噪声卫生标准》（1980）、《城市区域环境噪声标准》（1982）。到 1995 年年底，共颁布了 364 项各类国家环境标准，初步形成了种类比较齐全，结构基本完整的环境标准体系。至此，中国环境法律体系已基本形成。

（3）20 世纪 90 年代后是环境法的进一步完善时期 这一时期，我国签署了《里约环境与发展宣言》以及气候变化、生物多样性保护等国际条约和文件，根据该大会所通过的《21 世纪议程》，中国政府结合中国的实际，也制定了《我国环境与发展十大对策》和《中国 21 世纪议程》。随着这些国际条约的签订和有关文件的出台，就必须根据变化了的情况，对已有的环境法律进行必要的修改和补充。

（4）从 20 世纪末到 21 世纪初的几年中，我国环境立法又有了很大的程度上的完善，如《防沙治沙法》（2001）等。

2008 年北京奥运会的口号之一是"绿色奥运"，并专门设计制作了奥运会环境标志，如图 4-2 所示。在 2008 年北京奥运会筹备和举办期间，北京市政府先后发布了 31 个通告、通知，从空气质量保障、危险化学品管理、户外广告临时控制措施、临时交通管理、禁止小型航空器飞行活动、鲜活农产品运输供应等方面，对城市运行、大型社会活动安全管理、临时交通管理措施、市容环境卫生保障、食品安全、动植物防疫、公共安全、突发事件应对等方面的法律法规作了临时性的补充规定，为市政府组织好奥运期间的城市运行和赛事服务提供了充分的法律依据，对保障奥运会的成功举办和平稳运行起到了重要作用。比如依据决议从 7 月 20 日开始实施的机动车单双号限行措施，使奥运会期间北京市区的车速达到了43 km/h，机动车出行总量削减了大约 45%，机动车污染物排放总量减少了 63%，不仅保障了交通顺畅，而且提高了空气质量。

图 4-2　北京 2008 年奥运会环境标志

　　总的来说，生态安全法律制度体系是指有关维护生态安全、防治生态安全问题、保护生态环境的若干有内在逻辑关联同时又相对独立的法律制度、法律规范组成的有机统一整体。通常由指导思想、基本原则、法律制度、法律条文和专门的法规、行政规章构成，包括有关规则、程序、保障措施、管理机构及其职责等规定。生态安全和生态保护的法律制度体系是生态安全和生态保护工作或活动的法定化、程序化和系统化，是开展生态安全和生态保护工作的法律保障。目前我国已经建立一系列环境保护法律制度，其中不少制度与生态安全和生态保护工作关系密切。专门性的生态安全和生态保护法律制度主要有生态安全和生态保护信息制度、生态安全的安全生产制度、生态安全问题风险评价制度、动植物检疫制度、生态安全和生态保护特定区制度、生态安全事故事件应急制度、生态补偿制度等。这些专门性的法律制度对我国生态安全的维护发挥着重要的作用。

专栏 4-2　我国目前环境法体系的概念和具体内容

　　（1）宪法。我国现行宪法（1982 年颁布）是我国的根本大法，宪法中关于环境问题的规定是环境保护法的基本立法依据和指导原则。

　　（2）环境保护基本法。环境基本法是对环境保护的重大问题作出基本全面的综合性的规定，是环境法律体系中的"母法"，是其他环境实施法的统帅法。《中华人民共和国环境保护法》既是中国环境保护领域的基本法，又是指定环境单行法的基本依据。

　　（3）环境保护单行法律法规。环境单行法是针对特定的环境保护对象，即某种环境要素或特定的环境关系而进行法律调整的专门立法。它以宪法和环境基本法为立法依据，是两者的具体化。按其他调整的社会关系分为污染防治法、自然保护法和环境标准规范。污染防治法是按照单项环境要素进行的防治立法。污染防治法是我国目前环境法体系的核心部分和实质内容所在。

　　（4）环境保护标准。包括环境质量标准、污染物排放标准、基础标准、方法标准和样品标准及其他标准，并分国家和地方两级。我国的第一个环境标准是 1973 年指定的《工业"三废"排放试行标准》。

（5）环境保护行政法规、规章等。这些法律法规是对环境保护工作中出现的新领域或对尚未制定相应法律的某些重要领域所指定的规范性文件，如《自然保护区条例》，和为执行环境单行法而制定的实施细则或条例，如《森林法实施细则》。

（6）生态环境保护法。生态环境保护法是关于保护特殊价值和意义的自然环境、保护特殊区域和特殊对象的生态功能的法律规范，包括对自然保护区、国家公园、森林公园、人文遗址和自然遗迹、湿地、气候等特殊环境进行保护的法律法规，以及防治自然灾害的法律法规。

（7）环境与资源管理法。环境与资源管理法是指为了合理开发利用、保护自然资源和环境而特定的管理措施、管理制度、管理程序所指定的法律法规，主要包括：建设项目环境管理法、环境与资源许可证管理法、环境与资源标准及其监测法、环境影响评价法等。

（8）涉外环境保护条约协定。涉外环境保护条约协定有双边与多边环境保护公约协定。我国积极参与国际环境立法，涉外环境保护条约协定也是我国整个环境保护法规体系的一个重要组成部分。我国主要加入了《国际油污损害民事责任公约》《保护臭氧层维也纳公约》《世界文化和自然遗产保护公约》《生物多样性公约》《气候变化公约》《海洋倾废公约》等。

（9）中国批准加入的国际环境法律文书。

（10）地方环境保护法规。

（11）处理环境纠纷的程序和方法、法规。

（12）其他法律法规中有关保护环境的法律法规。

三、国外相关立法的概况

目前国外关于生态安全的研究主要集中在以下 3 个方面：

　　一是气候变化对生态安全的影响。主要研究温室效应导致的气候变化对全球生态安全的影响，其中最重要的成果就是 1992 年《联合国气候变化公约》以及 1997 年的《京都议定书》，其中《京都议定书》世界各国对温室气体二氧化碳的减排达成了共识，如图 4-3 所示。

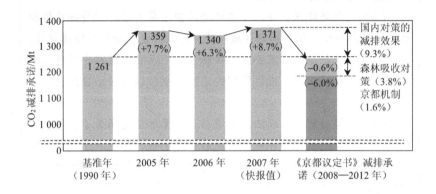

图 4-3　　《京都议定书》历年减排承诺

　　二是生物安全研究。生物安全是指现代生物技术的研究、开发、应用以及转基因生物的跨国越境转移可能会对生物多样性、生态环境和人体健康产生潜在的不利影响。发达国家把风险评估的重点放在转基因作物的安全上，而其安全管理法规重点用于环境释放和转基因作物种植的环境安全评价。1992 年签订的《生物多样性公约》，1995 年通过的《关于生物技术生物安全的国际技术准则》以及 2000 年签订的《卡塔赫纳生物安全议定书》等是生物安全领域内的代表性立法成果。

　　三是化学品的施用对农业生态系统健康及生态安全的影响。国际社会在化学品的安全使用和管理方面的公约有以下几个，如《关于就某些持久性有机污染物采取行动的斯德哥尔摩公约》《关于化学品国际贸易资料交流的伦敦准则》《关于在国际贸易中对某些危险化学品和农药采用事先知情同意程序的公约》。

在生态安全法律制度建设方面，美国和欧盟的法律比较完善和全面。

（一）美国生态安全法律制度概况

美国的生态安全法律制度比较详尽完善，主要有以下 3 个制度：

第一，生态风险评价制度。美国核管会 1975 年完成的《核电厂概率风险评价实施指南》，亦即著名的 WASH21400 报告，该报告系统地建立了概率风险评价方法。1983 年美国国家科学院出版的红皮书《联邦政府的风险评价：管理程序》，提出风险评价"四步法"，即危害鉴别、剂量效应关系评价、暴露评价和风险表征，成为环境风险评价的指导性文件。随后，美国国家环境保护局根据红皮书制定并颁布了一系列技术性文件、准则和指南，包括 1986 年发布的《致癌风险评价指南》《致畸风险评价指南》《化学混合物的健康风险评价指南》《发育毒物的健康风险评价指南》《暴露风险评价指南》和《超级基金场地健康评价手册》，1988 年颁布的《内吸毒物的健康评价指南》《男女生殖性能风险评价指南》等。20 世纪 90 年代以后，美国对 80 年代出台的一系列评价技术指南进行了修订和补充，同时又出台了一些新的指南和手册。例如，1992 年版的《暴露评价指南》取代了 1986 年的版本；1998 年新出台了《神经毒物风险评价指南》。

第二，生态保险制度。当前，在美国的 50 个州中，已经有 45 个州出台了相应的危险废物责任保险制度的规定。在保险方式上美国实行强制保险。就环境保险涉及的事故而言，包括事故型公众责任保险和持续或渐进性的污染所引起的环境责任。而就环境保险涉及的物质而言，主要适用于"危险物质"。它不仅包括经过鉴别具有危险特性的固体废物、液态废物以及《清洁空气法》列举的危险空气污染物，还包括任何有毒污染物和高度危险化学物质。此外美国的环境保险制度还规定了环境保险的责任免除、赔偿范围、索赔时效及承保机构。

第三，事故事件应急处理制度。美国对突发性生态安全事故、事件和紧急状态，也通过立法建立生态安全事故、事件和紧急状态的应急制度。美国设立处理事故、事件和紧急状态的机构，包括综合性的协调机构和专门的处置机构。

（二）欧盟生态安全法律制度

欧盟生态安全法律制度主要集中在生物安全方面。

首先，欧盟在生态安全保障方面最引人注目的一个制度就是生态标记和生态包装制度。1978 年德国发布了第一批生态标记，接着挪威、瑞典、芬兰等国也提出了生态标记制度。截至 1996 年年底欧共体的生态标记制度已优选了 26 类产品，欧盟国家中已有 12 个国家发布了自己的生态标记。德国 1991 年发布的《避免包装废弃物法令》是欧共体内影响最深远的包装立法，欧共体内已有的包装控制系统则是以 1992 年关于包装及包装废物的《理事会规定》议案和 1993 年出台的修正议案为根据的，规定了生态包装的目标、回收和管理系统、基本包装要求、标记等，如图 4-4 所示。生态标记和生态包装制度对欧盟生态安全保障方面发挥了重要的作用。

图 4-4　"欧盟之花"环保标志

其次，是许可证制度，如在其《保护野鸟的指令》和《欧盟鲸类条例》中分别规定了许可制度。另外，在生物基因的安全性管理方面欧盟规定了风险评价制度以及审批制度，如 1989 年英国颁布的《遗传操作规则》、1992 年颁布的《遗传改良生物控制使用规则》、1997 年修订发布的《遗传改良生物有意释放和危险评价规则》；1991 年丹麦发布的《环境与基因工程法》以及 1993 年挪威发布的《转基因生物的生产和使用法》《挪威食品法》中都对上述制度作了详细规定。

四、国外立法与国内立法的比较

目前，对于生态安全法律制度的研究在国内仍处于初始阶段，国际上除了美国、日本、德国等几个少数发达国家有相关的立法外，该项立法也都尚不健全。生态安全的制度目前在我国还主要限于政策的层面，实践证明有必要及时地将其上升为法律规范和制度。研究美国、欧盟的生态环境保护法，有助于我国借鉴他国的有益经验，加强自身法制建设、实行环境法治。

国外立法的共同点可以概括为：以可持续发展原则作为国家经济、社会和生态环境协调发展的指导；在明确区分环境保护职责和义务的基础上强调环境保护的自主性和积极性；强调生物多样性与生态安全的保护及环境法制的维护；通过国家的保护和公民的参与来维护公民的环境生态权利；强调国际合作。

与国外立法相比，目前国内的立法存在大量空白和制度缺失。污染防治法虽然占全部环境立法的主要篇幅，但其内容并没有涉及社会性的生态危机规制问题。生态安全法律制度在应对各种具体生态安全问题的对策中很少出现。改进的方向包括：建立生态安全评价制度、环境监测与预警制度、转基因生物许可制度和听证制度等。针对我国的基本国情和立法传统，在完善生态环境保护法律时，首先需要明确我国生态环境法律建设的指导思想，其次要明确生态安全保护基本政策的总体框架和目标，最后在指导思想和总体框架内完善我国的环境生态安全法律体系。

具体来说，完善法律体系可以从下面几方面做出努力：一是确立公民环境权，建立以环境私权和社会公益的保护为基准的权利和义务体系；二是吸收国际环境立法中的风险预防、全过程控制、公众参与等符合可持续发展的基本环保政策；三是重视环境科学技术的发展，重视环境教育和宣传，培养和提高与时俱进的生态环境法制理念。

第二节　环境要素的法律保障

一、土地要素的法律保障

土地既是环境要素，又是自然资源，所以我国土地保护的立法往往并存于土地资源管理法和环境保护法中，这正是土地保护立法的特点所在。土地是主要的农业生产资料和劳动对象，是人们必需的生活基础，只有合理地开发利用、科学管理，才能适应持续发展的需要。所以，对土地的保护是在利用中的保护，土地保护立法的目的是为了更好地利用土地。土地保护在国家土地立法中占有重要的地位和意义。

（一）我国土地保护立法的演变过程

我国一直都十分重视土地保护的立法。1949—1968 年，防治水土流失、土壤盐碱化、沙漠化等内容是立法核心。1966—1978 年这段时期，由于“文化大革命”的干扰，土地保护立法几乎处于停滞状态。1978 年后，土地保护立法重整旗鼓，把以前的防治水土流失、改良土壤的立法与防治土地污染和破坏的立法结合在一起，丰富和完善了我国土地保护立法的内容。

我国土地资源保护的法律经过 50 年的发展，基本上形成了完善的体系。目前，我国关于土地资源保护的立法主要由《土地管理法》及其实施条例、《土地复垦规定》《城镇国有土地使用权出让和转让暂行条例》《基本农田保护条例》等组成。另外在《森林法》《农业法》《草原法》《环境保护法》《水法》等法律中也有一些保护土地资源的条款。总的来说，我国的土地法律保护体系以宪法中关于土地保护的规定为基础，以土地基本法、土地资源单行法、土地资源法规为主体，包括其他法律、法规的相关规定。

（二）关于防治水土流失的法律规定

防治水土流失，又称水土保持，是指对自然因素或人为活动造成的水土流失所采取的预防和治理措施。由于水土流失是我国当前土地资源遭到破坏的主要问题，我国于 1991 年专门制定了《水土保持法》，对水土保持的方针、管理、预防、治理、监督及法律责任等作了具体规定。

专栏4-3　2007 年中国土地状况

全国主要地类面积总体变化不大。耕地为 1.22 亿 hm^2，园地为 0.12 亿 hm^2，林地为 2.36 亿 hm^2，牧草地为 2.62 亿 hm^2，其他农用地为 0.25 亿 hm^2，居民点及独立工矿用地为 0.27 亿 hm^2，交通运输用地为 246.67 万 hm^2，水利设施用地为 360 万 hm^2，其余为未利用地。与 2006 年相比，耕地、园地、林地、牧草地分别减少0.03%、0.04%、0.002%、0.03%，居民点及独立工矿用地、交通运输用地、水利设施用地分别增加 1.11%、2.05%、0.37%。耕地净减少 4.07 万 hm^2。

水土流失面积 356 万 km^2，占国土总面积的 37.08%。其中，水蚀、风蚀面积分别为 165 万 km^2、191 万 km^2，分别占国土总面积的17.18%、19.9%。按水土流失的强度分级，轻度流失 162 万 km^2，中度流失 80 万 km^2，强度流失 43 万 km^2，极强度流失 33 万 km^2，剧烈流失 38 万 km^2。

耕地质量退化趋势加重，退化面积占耕地总面积的 40%以上。土壤养分状况失衡，耕地缺磷面积达 51%，缺钾面积达 60%。肥料施用总量中，有机肥仅占 25%。工矿企业"三废"对农田土壤造成的污染不容忽视。依然存在耕地占优补劣现象。非农建设占用的耕地与新开垦的耕地质量相差 2～3 个等级以上。

资料来源：国家环境保护总局.2007 年中国环境状况公报，2008-06-04.

（三）防止土地荒漠化的法律规定

荒漠化是因为在人类的不良影响下，发生在干旱、半干旱和干旱半湿润地区的土地退化过程。荒漠化包括：植被退化、水蚀和风蚀、土壤板结、土壤紧实、土壤肥力损失，有毒化合物积累，以及土壤盐渍和水渍，如图 4-5 所示。我国政府十分重视荒漠化治理工作，近 50 多年来，国家先后颁布了《水土保持工作条例》《水土保持法》《水法》《矿产资源法》《森林法》《草原法》《土地管理法》等一系列自然资源、自然环境保护管理法规，这些法规都与荒漠化防治有密切关系。同时，我国近年在荒漠化过程监测、干旱半干旱区生物措施稳定性、荒漠化治理综合经济效益、荒漠化土地造林技术及防治荒漠化方面做了大量研究工作。

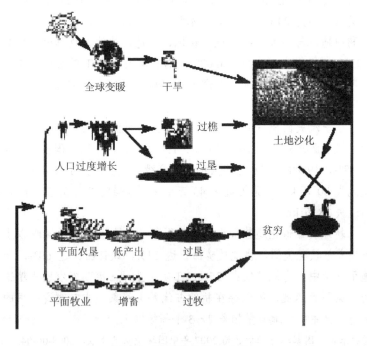

图 4-5　荒漠化的几大成因

（四）防止土地浪费、保持耕地的法律规定

《土地管理法》第 3 条中明确提出：十分珍惜、合理利用土地和切实保护耕地是我国的基本国策。我国现有的法律规定的主要措施有：

（1）《土地管理法》及其实施条例对防止土地浪费，保护耕地，对建设用地、承包经营土地等进行了规定。

（2）《基本农田保护条例》也制定了相关的规定，为了对基本农田实行特殊保护，促进农业生产和社会经济的可持续发展，1998年 12 月 24 日国务院第 12 次常务会议通过的《基本农田保护条例》对基本农田的保护作了详细规定。

（五）国外的相关经验及对比

目前，国外在防治土壤污染方面已采取多种手段。首先，颁布保护土壤资源的法律法规。日本早在 1970 年就颁布了《农业用地土壤污染防治法》，在 2002 年 5 月又颁布了《土壤污染对策法》，并制定了《土壤污染对策法施行规则》。德国 1998 年颁布了《联邦土壤保护法》，1999 年制定了《污染土地管理规则》。英国自 2000年以来颁发了《污染土地规则》和《污染防治规则》。美国 1986 年颁布了《超级基金法》，并根据该法律美国国家环境保护局（USEPA）又制定了一系列的规则或技术规程。其次，制定土壤标准体系。日本、美国、法国、德国、意大利、英国、加拿大等均制定了土壤标准，具有完备的土壤标准体系。

与国外相比，我国现行的土壤环境保护标准体系尚不完备，尚缺少为土壤污染防治制定的专门法规，未形成有效的土壤污染防治体系和管理机制。

针对我国目前土壤污染情况并结合国外土壤污染治理经验，可以得知，要使我国社会经济实现可持续发展，对土地污染进行治理，需要从以下几个方面着手进行：

第一，加强土壤保护法律法规体系和管理体系建设。应尽快制

定我国的《土壤污染防治法》并加大对土壤污染防治监督管理和节能减排工作力度，有效防治土壤污染。

第二，尽快开展全国土壤污染调查。尽管"七五"期间，国家环境保护局建立了主要类型土壤环境背景值，但近 20 年来经济发展，许多情况发生了很大变化，但在此期间并未系统开展过全国性的土壤污染调查和质量监测，造成对当前我国土壤污染的整体状况不明、家底不清。因而，要尽快组织开展全国土壤污染调查，为国家采取措施防治土壤污染提供基础数据。

第三，研究国际上土壤污染防治的经验和教训，为我国污染土壤的防治工作提供借鉴。我国陆续参与签订了《关于持久性有机污染物的斯德哥尔摩公约》《巴塞尔公约》和《鹿特丹公约》等国际公约，但与其他国家间的合作仍需加强。

第四，加强对土壤污染治理和修复技术的科学研究，建立土壤危险废物污染预警系统。完善我国土壤环境监测网站建设，建立土壤环境质量信息网络和数字化信息平台；对已污染的土壤提出科学合理的治理措施，开发经济有效的土壤污染修复技术。在土壤污染预警方面，选择典型地区并采用数学模型综合评价区域土壤环境污染状况，开展区域土壤污染风险评估。在此基础上对我国主要地区进行土壤环境安全区划，明确土壤污染优先控制区及控制对象，为研究制定我国土壤污染综合治理的中长期规划和土壤污染防治国家行动计划提供技术支持。

第五，加强土壤环境保护的宣传与科普。由于土壤污染具有高度的隐蔽性，难以引起人们的高度关注，因此须对公众开展保护土壤资源，防止土壤污染的教育，加强土壤污染防治的科普工作。

二、水要素的法律保护

当前我国的水事法律规范体系是一个以《水法》为核心，包括《水污染防治法》《水土保持法》《防洪法》《河道管理条例》和《水行政处罚管理办法》等在内的水事特别法律、法规、规章等所组成的有机整体，在各种资源法律中是基础比较好的。尤其是 2002 年，我国在吸收十多年来国内外水资源管理新经验、新理念的基础上制定颁布了新的水法。该法突出并强化了水资源的统一管理，规定了建立水功能区划制度、排污总量管理制度、节水制度和超计划用水累进加价制度和水法贯彻实施的监督检查制度等。这些新的规定和新的制度，具有较强的科学性、针对性和可操作性。

（一）江河源区水体的法律保护

由于自然的原因，加之人为不合理经济活动的影响，使江河源区原本十分脆弱的生态环境遭到严重破坏，草原植被退化，冰川融化，雪线上升，水源枯竭。以三江源区为例，如图 4-6 所示，据实地调查和有关资料显示，青海湖的水位自新中国成立以来下降了 4.12 m。位于黄河源头地区的玛多县，就有 2 000 多个小湖泊完全消失，导致源区水域面积减少，部分地段退化为裸地。1996 年黄河在离正源卡日曲不到 200 km 处首次出现断流后，已连续 4 年出现了断流现象，且断流的时间越来越长。黄河上游青海段 1988—1996 年平均径流量比过去 34 年平均流量减少了 23.2%。黄河流域出现断流，许多城市水资源短缺，长江流域泥沙淤积，洪灾频频等，所有这些几乎都与源头的生态环境恶化密切相关。

图 4-6　干涸的三江源

依法保护治理江河源生态环境问题，是可持续发展模式中重要的政策措施。自 20 世纪 80 年代以来，国家先后制定了多部有关生态环境保护建设的法律、法规，各省市也先后制定生态环境及相关的地方性法规、单行条例、行政规章、规范性文件。这些法律、法规虽然缓解了江河源区水体污染，但仍存在许多不完善之处。

第一，立法缺乏统一性和可操作性。我国目前在江河源生态保护问题上很难照顾到该地区特殊的生态环境问题，使江河源地区相当脆弱的环境难以得到有效保护。如目前的《环境保护法》《野生动物保护法》《水土保持法》和《自然保护区条例》等法律，在野生植物、重要湿地、生物多样性保护及草地沙化治理等诸方面都没有相应的规定，这些漏洞加重了江河源区水资源的保护难度。另外相邻地区之间地方性立法活动协调不够，使环境管理工作缺乏统一协调性。目前已颁布实施的一些地方性法律、法规，由于是地方政府部门颁布，其适用范围仅限于本辖区，因而很难在更广的范围发挥统一规制的效力。从江河全流域管理的要求来看，在适用上有很大的局限性。此外，有些法律立法目的不明确，缺乏全面反映生态规律的要求，导致某些法律重视资源开发而忽视生态环境保护。

第二，自然资源所有权不明确导致权责任不明确。我国现行法律规定，所有的自然资源（包括土地、水、森林、矿藏、草原等）均归国家和集体所有。但由于缺乏具体的资源产权代表，所有权与开发经营权不分，中央和地方之间的权利和义务在制度上没有予以明确，因此实际上各种资源已成为共有的财产，各部门、各地方及个人都为争夺资源的开发利用权益而不顾资源的保护及永续利用，造成产权不明，导致自然资源的不合理配置和低效率的开发利用，如草场被过度放牧、公海过度捕捞等。解决这一问题的途径是通过立法明确公共财产的所有权，或在所有者之间达成限制自己所有公共财产行为的协议。

第三，有法不依、执法不严现象严重。由于法制建设的不平衡，导致"奉法者"此强彼弱，难以形成强劲的合力，以至于出现许多环境保护的漏洞。《森林法》《草原法》《野生动物保护法》等早已颁布实施多年，而盗伐林木，破坏草原，导致水土流失的现象仍然屡禁不止。

完善江河源区水资源的法律保护，具体包括：第一，结合江河源区"中华水塔"的特殊地位和自然环境，制定《江河源区自然保护条例》，在条例中将水体、土地、森林、草原、野生动物资源等要素综合考虑。第二，建立水资源监督管理体制。应明确管理机构作为一个执法主体，具有规划权、科研监测权（重点研究和监测气候对河流、湖泊、冰川、湿地变化的影响）、许可权（对保护区的生态环境有影响的所有开发建设项目的启用等行为实行许可证制度）、行政强制权（对保护区内的地貌、气候、土壤、植被、水文、野生动植物资源造成危害的单位和个人依法予以强制改正），以打破原来的各地方权责任不明的现状。第三，改善执法。法律责任的规定，应不再局限于以往的单项民事赔偿方式，而应是多种责任方式并用，如民事救济制度中的排除侵害、恢复原状，行政救济制度中的行政补偿、行政处罚等，同时，鉴于大多数环境侵权造成的损害后果一般较大，且难以消除，应考虑追究危害环境罪的刑事责任。考虑到目前保护区的现状，特别应完善刑事案件的移送制度，对"以罚代刑"的行为应依法追究相应的责任。对于执法不主动、不积极的"消极执法"现象，赋予公民行使环境诉讼权与环境自卫权的权利。在法律条文中规定，一切单位和个人都有权对污染和破坏环境的单位和个人进行检举和控告，并向人民法院提起诉讼。

（二）城市水资源的法律保护

作为基础性的自然资源和战略性的经济资源，水资源是城市发展的重要制约因素。从我国的状况来看，全国 668 个建制市中，有400 多个城市缺水，其中，严重缺水的城市 110 个，城市用水日缺水量达 1 600 万 m³，每年因供水不足影响工业产值 2 300 多亿元。废污水的排放较大，全国废污水排量大于 20 亿 t 的有 13 个省（自治区）。据统计，2007 年全国废污水排放问题 750 亿 t（不包括火电直流冷却水），工业废水占 66%，生活污水占 34%，城市地表水体

2/3 以上受到不同程度的污染，70%以上的城市水体水质劣于IV类，50%的城市供水水源地达不到饮用水标准，水质型缺水较严重。作为工业集中和人口集中的城市，水资源问题确实制约着人们的日常生活，其法律保护的重要性可见一斑。

我国《宪法》《水法》规定水资源归国家所有，但在市场经济体制下，"国家"这一不明确的主体并不能很好地解决水资源短缺问题。按照美国现在较为流行的观点，制定一部符合可持续发展要求的《水法》应该具有 3 个条件：第一是对本国天然水资源系统的科学认识；第二是全面反映人类活动对水资源的影响；第三是建立完善的水资源管理系统。

城市水法律系统并不是一个单纯的规范，而是由许多调整城市水方面的法律、法规、部门规章、地方性法规与规章等构成的一个有机的法制群体。它是一个以城市水用户为主体的多层次、多信息、多路反馈、多人监督、多路协调、共同控制的复杂系统。从系统的总联系来看，它有立法系统、执法系统、司法系统、反馈系统、再监督系统等；从法律法规这个子系统来看，它有宪法、基本法、行政法规、地方法规、规章制度、乡规民约等层次。每一层次和分系统甚至每一法律条文都包含着许多信息，都可以引起无数个反馈；通过反馈和监督以及再监督，建构完善的程序化的法律模型，如图 4-7 所示。

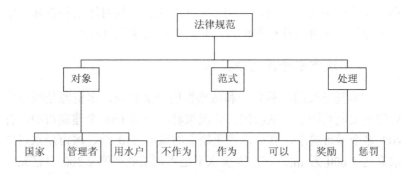

资料来源：任静. 论城市扩张下的城市水资源的法律保障[J]. 渝西学院学报（社会科学版），2005（7）：40.

图 4-7　城市水法律规范的系统结构

2008 年 2 月，全国人大常委会通过了最新修改的《水污染防治法》。该法主要对水污染防治的流域管理、城市污水的集中管理、对饮用水源保护的强化等方面作了新的规定，并实行重点区域水污染物排放的总量核定制度。

关于集中污水处理措施，依照《水污染防治法》第 44 条，县级以上地方人民政府应当通过财政预算和其他渠道筹集资金，统筹安排建设城镇污水集中处理设施及配套管网，提高本行政区域城镇污水的收集率和处理率。城镇污水集中处理设施的运营单位按照国家规定向排污者提供污水处理的有偿服务，收取污水处理费用，保证污水集中处理设施的正常运行。向城镇污水集中处理设施排放污水、缴纳污水处理费用的，不再缴纳排污费。收取的污水处理费用应当用于城镇污水集中处理设施的建设和运行，不得挪作他用。

关于生活饮用水地表水源保护，我国《水污染防治法》采取措施严格控制生活饮用水地表水源的污染。我国把饮用水水源保护区分为一级保护区和二级保护区。禁止在饮用水水源一级保护区内新建、改建、扩建与供水设施和保护水源无关的建设项目；已建成的与供水设施和保护水源无关的建设项目，由县级以上人民政府责令拆除或者关闭；禁止在饮用水水源一级保护区内从事网箱养殖、旅游、游泳、垂钓或者其他可能污染饮用水水体的活动（第 58 条）。禁止在饮用水水源二级保护区内新建、改建、扩建排放污染物的建设项目；已建成的排放污染物的建设项目，由县级以上人民政府责令拆除或者关闭（第 59 条）。

虽然《水污染防治法》中对城市水资源保护作了详尽的规定，但实施中仍然存在不少问题，主要包括：

第一，经济发展过快使得水污染治理压力加大。这些年我国经济一直保持着 8%的增长速度，经济增长很快导致产生的水污染总量也不断增加。作为经济发展主要力量的城市水污染排放增长量就更快。

第二，水污染执法力度不足。这个问题存在的根源是我国一直以来多头管理、不同行政主管部门依法分管不同的水域。于是造成一些区域无人管理，一些区域利益冲突，集中体现于城市的交界口和上下游水污染问题上。

要解决上述问题，首先要使管理体制规范化、科学化，法律进一步将管理权限集中化，明确违法责任，实现权责相平衡；其次在法律上强化环境评价制度，防止为眼前利益而对水资源过度开发利用；最后发挥市场机制的作用，在法律中规定一定的经济刺激手段，使排污企业自愿提高排污能力。

第三节　生态要素的法律保障

我国生态保护法律制度是在环境法基本制度的基础上建立的。在具体执行上，由政府依照法律规定确立生态保护的行政目标和保护规划，建立和完善各级各类自然保护区或者指定各类受保护的野生生物名录，对自然保护区域内的各种行为实行控制或者限制，对捕猎野生动物的行为实施禁止，对野生动植物的进出境实行监管。在生态保护政策方面，我国主要采取了"就地保护"和"迁地保护"，通过建立自然保护区以及健全生物多样性保护的监测系统对生态保护状况予以综合的评估。

一、我国生物多样性的法律保护

目前各国法律大多涉及生物多样性的保护。根据《生物多样性公约》第 2 条规定，生物多样性即为"所有来源的活的生物体中的变异性，这些来源包括陆地、海洋和其他水生生态系统及其所构成的生态综合体。它包括物种内物种间和生态系统的多样性"。因此保护生物多样性就是保护生物的基因、物种与生态环境。

目前，我国保护生物多样性的法律主要有：《环境保护法》《海洋环境保护法》《森林法》《草原法》《渔业法》《野生动物保护法》《水上保护法》《种子法》等，以及《自然保护区条例》《野生植物保护条例》等 20 余部行政法规。这些法律法规涉及自然生态系统多样性物种多样性和遗传基因多样性等生物多样性的主要领域。采取的主要保护措施是建立自然保护区和国家公园，对那些濒临灭绝的珍稀濒危物种和生态系统的热点地区以及热点地区的热点动植物实行就地和迁地保护等。涉及外来物种控制问题的相关法律主要有：《进出境动植物检疫法》《动物防疫法》《海洋环境保护法》《家畜家禽防疫条例》等。对于新出现的转基因生物安全问题，国务院也于 2001 年紧急出台了《农业转基因生物安全管理条例》，对转基因生物的安全评估、进出口管理和标志制度的实施发布了具体管理办法。这些法律法规的颁布和实施，对我国生物多样性的保护起到了重要的监督管理作用。

但是，目前生物多样性的法律体系仍然存在很多不足，主要包括：

第一，涉及外来物种入侵的法律、条例及组织体系主要集中在人类健康病虫害检疫等有关方面，并没有充分包含入侵物种对生物多样性或生态环境破坏的相关内容，与从生物多样性保护角度出发控制外来物种的目标还相差甚远。我国虽然对外来物种采取了一些控制措施，但还没有建立起一整套的外来物种控制体系，对于外来入侵物种的早期监测、控制和迅速反应等重要环节都没有相关的规定。与发达国家相比，我国对外来物种管理的立法只是刚刚起步，缺乏系统性，防治监管体系也有待建立。

第二，某些主管部门制定的法律法规与其工作职责并不完全一致，各个部门制定的生物保护法规之间存在着交叉重叠或遗漏，而且还有待解决的与国际法接轨的问题。比如，2003 年《生物安全议定书》生效在即的时候，我国某些部门因为协调问题没有签字，致使加入该议定书的时间推迟，失去参与国际谈判的契机。

第三，我国与生物多样性保护有关的法律内容大多比较空洞，缺乏具体措施，很多时候仅在管理程序上做文章。而地方法规多数是对中央立法的简单重复，无法切实发挥对生态环境的保护作用。

生物多样性法律保障的完善空间是很大的，相应的措施包括：

第一，重新构建立法目的，完善法律体系。就法律目的而言，我国已有的相关生物多样性保护法律法规大部分仅仅是为了开发利用生物资源，而不是以保护和改善生态环境为目的。立法形式大多为行政法规或国家政策，立法层次偏低，大大削弱了执法力度。地方法规对中央立法内容简单重复，有的甚至相矛盾。因此，重新构建立法目的，对整个生物多样性保护的法律规范进行重新清理，修改和废除与现实情况不相适应的部分，重新编纂法律，完善整个法律体系。此外，还需要界定明晰执法权主体，理清各自权责，完善执法体系，加大执法力度。

第二，建立控制外来物种入侵的法律制度。防范外来物种入侵是我国生物多样性保护的一个薄弱环节。要加强控制外来物种入侵的力度，首先需要管理部门、技术部门和法律界人士共同参与制定相关的法律。在此基础上，再分别制定相应的配套法规，形成一整套具有可操作性的法律法规体系。这类法律体系的核心问题应该是从维护国家生态安全的角度出发，加强和完善对外来物种引入的评估和审批，实现统一的监督管理。这类法律还应该涉及国内不同地区间（如省与省、不同生物带之间）存在的问题。立法应充分考虑外来入侵物种传入的各个环节，针对每一种传入途径制定相应的管理对策，特别要加强敏感环节，如生物引种、交通运输、国际货物贸易、出入境旅游等的监督管理。同时，应用生态安全评估体制，制定适合我国国情的外来入侵物种的管理控制名录和评估方法，以此为制定法律法规的附件提供参考。

二、渔业制度与水生生物保护

渔业问题目前已经成为国际海洋法上的一个重要问题。1982 年《联合国海洋法公约》针对公海渔业制定了更为完备的养护与管理制度。1992 年 6 月于巴西里约热内卢召开的环境与发展会议，会议通过了 3 项"软法"，开放了 2 个公约的签署。其中，与渔业规范有关的主要是《21 世纪议程》第 17 章及《生物多样性公约》。《21

世纪议程》第 17 章标题为"保护大洋和各种海洋，包括封闭和半封闭海以及各沿海区，并保护、合理利用和开发其生物资源"，它强调："各国承诺对公海生物资源的可持续利用与保护，为此，有必要促进选择性渔具的发展与使用、确保对捕鱼活动实施有效的监督与执法、并促进有关公海生物资源的科学研究。"

1987 年国务院依法制定了《渔业法实施细则》，1986 年我国制定了《渔业法》，该法适用于中华人民共和国的内水、滩涂、领海以及中华人民共和国管辖的一切其他海域从事养殖和捕捞水生动物、水生植物等渔业生产活动。《渔业法》于 2000 年 10 月和 2004 年 8 月两次作了修订。

在国际方面，我国于 1996 年 5 月 15 日加入《联合国海洋法公约》，同时宣布我国实施 200 海里专属经济区和大陆架制度，这对建立渔业新秩序、维护渔业权益、保护渔业资源、调整渔业关系具有重要的作用。另外，我国先后加入了《国际管制捕鲸公约》《濒危野生动物植物物种国际贸易公约》《关于特别是水禽生境的国际重要湿地公约》《国际海上避碰规则》等。与有关国家先后签订或修订了《中美渔业协定》《中苏渔业协定》《中日渔业协定》《中澳渔业协定》《中挪渔业协定》《中国与几内亚比绍渔业协定》《中国与毛里塔尼亚渔业协定》等。这些协定和公约对我国同样具有法律约束力。

在渔业制度与生物生态安全的诸多联系中，水生动物的保护是最重要的环节。比如，1989 年联合国通过《大型海洋流网与其对世界海洋生物资源的影响》（44/225）决议，要求从 1992 年全面暂时禁止于公海上使用大型流网，以保护水生动物。

总的来说，我国尚没有一部完善的生物资源保护的法律法规，而相关法律诸如《水法》《环境保护法》《渔业法》《海域使用管理法》等，对水生生物资源保护的法律规定太过简单与笼统。一个完善的水生生物资源保护的法律机制，应该包括生物资源问题预防机制、生物资源调查机制、生物资源开发约束和激励机制、补偿机制、生物资源监督管理机制等几个方面。近年来，海洋污染导致的破坏水生生物生态环境案件也时有发生。比如，松花江水污染案件、云南阳宗海水砷污染案件等，都对当地的动植物生存环境造成了严重破坏。加大法律保护，加重制裁措施，建立完善的预防、监督、补偿机制迫在眉睫。

专栏 4-4 2002 年北部湾海域最大污染案判决 46 名原告获赔 255 万元

2002 年，合浦县西场镇村民洪基宽等人合伙投资 40 多万元在合浦鲎江出海口海域经营文蛤养殖场。2003 年 11 月，洪某等人发现养殖场内的大量文蛤暴死在滩涂上。至 11 月底，养殖场内的文蛤基本死光。与此同时，全镇的 44 个养殖场也相继发生死蛤现象。

养殖户们认为，死蛤与当时正处于榨季的糖业公司排污不无关系，遂将糖厂告上法庭。经广西渔政处鉴定，西场镇养殖场大批文蛤死亡，主要原因是西场糖厂向海域排放严重超过国家标准的污水造成的。

2004 年 5 月，渔业水域污染事故主管部门作出结论：该厂造成海域污染面积达 243.53 hm²，文蛤死亡损失数量 2 118 t，直接损失 931.92 万元。

被告代理律师认为，企业环保设施经环保部门鉴定合格，并不存在超标排污的事实，仅仅在开榨过程中，临时有管道出现破裂，排了约 1 个小时的污水，根本不足以造成如此大面积的污染。

原告方律师提供的一份养殖户与糖业公司员工的问话证明，该厂员工承认在 2003 年 11 月 9 日上午向海域排放了 7 t 浓硫酸。

法院认为，根据当年 11 月 25 日北海市环境监测中心对被告锅炉冲灰水排放口所排放的废水检测数据显示，造成养殖场大批文蛤死亡与糖厂排放的污水有因果关系，根据相关法律规定，被告向原告赔偿 255 万元。

资料来源：http://www.cnfm.gov.cn/info/display.asp?id=10098.

对于现有问题的完善主要应从完善生物资源的预防机制、调查机制、开发约束激励机制三方面来落实。

第一，建立旨在控制经济发展对其他物种及其生存环境的不利影响的预防机制，包括建设规划、建设项目的环境影响评价、预警机制等。虽然我国的《环境保护法》《水土保持法》等法律法规实施"预防为主、防治结合、综合治理"的原则，没有确立"预防原则"在相关法律中的基本原则地位，也没有建立一系列完备的预防机制。在制度的运行和操作上，规定应当更加详细。

第二，建立统一的信息和监测系统，调查各种物种的分布、现状、受威胁程度。调查机制应当针对不同种类水生生物资源在生态系统和经济系统中的地位和作用，全面规划保护，制止滥用，实现总量上的动态平衡。相关法律法规应进一步明确环保、海洋、渔政、保护区管理机构等在资源调查机制中的义务和职责。

第三，建立对开发行为的禁止、许可、规范、鼓励等开发约束、激励机制。特别是对濒危水生生物资源、处于环境敏感区的生物资源、具有重要科研价值的生物资源的开发利用，相关法律法规应进一步从主体、时间、方式、程度等方面进行必要的规范和制约。同时，运用各种经济手段对开发利用者加以引导，使其主动和自觉地抛弃不合理的开发方式，在实现个人经济效益的同时实现整个社会的生态效益。

三、野生动物的生态安全保护

我国现行的《野生动物保护法》实质上是一部《濒危动物保护法》。从保护生态多样性的角度来说，真正的《野生动物保护法》应该是一部保护所有野生动物的法律。由于人们对生态环境知识的缺乏和受自身能力的限制，现阶段不可能充分保护和合理利用所有的生物资源，只能够对那些即将灭亡的珍稀物种采取特别保护措施。可是，这样做无形上割裂了濒危物种保护与普通生物保护之间的内在联系。在长期中，这种人为破坏生态链的做法非但不能有效地保护珍稀物种，反而使得濒危物种以外的普通物种大量丧失。

国际上，许多国家法律都把保护动物的范围界定得非常广泛。如美国的《濒危物种法》的保护对象不单是濒危物种，还包括受威胁的物种。而该法对于"受威胁的物种"的解释是"在可预见的未来内，很可能全部和相当范围地变成濒危物种的任何物种"。与中国相比，美国的规定就极大地扩展了被保护物种的外延，对维护生态系统的稳定起到了重要作用。因此，扩大对野生动物的保护范围，维持生态平衡，应当是我国《野生动物保护法》下一步的修改方向。

第四节　我国环境与生态安全法律体系面临的问题

一、立法建设中的问题

虽然我国已初步建立起上述环境保护法律体系，对我国生态安全的立法建设奠定了良好的基础，并对我国生态安全的维护起到了一定的积极作用。但是，客观地讲，我国在生态安全立法方面还面临许多阻碍，与我国的生态安全建设需要相距甚远。

第一，我国生态安全立法理念相对滞后。虽然在立法层面上我国已基本形成环境法制框架，但是，从"可持续发展"角度和现代环境法所蕴涵的"生态利益中心主义"价值观的国际横向比较看，必须承认我国生态安全立法理念相对落后。不论是作为基本法的《环境保护法》，还是各个单行环境资源法律法规，其缺点体现在缺少可持续发展、生态安全等思想的指导，没有以整体环境观为基点，导致立法的结构失衡，功能不足。或者虽然在某些单行法规中将生态安全和可持续发展思想作为立法目的提出，但是在具体的法律制度设计中却不能体现出来这种立法理念，导致法律制度的不合目的性大量存在。从总体上讲，我国当前的生态安全立法体系并未从根本上贯彻可持续发展和生态安全这些先进的理念。

这个现象与我国传统的人本主义理论有关。由于立法者从人类中心主义出发，忽视或轻视了生态安全利益，片面过多地关注保护和增进经济利益、社会利益，导致其制定的法律规则主要呈现的是消极的环境污染防治和资源的利用，而缺乏积极的生态安全建设方面的规定，即使有这方面的规定，也是过于简单的原则性规定，制度性规定太少，缺乏操作性，流于形式。

第二，片面强调政府管理而忽视社会公众的参与阻碍生态安全法律建设。生态安全本质上是一种只能由人类生活共同体间共享的综合性安全。因此，生态安全的实现必然依靠一种"你中有我，我中有你"的合作性模式。如果在生态安全法律制度的设计上固守传统的"命令—控制"法律形式，而不着眼于对社会各方合作的鼓励，那么保护生态安全将永远无法落到实处。法律保障必须从扭转我国单纯依靠政府行政管理的模式走向政府与社会公众共同参与。

第三，片面强调消极防治而忽视生态安全建设。生态安全作为非传统安全之一，不仅仅追求威胁的不存在，更重要的是引发人们去共建安全。这样，对安全本质的理解就从保障生命存在拓展到了保障生命存在的优化状态的含义，因而是广义的和积极的。我国当前的环境立法由于受传统的安全观的影响，显得过于消极，没有做到"防患于未然"。虽然提出了"早发现早治理"，但是在立法中没有具体的措施。

第四，我国生态安全立法体系不完备，缺少统一协调。目前的局限性主要为：一是现行《环境保护法》作为基本法未能全面覆盖现代生态安全法体系的自然资源保护、生态保育、生态灾害防治等基本领域，污染防治法色彩太浓，没有涉及社会性的生态危机规制问题；二是专门或地方性的法规缺乏统一立法规划，专注于较有经济价值的单项自然资源保护或从技术规范角度的局部或末端污染控制问题，未体现出协调一致性、综合预防原则，可操作性差。

第五，缺少生态安全监测评价机制。我国亟待建立生态安全全方位、动态监测机制，定期开展生态安全评价分析，建立国家生态安全的预警系统，及时掌握国家生态安全的现状和变化趋势，对存在的不安全趋势发出预警报告，提出相应的改正、修复措施建议，使之得以适时适度的调整，为国家最高部门提供相关的决策依据；同时，结合我国社会经济发展形势和环境问题及变化趋势，对生态建设规划以及循环经济建设、生态功能区保护等提出专项规划。

二、立法建设的改革方案

生态安全法律制度体系是指有关维护生态安全、防治生态安全问题、保护生态环境的若干有内在逻辑关联同时又相对独立的法律制度、法律规范组成的有机统一整体，通常由指导思想、基本原则、法律制度、法律条文和专门的法规、行政规章构成，包括有关规则、程序、保障措施、管理机构及其职责等规定。

从整体而言，我国尚未形成一个系统完整的生态安全法律制度体系，面对日益严峻的生态安全态势，迫切需要统一指导思想，在基本原则的指导下重构与创新我国的生态安全法律制度体系。具体而言，包括两条思路：第一，完善现有立法；第二，建立《生态安全法》。下面，将分别对这两种思路加以剖析考证。

（一）完善现有立法

我国生态安全法律制度亟须完善 3 个制度：生态安全评价制度、生态安全补偿制度和生态安全紧急事故应急制度。生态安全评价制度是其他各制度的基础，是维护生态安全法律制度的前期保障；生态安全补偿制度是在维护生态安全的过程中从经济方面予以保障的机制；生态安全紧急事故应急制度是对生态安全问题产生后的临时措施。这些制度共同架构起我国生态安全法律制度的体系，缺一不可。

1. 完善生态安全评价制度

生态安全评价制度是指对水、大气、森林、矿产、动植物物种等的生态安全度进行分析、预测和评估，提出预防或者减轻生态风险的对策和措施，进行跟踪监测的一系列方法和规范。目前我国还没有专门制定有关生态安全评价的法律或法规，也没有形成专门的生态安全及风险评价法律制度，有关生态安全及风险评价的内容主要包含在环境影响评价制度之中①。另外，某些法律、法规或法律规范性文件已经有某个领域的生态安全风险评价的内容②。面对日益恶化的生态危机我国亟须制定一部《生态安全评价法》，明确规定生态风险预防原则和生态安全评价制度。

生态安全制度的评价对象应包括水土、大气、森林、湿地、矿产、动植物、海洋等。其中评价指标体系的建立是最为关键的一环，通过建立包括国土安全评价指标体系、水安全评价指标体系、森林安全评价指标体系、湿地安全评价指标体系、草地安全评价指标体系、海洋安全评价指标体系和大气安全评价指标体系等一系列指标体系，综合分析人类活动对生态系统的干扰以及生态系统对人类活动干扰的响应，科学、系统、准确地反映我国生态安全的客观情况。

在开展生态安全评价时，必须遵循客观、公开、公正原则，综合考虑各种环境因素及其所构成的生态系统可能造成的影响，并鼓励有关单位、专家和公众以适当方式参与环境生态评价。

在评价方法上，一是要加强环境影响评价的基础数据库和评价指标体系建设，对环境影响评价的方法、技术规范进行科学研究，建立必要的环境影响评价信息共享制度，提高环境影响评价的科学性。二是建立专家咨询、部门联合的综合评价机制。组织开展"国家生态安全评价"调研。三是要建立动态监测机制。定期开展生态安全评价分析，建立国家生态安全的预警系统，及时掌握国家生态安全的现状和变化趋势，对存在的不安全趋势发出预警报告，提出

---

① 见《环境影响评价法》第 4 条：环境影响评价必须客观、公开、公正，综合考虑规划或者建设项目实施后对各种环境因素及其所构成的生态系统可能造成的影响，为决策提供科学依据。
② 见《农业转基因生物安全管理条例》（2001）。

相应的改正、修复措施建议，使之得以适时适度的调整，为国家最高部门提供相关的决策依据。四是成立专门的评估机构并给予资质认证。

专栏 4-5　沙尘暴监测、预报和预警综合系统

我国西北和华北北部地处中纬度干旱、半干旱气候区，环境对气候变化很敏感。由于该地区植被稀少，地表干燥，土质疏松，土壤风蚀现象十分严重。当强冷风经过干燥无植被地表时，在强风作用下，就易发生强的沙尘暴。它常伴随着大风（尤其是强风和阵风）、能见度低（甚至小于百米）、大气污染以及流沙尘土覆盖和掩埋等破坏性现象发生，影响交通、建筑、农林牧业、公共设施和社会活动，以及人们的健康和生活。

"沙尘暴监测、预报和预警综合系统"利用现代空间遥感技术、数值预报技术和风沙动力学理论、地理信息系统以及计算机技术等，通过多学科的交叉融合，研究沙尘暴的物理和动力学特性以及形成机理，针对沙尘暴天气监测分析、沙尘暴天气数值预报、春季沙尘天气趋势短期气候预测和沙尘暴天气服务与评估 4 个方面进行了比较全面系统的研究，成为中国气象局灾害监测、预报、预警业务的重要组成部分。

该项目基于新型遥感仪器的可见光、近红外和红外分裂窗通道光谱，利用辐射传输模型计算生成了最接近实际地表热辐射特性模拟数据库，也是国内首次计算得到了具有新型的典型概要模型和强弱沙尘事件年的典型春季气候距平模型；随后在中国科学院大气物理研究所发展的气候系统模式的基础上，建成了我国春季沙尘天气趋势的跨年度数值气候预测系统，自 2003 年起，项目组每年都提供春季沙尘天气趋势的跨年度气候预测结果，参加国家唯一授权发布气候预测的国家气候中心组织的年度气候预测会商，为国家发布春季沙尘天气趋势提供依据，取得了良好的社会效益和经济效益。

沙尘暴天气数值预报模式投入使用后，在我国北方地区防灾减灾方面发挥了重大的作用。2006 年 4 月 9—11 日，甘肃地区出现了一次区域性大风沙尘暴天气过程，酒泉、兰州等 13 个省级测站观测到沙尘暴，最大风速达 32.0 m/s（马鬃山），部分观测站最小能见度只有 100 m（高台、民勤、酒泉市肃州区）。当地政府根据中央气象台和甘肃省气象局发布的沙尘暴预报、预警信息，通知相关部门采取措施，最大限度地减少了地方经济损失，没有造成人员伤亡，避免了 1993 年 5 月 5 日甘肃金昌市发生的强沙尘暴所造成的死亡 85 人、伤 264 人、失踪 31 人，总经济损失超过 5.4 亿元的类似情况。现在，"沙尘暴监测、预报和预警综合系统及其应用"已在国家级业务中心运行和应用，并为许多国家、省市和业务部门应用，在沙尘暴预测中发挥着巨大的作用。

资料来源：中国科学院大气物理研究所. 沙尘暴监测、预报和预警综合系统及其应用[J]. Chinese Awards for Science and Technology，2008（6）：25.

2. 完善生态安全补偿制度

生态安全补偿法律制度，是指为了保护和恢复生态系统的生态功能或生态价值，针对生态环境进行的补偿、恢复、综合治理规范，以及基于环境保护和利用自然资源而对可能因此丧失发展机会的区域内的居民承担给予资金、技术、实物上的补偿、政策上的优惠等规范。

长期以来，中国的生态环境保护和建设形成了"少数人负担，多数人受益"，"上游地区负担，下游地区受益"，"贫困地区负担，富裕地区受益"的不合理局面。这是生态安全补偿机制不健全的主要体现。

建立健全生态安全补偿机制，包括建立资源输出地区与资源受惠地区之间的生态环境补偿制度、上游地区生态保护与下游地区资源开发之间的补偿制度等，采用直接的和间接的各种补偿方式，保证生态环境保护和建设有其稳定的资金来源。一是增加国家生态补偿拨款。享受生态效益的是不特定多数人甚至是全社会，而社会利益的代表是国家即政府，因此国家财政拨款或国家财政援助理应是生态补偿金的主要来源。二是向开发利用生态环境资源的组织和个人征收各种生态补偿费用，建立生态补偿基金。比如，向从事相关资源开发利用的单位和个人征收森林资源费、草原资源费、水资源费、野生动植物资源费、水产资源费和海洋资源费，从其所获收入中，征收一定比例的费用，用这种费用或其一部分建立生态效益补偿基金，用于提供生态效益的森林、草原、河流湖泊和海洋的保护、治理和恢复。只有完善了法律体系中的生态补偿制度，才能扭转经济开发中造成的"负担和受益"不平衡现象，促使整个社会增加保护环境的意识。

专栏 4-6　黄河水权转换中的生态补偿机制

《黄河水权转换管理实施办法》（试行）中明确规定：水权转换总费用包括水权转换成本和合理收益。涉及节水改造工程的水权转换，水权转换总费用包括：节水工程建设费用、节水工程的运行维护费、节水工程的更新改造费用、农业风险补偿费、经济补偿和生态补偿等。

在生态补偿机制中，主要包括了生态环境补偿模型和生态修复工程补偿模型。在生态环境补偿模型包括了生态环境补偿资金的筹集、支付、基金账户建立和基金管理等。水权出让方或当地政府部门设立专门的生态环境补偿基金账户，在水权转换节水工程项目实施的同时，受让方应将生态补偿部分费用一并支付，将该部分费用存入生态环境补偿基金账户。一旦生态环境遭受不利影响，动用该账户的资金，对生态环境实施保护。

资料来源：何宏谋，薛建国，刑芳. 黄河水权转换中的生态环境补偿机制研究[J]. 中国水利学会第三届青年科技论坛论文集，582.

3. 完善生态安全紧急事故应急制度

2003 年在我国和其他国家流行的"非典型性肺炎"，2004 年在泰国、越南和我国流行的禽流感，2008 年汶川大地震，2009 年甲流横行……面对这些由自然灾害、环境污染、环境破坏和核辐射等所引起的生态安全事故、事件和紧急状态，延误时机往往会造成危害的扩大和损害的增加。针对这些事故突发性、危害性、紧急性等特点，必须在维护生态安全的法律制度中健全生态安全事故事件的应急制度。

专栏 4-7　世界各国应对生态安全紧急事故概况

为了应付包括生态不安全在内的各种突发事故、事件和紧急状态，各国相继采取了如下措施：①制定紧急状态法，如法国的《紧急状态法》、美国的《国家紧急状态法》《国际经济紧急权力法》等，通过有关立法建立授予政府紧急权（在非常状态下的政府的紧急权力和行政非常权力称之为"行政特权"）机制和有关事故事件应急的法律制度。同样，对突发性生态安全事故、事件和紧急状态，也应该通过立法建立生态安全事故、事件和紧急状态的应急制度。②设立处理事故、事件和紧急状态的机构，包括综合性的协调机构和专门的处置机构，如美国的处理恐怖活动对策委员会，1988 年英国政府为处理球迷骚乱而成立的"紧急内阁委员会"。

我国目前已经建立的重大事故、事件和紧急状态的应急处理的法律制度包括《安全生产法》（2002 年）、《矿山安全法》（1992 年）、《建设工程安全生产管理条例》（2003 年）等一系列法律、法规和其他行政规范性文件，包括地质灾害、航空、铁路、道路交通事故、传染病防治、食品卫生事件、公共卫生事件等各个方面，可以说目前我国已经初步建立了一些有关生态安全事故事件应急处理的原则、措施和制度。一些省、自治区和直辖市已经制定一些生态安全

事故事件应急的地方性法规或其他规范性文件，如《北京市人民政府关于采取紧急措施控制北京大气污染的通告》（1998 年）等。但是上述法律法规显得不健全，尚需进一步完善以构建一个较为完整统一的制度体系。

针对我国当前生态安全事故事件应急制度的立法现状，借鉴国外的先进经验，要进一步健全应对全国重大环境事故与生态破坏案件的处理机制，一是建立生态安全事故报告处理机制；二是对特别重大的生态安全事故、事件，应该建立专门的调查处理制度。

报告处理制度是指有关报告、处理环境污染事故的法律制度。建立健全生态安全事故报告和处理的法律机制，依法及时报告、正确处理环境资源事故，可以使环境资源行政主管部门和人民政府及时掌握事故情况、采取有效措施、防止事故的蔓延和扩大；可以使受事故威胁、影响的单位和居民提前或及时采取防范措施，避免或减少事故损失；可以使有可能发生事故的单位增强防范事故的责任性，建立健全事故防范制度，尽可能地防止事故的发生，在事故发生后及时采取措施，减少事故损失。目前各国环境法大都有预防和处理环境污染事故的规定，在国际社会已经形成通报、处理越境环境污染事故的制度和越境环境污染事故风险防范机制。我国虽然已经制定一些有关生态安全事故、事件和紧急状态的应急处理的法律、法规、行政规章，但是从总体上看，还没有制定专门的、统一的生态安全事故、事件和紧急状态的应急处理法规。

调查处理制度是指在特大生态安全事故发生后，组织专门调查组进行调查，查明事故真相，写出调查报告，提出妥善处理方案和有关恢复生态安全的措施。必要时采用刑法手段维护生态安全紧急状态的秩序，对违反生态安全紧急状态法律的犯罪分子依法追究刑事责任。

（二）建立《生态安全法》可行性分析

虽然我国现行环境法律法规中已经涉及生态安全的内容，例如一些新近修订的法律，如《大气污染防治法》《固体废物污染环境防治法》以及以前的《防沙治沙法》《水土保持法》《土地管理法》《森林法》等法律中提到了生态安全，但并不全面和具体；《环境法》的缺陷是行政色彩太浓，侧重于污染防治，忽视自然资源的保护和养护，"预防原则"没有很好地表现出来；还有生态安全中一个重要内容——国际层面的生态安全（如生物入侵、转基因物种等）没有在现行法律中得到体现。针对现有法律框架的这些不足，国内不少学者呼吁尽早制定《国家生态安全法》。

武汉大学王树义教授认为，《生态安全法》主要作用在于宣示我国在保障生态安全方面的基本政策，规定国家保障生态安全的基本任务和目标，规定国家保障生态安全方面的主要法律制度和措施，为生态安全保障活动奠定法律基础和提供法律依据。重庆大学黄锡生教授认为，《生态安全法》的任务是从总体上对生态环境保护的基本原则、方针、制度等提出统一规范的要求，解决各单项自然资源保护和现行《环境保护法》无法解决的有关生态环境和资源系统保护的全局问题。

从理论上来讲，在这部法律的内容安排上可有 3 种选择：

第一种选择，将其作为一部纯"宣言性"的法律，只是用于宣示国家在保障生态安全方面的基本政策、目标和任务，并不具体化。

第二种选择，把生态安全作为一个法律范畴，围绕它而设计出一系列的规范性要求。

第三种是折中的办法，即前两种方法的综合。具体说来，其中不仅应当明确宣示国家的相应政策，规定国家保障生态安全的基本任务和目标，还应设置大量直接起作用的法律规范。

国内主流学者主张折中说，一部综合性的《国家生态安全法》主要框架大体构建如下：

（1）总则的规定　大体包括生态安全的法律定义、立法目的、基本任务、基本原则和要实现的目标。立法目的可以规定为："为了维护生态平衡、促进人体健康和经济发展，通过对自然生态系统的维护和增进改善人的生存环境，平衡在生态环境保护和利用中的各种利益。"基本原则应该包括预防为主、防治结合、有效利用原则；风险防范原则；区域（流域）控制原则；分类和重点保护原则以及公众参与原则等环境法基本原则。所要促进的目标就是国家的可持续发展、生态平衡、社会稳定，体现"生态利益中心主义"伦理观。所有这些都应在总则中加以规定。

（2）国内部分内容的规定　具体包括：①对国内各类违法责任主体和环境责任的规定。针对国内的各类主体，政府、企业与个人的义务规定应该明确具体，有较强的可操作性规定。法律中应该强化政府的义务和责任，将责任具体落实到主管人员。对涉及企业设立时的选址问题、生产过程中产品原材料的采集、生产过后的排污行为、包装以及销售行为等法律都应该有明确规定。对造成环境污染事故的企业，应明确企业承担的民事责任和企业的法定代表人和直接责任人刑事责任。此外，法律中还应着重规定公民的义务与责任。总之，对于国内各类主体的环境违法行为，应该承担相应的环境行政责任、民事责任和刑事责任的规定。②对生态安全具体法律措施、制度的规定。法律中还应赋予公民生态安全状况知情权、参与权以及检举权，这样可以加强公众对生态安全保护的监督作用。国家保护生态安全的政策体现在法律中应该是奖励性与惩罚性措施相结合，对维护生态安全作出突出贡献的个人和单位应该进行奖励和给予适当优惠，对破坏生态安全、给国家和人民造成生态损失的主体应该严惩不贷。具体制度层面应包括生态补偿制度、生态安全危机预警制度、生态安全和生态保护信息制度、生态安全的安全生产制度、生态安全问题风险评价制度、生态安全和生态保护特定区制度、生态安全事故事件应急制度、物种转移检查和检疫制度、生态安全档案制度、跟踪制度等。

专栏4-8　《国家生态安全法》拟立法条款

- 生态安全保护领域里统一使用的各种术语的界定；
- 生态安全的法律定义；
- 生态安全的等级分类；
- 生态安全的确定标准；
- 生态安全的最低底线；
- 生态安全和生态危险评估；
- 对生态安全构成威胁的主要生态危险及其来源；
- 国家保障生态安全的基本政策；
- 国家保障生态安全的基本任务、目标和总体规划；
- 国家保障生态安全活动的基本领域和方向；
- 保障生态安全的基本法律原则；
- 生态安全主体；
- 生态安全客体；
- 保障生态安全的基本机制；
- 生态安全的监督系统；
- 国家保障生态安全活动的专门机构及其主要职责；
- 保障生态安全的基本要求；
- 保障生态安全的主要法律制度；
- 保障生态安全的其他法律措施。

资料来源：王树义. 生态安全及其立法问题探讨[J]. 法学评论，2006（3）：128.

三、配套执法措施面临的问题

环境执法是环境行政主体依照法律法规授权、行使环境监督管理权力所采取的具有法律效力的行为。环境执法主体通常是各级人民政府及其所属的环境保护行政主管部门，以及法律规定的有关部门。许多国家成功的环境保护工作，不仅得益于完善的环境立法，而且还得益于有效的环境执法。其基本经验是，环境法律法规的规定具体、可操作性强，各执法部门的职责分明，分工协助、密切配合，各项重要法律制度严格具体，法律责任明确。

对于环境和生态安全保护来说，有一个完备的法律法规体系是重要的，但如果没有一个强有力的环境保护执法队伍，并能对违犯环境保护法的人和事有效地依法处理，即使有再好的法律也很难解决问题，所以，严格环境保护行政执法是能否搞好生态环境保护的又一关键因素，尤其是环境法具有综合性的特点，环境执法既包括司法机关执法，又包括环境行政机关执法。环境执法的这种复杂性，决定了环境执法的艰巨性。从目前我国法律实践看，有 80%以上的环境法律是由环境行政机关执行的，80%以上的环境纠纷也是由环境行政机关处理的，所以，加强环境行政执法是环境法实施和保护生态环境的重要方面。

自 1979 年《环境保护法（试行）》颁布以来，随着中国法制建设和环境管理行政机构的建立健全，从宏观上看"现在已经建立起由全国人民代表大会立法监督，各级政府负责实施，环境保护部门统一监督管理，各有关部门依照法律规定实施监督的体制"，从总体上来看，环境法得到了很好的实施，但从目前的环境法的执行实践来看，还存在着以下几个问题：

（1）环境保护机构不健全，部门关系没有很好地理顺　由于目前我国还没有颁布国家机构设置法，全国的环境保护机构还有待于进一步健全，尤其是当前省地（市）一级正在进行机构精简，各级环保机构的人员编制往往被列为"精简对象"，这种状况直接影响到环境行政队伍的稳定和建设，这势必造成许多环境执法人的环境法律专业知识水平和行政执法能力不高，这样就很容易造成执法效率低或执法不当的现象发生。

另一个突出的问题是，国家和各级环保机构成立的历史较短，在环境保护机关依法行使对环保的统一监督管理时，必然会触及其他部门的职权范围和利益范围，从而引起部门之间的矛盾，这既影响环境执法的效率，也影响环境立法的质量。在当前没有颁布国家经济组织法来划分和确定各部门的权限之前，经常产生法律规定上的相互抵触，其至混乱。在具体行政执法过程中，也经常因各部门割据和不必要的内耗，影响到对环境的依法管理。

（2）部分领导的环境法律意识和公民参与环境管理的意识不强 领导干部尤其是一些地方领导干部，由于环境保护和法律意识不强，在作决策时，尤其是当环境保护与发展经济相矛盾或因环保项目影响到地方的利益时，往往只顾发展经济，忽视或者根本不把环保当一回事，反而往往利用职权干预环境执法和其他的环保工作。

（3）环境执法的依据不充分 由于我国传统的立法技术性原则是"立法宜粗不宜细"，因而有关环境保护在条文上过于抽象，实践中难以操作。尽管国务院的行政法规和部门规章中制定了一些具体的环境行政法律、法规，但在实际操作过程中还是有一定难度的，这要在以后的法律实践和国家立法过程中不断修改和完善。

四、环境执法的改革措施

（一）改革措施

针对以上问题，执法相应的改革措施包括：

（1）明确环境执法主体及其职责 应进一步提升环保部门的地位，赋予其更大的权限；将国土资源、水资源、农业部门、林业部门等领域的环境执法权相对集中，解决长期存在的执法职责交叉、多头执法和重复执法的问题。

从原国家环保总局到环境监察局的设立，标志着国家环境执法监管体制的完善与发展，表明了强化环境执法、坚决查处重大环境违法案件的重要性。环境监察局的主要职责是：拟定和组织实施环境监察、排污收费等政策、法规和规章；指导和协调解决各地各部门以及跨地区、跨流域的重大环境问题；组织建立重大环境污染事故和生态破坏事件的应急预案，并负责调查处理工作；负责突发性事件的有关环境应急处理工作；负责环境保护行政稽查工作；受理环境事件公众举报；组织开展全国环境保护执法检查活动；指导全国环境监察队伍建设。

（2）提高环境执法部门的执法能力　①提高环境执法人员的素质，改善执法装备设施。首先应健全环保执法机构，各级政府要从人、财、物等方面加大投入，增加执法力量，支持环境部门独立行使环境监督管理职权。其次应强化执法队伍作风建设，树立无私奉献、遵纪守法、廉洁自律、敢于碰硬的环保执法形象。最后政府要切实加大财政资金投入，扶持社会资本投入，完善执法经费财政保障体系，建议从征收的排污费中划拨一定的比例来保障环境执法宣传、自身建设等所需经费。②赋予环保部门必要的应急处置权和强制执行手段。环保部门应具有必要的应急处置权和强制执行手段，继续深入开展环境安全隐患排查，建成统一领导、分级管理、功能全面、反应灵敏、运转高效的突发环境事件应急机制。

（3）加强执法监督机制建设　①扩大环境民主，建立公众参与机制。广大民众的参与是环保事业的根本动力所在，执法部门要加强新闻媒体的宣传报道作用，借助舆论的力量协助日常监督；要注重环境道德的教育，特别加强对地方基层领导和法人的宣传教育，通过举办培训班、专题讲座、组织参观考察、召开现场会等形式，使其不断提高认识，更新观念；积极推行政务公开，把环境执法活动置于全社会的监督之下；健全环保部门信访和查处机制，为社会公众参与环境执法提供良好的条件，促进公众及民间非政府组织普遍、持续地关注环保问题，更好地制约环境违法。②建立企业及部门领导干部激励机制。环保部门应对环保工作出色、综合利用废弃物进行生产的企业进行奖励；对没有达到环保既定目标的单位进行严厉惩罚；对典型案例予以曝光，发挥其警示和震慑作用，营造有利于执法的社会氛围；强化党政"一把手"的环境责任，在其升迁考核上，把环境保护工作作为政绩考核的重要参考标准。

（二）执法成果

总体来说，我国在执法的落实上和执法的监督上都有长足的进步，尤其是在 2008 年，对于环境执法工作者来说，是非常特别的一年。国家环境保护总局升为环境保护部后，经历了"5·12"汶川大地震的考验、奥运会环境保障……对环保执法提出了更高的要求。综观 2008 年环境执法工作，执法改革初见成效。

2008 年 3 月 24—25 日，全国环境执法工作会议在北京召开，在这次会议上，周生贤部长提出了要建立"像钢铁一样硬"的环境执法体制。全国环境执法工作者要严格执法，始终围绕污染减排大局和解决危害群众健康的突出问题，严厉打击环境违法行为，全面开创环境执法工作新局面。

1. 一场灾难的考验——5·12 汶川地震

"5·12 汶川地震"发生后，环监局、应急中心积极承担起污染事故防范、预警、应急处置和信息调度综合的职责。环境监察局向灾区先后出动 141 人次，行程数千千米，先后到达十余个极重灾区的市、区、县，现场检查重点隐患企数十家。后方动员全局力量，接报、分析、处理前方信息 10 000 余条，接收并处理有关部委和灾区环保部门来文 820 多件，起草、报送并下发文件 12 份，妥善处理 22 起突发环境事件，组织 14 个省（区、市）出动 92 306 人次，排查企业 49 242 家，发现隐患单位 210 家，督促完成整改 95 家。

为增强抗震救灾环境应急工作的科学性和主动性，环监局先后起草下发了《关于启动〈国家突发环境事件应急预案〉的紧急通知》《关于防范和应对地震灾害次生环境污染事件的通知》等特急文件 12 份。起草了《关于切实做好地震灾区饮用水安全工作的紧急通知》。随着时间的推移和救灾工作的展开，遇难者遗体与禽畜尸体逐渐腐烂，工矿企业危险废弃物、医疗废物处理存在的隐患都逐渐暴露出来，环监局立即根据形势变化制定了《应对次生环境灾害应急实施方案》，指导地方及时处置突发环境事件，加强隐患排查，强化了环境监管工作。此外，还帮助四川省编制了《地震灾区医疗废物处置方案》。加大支持保障力度，全力支援抗震救灾环境应急工作。通过与地方环保局的协调，环境保护部首次跨省区调动重庆市环保局出动 10 名环境监察人员、7 辆执法车组成 5 个工作组参加灾区环境隐患排查工作。甘肃和贵州两省已准备 40 辆车、40 名工作人员随时待命，准备支援灾区工作。通过紧张有序的支持保障工作，大大恢复了灾区环境应急能力，为灾区环境安全隐患排查和突发环境事件的处置提供了坚实基础。

2. 迎接奥运盛会

2008 年的夏季，环境执法人员确保奥运城市空气质量，力求"不点一把火不冒一股烟"。4 月，环境保护部、农业部联合印发了《关于进一步加强秸秆禁烧工作的通知》，并组成联合检查组于 5 月 31 日—6 月 18 日对河南、安徽、江苏、山东、河北、北京六省市秸秆禁烧工作进行了现场督查。经北京及其周边省份的共同努力，北京市 6 月份空气质量达标天数为 24 天，占全月总天数的 80%，比去年同期增加 9 天，成效十分显著。

在检查过程中发现，各地逐步实现了由末端禁烧向源头疏导的转变。大部分地区注重"疏堵"结合，在加大禁烧执法力度的同时，开展了秸秆还田、青贮氨化、秸秆养殖食用菌等综合利用，并因地制宜地制定了一些优惠政策和奖励机制，积极探索秸秆利用新技术、新途径。逐步实现了由政府行为到广大群众自觉行动的转变。

第五章　生态安全的经济策略

　　世界环境与发展委员会的报告《我们共同的未来》中明确提出，要利用环境经济策略来促进环境保护和实现可持续发展，强调环境经济学在制定和实施可持续发展政策方面的作用，提出了一系列与可持续发展一致的环境经济政策目标和措施。1992 年联合国环境与发展会议通过的《21 世纪议程》第八章强调："需要做出适当努力，更有效和更广泛地使用经济手段""各国政府应考虑逐步累积经济手段和市场机制的经验……以建立经济手段、直接管制手段和自愿手段的有效组合"。这一系列的报告表明国际上持续生态安全的政策已经进入到以环境经济政策为代表的新时代。而在中国，生态安全问题日趋严重的今天，根据全局形势来制定一系列确保生态安全的经济策略和政策显得尤为迫切。因此，本章在分析经济快速发展背后的生态安全问题的基础上，着重探讨协调生态安全和经济发展的对策、持续生态安全的经济政策工具，以期从真正意义上实现持续的生态安全。

第一节　经济快速发展背后的生态安全问题

　　改革开放 30 年来，中国经济以世界少有的年均 9.8%的增长速度，创造了令世人瞩目的经济奇迹。经济总量突破 30 万亿元，占世界经济的份额达到 7.3%，超越德国，成为仅次于美国和日本的世界第三大经济体。然而，在经济快速增长的持续张力下，中国已有 1/3 的土地遭受过酸雨的袭击，七大河流中一半的水资源是完全没用的，1/4 的居民没有纯净的饮用水，1/3 的城市人口不得不呼吸被污染的空气。可见，经济快速发展背后的生态安全问题日趋严重，不可忽视。

一、生态安全问题的出现和恶化与经济发展进程密切相关

20 世纪 90 年代初，美国经济学家格鲁斯曼等人，通过对 42 个国家横截面数据的分析，发现部分环境污染物（如颗粒物、二氧化硫等）排放总量与经济增长的长期关系也呈现倒 U 形曲线，就像反映经济增长与收入分配之间关系的库兹涅茨曲线那样。当一个国家经济发展水平较低的时候，环境污染的程度较轻，但是随着人均收入的增加，环境污染由低趋高，环境恶化程度随经济的增长而加剧；当经济发展达到一定水平后，也就是说，到达某个临界点或称"拐点"以后，随着人均收入的进一步增加，环境污染又由高趋低，其环境污染的程度逐渐减缓，环境质量逐渐得到改善，这种现象被称为环境库兹涅茨曲线。而目前，中国仍处在未突破倒 U 形环境库兹涅茨曲线的两难区间。

自改革开放以来，我国经济增长经历了 4 个发展阶段。第一阶段为 1978—1984 年，主要以发展农业为主；第二阶段为 1985—1992 年，以轻工、纺织产业发展为主；第三阶段为 1993—1999 年，是重工业时代的前导时期，重点发展能源和原材料产业、基础设施和基础产业等；第四阶段为 2000 年以后，我国进入重化工时代，重点发展电力、钢铁、机械设备、汽车、造船、化工、电子、建材等产业。中国这种经济发展的进程和方式决定了生态安全问题的类型和恶化程度，如图 5-1 所示。20 世纪 70 年代出现点源污染；80 年代城市河段和大气污染严重，生态环境呈现边建设边破坏、建设赶不上破坏的状态；进入 90 年代以后，环境污染和生态恶化呈现加剧发展的趋势，特别是 1994 年淮河爆发的特大污染事故和 1998 年长江、松花江、嫩江洪涝灾害，敲响了生态安全恶化的警钟。由此可见，我国生态环境在 90 年代中期以前是"局部恶化、整体发展"，之后是"局部改善、整体恶化或恶化的势头尚未根本改变"。之前

的"局部恶化"可谓是工业化初期的产物，我国由于工业化导致的城市污染极其严重；之后的"整体恶化"是全面工业化及其中期阶段的结果，"局部改善"则是环境保护努力的主要成就。因此，我们可以说生态安全问题的出现和恶化是与经济发展密切相关的。

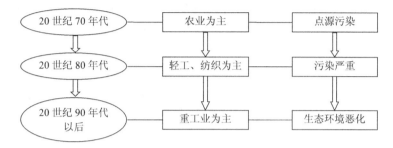

图 5-1　生态安全问题的出现与经济发展的关系

二、粗放型的经济增长带来严重的生态安全问题

改革开放以来，我国经济增长迅速，但从总体上看，其属于粗放型经济增长，主要是体现在经济增长的高资本投入、高资源消耗、高污染排放和低效率产出。因而，这种粗放型的经济增长给我国带来严重的生态安全问题——资源短缺、环境污染和生态退化等，这些问题又反过来制约经济的进一步发展。

据测算，目前我国一氧化碳、二氧化碳排放量居世界第二位；化学需氧量和二氧化硫排放量也位于世界前列。2006 年，我国化学需氧量排放量为 1 431 万 t，二氧化硫排放量 2 594 万 t。据专家研究，我国十大水系按正常年景水量，要达到地面水标准，化学需氧量排放最大允许量不应超过 800 万 t，但目前实际排放总量超过最大允许容量 600 万～700 万 t；若保证大气环境中二氧化硫达标，排放总量不应超过 1 200 万 t，但目前实际排放总量超过该容量一倍以上，如按每 5 年 10%的速度削减，也要 20 年才能达到要求。中国现在是世界第二大能源消费国，仅次于美国，其中近 70%来自煤炭的燃烧。2006 年，中国消耗了大约 24 亿 t 煤，比美国、印度和俄国的总和还要多。中国境内排放的二氧化硫和颗粒物分别有多达 90%和50%是燃煤所致。颗粒物给人们带来呼吸疾病，而二氧化硫排放造成的酸雨洗刷着中国 1/4 的国土和 1/3 的耕地，导致农业减产，建筑物腐蚀。因而，国际能源机构的专家警告：除非中国重新考虑使用各种能源来源，采用环保前沿技术，否则在 25 年内，中国排放的二氧化碳将达到经济合作与发展组织（OECD）所有成员国总量的两倍。此外，城市化、工业化以及居民生活的便利化与现代化，产生着越来越多的生活垃圾、工业垃圾和其他特殊垃圾。由于地方注重经济增量、关注形象工程，因此垃圾随意堆放现象普遍。城市每年产生的近 2 亿 t 垃圾中，只有不到 20%的垃圾是按照环保的方式处理的。2/3 的城市陷入生活垃圾包围之中，不仅侵占大片土地，而且严重污染了周围的土壤和水源。

三、区域发展不平衡，西部生态安全问题恶化

西部地区的生态环境比较脆弱，这里分布着许多大江大河的源头，并且是自然矿产和森林资源的富集区，但是由于经济发展落后，历史上人为的生态破坏比较严重，所以生态环境面临巨大的危机。然而，西部大开发战略实施后，经济增长势头强劲，平均年生产总值增长率达到 11.19%，超过了全国 9.54%的平均水平。但是由于西部仍然只是处在原材料和初级加工产品输出地的地位，并且价格体系不完善使得环境成本没有体现在价格之中，从而资源低价和环境无价对西部的环境与经济双重利益造成损失，西部陷入到"环境—贫困"的恶性循环中。2006 年，西部人均国内生产总值只有东部地区的 40%，但西部地区单位 GDP 的污染排放是全国平均水平的 1.33倍，是东部的 1.69 倍。可见，西部地区在经济发展中对环境污染、资源破坏的强度是极大的。

此外，在西部大开发的名义下，地方引资饥不择食。国法和规章明令淘汰或禁止投资的设备、工艺、产品、技术等，被东部企业

转移到西部重新开工；不少污染企业向西部转移；西部某些地方主动引进东部的高污染项目，形成了高污染的"化学城""陶城""造纸城""芒硝城"等污染源。在沿海产业因结构调整升级和成本高涨而向低成本地区转移的趋势下，西部地区的生态安全问题日渐恶化。

四、城乡发展不均，农村的生态安全问题严重

改革开放以来，广大的乡村一直被作为城市的排污区：垃圾场设在郊区，城市污水排向乡村。此外，随着城市经济的发展，城市居民的环保意识逐渐加强，城市的环保执法逐渐严格，大量工厂向农村转移，从而使得污染也由城市大量转向农村，严重破坏农村的生态环境。如图 5-2 所示，我国农村的环境污染相当严重，这不仅使得农业生态环境恶化，还导致大量农业耕地被侵占，对地下水源造成严重影响。目前，农村环境污染形势严峻，全国因固体废弃物堆存而被占用和毁损的农田面积已超过 13.33 万 hm^2，3 亿多农村人口面临饮水不安全的问题。

图 5-2　我国某农村的环境污染

另外，随着支农惠农政策的实施，农村经济也得到一定程度的发展，农民生活水平有所提高，但是由于农村的环保基础设施建设

和农民的环保意识都比较落后，使得农村的生活垃圾、秸秆的堆积、农用化学物品的大量使用以及牲畜蓄养的大量排泄物等加大了农村的污染程度，威胁着农民的生活。据测算，我国农村每年产生生活污水 90 多亿 t，生活垃圾约 2.8 亿 t，农业废弃物 40 多亿 t，其中畜禽粪便排放量 27 亿 t，农作物秸秆 7 亿 t。化肥和农药年施用量分别达 4 700 万 t 和 130 多万 t，而利用率仅为 30%左右，流失的化肥和农药造成了地表水富营养化和地下水污染。

第二节　协调生态安全和经济发展的对策

在生态安全形势如此严峻的情况下，我们必须以科学发展观为指导，走新型工业化道路，走出一条既能保持生态安全，又能使人、自然和社会协调发展的经济发展之路。因而，如何协调生态安全和经济发展是亟须解决的首要问题，本节认为可以从环境规制机制、循环经济发展、生态补偿机制、企业生态安全意识以及绿色消费等几个方面来解决。

一、完善环境规制机制

（一）环境规制机制的现状分析

环境污染带来的问题会对水生态安全、大气生态安全和某些资源生态安全造成一定的威胁，因而对环境污染的控制和治理是必需的。目前，环境规制机制是我国控制和治理环境污染的重要手段之一。尽管这种机制对我国的环境污染控制与治理取得了一定的效果，但是随着时间的推移，不断地显露出许多弊端。

第一，环境规制设计理念存在误区。当前，我国对维护生态环境和经济发展关系的认识不够，仍然以传统经济学的观点来理解环境规制及其效果。传统的环境经济学认为，实行环境规制必然会导致企业成本支出大量增加，效率降低；而政府也假定企业是以牺牲环境来谋取利益的。基于这种理念，政府制定的环境规制必然遭到追求利润最大化的企业的抵制。正是长期受此影响，我国的环境规制机制施行效果总是深陷泥潭。

第二，"命令—控制"型环境规制执行成本较高。一直以来，我国的环境规制都是以"命令—控制"型环境规制为主。这种规制机制对于环境污染的控制和治理效果是直接且明显的，但是它的目标仅是维护生态环境、控制企业对环境的污染程度。然而，从机制实施的实际效果来看，这一机制在改善生态环境质量的同时，可能导致大量的交易成本从而造成效率损失。泰伯格发现，要实现同样程度的污染控制，命令控制型的规制成本相当于最小费用手段的 2～22 倍。

第三，规制制定条件不严以及监管不到位。随着全球经济的发展，人们生态环境意识的提高，国内外越来越大的环境压力促使许多国家加强了对环境的规制。然而，我国采取的环境规制制定条件却过于宽松。我国许多企业仍然采用末端治理的模式，其目标仅是污染物的达标排放以及废弃物的临时处置。它们忽视了生产过程中的各个环节的污染控制问题，而这产生的内在成本很高。另外，由于环境规制机制设计的问题和监管机制的疏忽，导致许多企业"钻空子"，从而进行非法排污，即使被发现它们所受惩罚也很轻。目前，我国法律规定的环保部门的最高处罚只为 100 万元，这对于某些污染企业来说根本没有威慑力。

专栏 5-1　环境规制概述

环境规制是社会规制的一项重要内容，是指由于环境污染具有负外部性，政府通过制定相应政策和措施对厂商等的经济活动进行调节，其目的在于实现持续环境与生态安全和经济发展的相互协调。一般地，环境规制机制包含两种类型：一是"命令—控制"型环境规制；二是"市场—激励"型环境规制。长期以来，包括发达国家在内的大部分国家都是以"命令—控制"型环境规制为主的。

"命令—控制"型环境规制是一种传统的环境规制手段，其主要方法是管制机构通过法律和行政手段制定并执行各种不同的标准准则来改善环境质量从而维持生态安全。"命令—控制"型环境规制主要是通过法律和行政手段来执行，而法律和行政手段都具有强制性和制裁性，因而"命令—控制"型的环境规制能快速地达到控制和治理污染从而缓解生态安全威胁的目的。然而，由于信息不对称，规制制定者无法获得每一个污染源的成本信息，只能设定统一的标准，这样减轻了规制制定机构的负担，但是它却不能以最优的效率来减少排污量。

"市场—激励"型环境规制机制的设计是通过市场信号来激励人的行为动机，而不是通过设定明确的各项标准来约束人的行为。这种机制设计可以使私人在追求自己利益的过程中，既达到生态安全标准的要求，又能取得社会的收益，主要包括排污费、可交易的排污许可证制度、押金返还制度等。另外，这种机制具有低成本高效率和技术革新及扩散的持续激励。

（二）环境规制机制的完善建议

从上述的环境规制机制存在问题中可以发现，要确保生态安全，完善环境规制机制的任务已经迫在眉睫。

首先，需更新观念以合理设计环境规制。以动态的视觉来重新审视和处理生态安全和经济发展的关系，这样才能有效地设计和利用有益于生态安全和经济发展的环境规制。哈佛著名的战略管理学家迈克尔·波特教授认为，有效的环境规制在提高企业成本的同时，可通过创新补偿与先动优势等途径为企业创造收益，部分或全部弥补企业遵循环境规制的成本，甚至会给企业带来收益。在这意义上，这就是"双赢"理念。而这种理念更有利于合理地设计和实践环境规制。

其次，需引进环境规制影响评价分析。目前，我国的环境规制领域还没有影响评价分析，因而环境规制的制定与实施导致的成本过高从而效率损失。引入"成本—收益"分析，可以提高我国环境规制制定与实施的效率。因为，对环境规制机制进行"成本—收益"分析，可以权衡有限的资源如何在污染控制和经济发展的目标中实现最佳的配置，当环境规制机制实施的社会收益大于其所产生的社会成本时，那么其就是有效的。

最后，加大环境规制的严格力度。根据波特理论，严格的环境管制能够激励企业进行必要的创新活动，提高企业的收益。对于我国的末端治理模式，更应该加强监管力度，对生产活动的各个环节进行严格的规制，迫使企业采取清洁工艺进行生产从而达到规制的目的。此外，我国需尽快明确环境产权和各种权责划分，在此基础上采取严格的环境规制机制。

二、推进循环经济发展

党的十六届五中全会通过的"十一五"规划建议明确提出，"要把节约资源作为基本国策，发展循环经济，保护生态环境，加快建设资源节约型、环境友好型社会，促进经济发展与人口资源、环境相协调。"这表明，发展循环经济，从而实现生态安全和经济社会的可持续发展是我国"十一五"期间乃至今后相当长时期内的目标。

（一）循环经济的内涵

循环经济是效仿生态系统原理，采取各种有效的措施，以最小的资源耗费和最小的环境代价，获取最大的经济产出和最小的废物排放，从而实现生态环境、经济和社会效益相统一的一种经济发展模式。其内涵包括两个方面：

一是以生态学为理论基础。循环经济是采取消耗资源和减轻生态环境负荷相结合的生产方式，提倡生态安全和经济相统一的可持续发展，要求把各种经济活动对生态环境的影响控制在其可自我修复的范围之内，把伴随经济产出的废物排放控制在生态环境的自净能力范围之内。

二是物质流通为"闭循环"。循环经济就是物质在各种经济活动中都遵循"消耗的资源—产品和废弃物—废弃物再利用—新的资源"的闭循环系统，体现的是一种网状的经济可持续发展模式。在这个闭循环系统当中，既降低了资源消耗，又提高了资源的利用效率，是一种环境友好型的经济发展方式。

（二）循环经济的原则

循环经济是经济发展到一定阶段的必然产物，其能够为社会带来巨大的财富和经济效益。在其整个生产过程中遵循"减量化、再利用、再循环、再组织"的原则，如图 5-3 所示。每一个原则对循环经济的运转具有很重要的影响。

图 5-3　循环经济内涵示意图

减量化原则是在生产的源头对经济发展与生态环境的协调，是环境保护和环境治理的前提和基础。它要求尽量减少对资源的消耗，尤其是会产生大量污染物的资源和不可再生资源。

再利用原则是一种在生产中间过程对经济与生态环境关系的协调，提倡产品的重复使用，延长产品的使用寿命，扩大产品的利用价值，减少对一次性产品的使用，而呼吁"菜篮子"时代的重新来到。

再循环原则是在生产的末端对经济发展与生态环境的协调。旨在通过再次利用变废为宝，从而减少最终处理量。资源的再循环可以分为原级资源化和次级资源化，前者是将污染物改造为同类产品，后者是将污染物改造为不同类产品，原级资源化的实际利用更为广泛。

再组织原则是我国学者提出的一种循环经济发展原则，它贯穿于生产活动的各个系统，目的是达到资源的优化配置，使资源在不同企业、行业、产业达到最合理的分配和使用。

专栏 5-2　当今世界上循环经济的 4 种模式

（1）杜邦模式——企业内部的循环经济模式。通过组织厂内各工艺之间的物料循环，延长生产链条，减少生产过程中物料和能源的使用量，尽量减少废弃物和有毒物质的排放，最大限度地利用可再生资源，提高产品的耐用性等。杜邦公司创造性地把循环经济三原则发展成为与化学工业相结合的"3R 制造法"。通过放弃使用某些环境有害型的化学物质、减少一些化学物质的使用量以及发明回收本公司产品的新工艺，到 1994 年已经使该公司生产造成的废弃塑料物减少了 25%，空气污染物排放量减少了 70%。

（2）工业园区模式。按照工业生态学的原理，通过企业间的物质集成、能量集成和信息集成，形成产业间的代谢和共生耦合关系，使一家工厂的废气、废水、废渣、废热或副产品成为另一家工厂的原料和能源，建立工业生态园区。典型代表是丹麦卡伦堡工业园区。这个工业园区的主体企业是电厂、炼油厂、制药厂和石膏板生产厂，以这 4 个企业为核心，通过贸易方式利用对方生产过程中产生的废弃物或副产品，作为自己生产中的原料，不仅减少了废物产生量和处理的费用，还产生了很好的经济效益，形成经济发展和环境保护的良性循环。

（3）德国 DSD——回收再利用体系。德国的包装物双元回收体系（DSD）是专门组织回收处理包装废弃物的非赢利社会中介组织。1995 年由 95 家产品生产厂家、包装物生产厂家、商业企业以及垃圾回收部门联合组成。目前有 1.6 万家企业加入，它将这些企业组织成为网络，在需要回收的包装物上打上绿点标记，然后由 DSD 委托回收企业进行处理。任何商品的包装，只要印有它，就表明其生产企业参与了"商品包装再循环计划"，并为处理自己产品的废弃包装交了费。"绿点"计划的基本原则是：谁生产垃圾谁就要为此付出代价，企业交纳的"绿点"费由 DSD 用来收集包装垃圾，然后进行清理、分拣和循环再生利用。

（4）日本的循环型社会模式。日本在循环型社会建设方面主要体现在 3 个层次上。一是政府推动构筑多层次法律体系。2000 年 6 月日本政府公布了《循环型社会形成促进基本法》，这是一部基础法。随后又出台了《固体废弃物管理和公共清洁法》《促进资源有效利用法》等第二层次的综合法。在具体行业和产品第三层次立法方面，2001 年 4 月日本实行《家电循环法》规定废弃空调、冰箱、洗衣机和电视机由厂家负责回收；2002 年 4 月本政府又提出了《汽车循环法案》，规定汽车厂商有义务回收废旧汽车，进行资源再利用；5 月底，日本又实施了《建设循环法》，到 2005 年，建设工地的废弃水泥，沥青、污泥、木材的再利用率要达到 1.0%。第三层次立法还包括《促进容器与包装分类回收法》《食品回收法》《绿色采购法》等。二是要求企业开发高新技术。首先在设计产品的时候就要考虑资源再利用问题，如家电、汽车和大楼在拆毁时各部分怎样直接变为再生资源等。三是要求国民从根本上改变观念，不要鄙视垃圾，要把它视为有用资源。堆在一起是垃圾，分类存放就是资源。

资料来源：毕勇田. 循环经济发展的国际借鉴[J]. 商场现代化，2008（6）.

（三）推进循环经济发展的措施

发展循环经济是涉及经济、社会、资源和生态环境等方面的复杂系统工程，需要政府、企业、公民和各种相关机构的共同参与以及配合，需要各种新技术的支持，从多方面来推动其顺利发展。可以从下面几点来推进循环经济发展。

第一，突出政府在推进循环经济发展中的职能。政府要大力支持循环经济的发展，推出产业、财税、金融等政策，鼓励各行业或企业发展循环经济。另外，政府要为推进循环经济的发展提供良好的外部条件，按照市场规律办事，把工作重点从单纯的行政管理转变到公共服务上去，以点带面，积极推进循环经济的发展，形成经济与生态环境和谐发展的模式，实现生态安全的目标。

第二，依赖于技术创新推动循环经济发展。循环经济必须有一定的技术支持，否则循环系统中的"变废为宝"就没法进行，从而阻碍循环系统的良性发展。比如日本，在整个生活过程中，依赖于先进的科学技术创新基本做到了废物的减量化、资源优化（综合利用）和无害化（污染治理），使污染物做到了达标（浓度达标和总量达标）排放，有效地减轻甚至消除了水污染对人们生活的威胁。因而，要加大科技投入，积极培养技术队伍，构建以高新技术为基础的循环经济发展框架。使科学技术在发展循环经济的过程中，为节约资源、维护生态环境、控制和治理污染、优化经济发展质量发挥重要的作用。

第三，在不同层次进行循环经济的试点示范。循环经济的发展有企业、产业园区、城市或区域等不同的层次。这些层次相互依赖，从小到大的递进关系，前者是后者的基础，后者是前者的发展平台。在各个不同的层次进行试点示范，观察其效果，有的放矢地修正各项实行措施或手段，逐步地在更大的范围内发展循环经济，最终在整个社会建立循环经济发展体系。如图 5-4 所示，我国某制糖企业实施循环经济较为典型。

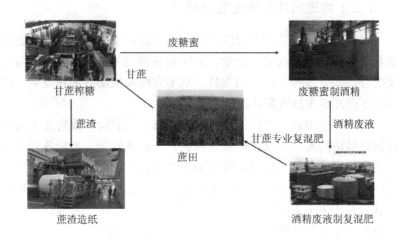

图 5-4　我国某制糖企业的循环经济工业链示意图

三、建立合理的生态补偿机制

我国在生态安全维护的过程中，出现了生态效益和相关的经济效益在维护者与受益者，破坏者与受害者之间的不公平分配，导致了受益者无偿占有生态效益，维护者没得到应有的经济激励；破坏者未能承担破坏生态的责任和成本，受害者没得到应有的经济赔偿。这种生态效益与经济利益关系的扭曲，不仅使中国的生态安全面临很大困难，而且也影响了地区之间以及利益相关者之间的和谐。为此，建立合理的生态补偿机制，以调整生态效益和经济效益之间的公平分配，从而协调生态安全和经济发展的关系，乃当务之急。

（一）生态补偿机制的内涵

尽管已有一些针对生态补偿的研究和实践探索，但国际上尚没有关于生态补偿的较为公认的定义。综合国内外学者的研究并结合我国的实际情况，我们认为：生态补偿是以保护和可持续利用生态系统服务为目的，以经济手段为主调节相关者利益关系的制度安排。更确切地说，生态补偿机制是以维护生态安全，促进人与自然和谐发展为目的，根据生态系统服务价值、生态保护成本、发展机会成本，运用政府和市场手段，调节生态保护利益相关者之间利益关系的公共制度。对生态补偿的理解有广义和狭义之分。广义的生态补偿既包括对生态系统和自然资源保护所获得效益的奖励或破坏生态系统和自然资源所造成损失的赔偿，也包括对造成环境污染者的收费。狭义的生态补偿则主要是指前者。鉴于本书研究的目的，本书主要采用狭义的定义。

生态补偿主要包括以下几点内容：一是利用经济手段内化经济效益的外部性；二是对生态系统本身维护（恢复）或破坏导致的成本进行补偿；三是对个人或区域维护生态系统的投入或放弃发展所产生的机会成本的经济补偿；四是对具有重大生态价值的区域或对象进行保护性投入。

（二）生态补偿机制的国内外现状

1. 国外生态补偿机制的现状

建立生态补偿机制也是当今国际上的潮流，许多国家都实施了生态补偿机制。国际上，比较通用的"生态补偿"是"生态服务付费"（PES）或者是"生态效益付费"（PEB），主要包括 4 种类型：直接公共补偿、私人直接补偿、限额交易计划（如欧盟的排放权交易计划）和生态产品认证计划。

从各国具体实施的 PES 来看，在各种领域的生态补偿都有相应的具体政策和措施。森林生态系统的补偿，主要通过生物多样性保护、碳蓄积与储存、景观娱乐文化价值实现等途径进行。欧洲排放交易计划（EU-ETS）与京都清洁发展机制是目前国际上两个最大的、最为人们所了解的碳限额交易计划。

在流域生态补偿方面，比较成功的例子包括：纽约水务局通过协商来确定流域上下游水生态安全维护的责任与补偿标准等；南非则将流域生态维护与恢复行动与扶贫活动有机地联系起来，每年通过投入约 1.7 亿美元雇用弱势群体来进行流域生态保护，改善水质，增加水资源供给；澳大利亚通过联邦政府的财政补贴，来推进各省的流域生态维护以及相关的管理工作。

在农业生态补偿方面，美国、瑞士和欧盟均采用立法的方式，以补偿退耕休耕等措施来确保农业的生态安全。譬如，纽约州曾颁布了《休伊特法案》，恢复森林植被；美国政府于 20 世纪 50 年代实施了保护性退耕计划，80 年代实施了类似于荒漠化防治计划的"保护性储备计划"。

在矿产资源生态补偿方面，美国与德国的做法类似。对于立法前造成的生态破坏问题，由政府负责治理。德国是由中央政府以及地方政府共同出资成立专门的矿山复垦公司来负责生态恢复的工作；而美国则是以基金的方式筹集资金来治理矿产方面的生态破坏问题。对于立法后造成的生态破坏问题，则由开发者依法治理和恢复。

对于生物多样性等自然保护的生态补偿主要是通过政府补贴和基金会筹资来进行的，或者是结合其他方面的生态补偿一起进行。

总之，国外生态补偿机制的实施都有比较强的理论基础和法律依据，且具备严格的执行监督体系，充分利用市场手段和其他多方面的融资渠道，初步建立了比较完善的生态补偿框架体系。

2. 国内生态补偿机制现状

我国于 20 世纪 80 年代对云南的昆阳磷矿为试点，每吨矿石征收 0.3 元，作为采矿区植被恢复和生态破坏的治理，意味着我国探索生态补偿机制的开始。经过 20 多年的发展，我国在探索建立生态补偿机制来协调生态安全与经济发展的关系方面积累了不少经验，总体而言，目前我国生态补偿实践主要集中在森林与自然保护区、流域和矿产资源开发的生态补偿等方面。与国外发达国家相比，我国的生态补偿机制的建设还处于初级阶段，总的来看，存在以下几个问题：

一是生态补偿政策本身存在漏洞。目前，我国陆续出台了与生态补偿相关的政策有十多项，但是仅有《关于开展生态补偿试点工作的指导意见》是专为生态补偿而制定的，其他均是带有较强部门色彩的政策，其目的不是生态补偿。其结果往往会出现部门利益化或者利益部门化的现象。此外，由于协调机制的不健全，在制定政策的过程中，没有利益相关者的参与，最后使得制定出来的政策与实际的需求大相径庭。

二是生态补偿标准偏低。目前，我国的生态服务定价不够完善，主要还是由政府统一定价，补偿标准比较单一，未能真正协调各个利益相关者之间的关系，也就不能真正调动人们维护生态安全的积极性。比如，在农村的退耕还林补偿中，某些地方每亩退耕还林土地补偿 140 元，种苗费 50 元，管护费 20 元，但是这一补偿标准远远低于农民在这一土地上进行农业生产所获得的经济收益，必然影响农民响应并参与土地生态安全维护的积极性。

三是生态补偿的范围偏窄。由于我国的生态补偿主要是集中在森林与自然保护区、流域和矿产资源开发的生态补偿等方面，且仅在某些地方开展。一些提供了大量生态服务或产品的地方、企业和个人并没有得到相应的补偿，与此同时，一些严重破坏了生态或者是生产了威胁生态安全产品的地方、企业和个人没有得到相应的惩罚。而在国外许多国家的生态补偿范围已经很广。

四是生态补偿资金缺乏。维护生态安全是一项复杂工程，需要大量资金的投入。而我国的生态补偿资金仅仅是财政转移支付和专项基金两种来源，其中财政转移支付是最主要的资金来源。并且，目前我国的财政转移支付又是以纵向转移支付为主，即中央向地方的转移支付，而地区之间、流域上下游之间等的横向转移支付非常少，从而大大限制了我国生态补偿机制的建设。

专栏 5-3 我国生态补偿实践

目前，我国生态补偿的实践工作主要集中在森林与自然保护区、流域和矿产资源开发等方面。

一是森林和自然保护区方面。我国对于森林和自然保护区的生态补偿工作起步较早，取得了一定的效果，建立了森林生态效益补偿基金制度，开发了天然林保护、退耕还林等六大生态工程，这都是对长期破坏造成生态系统退化的补偿。一些相关的政府与措施有：

1992 年国务院批准国家体改委《关于 1992 年经济体制改革要点的通知》（国发[1992]12 号），明确提出"要建立林价制度和森林生态效益补偿制度，实行森林资源有偿使用"；

1993 年国务院《关于进一步加强造林绿化工作的通知》（国发[1993]15 号），指出"要改革造林绿化资金投入机制，逐步实行征收生态效益补偿费制度"；

1993 年国家环保局发布的《关于确定国家环保局生态环境补偿费试点的通知》（2002 年废止）；

1998 年修订的《森林法》第六条明确表明"国家设立森林生态效益补偿基金，用于提供生态效益的防护林和特种用途林的森林资源、林木的营造、抚育、保护和管理"；

2001—2004 年为森林生态效益补助资金试点阶段；

2004 年正式建立中央森林生态效益补偿基金，并由财政部和国家林业局出台了《中央森林生态效益补偿基金管理办法》。

二是流域的生态补偿方面。我国流域生态补偿方面，主要集中于地方的城市饮用水源地保护和行政辖区内流域的上下游生态补偿。例如北京市与河北省境内水源地之间的水资源保护协作、广东省对境内东江等流域上游的生态补偿、浙江省对境内新安江流域的生态补偿等。应用的主要政策手段是上级政府对被补偿地方政府的财政转移支付，或整合相关资金渠道集中用于被补偿地区，或同级政府间的横向转移支付。另外，有的地方也探索了一些基于市场机制的生态补偿手段，如水资源交易模式。浙江省东阳市与义乌市成功地开展了水资源使用权交易，经过协商，东阳市将横锦水库 5 000 万 m³ 水资源的永久使用权通过交易转让给下游义乌市。在宁夏回族自治区、内蒙古自治区也有类似的水资源交易的案例，上游灌溉区通过节水改造，将多余的水卖给下游的水电站使用。在浙江、广东等地的实践中，还探索出了"异地开发"的生态补偿模式。为了避免流域上游地区发展工业造成严重的污染问题，并弥补上游经济发展的损失，浙江省金华市建立了"金磐扶贫经济开发区"，作为该市水源涵养区磐安县的生产用地，并在政策与基础设施方面给予支持。

三是矿产资源开发方面。我国自从 20 世纪 80 年代起实施并不断完善，对矿产资源开发征收矿产资源税，促进资源开发合理利用；1994 年又开征矿产资源补偿费，目的是保障和促进矿产资源的勘察、保护与合理开发；1997 年实施的《中华人民共和国矿产资源法实施细则》对矿山开发中的水土保持、土地复垦和环境保护做出了具体规定，要求不能履行水土保持、土地复垦和环境保护责任的采矿人，应向有关部门交纳履行上述责任所需的费用，即矿山开发的押金制度；在各地的实际操作过程中，多是按照矿产资源销售量或销售额的一定比例征收生态补偿费，用于治理开发造成的生态环境问题。

资料来源：李文华，等. 生态补偿机制课题组报告[J]. 中国环境与发展国际合作委员会，2005，2.

（三）加快推进生态补偿机制的建立

国外生态补偿机制的许多经验都值得我们国家去借鉴，但是鉴于历史、文化、社会以及经济发展等各方面的差异，又决定了我国不能照搬其他国家甚至发达国家的经验措施，因此，我国必须在吸收和借鉴国外生态补偿先进经验的基础之上，探索出适应我国基本国情的生态补偿机制。

首先，要完善生态补偿的政策体系。建立生态补偿机制，首先必须完善相关的法律保障机制。而研究表明，生态补偿的立法已经是当务之急，需要把补偿方式、范围、对象、标准等事项以法律的形式规定下来，并制定相关的惩罚措施以强制执行。同时理顺环保基本法和其他环境资源法律、法规之间的关系，建立统一、协调、完善的自然资源生态利益补偿制度，规范各级政府的行政行为。

其次，要科学地制定生态补偿标准。建立生态补偿机制，最核心的内容就是确定补偿标准，而该标准往往又是最难确定的。因此，我国必须加大对各种生态服务功能与其价值的研究，以及生态服务与其他要素之间关系的研究，从而科学地制定生态补偿标准。用科学的方法去计算生态补偿或生态保护的效益。尽管计算得不是很精确，但只有根据这个参考值，生态补偿才能量化，才能避免上下游的争议。浙江省在这方面有较好的经验，浙江省对生态补偿制度的做法是实行"4个原则"，即"谁保护，谁得益""谁改善，谁得益""谁贡献大，谁多得益""总量控制、有奖有罚"。关于第3项，浙江省的做法是：设立一个水和大气环境质量的警戒指标标准，对环境质量改善的地区，实行"奖励补助"，对环境质量下降的地区，实行"扣罚"。

再次，要合理地进行生态补偿。在国外，许多国家进行的生态补偿范围较大，特别是欧盟，几乎对于所有环境友好的措施都进行了补偿。然而，这种全面的补偿是与经济实力息息相关的。在我国经济实力还不够强的前提下，应该对我国的生态安全问题进行全面评估，进行有计划、有重点的生态补偿。

最后，要完善生态补偿的投融资体制。资金的缺乏限制了生态补偿的开展，因此，我国必须完善生态补偿的投融资体制，改变当前单一的融资体制，向国家、集体、企业和个人共同参与的多元化融资方式转变，尽快建立横向转移支付机制，同时通过利用国债、开发贷款以及国际组织和外国政府的贷款或赠款，从而形成多渠道、全方位的生态补偿储备资金，有效地推进生态补偿的展开。

四、增强企业维护生态安全的意识

20世纪70年代，以企业及其利益相关者为对象，以维护生态安全节约自然资源为目标的企业生态教育活动就已经在发达国家相继展开，其企业维护生态安全的意识得到有效提高。而我国企业的生态意识仍较弱，在企业运营过程中资源和能源浪费严重，以单位 GDP 产出能耗来计算能源使用效率，我国与发达国家差距极大。据相关统计资料，日本为 1，意大利为 1.33，法国为 1.5，英国为 2.17，美国为 2.67，加拿大为 3.5，而我国高达 11.5，相差 4 倍以上。因此，随着市场经济全球化进程中企业维护生态安全责任的拓展，对于我国的企业来说，增强其维护生态安全的意识是一项重要而紧迫的任务。

（一）加强对企业相关人员的生态环境教育

企业是生态安全问题的主要制造者，因此对企业进行生态环境教育的成败决定着整个社会生态安全教育乃至整个生态安全维护事业的成败。加强企业生态环境教育主要包括如下几方面的内容：

首先，在重点行业或企业开展清洁生产的技能培训和教育。对于我国化工、石化、轻工、建筑、纺织、材料等重点行业企业的经营者、管理者和与资源消耗、能源利用和污染排放等工作相关的工作人员进行清洁生产的宣传教育和技能培训，使其明白资源稀缺性以及生态安全的重要性，掌握本行业或者本岗位维护生态、保护环境、减少资源和原材料的消耗、减少污染物排放量的基本知识、基本方法和基本技能，这是从根本上解决生态安全问题的基础工作。为提高培训效用，可以分几个层次进行，比如，高层管理人员，中层管理人员，普通岗位的工作人员，从而能够提高企业中从高管到普通员工的生态安全意识。

其次，在重点企业开展清洁生产审计。对于我国一些排放污染量较大的企业，在进行生态环境教育的同时，还要开展清洁生产审计。经过清洁生产审计，找出污染物产生的部位，分析污染物产生的原因，从而规划出减少或消除污染物的具体办法。并且，要让企业所有与生产相关的工作人员都了解这个审计过程。在此基础上，推动企业采取清洁生产技术，分析产品的生命周期，进行产品的生态设计，从而提出产品的清洁生产计划。

最后，在企业内开展生态企业建设工作。企业管理要规范化、有计划、有措施、有制度；生态环境教育制度要健全，教育要有针对性、有检查和考核，要求企业员工掌握生态环境知识和相关的法律法规，把维护生态安全的思想融入本职工作中去；企业要优先购买有环境标志和对生态安全危害小的办公用品；企业非生产性能源节约要有相关的措施，设置废旧物处理箱；引导大家积极参加维护生态安全的公益活动。总之，要从各方各面来加强对企业相关人员的生态环境教育。

（二）加强企业社会责任心

自觉履行社会责任是企业公民的宗旨，是企业可持续发展的必由之路；而把维护生态安全的责任上升为企业公民必须遵守的"法定社会责任"，正逐渐成为广大企业的共识和自觉行动①。

企业是社会最主要的经济主体，在其履行经济职能，为社会提供生产和服务的同时，也为社会带来了一些具有负效应的副产品，比如，废水、废气、废物。这些副产品会威胁国家的生态安全、维护人的生命健康和影响社会的正常发展。尽管这些副产品当中，有的是不可避免的，有的是无意造成的，但是其不良的影响后果却是一个活生生的事实。而企业往往强调实现经济利益，而忽略生态的价值，从而导致企业在制度层面上忽视了生态安全的重要性。作为生态安全问题的主要制造者，企业应当也必须为其造成的生态安全问题予以重视，并承担相应的社会责任。

目前，西方国家在履行维护生态安全的社会责任方面已经取得了一定的进展，许多企业都有专门的伦理官员、正式的生态安全维护责任履行计划、系统的项目设计、科学的决策机制和完善的执行程序与控制系统。我国正处于经济高速发展阶段，国外发达国家正在向我国转移高污染、高能耗的产业，而我国未来的发展中面临最大的"瓶颈"又是能源安全问题。因此，我国的企业在生态安全方

---

① 刘卫华. 企业公民的环境责任和可持续发展[J]. 世界环境，2008（3）：17.

面面临着巨大的挑战，从而理应承担更多的社会责任。而我国企业
联合会、企业家协会执行副会长兼理事长陈兰通在"第二届中国雇
主论坛"上强调："中国社会主义市场经济建设，中国经济的可持
续发展，中国社会的进步，都有赖于企业社会责任的增强"。此外，
增强企业维护生态安全的社会责任不仅能为其树立优秀的企业形
象，而且能够提高企业和产品的市场竞争力。

　　因此，对于企业来说，在项目投资、成本核算、技术开发中，
应把生态环境因素纳入决策因素，切实履行好维护生态安全的企业
社会责任。

专栏 5-4　深圳绿色采购打造生态产业链

　　经核定，信泰光学（深圳）有限公司的污染防治设施运转正常，
且未发现其他环境违法行为。广东省深圳市环保局于 2009 年 4 月将
这一函发给绿色采购协议合作单位。信泰光学（深圳）有限公司（以
下简称"信泰光学"）获得"特赦"后开始恢复正常运转。

　　"信泰光学"曾因擅自增设电镀生产线，构成环境违法行为，被
深圳市环保局予以行政处罚，并被列入环境违法企业名录中。奥林
巴斯公司加入了绿色采购协议，作为"信泰光学"产品的下游采购
商，按照协议暂停采购其产品，这使"信泰光学"倍感压力。

　　仅奥林巴斯公司每年就向信泰光学累计下达 1 亿美元的订单。
被暂停采购后，他们损失惨重。被制裁后，该公司迅速行动起来，
委托具备资质的单位将增设的电镀生产线全部拆除，并已完成保险
公司的勘察定损工作。并表示，以后一定不会再有环境违法行为。

　　2008 年共有 6 家企业因环境违法问题被下游企业暂停采购，涉
及金额达 7 亿元。这一决定是下游企业根据《深圳市企业绿色采购合
作协议》（以下简称《协议》）做出的。《协议》规定，环保部门将定
期向合作企业免费提供有关环保诚信与违法信息，为企业绿色采购提
供技术指导和信息咨询服务等；企业则承诺进行更加全面的绿色采
购，每季度向深圳市环保局通报绿色采购落实情况，并在重点排污企

业存在严重环境违法行为时，原则上不采购这类企业的产品或服务。

为落实这一《协议》，深圳市环保局建立了绿色采购信息共享平台，及时公布与更新最新的环境信息，并以适当形式将信息及时通知合作企业，以帮助合作企业调整采购策略，增强预防与规避环境风险的能力。同时，深圳市环保局还将定期修改完善《深圳市企业绿色采购信息指引》，为实施绿色采购的企业提供方法指导和信息指引。

据了解，传统的企业环境管理仅局限于废物末端治理，不仅成本高，而且无法从源头上解决废物问题。随着环境问题日益呈现出复杂化和全球性的特点，很多污染问题仅凭企业内部的环境管理无法解决；加之产品制造外包的出现，使采购企业和供应企业间的联系更加紧密，也将一部分环境问题的责任转移给上游供应企业。因此，迫切需要转变生产模式和消费模式，实行产业升级优化。在上下游企业间建立环保责任制，引入绿色发展机制，在采购和消费环节对生产企业提出生态安全的维护要求。

为加大对环保诚信企业的扶持力度，深圳市准备将环保诚信企业的产品列入政府绿色采购目录，在同等条件下得到优先采购，使环保诚信企业享受到实实在在的好处。目前，这一名录正在提请深圳市政府批准。同时，针对企业绿色采购的特点，下一步，深圳市环保局将建议深圳市政府引导和推动企业加强绿色采购工作。

资料来源：http://www.zhb.gov.cn/hjyw08/200904/t20090410_144827.htm，2009-04-10.

五、提倡人们进行绿色消费

绿色消费是一种兼顾人类整体利益、个人全面发展和生态安全的可持续消费模式，是指人们在选购和使用物质产品和劳务时，既要求对自身健康有利，又要求不危害生态安全，不对子孙后代的生存和发展构成威胁。而在生态安全遭受威胁的当今世界，提倡人们进行绿色消费是一种必然趋势。

首先，绿色消费是一种"节约型"的消费。这里的"节约"是指适度消费，反对铺张浪费。从哲学上讲，凡事要适度，唯有科学把握物质消费过程中的度，才能实现消费本来的目的。适度消费就是在生态安全要求下合理消费的体现，它强调物质资源不是可以无止境地占有的。适度消费是与生产力水平、发展阶段、生态环境相适应的消费模式，它既要满足人类物质生活的需要所必需，同时又要保证人类的持续生存和发展。总之，适度消费要求建立科学合理的消费结构，提倡必需型、健康型、生态化的消费方式，反对奢侈型、形式化的消费方式，消费要与生态环境、人的发展、社会稳定相协调。

其次，绿色消费倡导使用生态安全的绿色产品。所谓绿色产品是经过国家有关部门严格审查的符合生态安全要求的、质量合格的产品，它是从生产到使用再到回收处置的整个过程中，都符合生态安全要求，对生态环境无害，并有利于资源的再生、回收的产品。而国际上对绿色产品的评价是从产品的生命周期来研究其对生态安全的影响，绿色产品的生命周期评价是产品的原材料与所需能源的采集、加工、制造、使用消费、回收利用以及废物处理全部"生命周期"来分析其在"生命周期"各个阶段中对生态安全产生的影响。因此，绿色产品是用清洁的能源或者原材料，并以清洁的生产方式生产出来的能够回收利用的产品。在生活中提倡人们使用绿色产品，既有利于消费者的健康，也利于生态安全的可持续。

最后，绿色消费是可持续发展的重要组成部分。可持续发展要求能满足当代人的需要并且又要考虑后代满足其需要的能力没有受到威胁，它包括了公正性、持续性、共同性原则。可持续发展包括生态的可持续、经济发展的可持续、社会的可持续。而消费的可持续是经济发展可持续的重要条件，当然就是可持续发展的重要内容。可持续发展观即把整个社会的现代化发展都建立在节约资源、增强生态环境承载能力和生态良性循环的基础之上，以实现经济社会的可持续发展。而绿色消费强调在消费过程中的人与自然、经济和社会发展的和谐性，倡导科学合理的消费方式。因此，绿色消费是可持续发展的重要组成部分。

　　因此，绿色消费是实现生态安全的必然要求，是社会文明进步的历史要求，是实现可持续发展目标的必然选择。

专栏 5-5　全球绿色消费排名

　　美国国家地理学会 2008 年 5 月 7 日公布了首份全球民众对消费和环境态度的调查报告。结果显示，巴西和印度人的生活方式对生态环境而言最具可持续发展性，中国人紧随其后，而美国人在所有重要指标上都得分最低，在调查国家中排名垫底。

　　据《国家地理杂志》网站报道，这项 "2008 绿色指数：消费者的抉择与环境——全球跟踪民调" 共调查了 14 个国家的 1 000 名消费者，从住房（面积大小和节能程度等）、运输（通勤模式和距离等）、饮食（是否为本地产品和绿色食品等）和消费品（环保性、可重复使用性等）4 个方面、65 项指标来考察这些国家的居民的生活方式对生态环境和经济的影响。

　　调查显示，巴西和印度的综合得分最高（60 分），显示他们的生活方式最为环保，其中印度人食物以水果和蔬菜为主，而肉类消耗很少，因此饮食习惯最绿色。排名紧随其后的分别是中国（56.1 分）、墨西哥（54.3 分）、匈牙利（53.2 分）和俄罗斯（52.4 分）的消费者。中国在运输这一项中得分最高，因为尽管私家车占有量正在迅速增长，骑车或步行仍是目前绝大多数中国人的通勤方式。

　　反观发达国家的消费者，英国、德国和澳大利亚的 "绿色指数" 得分都是 50.2 分，并列第 7，西班牙以 50 分位居第 10，第 11 位的日本因为居家冷气耗电过多、食物偏爱肉类和海产品等而只得到 49.1 分。排名后三位的分别是法国（48.7 分）、加拿大（48.5 分）和美国（44.9 分）。

　　报告指出，美国人显然最不可能搭乘大众交通工具、步行或骑脚踏车前往目的地，食用当地生产食物的概率也最低。另外，美国人的平均居住面积也是调查各国居民中最大的。在被问及是否会尽量减少用水量时，只有 15% 的美国人给出了肯定回答。

　　总体而言，发达国家比发展中国家居民的人均居住面积更大，而且多装有空调，私家车占有率和独自驾车频率更高，而搭乘公共交通工具的次数更少，因此其"绿色指数"低于后者。但研究者也指出，随着发展中国家经济的持续增长，这种排名也可能会出现变化，因为很多新兴国家的消费者都把发达国家的物质生活水平当做追求的目标。

资料来源：http://news.qq.com/a/20080509/000898.htm，2008-05-09.

第三节　可持续生态安全的经济政策工具

　　经济政策工具是可持续生态安全从而实现可持续发展战略的重要手段，其主旨是通过经济利益刺激和经济补偿约束的方式改变人们的行为。经济政策工具具有经济效率高、风险小、与市场机制紧密结合、能够提供稳定的财政来源和财政支付等特点。可持续生态安全的经济政策工具主要包括环境经济手段、产业政策、资源和能源价格政策、金融政策、财政政策和经济核算制度等几个方面。

一、生态安全的环境经济手段

　　环境经济手段主要是运用税收（费）、信贷、拨款、利润、利息、价格、奖金等价值工具的手段，根据成本—收益分析原则，使得价格反映全部社会成本，引导经济当事人进行行为选择，以便实现改善环境质量和持续生态安全的目标。环境经济手段能使经济主体以他们认为最有利的方式对某种刺激作出反应，其是向污染者自发地和非强制地提供经济刺激的手段。而现如今，典型的环境经济手段主要为排污收费制度和排污权交易。

专栏 5-6　环境经济手段的特点

第一，环境经济手段是与成本—收益分析原则相联系的。一方面，政府要对管理环境与生态的政策手段进行成本—收益分析，在环境生态效益相同时，政策手段成本要最小化；另一方面，有关经济主体能够根据政府确定的经济手段进行成本—收益权衡，选择使得自己利益最大化的方案。

第二，环境经济手段不一定与收费计划相联系。某些财政手段（如管制中的收费）不是经济手段，相反，某些非财政手段，如排污权交易手段则是经济手段。因为它是旨在以最小成本达到一定的环境与生态标准。

第三，环境经济手段对经济主体具有刺激性而非强制性。经济手段对经济主体的刺激性，可以直接改变经济主体的行为。也就是说，经济主体可以基于经济利益的考虑，至少可以在两个不同的方案之间进行选择。

（一）排污收费制度

排污收费制度是建立在庇古税理论之上的，其根据污染排放单位向环境中排放污染物的质量和数量来征收费用，目的是促使污染物减少从而确保水、空气等的生态安全。

"排污收费，超标处罚"是世界上一贯通行的做法。1904 年德国为确保水生态安全，在鲁尔流域实施了废水排放收费，将治理负担按比例分摊给排污者承担。1970 年美国为确保大气生态安全，修订了《清洁空气法》，授予联邦环保局两类罚款权，其中一类就是针对违反《清洁空气法》规定的任何排放标准的固定源。1976 年波兰亦为确保大气生态安全，发布了《对排尘超过许可量的企业罚款》的命令，确立了以排尘为主的超标排污处罚体制。由此可见，大多数国家都实行排污收费制度，对超标排污行为视为违法，追究其法律责任。

而在我国，排污收费制度是确保生态安全的一项基本制度。我国的排污收费制度自 1978 年提出，经历了试行、实施、完善等阶段。实践证明，它对于污染源的治理、控制和"三废"的综合利用等方面起了巨大的作用。然而，我国仍应把握持续生态安全这个目标，继续完善排污收费制度。首先，实行对每一种污染物质征收排污费，收费费率依据污染物浓度而定，费率随浓度的增大可成倍增加，以体现惩罚性。其次，排污收费改为污染征税。一方面，收费改征税有利于真正引起污染者的重视；另一方面，征收污染税后，税收部门成为了唯一的征收管理部门，既有利于解决政出多门、政令不一的现象，又能降低征收成本。最后，在更大范围内建立排污权交易制度。其主要是通过建立合法的污染物排放权利，并允许这种权利像商品那样买入和卖出来进行污染物排放控制。

（二）排污权交易制度

排污权交易是依据科斯原理而制定的一种以市场为基础的经济手段，排污权交易对企业的经济刺激在于排污权的卖方由于超量减排而剩余排污权，出售排污权获得的经济回报实质上是市场对有利于环境的外部经济性的补偿；买方由于无法按政府要求减排而购买排污权，支出的费用实质上是外部不经济性的代价，从而实现公平和效益的统一。

排污权交易最早是由美国提出来的，其主要是为了确保大气和水的生态安全，并逐步建立起排污权交易政策体系。例如，在美国二氧化硫的排污交易体系中，排污许可的初始分配有 3 种形式：无偿分配、拍卖和奖励，且这 3 种形式分配的许可总和相对稳定。通过交易，污染源可将其持有的许可证重新分配，也就是重新分配了二氧化硫的削减责任，使削减成本低的污染源持有较少的许可证，而削减较多的二氧化硫排放量，实现二氧化硫总量控制下的成本最小化。总之，美国通过排污权交易的实施，在维护大气和水的生态安全方面取得了良好的效果。

在我国，自 1991 年引入"可销售的排污权"概念之后，在个别城市进行了试点，总体效果良好。其中，江苏省南通市的排污权交易试点工作重点在于进行排污权交易的管理和运作程序。通过确认存在一家由于治理而拥有闲置二氧化硫排污许可的老企业和一家由于扩大生产规模急需排放许可的新企业后，鼓励这两家企业在保证污染物排放总量不增加的前提下进行"排污权交易"，转让排污许可，既不增加新的环境负荷，又有效利用了资源。因此，我国应该尽快地排除各种障碍，例如市场经济体制、法制体制以及信用体制的不完善等，尽可能地在更大范围内开展"排污权交易"，以更有效的措施达到生态安全的目的。

二、生态安全的产业政策

随着生态安全问题的日益凸显，国家不断出台各种相关政策来化解危机以维护生态安全。其中，产业政策是确保生态安全的政策体系中的一个重要组成部分。所谓产业政策，是指政府为优化产业间的资源分配以及各种产业内企业的经营活动而采取的政策总和，其本质是政府对经济不同程度上的干预。

（一）生态安全的产业政策现状

为确保生态安全，中央政府已经把节能减排作为工作重心之一，同时也作为产业政策的重心。目前，我国确保生态安全的产业政策主要有 3 个取向。第一，对产业进行调整，优化产业结构向节能环保型转变。根据产业结构高度化理论，一个国家的产业结构必须从低级向高级转换，才能使得整个社会的经济持续增长。而产业结构的升级属于重大的战略问题，不是由短期的宏观政策所能应对，必须由产业政策来承担。因此，国家主要从 4 个方面来对产业结构进行升级，如完善行业准入管理制度，加快产能过剩行业结构调整；突出抓好重点行业和企业；鼓励知识密集型和高科技型产业发展；加快推动服务业的发展。第二，促进我国产业的"高度加工化"，逐步克服经济发展对自然资源特别是能源的依赖。为了促进我国产业的"高度加工化"，提高加工深度和层次，国家提出了"振兴装备制造业"的发展战略,并配套相关措施,以将我国的科研能力、设计能力和制造工艺上升到一个新的高度。第三,加快科技投入,提高技术要素的使用率。国家科技支撑计划已全面启动,涉及能源、资源、生态环境、农业、制造业等多个领域,并组织实施重大产业技术开发,重点围绕节能、清洁生产以及资源综合利用等方面的关键、共性技术。如表 5-1 所示为我国近年来维护生态安全的产业政策。

表 5-1 近年来我国关于维护生态安全的产业政策

发布日期	发布单位	政策名称
1997.09.04	国家计划委员会	《水利产业政策》
1999.05.15	中国水利部	《水利产业政策实施细则》
2000.07.27	国家计委和经贸委	《当前国家重点鼓励发展的产业、产品和技术目录》
2005.07.08	国家发改委	《钢铁产业政策》
2005.11.03	云南省政府	《新型工业化 12 个重点产业规划》
2006.03.21	国务院	《关于加快推进产能过剩行业结构调整的通知》
2006.04.29	发改委等七部门联发	《加快煤炭行业结构调整、应对产能过剩的指导意见》
2007.08.28	国家发改委	《关于禁止落后炼铁高炉等淘汰设备转为他用有关问题的紧急通知》
2007.10.23	内蒙古政府	《对电石铁合金等高耗能产品实行限量配额生产》
2007.10.31	国家发改委	《关于严格禁止落后生产能力转移流动的通知》
2009.01.14	国家发改委	《汽车产业调整振兴规划细则》

资料来源: http://cys.ndrc.gov.cn/(中国发改委产业政策司).

总的来说,我国已经意识到生态安全的重要性,并把"节能减排"从经济增长的附属上升为经济增长的前提,从而作为产业政策的重心。然而,为确保生态安全的产业政策体系仍不够完善,产业布局政策和产业技术政策没有明确的规定；缺乏相关配套政策措施；政策出台后执行不到位等，以至于没有真正达到产业政策的目的。

（二）生态安全产业政策的国际比较

为制定一个完善的产业政策以确保生态安全，了解国际上主要国家的产业政策非常重要。

英国对第二产业严格限制：一是限制矿产资源开采企业生产。目前，英国国内大部分的矿山已经关闭停产，所需的矿产资源主要依靠进口供给。其中，英国的煤炭产量也不断减少，从 1913 年的 2.87 亿 t 减少到了 2006 年的 1 858.8 万 t，进口煤炭占了英国煤炭需求量的 70%。二是约束高能耗高污染生产型企业。例如，英国的钢铁产量从 1970 年 2 831 万 t 的历史高位下降到了 2006 年的 1 388 万 t，这充分表明英国对于高耗能高污染产业进行限制取得不错的效果。此外，英国还对第三产业进行节能减排鼓励。由于英国的银行、保险以及商业等服务业已占到了 GDP 比重的 70%，因此英国把节能减排的重点放在服务业上。

日本对钢铁产业施行节能政策。日本在经济泡沫破灭后，国家鼓励各钢铁企业一方面通过保持合理规模在新体制下大力发展高端产品的出口，另一方面在经济团体联合会的统一布置下，组织制定了以减排二氧化碳为中心的 2010 年企业节能环保志愿计划，推动了钢铁工业新一轮节能环保技术的发展。并且，日本出台了相关配套的详细措施。比如，在政府和自治体的协作下扩大钢铁厂对废塑料的利用和低温余热供社会利用；大力开发高强度钢材和低电阻电工钢板等节能钢材；加强节能、环保的国际协作和技术转让，为全球减排二氧化碳作贡献；重视厂内废钢再生利用并不断采用新技等。从而，日本不仅增强了钢铁的国际竞争力，而且使成为世界上吨钢能耗最低的国家，成为国际钢铁能耗的"标杆"。

韩国重视产业结构的合理规划实现节能以利于生态安全。比如，韩国为了发展钢铁工业，规定了扶持其发展的相关政策。韩国政府考虑到由于本国缺乏高炉用的炼焦煤和铁矿石这一实际情况，为确保高炉厂的规模效益，规定只允许浦项一家企业建高炉，其他则发展电炉钢。电炉所需废钢除 50%是进口外，其余则在政府积极组织下回收，大力开展全民回收废钢的运动。因而，韩国的钢铁工业得到迅速发展，同时又促进了众多电炉钢厂的合理快速发展，使造价、能耗和成本低的电炉钢占有较大的比重，从而达到节能的目的，进而维护生态安全。

欧洲各国的产业政策规定产业的发展所需能源要尽可能地使用可再生能源。其中，冰岛位于北大西洋中部，北美和欧洲两大板块交界处，地壳活动活跃，地热资源得天独厚。冰岛可再生能源约占能源消耗总量的 70%，其中地热约占 55%，水电占 17%，余下 30%主要是用于交通行业的化石能源消耗。全国几乎 100%的用电量都是由地热或水电提供，建筑加热保温以及全国热水供应也基本上都是由地热提供能源。目前，冰岛是世界上最干净的国家，是维护生态安全方面的典范。

可见，世界上许多国家的产业政策都注重节能减排，并且有相应的配套措施，取得不错的政策效果，均值得我国借鉴。

（三）生态安全的产业政策建议

历史经验表明，确保生态安全，通关的唯一秘诀就是实现发展方式的转变和经济结构的转型，将高消耗型转为"节约型"，将高污染型转为"清洁型"，将高速增长型转变为协调发展型。因而，我国确保生态安全的产业政策应该包括如下几个方面：

第一，重新调整工业特别是重工业发展方向，优化工业结构和提升竞争力。要继续完善相关政策措施，有效遏制重化工，特别是"两高"行业的盲目扩张；坚决遏制"两高"产品出口的过快增长；要积极推进工业科技化、信息化，推进重大装备和关键零部件自主研发。

第二，从实处落实节能减排任务，推进"两高"行业结构优化。国家要加大力度淘汰落后产能行业，建立完善落后产能推出的长效机制。要鼓励发展低能耗、低污染的先进生产能力，根据不同行业情况，适当提高建设项目在土地、环保、节能、技术、安全等方面的准入标准。特别是对于我国生态脆弱区的产业建设，要建立适宜的产业准入制度，限制或降低人类的干扰程度，使有效克服生态脆弱区生态环境脆弱性的根本所在。要积极推进用能产业或企业的节能降耗。

第三，合理调整产业布局，协调各区域经济发展。要采取区别对待、分类指导，鼓励发达地区加快产业结构升级步伐，支持经济发展相对落后地区发展具有比较优势的特色产业；引导老工业基地发展先进制造业、振兴装备制造业；重点发展与各地区生态环境相适宜的特色产业和环境友好产业（如图 5-5 所示为我国江苏东台建立的绿色产业基地），特别是生态脆弱区的产业发展更要慎重，从而使得整个社会产业布局合理化，以利于维护生态安全。

图 5-5　江苏东台的绿色产业基地

总之，我国实现现代化不仅要着力把产业做强做大，而其要注重节约资源、维护生态，特别要加快形成节约能源资源和保护生态安全的产业结构、增长方式和消费模式，要大力发展循环经济，逐步改变高耗能、高排放产业比重过大的状况，从而使产业结构得以优化，并促进生态安全。

三、生态安全的资源和能源价格政策

在确保生态安全历史重任的过程中，能源安全乃重中之重。随着国际能源价格的上涨，愈加反映出全球资源和能源的稀缺。然而，我国仍对能源价格进行管制和补贴来压低价格。2006 年，中石化全年得到财政补贴 50 亿元，2007 年 49 亿元，2008 年一季度增加到 74 亿元。随着国际油价高涨，这个数字在不断攀升。2008 年仅 4 月份一个月就收到财政补贴 71 亿元，但中石化认为补贴连亏损的一半都还不够。这说明，我国过低的能源价格一定程度上鼓励和放大了能源消费，造成资源和能源浪费，加剧了能源供求矛盾和稀缺压力，对能源安全产生巨大威胁。因此，为确保生态安全，资源和能源价格政策的调整是必要选择。

（一）生态安全的资源和能源价格政策现状

目前，大部分产品价格都由市场供需决定。但是，仍然存在价格体系的扭曲现象，突出表现在原材料价格偏低和一些资源能源的低价甚至无偿使用。第一，我国水价由政府定价且价格偏低。瑞士达沃斯世界经济论坛年会 30 日发布报告说，为给农业灌溉和水库提供水源，全球 70%的主要河流面临枯竭。但在许多地区，廉价的水资源长期被浪费和过度使用，全球许多地方正处于"水破产"边缘，严重威胁水安全。同样，我国水价水平总体偏低，绝大多数地区水价远没有达到供水成本水平，多数灌区现行农业水价只有供水成本的 30%～60%，有些水利工程甚至无偿供水，大多数供水经营者亏损严重。尽管征收污水处理费，但仍难以满足污水处理设施正常运行所需，水资源费征收标准普遍偏低且结构不尽合理，科学合理的水费计收方式尚未全面建立。

专栏 5-7 我国水价形成机制发展历程

我国的水价形成机制，大体上经历了公益性无偿用水、政策性低价供水、按供水成本核算计收水费、商品供水价格管理等阶段。截至目前，在水价形成机制方面的改革措施主要有：

（一）征收水资源费，水资源由无偿使用改为有偿使用

我国 2002 年 10 月 1 日开始实行的新《水法》中规定："直接从江河、湖泊或者地下取用水资源的单位和个人，应当按照国家取水许可资源有偿使用制度的规定，向水行政主管部门或者流域管理机构领取水许可证，并缴纳水资源费，取得水权。"这一举措，体现了国家对水资源的所有权，也使水价形成基础向趋于合理的方向前进了一大步。

（二）确立水价制定原则

1985 年国务院颁布了《水利工程水费核定、计收和管理办法》，2002 年颁布的新《水法》、原国家计委、建设部颁布的《城市供水价格管理办法》，2003 年国家发改委和水利部颁布的《水利工程供水价格管理办法》等一系列文件，对水价的制定规定了以下一些原则：①供水价格应当按照补偿成本、合理收益、优质优价、公平负担的原则制定；②供水价格由供水生产成本、费用、利润和税金构成；③按水的用途实行分类定价；④实行还本付息水价，对新建水利工程供水价格按成本加合理利润的原则定价；⑤按单个供水工程定价；⑥确定合理的盈利水平；⑦放开小型水利工程供水价格；⑧实行用水计量和超定额累进加价制度；⑨逐步推行两部制水价；⑩逐步推行分时（季节）水价和动态水价。

（三）水利工程供水由无偿使用改为有偿使用

1980 年国务院提出"所有水利工程的管理单位，凡有条件的要逐步实行企业管理，按制度收取水费，做到独立核算，自负盈亏。"1985 年国务院颁布的《水利工程水费核定、计收和管理办法》规定"水费标准应在核算供水成本的基础上，根据国家经济政策和当地水资源状况，对各类用水分别核定。"1988 年颁布的《中华人民共和

国水法》规定："使用供水工程供应的水，应当按照规定向供水单位缴纳水费。"从此，制定水利工程供水水价制度有了法律依据。1992年8月，国家物价局将水利部直属水利工程供水从"行政事业收费"转为"商品价格"管理。2002年10月1日开始实施的新《水法》再次明确规定："使用水工程供应的水，应当按照国家规定向供水单位缴纳水费。"新《水法》的实施，有力地推动了供水工程迈向企业化、供水商品化的进程。

（四）对原有水利工程和新建水利工程分别确定不同的价格形成办法

1997年，国务院发布了《水利产业政策》，规定："新建水利工程的供水价格，按照满足运行成本和费用，缴纳税金、归还贷款和获得合理利润的原则制定。原有工程的供水价格，要根据国家的水价政策和成本补偿、合理收益的原则，区别不同用途，在3年内逐步调整到位，以后根据供水成本变化情况适时调整。"新《水法》进一步明确，水工程供水水价应当按照补偿成本、合理收益、优质优价、公平负担的原则确定。

资料来源：http://www.cuwa.org.cn/zwdt/swyw/67863.shtml，2009-02-02.

第二，我国电力价格定制不合理。现行电价形成机制仍采用成本补偿型的定价机制，几乎没有考虑市场供求因素，不能充分发挥市场机制的作用。目前，我国基本电价在两部制电价中的比重为15%左右，与国外35%～40%的水平相比还比较低，不能全部反映固定成本。另外，上网电价所占比重偏大，占电价总体70%左右，输配电价比重小，占30%左右，而国外输配电价占到电价总体的40%～60%。并且，由于输配电价比重低，难以吸引投资，造成我国电网建设的相对滞后。目前，我国电厂与电网刚刚分离，电网企业集输电、配电、售电于一体，而且输配电业务与三产、辅业部分对经营共用电网的网、省电力公司尚未核定独立的输配电价，其输配电环节费用包含在对用户的销售电价中。

第三，目前国内原油价格由购销双方按与国际市场进口成本基本相当的原则协商确定，成品油价格则由政府根据国际市场成品油价格变化情况相应调整。因此，成品油价格定价办法不能如实反映国内市场供求关系和企业的生产成本变化；成品油价格调控区间水平不能适应市场形势变化；成品油价格调整滞后，容易引发投机行为，影响正常的生产流通秩序；成品油价格机制没有为不同所有制企业提供平等的价格竞争条件等。

第四，天然气计划内气价格与自销气价格差距较大，使得用户之间的负担不公平；天然气价格水平明显偏低，影响企业生产积极性。中国石油规划总院管道所所长孙春良介绍，从世界范围看，气与油的差距越来越小，鉴于其环保优势，俄罗斯等国家认为气价应该超过油价。美国天然气是同等热值汽油价格的 80%～90%，而中国只有 30%。但事实上中国的天然气开采难度和成本远远高出俄罗斯、美国等国家。

第五，煤炭与其他能源的比价偏低，且国内比价低于国际比价；煤炭的生产成本核算不科学，未能充分反映资源成本、环境成本等外部成本；煤炭市场体系建设不完善，市场竞争机制的作用发挥不够；煤炭市场秩序不规范，行政干预较强。由于我国主要是通过控制电煤价格上涨幅度来干预煤炭价格，所以导致煤炭市场同时存在市场定价的"市场煤"和政府定价的"计划煤"。同时，这样造成了煤炭企业之间、发电企业之间、煤炭生产企业与发电企业、煤炭生产区和电力使用区之间等的不平等。

第六，征地补偿不尽合理，补偿费用偏低，损害了一些被征地农民的合法权益；土地交易价格市场化程度偏低，土地价值得不到充分体现，土地资源流转收益分配不合理，土地利用效率不高，浪费现象严重。土地供给结构失衡，开发区工业用地过量供给，地价严重偏低，而经营性用地和住宅用地供给偏紧，导致价格偏高。

可见，我国的资源和能源价格政策还未与市场全面接轨，未能充分体现其成本以及稀缺性，容易造成过度使用和浪费，必会威胁未来资源能源的使用，从而威胁生态安全，因此资源和能源的价格政策需要完善的空间还很大。

（二）生态安全的资源和能源价格政策国际比较

从全球来看，资源和能源都面临着紧缺的局面，国外许多国家采取了各种有效的资源和能源价格政策，旨在刺激公民能合理使用资源和能源，以下是一些典型的国外经验。

一是水资源的价格政策方面。在欧美国家，生活用水采用计量收费和价格递增相结合的水价结构；工业用水一般由政府定价，标准高于生活用水；农业用水方面，采取按面积定价、分层定价、按收益定价、市场定价、被动交易定价、按量定价等多种不同的定价方法，不过一般定价都比较低；对于地表水和地下水，多数欧洲国家都进行收费。在日本，除农业用水外，其他用途的水价格都由两部分组成，即固定收费和可变收费。水的用途不同，其价格结构也不同。对于生活用水，包括最低收费（基价）和累进制收费，最低收费根据用户接入的水管尺寸大小决定，计量费则实行累进制。

二是电力的价格政策方面。法国政府与国家电力公司及煤气公司等能源生产企业签订了多年协议，以保证能源价格的长期稳定。要求电力公司必须保证电力供应的绝对安全，保证尽可能为家庭和企业提供最便宜的电力能源。此外，电力公司无权自行提高电力价格，当出现成本价格高于销售价格的情况下，电力公司应向政府有关部委提出调整价格请求，由政府部门核定，确定涨价幅度和范围，但价格上涨幅度不能超过全国物价平均上涨幅度。

三是成品油的价格政策方面。目前，世界上大多数国家都采取市场化的油价机制，美国于 1979 年就废除了第一次石油危机时采用的政府价格管制政策，重新采用市场定价机制。欧洲主要国家也都在 20 世纪 80 年代基本实现了成品油价格市场化。虽然亚洲国家的油价市场化改革比较晚，但是日本、韩国以及我国台湾也都陆续过渡到了油价市场化时代。而各国的成品油终端价格一般都是由不含税的市场价格和政府税收两部分组成。实践也证明，运用税收工具而不是政府直接定价是政府调控油品生产与消费最有效的办法。

四是天然气的价格政策方面。近年来，俄政府对天然气的价格调节进行了改革，即逐步提高气价用以刺激企业节能增效，促使居民节约用气，把节约的天然气用于保障新增需求。同时，把民用气价与居民收入和通胀联系起来，以控制通胀率不高于居民收入额增长水平。为促进节能，俄罗斯于 2006 年 11 月试运行工业用天然气电子交易市场。交易记录显示，市场交易价比政府调节价高出 40%。

　　总之，在国外许多国家都采取了有效的资源和能源价格政策，以刺激公众节约资源，有效合理地利用资源，从而确保生态安全，这些经验值得我国研究借鉴。

（三）生态安全的资源和能源价格政策建议

　　要确保生态安全，我国应该把各种环境资源和能源直接进入市场，根据价格规律和市场的供求关系来调整资源价格，使市场价格准确地反映环境成本，最终建立一个可持续生态安全的资源和能源价格体系。具体为：

　　一要全面推进水价改革，要继续扩大水资源费征收范围，根据水资源的紧缺程度，提高水资源费征收标准；推进阶梯式水价制度和超计划、超定额用水加价收费方式改革；逐步推进农业水价改革试点，依法整顿农业供水末级渠系水价秩序，取消水费计收中搭车收费，制止截留挪用；在强化成本约束、综合考虑上游水价和水资源费等因素的基础上，合理调整城市供水价格。加大污水处理费征收管理力度。目前，我国部分地区已经开始改革水资源的收费。比如广东省从 2009 年 4 月 1 日起，开始执行新的水资源费征收标准，以促进社会节约用水。其中，对企业的超额取水部分实行"累进加价制度"，如果企业超额用水超三成将被叫停并要求限期整改；对高耗能、高污染企业，其水资源费在所公布的分类标准基础上加收50%。这种措施需要逐步推广至全国各地，以便尽可能地节约水资源。

　　二要积极推进电价改革。要在现行成本补偿型电价定价机制的基础上，研究建立反映电力供求和促进节约用电的电价形成机制。首先，应逐步在市场上竞争形成上网电价，对上网电价实行两部制定价。其中，容量电价由政府决定；电量电价由市场竞争形成。其次，建立合理的输配电价形成机制，逐步形成以"成本加收益"式的定价方式，并相应地采取有效的监管措施。再次，建立规范的销售电价形成机制。由用户自由选择供电商，价格由市场决定，政府相应进行管理。最后，实施煤电联动机制，及时化解煤电矛盾。加强对煤价的调控，当煤价变化超出一定幅度且达到最短联动周期后，适时调整电价，缓解煤电价格矛盾。

三要改善石油定价机制。为节约石油和提高石油使用效率，以解决石油安全问题，必须完善石油定价机制。应适当使国内成品油价格与国际市场价格接轨，适度降低国内成品油价格的干预程度；允许加油站在国家允许的范围内自主定价，让成品油价格充分反映市场供求和成本状况。在完善价格机制的同时，还要建立相应的价格疏导机制、利益调节分配机制，包括石油企业上下游的利益调节机制以及相关行业的价格联动机制等。

四要完善天然气价格形成机制。理顺天然气与其他资源产品的比价关系，在生产、销售等环节建立竞争性的市场结构，形成天然气计划内外执行同一价格，引导用户合理使用、节约使用天然气。同时要进一步规范价格管理，逐步取消价格"双轨制"，建立天然气价格与可替代能源价格挂钩的动态调整的机制。

五要建立市场化的煤炭价格形成机制。由煤、电双方根据需求情况和国际煤价水平，自行确定交易价格，并对交易风险负责，真正发挥市场主体的作用。另外，我国要逐步建立科学的煤炭成本核算体系，煤炭成本应该要反映它的资源成本、生产成本、环境成本，以及退出和发展成本。并且，实施煤电价格联动，及时疏导煤电矛盾，研究建立煤电价格联动机制。

六要完善土地价格形成机制。为防止国有资产流失和低效用地，以保障国土安全，我国必须完善土地征收制度，保障能依法足额和及时支付土地补偿费用；健全土地收益分配机制，包括土地征收、出让、转让等环节；扩大市场化方式形成土地价格的范围，实现土地资源的市场化配置，并且设定规范的基准地价制度和协议出让最低价制度，使土地价格能够及时充分反映土地市场供求和土地价值。

四、生态安全的金融政策

近年来，我国实施了一系列维护生态安全的金融政策，使得金融系统联合多部门去实现确保生态安全的目标，但仍存在一些问题，特别是各部门之间信息沟通的问题。因此，继续完善我国的金融政策，促使维护生态安全的各项投融资工作顺利进行任重而道远。

专栏 5-8　2008 年我国政策性银行的绿色金融政策

1. 国家开发银行：从源头防范生态安全风险

2008 年，国家开发银行继续严格市场准入条件，控制向"两高"及产能过剩行业贷款。在指标制定上，将更加贴近不同地区、不同行业的实际情况，坚持做到环境评价指标的一票否决制，对未通过环境影响评价的项目，一律不承诺和发放贷款，从源头和制度上防范贷款项目的生态安全风险。

截至 2007 年年底，国家开发银行的绿色贷款余额 890 亿元，同比增长 34%。在贷款投向上，该行 73%的贷款都投向了煤电油运、农林水和公共基础设施领域；55%的贷款投向中西部地区和东北老工业基地；全年新增贷款的 26%投向"三农"和县域。此外，还在青甘鄂川蒙吉等地参与组建 6 家村镇银行，更好地支持了"三农"和绿色建设。

2. 中国进出口银行：启动世行节能项目转贷业务

2007 年，中国进出口银行与日本国际协力银行和瑞穗实业银行设立了中日节能环保产业投资基金。并且，2008 年三方在合作推进节约能源改善环境金融方案上加强合作，引入国际上更多的成功经验。2008 年中国进出口银行除了进一步调整完善有关信贷政策和制度外，还积极开办世界银行节能项目转贷业务并进一步探讨推进中日节能环保产业投资基金。

此外，世界银行节能项目转贷的筛选工作在进行中，该项目已全面启动。在有关分支机构的配合下，中国进出口银行认真做好贷前调查，防范项目风险，使这部分资金能最大限度地发挥效应。

2007年，中国进出口银行严格了信贷准入门槛，建立了生态安全风险信贷退出机制。在支持绿色信贷方面，中国进出口银行颁发了《环境与社会评价指导意见》《关于贯彻落实国家节能减排政策的若干意见》《关于进一步明确"两高一剩"行业信贷政策，做好我行节能环保领域金融服务工作的通知》等文件，对各经营主体和业务管理部门的业务运行发挥了很好的导向作用。

3. 中国农业发展银行：直接支持绿色金融服务

作为支持三农的重要力量，中国农业发展银行直接支持绿色金融服务。2008年中国农业发展银行对违背产业行业政策和信贷准入原则的项目及企业坚决不贷，而已贷的要坚决停贷并逐步退出。

2008年，中国农业发展银行的贷款将偏向于成长性强、带动面广、信用度高的农业产业化企业，特别是生猪、油料、奶业等生产加工企业。而对于技术和市场成熟、农业发展迫切需要的农科技项目以及为大中型龙头企业提供配套产品和服务的上下游农业小企业，中国农业发展银行也采取多种途径给予引导和支持。

资料来源：http://www.cs.com.cn/xwzx/03/200802/t20080218_1368325.htm. 2008-02-18.

（一）生态安全的金融政策现状

1996年，为了执行《国务院关于环境保护若干问题的决定》，我国各地关停小造纸厂等15类污染严重的企业8.4万多家，导致一家国有商业银行至少50亿元贷款无法回收。自此以后，我国各省市相继出台了相关的绿色金融政策，期望实现确保生态安全和控制信贷风险的"双赢"。但是，在推动实施相关金融政策的过程中还有许多问题需要明确、完善。主要表现在如下几个方面：

第一，关于企业信贷待遇的问题。目前，我国的金融政策主要是针对威胁生态安全的企业进行贷款限制。然而，在限制不利于生态安全的企业的信贷融资问题时，没有相关政策来鼓励有利于生态安全持续的企业，未给予他们一定的贷款优惠；也没有明确不符合生态安全要求的企业在改善条件达到生态安全要求之后是否能享受贷款优惠。在制定生态安全的金融政策时，需要考虑不同时期、不同企业在不同状况条件下信贷活动的优惠和限制方式选择。

第二，关于政策在区域上的差异性问题。由于各地的经济发展水平、生态安全要求不一致，在发达地区不符合生态安全要求的企业，在欠发达地区可能是符合的。因此，在制定确保生态安全的金融政策时，要充分考虑这些条件因素，允许地方相关部门有一定的政策调整空间。而目前我国的金融政策还没有完全考虑到这些因素。

第三，关于环境信息不对称的问题。由于以往金融系统和生态安全的维护部门合作比较少，随着发展的变化，两部门的合作成为必然选择，要求生态安全的维护部门把企业的环境信息纳入银行的征信系统。然而，目前金融系统只能在项目申请贷款时有助于控制风险。对于已贷项目，如果在运行期间不符合生态安全的要求也面临破产或停产的可能，但金融系统的通知都是在企业被处罚之后才进行的，未能在项目开始之前提前规避风险。因此，金融系统单靠征信系统是不够的，还需从各相关部门了解企业更多的信息。

第四，关于区分新旧项目信贷风险的问题。目前，对于新建项目，我国各商业银行或金融机构都能够根据生态安全的要求来审批贷款申请，而对于一些老项目，特别是老国有企业，他们在建设初期没有生态安全的要求，因而对于如今的贷款申请，银行没有相关批复作为参考。在这种情况下，银行应该以什么作为生态安全要求的审批标准，相关的金融政策并未明确。

（二）生态安全的金融政策国际比较

为确保生态安全，国际上许多国家都率先制定了一系列"绿色金融"政策，即金融部门通过金融业务的运作来体现"可持续发展"

战略，从而促进生态安全和经济协调发展。

美国作为绿色金融的先行者，在确保生态安全方面积累了不少经验。从绿色信贷来看，美国信贷银行需要对信贷资金的使用承担相应的生态责任，由此美国的银行是世界上最早考虑生态安全政策，特别是跟信贷风险相关的生态安全政策的银行。花旗银行就是其中之一，并且在银行内部建立了有多方参与的生态环境事务管理机制、信息通报平台等，能够有效控制信贷风险，并维护生态安全。

在英国，由于向高耗能、高污染企业贷款风险较大，为了避免信贷资金无法回收形成坏账，银行自愿地将生态安全和社会因素纳入到自身的信贷管理和对企业的评估系统中。2003 年，英国巴克莱银行凭借自身的优势，制定了一个集社会和生态环境于一体的信贷指引，涵盖所有的融资条款和 50 多个行业。在文件中，明确了企业生态违法和划分了生态风险等级，为银行评估和审核贷款提供了有效支持。同时，该银行还通过与联合国环境规划署的合作，向全球 170 多个金融机构提供了信贷指引。

日本政策投资银行面向企业开展维护生态投融资活动中最重要的一环，是促进生态安全经营融资业务，旨在促进企业在确保生态安全的前提下更快、更好地发展。为促进绿色信贷的发展，日本政策投资银行不断与各商业银行开展相关业务协作。到目前为止已经与三菱银行、兹贺银行、金泽信用金库、百十四银行、鹿儿岛银行、关西城市银行等多家日本金融机构建立合作关系，并已经多次成功地实施以生态安全评级为基础面向企业环境治理的联合融资项目。

可见，国外在确保生态安全的金融政策方面都有比较丰富有效的经验，而对于我国目前的生态安全形势来说，这些经验都值得我们去研究借鉴。

（三）生态安全的金融政策建议

实施有利于生态安全的金融政策，是金融系统与相关部门共同开展生态安全维护工作的进一步深入，对确保生态安全的其他政策制定也有着非常重要的影响。因而，进一步完善确保生态安全的金融政策应该包含如下几点：

第一，采取多种形式增进信息的沟通和理解。对于金融系统提出的信息不畅等情况，我们认为金融系统和生态安全的维护部门应紧密联系与合作，尽快完善将企业的环境信息纳入银行诚信系统的工作；充分利用两部门的网站及时披露各项目的生态安全审批和相关的工作情况；建立互动联系制度，在各级生态安全的维护部门建立与金融系统的联系人，确保企业关于生态安全方面的信息及时传达到金融系统；建立两部门间的内部报告制度，旨在对企业威胁生态安全方面的处罚决定的，事前应及时通报金融系统，一起协商处罚决定，提前控制信贷风险。

第二，解决老项目信贷审批的生态安全标准问题。一直以来，老项目信贷审批的生态安全标准都难以确定。我们认为，用排污许可证制度作为审批生态安全标准是个可行的办法。生态安全的维护部门每年向金融系统公布老企业的排污许可证的实施情况，金融系统可以以此来推断企业的信贷风险。同时，排污许可证也可以作为企业新建项目的审批依据之一。

第三，建立一个长期稳定的投融资渠道。国外已经出现越来越多的"绿色银行"，作为一个发展趋势，我国也应该建立自己专门为维护生态安全的银行系统，引导社会资金流向确保生态安全的事业；建立治污减排专项贷款，加大支持重点项目力度。此外，我国可以通过各种有效合理的方式拓宽投融资渠道，以保证充足的资金进行生态安全的建设。目前，我国一些地方也逐步意识到通过拓宽融资渠道来推动确保生态安全的项目进行。以云南丽江为例，2009年，云南丽江市成立城镇污水生活垃圾处理设施建设领导小组，下设办公室和项目建设指挥部，由项目指挥部作为临时的投融资机构，积极寻求合作伙伴，拓宽融资渠道，全面加快总投资为 6.08 亿元的 9个治污项目建设。丽江市委、市政府将继续加大在建项目质量、安全、进度和资金运行管理的监督检查力度，确保项目按期建成投入使用。同时，明确市级城镇污水生活垃圾处理项目投融资主体，通过构建投融资平台多渠道、多途径筹集资金。

第四，尽快完善危害生态安全的责任保险制度。我国应该在重点行业和区域开展生态安全责任保险的试点示范工作，不断完善重点行业基于风险程度投保企业或设施目录以及污染损害赔偿标准，并尽快在全国范围内推广，基本健全风险评估、损失评估、责任认定、事故处理、资金赔付等各项机制。2008 年 2 月，国家环保总局和中国保监会联合发布了《关于环境污染责任保险的指导意见》，正式确立建立环境污染责任保险制度的路线图，然而每出台一项新政策，并不意味着就会一帆风顺，反而可能遭遇更多的困难。因此，国家必须在行动中审时度势，解决遇到的困难，尽快地完善该责任保险制度。

专栏 5-9　北京完善信贷政策体系

为进一步加大北京市金融机构对实施《北京市节能减排综合性工作方案》的支持力度，中国人民银行营业管理部、北京市发展改革委、北京市环保局、银监会北京监管局 4 部门于 2008 年 8 月联合发布《关于加强"绿色信贷"建设支持首都节能减排工作的意见》（以下简称《意见》）。

《意见》指出，要充分发挥"绿色信贷"调节作用，加大金融支持首都节能减排的工作力度。对不符合节能环保要求的企业审慎发放贷款，甚至停止贷款。提高对节能减排企业及项目贷款的审办效率，尝试建立"绿色信贷"评估机制和交流反馈机制，按照融资项目对社会和环境的影响程度大小给予不同的信贷支持。

《意见》要求，要充分发挥首都金融业的区位优势，构建符合首都特色的"绿色信贷"机制。发挥政策性金融支持经济结构调整的作用，切实支持符合首都特色的节能减排产业和技术，大力挖掘具有商业可持续性的节能减排项目。深入调研和总结节能减排的信贷需求，加强"绿色信贷"管理模式及产品创新。借鉴世界银行等国际组织的先进经验，积极创新和推广节能减排信贷管理模式，研发适合节能减排的信贷产品，加强"绿色信贷"的利率定价机制建设。

> 《意见》强调，要加快建立并完善"绿色信贷"信息体系，逐步将北京市节能环保信息纳入中国人民银行企业诚信系统，搭建有"绿色信贷"需求的企业与金融机构之间的信息对接平台，健全"绿色信贷"的担保体系等措施，为"绿色信贷"政策的顺利实施营造良好环境。
>
> 资料来源：http://www.zhb.gov.cn/law/hjjjzc/dffb/200808/t20080826_127660.htm. 2008-08-26.

五、生态安全的财政政策

目前，财政政策已经成为世界上各国维护生态安全的主要手段之一。而生态安全的财政政策是指政府运用财政补贴、财政资助、政府担保贷款和税收优惠等经济手段刺激企事业单位，促进资源和能源的综合利用，实现生态安全的目的。因此，研究并借鉴国外经验，制定并完善我国确保生态安全的财政政策是一项紧迫且重要的工作。

（一）生态安全的财政政策现状

近年来，我国不断加大财政政策调整力度，努力建立有利于生态安全的财税制度，在推进国家经济社会可持续发展方面迈出了重要步伐，取得了一定的成效。然而，确保生态安全的财政政策仍然存在不足。

一方面，我国对于确保生态安全方面的财政投入偏低，且投入后成效不大。改革开放以来，我国政府开始意识到生态安全的重要性，因而不断提高维护生态安全的资金投入。从"七五"期间维护生态安全的投资 550 亿元，占 GDP 的 0.7%，增加到"十五"期间维护生态安全的投资 8 400 亿元，占 GDP 的 1.2%，并且"十一五"期间维护生态安全的投资预计达 13 750 亿元，约占同期 GDP 的 1.6%。从这些数据可以看出来，我国的生态环境得到一定的改善。

但是，根据国外发达国家的经验，当维护生态安全的投资占 GDP 比例达到 1%～1.5%时，可以控制生态环境污染恶化的趋势；当该比例达到 2%～3%时，生态质量可以有所改善，基本保证生态环境与经济社会的协调发展。因此，尽管我国对于维护生态安全的投入逐渐增大，但是占 GDP 的比例偏低，必定会制约我国生态环境的改善从而制约生态安全的持续。另外，近年来随着对维护生态安全财政投入的增多，生态环境并未随之改善。2009 年 11 月，我国审计署发布审计调查结果称，历经 6 年时间，投入资金 910 亿元，涉及 8 201 个项目，我国"三河三湖"水污染防治虽然取得一定成效，但整体水质依然较差，淮河、辽河为中度污染，海河 49.2%的断面水质为劣 V 类，巢湖平均水质为五类，太湖、滇池平均水质仍为劣 V 类。

另一方面，我国有利于生态安全的税收体系不够完善。税收是政府调控经济的重要杠杆，是维护生态、实施可持续发展战略的经济手段，但是在我国的维护生态安全方面却没有起到应有的作用。我国至今还没有专门的生态税，而针对改善生态环境的税收都分散在各种不同的税种当中，比如资源税、消费税、城建税、耕地占用税、车船使用税和土地使用税等。尽管这些税收也在一定程度上为生态安全的维护工作取得了些资金，且有一定的作用，但是由于税收分散，征收部门不一，缺乏统一管理，未形成完善的生态税收体系，致使税收在生态环境方面的作用变弱，从而制约了我国生态环境的改善。

（二）生态安全财政政策的国际比较

国外许多国家对于生态安全的重视比我国开始早得多，已经形成一套较完善的生态安全财政政策，值得我们借鉴。

德国环境财政政策的实施主要是通过政府投资和改革完善生态税收政策来实现的。政府投入方面，联邦政府统一各部门组织生态安全维护的预算，一部分由联邦环境部组织实施，另外的由联邦各职能部门实施。其中，2005 年联邦政府生态安全维护的投入就占总预算的 4%。此外，德国从 1999 年开始就实施了生态税改革，采取了"燃油税"附加的形式收取"生态税"。生态税的征收对象是汽车和热能所需的汽油、柴油、天然气等。不同用途、不同品种采用不同的税率，平均税额占油价的 12%～15%。这一措施实施 5 年来，企业和个人养老金费率降低了 1.7%，二氧化碳排放量减少了 2%～3%，使德国交通能耗在战后 50 年一直上升的趋势得到缓减，并且单位油耗下降了 10%。

加拿大政府通过综合运用预算、税收、补贴等财政政策工具，不断完善财政政策体系，有效地促进了生态安全。从税收政策工具看，不仅通过销售税等间接税收优惠政策促进节能环保产业和企业发展，而且通过所得税等直接税收优惠政策促进企业、居民节约资源，鼓励使用可再生能源和替代能源；从财政支出政策看，不仅有针对企业、居民的多种财政补贴性支出，引导企业居民改进生产生活方式，而且还设立多种基金和专项资金，资助重点节能项目；从政策作用对象看，政府不仅通过政策引导市场主体行为促进节能环保，而且还要求自己坚持可持续发展，发挥示范带头作用。

欧盟国家经历了一个从零散的、个别的生态税的征收到提出"绿化税制"的过程。所谓"绿化税制"就是使整个税制体现生态安全的要求，主要体现在两个方面：一是开征各种生态税；二是调整原有税制，即取消对生态安全具有负效应的税收规定，采取有利于生态安全的税收措施，从而使得原有税制得以"绿化"。在生态税收体系中，能源税及相关税占据较大的作用。

（三）生态安全的财政政策建议

随着国家经济的快速发展，确保生态安全已经刻不容缓，国家加大对生态环境改善的财政支持更是义不容辞。而改善生态环境的财政支持主要包括两个方面：一是直接财政支出；二是运用税收杠杆。具体内容包括以下几方面：

第一，加大生态安全维护的财政投入。为解决我国对于生态安全维护投入资金不足的问题，我国必须加大对其财政支出，提高其占 GDP 的比例。首先，国家要整合预算内投入和国债投资渠道，建立为生态安全投入的资金增长机制，以确保生态安全维护投入的合理增长，使其增长速度快于 GDP 和财政收入的增长速度。其次，要细化中央与地方生态维护的事权。为确保生态安全，国家要从总体上考虑财政支出应以地方为主，而中央也承担重要责任，即跨流域、跨地区的生态安全责任。最后，尽快完善我国财政的转移支付制度。加大对禁止开发与限制开发区域的支持力度，鼓励这些地区加强生态环境维护；加大对资源型城市财力性转移支付力度，帮助资源枯竭城市逐步解决历史遗留问题；加大对县乡等基层政府的支持力度，缩小省内地区间财力差异，增强各级政府维护生态的积极性。事实上，2008 年我国就采用财政补贴的形式推广高效节能灯，利用"先卖后补"的形式，而企业在市场上以低价出售节能灯，然后凭着与当地政府部门、消费者的三方签字凭据拿到补贴款，可操作性较强。截至 2009 年 1 月，国家以这种财政补贴的形式推广了 6 200 万只节能灯，2009 年将继续在全国范围内推广 1 亿只，这样可减排二氧化碳 320 万 t。因此，我国应该继续在生态安全维护的其他方面加大投入力度，改善生态环境，化解生态安全风险。

第二，建立一套完善的绿色税收体系。为在确保生态安全的过程中，充分发挥税收的调控作用，国家首先要尽快出台专门的生态税，即对直接污染生态环境的行为和在消费过程中预期会造成资源匮乏或环境污染的产品征税。此外，可以考虑将现行的排污、水污染、大气污染、工业废弃物、噪声等收费制度改为税收。其次要尽快改革资源税，旨在鼓励行为主体合理地利用资源。目前，我国的税制结构中资源税占的比重较小、品目过少，应提高资源税税种，把现有的一些资源补偿收费改为资源税，譬如水资源税、矿产资源税、森林资源税。另外把土地使用税、土地增值税、耕地占用税也并入资源税，共同调控我国资源的合理开采和使用，并且这样取得的税收收入便于统一管理，提高资金使用效率。最后，国家还要完善税收优惠制度。适当地加大税收优惠，扶植有利于生态安全的产业的发展，如降低"绿色"设备、仪器等的进口关税，提高高耗能的产品、仪器、零件等的进口关税；对于"三废"综合利用产品和清洁生产等给予一定的税收优惠等。

第三，完善政府的绿色采购制度。对于确保生态安全，政府是第一责任人，因而国家应把各级政府机关的年度绩效考核与采购的绩效评价指标联系起来，并在一定程度上强制规定政府的绿色采购比例。此外，国家应继续扩大政府绿色采购的范围，充分发挥政府的带头示范作用。而对于绿色产品的价格，可以适当倾斜，由政府通过采购来进行补贴，从而刺激生产商生产绿色产品的积极性，提高绿色产品的竞争力，以鼓励全社会对绿色产品的消费。

专栏 5-10　政府绿色采购制度概况

我国从 2007 年 1 月 1 日起在中央和省级（含计划单列市）预算单位实行政府绿色采购制度，此举标志着我国政府已正式将环境准则纳入政府采购模式。

随着生活水平的提高，越来越多的公众更加关注周围的环境，更加关注所购买的产品是否符合环保的要求。原国家环保总局的一项调查表明，68%的公众对环境非常关注，78.8%的公众愿意多花钱购买对环境有益的产品。国家环保总局副局长吴晓青表示，政府绿色采购制度的推行标志着我国政府已正式将环境准则纳入其采购模式，对于引导绿色生产和消费，推进环境友好型社会建设具有非常积极和重要的意义。

正因为政府采购的规模大、示范效应明显，很多发达国家都采取法律手段推行政府绿色采购。国际经验表明，政府采购的表率作用对生产、消费模式以及社会生活产生着深刻的影响，这也正是许多国家将政府采购作为调控宏观经济发展一个重要手段的原因。为了确保环境标志产品认证工作的缜密性和严谨性，环境标志认证部门在认证操作过程中要严格按照认证程序，科学公正地做好认证工作，环境标志产品认证工作要公开透明，接受社会监督。

作为一项重要的财政和环保政策，政府绿色采购对于实现宏观经济稳定、促进产业产品结构调整具有积极作用。通过政府庞大的采购力量，优先购买对环境友好的环境标志产品，可以鼓励企业生产可回收、低污染、省资源的产品，推动企业技术进步，促进资源循环利用，减少污染，保护环境；同时，引导消费者去选择绿色产品，通过政府的率先垂范，实现以环境优化增长的目的。

据了解，各级国家机关、事业单位和团体组织用财政性资金进行采购时，不得采购危害环境和人体健康的产品。采购人或其委托的采购代理机构未按《环境标志产品政府采购实施意见》要求采购的，有关部门要按照有关法律、法规和规章予以处理，财政部门视情况可以拒付采购资金。

资料来源：http://www.cgpn.org/NewsDetails.aspx?id=603，2008-08-02.

六、健全绿色经济核算制度

人类的经济活动除了能够给社会创造财富以外，还给社会带来了副产品——生态破坏和环境污染。这主要表现在两个方面：一是大量开发和利用自然资源，使得自然资源大量衰减，从而造成自然资源质量下降和枯竭等问题；二是在经济活动过程中产生的废弃物排放，造成生态环境日益恶化。显然，两方面的因素严重威胁着生态安全的持续。而现行的 GDP 核算没有计量生态资源的消耗，没有体现生态安全遭受的威胁，容易过高地估计经济规模与经济增长，给人一个不全面的社会经济图像，特别是对于依赖矿产资源、土地资源、水资源和森林资源来获得重要收入的发展中国家和地区来说，这种 GDP 核算体系的缺陷更为明显。因而，要确保生态安全，改革现行的 GDP 核算体系，健全绿色 GDP 核算制度，是一项迫切的任务。

（一）绿色的国民经济投入产出分析

生态破坏和环境污染是经济活动中无福利的产出，资源耗费成本和环境降级成本是经济成果的减项，绿色的国民经济能够反映这种无福利产出和生态成本。通过设计一个投入产出分析表来解释该绿色的国民经济，如表 5-2 所示。

表 5-2 绿色的国民经济投入产出（××××年）

投入＼产出			中间使用		最终使用	无效产出①	总产出
			部门 I	部门 II			
中间投入	部门 I	生产投入	X_{11}	X_{12}	C_1	N_1	X_1
		生态服务②	Y_{11}	Y_{12}			
	部门 II	生产投入	X_{21}	X_{22}	C_2	N_2	X_2
		生态服务	Y_{21}	Y_{22}			
增加值			V_1	V_2			
总投入			X_1	X_2			

资料来源：魏彦杰. 基于生态价值的可持续经济发展[M]. 北京：经济科学出版社，2008（4）：172-173.

从表 5-2 中可以看出，威胁生态安全的资源耗费和环境成本，以及维护生态安全的成本都反映在国民经济的投入产出关系当中，从而使得（X_1 和 X_2）事实上代表了绿色的国民收入，增加值（V_1 和 V_2）则是有效劳动成果与物质和人力投入的差值，因而这样的绿色核算能够有效检验社会生产力发展得失和自然生产力的消长，弄清生态环境和自然资源对经济发展的有效贡献。投入产出关系为：

$$X_1 = X_{11} + X_{12} + Y_{11} + Y_{12} + C_1 - N_1 = X_{11} + X_{12} + Y_{11} + Y_{12} + V_1$$

$$X_1 = X_{21} + X_{22} + Y_{21} + Y_{22} + C_2 - N_2 = X_{21} + X_{22} + Y_{21} + Y_{22} + V_2$$

总体来说，绿色 GDP 核算以及以绿色 GDP 为基础进行的投入产出分析能够更有效地反映一国的可持续发展水平，给政府有关部门和决策者提供全面、准确的发展信息。

---

① 无效产出是指所有产出中无效用的部分。
② 生态服务是指为确保生态安全而实施的所有活动投入。

（二）绿色 GDP 的核算思路

根据 GDP 的核算原理，绿色 GDP 的核算可以分成直接核算和间接核算。

1. 直接核算

直接核算采用生产法和支出法两种方法。

（1）生产法 绿色 GDP 按生产法核算，是由各产业部门的总产出扣除所有中间投入之后的结果，这里的中间投入包括各产业部门生产中消耗的经济资产和自然资产，用公式可以表示为：

$$绿色 GDP = \sum（某产业部门总产出 - 中间投入）$$
$$= \sum（某产业部门总产出 - 某产业部门经济资产投入 -$$
$$某产业部门自然资产投入）$$

（2）支出法 绿色 GDP 按支出法核算，对于封闭型经济包括消费和积累两部分，对于开放型经济还包括净出口，用公式可以表示为：

$$绿色 GDP = 最终消费 + 经济资产积累 + 自然资产耗减（负值）$$
$$+ 净出口$$

总之，从理论上来说，用直接核算思路来测算绿色 GDP 时，对于核算项的内涵界定非常明了，不会产生任何遗漏和重复计算。然而，在我国现有的技术水平下，由于自然资产投入、经济资产积累和自然资产耗减等项不能进行准确的估算，导致绿色 GDP 核算还存在困难。

2. 间接核算

间接测算主要是在原有 GDP 核算的基础之上，综合考虑生态、资源、经济等因素来估算绿色 GDP。具体来看，可以有以下两种：

（1）外部性测算法 考虑外部性的绿色 GDP 核算法，是在原有核算法基础之上，加入了外部性的影响因素后计算出来的，用公式表示为：

$$绿色GDP = 现行GDP + 外部影响因素$$
$$= 现行GDP + 外部经济因素 - 外部不经济因素$$
$$或\quad= 现行GDP + 外部经济因素 - 自然资源投入$$

（2）基于环境与经济核算体系（SEEA）的平衡推算法　根据联合国统计委员会所设计的环境与经济核算体系的思路，可以推算出一个通过资产负债核算途径来测算绿色 GDP 的方法，用公式可以表示为：

$$绿色国内生产净值 = 国内生产净值 - 生产中使用的非生产自然资产$$
$$国内生产净值 = 总产出 - 中间投入 - 固定资产耗损$$
$$绿色GDP = 绿色国内生产净值 + 固定资产损耗$$

总之，实行绿色 GDP 国民经济核算体系，一方面，有利于约束一些地方干部只重经济增长数量、不顾经济发展质量的急功近利行为；另一方面，也有助于形成自然资源和生态价值的衡量标准。并且，对实现区际生态支付基金的区域来说，在计算从财政资金向生态基金的拨付数额时，就有了明确的生态产值的计量依据，便于操作。

专栏 5-11　绿色 GDP 的国外经验借鉴

1. 挪威

挪威于 1978 年就开始了生态资源的核算。重点是针对矿物资源、生物资源、流动性资源（水力）、环境资源，还有土地、空气污染以及两类水污染物（氮和磷）。为此挪威建立起了包括能源核算、鱼类存量核算以及空气排放、水排泄物（主要人口和农业的排泄物）、废旧物品再生利用、环境费用支出等项目的详尽统计制度，为绿色GDP 核算体系奠定了重要基础。

2. 芬兰

芬兰模仿挪威的模式也建立起了自然资源核算框架体系。其资源环境核算的内容有 3 项：森林资源核算、环境保护支出费用统计和空气排放调查。其中最重要的是森林资源和空气排放的核算，采用实物量核算法；而环境保护支出费用的核算，则采用价值量核算法。

3. 墨西哥

1990 年，在联合国的支持下，墨西哥将石油、各种用地、水、空气、土壤和森林列入环境经济核算范围，再将这些自然资产及其变化编制成实物指标数据，最后通过估价将各种自然资产的实物量数据转化为货币数据。这便在传统国内生产净产出（NDP）基础上，得出了石油、木材、地下水的耗减成本和土地转移引起的损失成本。然后又进一步得出了环境退化成本。

1996 年 12 月，墨西哥环境、自然资源和渔业部补充修订了鼓励环境规范改革的《生态平衡和环境保护总法》。同时，各种阻止和扭转环境恶化的环境计划与项目也应运而生。部门计划有"2001—2006 年国家水力项目""2001—2006 年国家森项目""环境司法管理项目"以及"受保护地区国家委员会项目"。战略项目有"2001—2006年阻止和扭转空气、水、土壤污染项目""阻止和扭转自然资产损失项目""保护生态系统和生物多样性项目"和"促进联邦政府可持续发展项目"等。为了实现生态安全和可持续发展的目标，墨西哥进一步整合了生态环境、经济和社会政策，并取得了成功。对此，墨西哥政府采取的措施有：创建环境、自然资源和渔业部，使得政府内部之间的合作大大改善，并将生态环境因素纳入财政政策；制定和实施"1995—2000 年国家发展计划"和"1995—2000 年环境项目"；建立国家可持续发展顾问委员会和 4 个地区委员会；发挥地方分权和权力转移的潜力；支持非政府组织、学术机构和社团；推出环境、自然资源和渔业部行政采购的"绿色清单""正确定价"，适当满足贫困者的特殊需求。

资料来源：于洁. 绿色 GDP 与可持续发展研究[D]. 吉林大学硕士论文，2005（7）：40-42.

第六章 环境与生态安全的国际因素和环境外交

当 1972 年联合国人类环境大会在斯德哥尔摩召开之时，人类就已经开始进入环境与生态安全的全球化时代，至今环境与生态安全问题已经成为国际政治研究和外交领域的最重要的议题之一。随着环境问题的迅速全球化，环境与生态安全是世界各国必须认真对待的问题，而且国际合作势在必行。

全球环保意识的觉醒和增强，非国家行为体的积极参与和卓越贡献，国际社会已经建立起来的环境与生态安全机制，是促使环境与生态安全问题合理解决的有利的国际因素。但是，在当今国际体系的无政府状态下，以国家利益为中心的国家行为以及国际环境谈判的复杂性和艰巨性等不利因素对国际环境与生态安全机制的建立和完善造成了负面影响。虽然国际社会的环境保护之路崎岖不平，但是在众多国家的努力下，各个不同领域的环境与生态安全机制的框架已经确立，国际环境外交仍然在朝着积极的方向发展。作为环境大国，中国在国际环境法规和国际环境外交中都有所建树，并将继续扮演环境保护中负责任大国的角色。

第一节 影响环境与生态安全的国际因素

当环境与生态安全问题放在国际关系的视角下时，它就不能简简单单地理解成一个仅仅与人口、资源、经济、科技等内容相关的话题，而是一个深深打上了国际政治烙印的争论焦点。从 1972 年联合国人类环境大会到 2009 年哥本哈根的全球气候大会，环境与生态安全问题从国际政治的边缘逐渐走进全球公众聚焦的核心领域，并且随着一次次全球环境大会成为国际谈判中白热化的议题。在这种背景下，全面地理解影响环境与生态安全的有利国际因素和不利国际因素，有助于在这两种因素此消彼长的作用下深刻地认识环境与生态安全问题发展的特征和规律。

一、环境与生态安全中有利的国际因素

（一）全球环保意识的觉醒和增强

工业革命以后，人类改造自然的能力空前增强。生产力惊人的进步、人口的激增、城市化的加速发展以及对自然资源的滥用，大规模地改变了环境的组成和结构，以生态破坏和环境污染为主要形式的环境问题日趋严重，环境与生态安全问题的全球化导致全球环保意识的觉醒和增强。全球环保意识的觉醒是伴随着人类付出惨痛环境代价的过程，是环境与生态安全问题从国家、地区扩展到全球的过程。

专栏6-1　全球环保意识的觉醒：从公害事件到环境灾难

公害事件是指因环境污染造成的在短期内人群大量发病和死亡的事件。世界八大公害事件给人类带来了巨大的损失，引起了人类对发展与环境保护的反思。①马斯河谷事件：1930年12月1—5日，比利时马斯河谷工业区发生气温逆转，工厂排出的有害气体在近地层积累，一周内有60多人死亡；②多诺拉事件：1948年10月26—31日，美国宾夕法尼亚州多诺拉镇大部分地区受逆温控制，加上持续有雾，使二氧化硫及其氧化作用的产物与大气中尘粒结合并在近地层积累，导致5 911人发病，死亡17人；③洛杉矶光化学烟雾事件：20世纪40年代初期美国洛杉矶市250多万辆汽车每天消耗汽油约1 600万L，向大气排放大量碳氢化合物、氮氧化物、一氧化碳，

在日光作用下,形成以臭氧为主的光化学烟雾;④伦敦烟雾事件:1952年12月5—8日,英国伦敦市几乎全境为浓雾覆盖,四天中死亡人数较常年同期约多40 000人,45岁以上的死亡最多,约为平时3倍;⑤四日市哮喘事件:1961年日本四日市石油冶炼和工业燃油产生的废气,严重污染城市空气形成硫酸烟雾,哮喘病患者达817人,死亡10多人;⑥米糠油事件:1968年3月日本北九州市、爱知县一带由于生产管理不善,作脱臭工艺中热载体的多氯联苯混入米糠油中引起食用者中毒,其中16人死亡,实际受害者约13 000人;⑦水俣病事件:1953—1956年日本熊本县水俣市含甲基汞的工业废水污染水体,使水俣湾和不知火海的鱼中毒,人食用毒鱼后受害,其中60人死亡;⑧痛痛病事件:1955—1972年日本富山县锌、铅冶炼厂等排放的含废水污染了神通川水体,两岸居民利用河水灌溉农田,使稻米和饮用水含镉而中毒,其中死亡81人。

如果说公害事件引发了地方性的环保运动,那么跨国、跨地区以及危及全球的环境灾难则刺激了全人类的神经,促使全球环保意识的觉醒。气候变化、生物多样性丧失、土地沙漠化等生态灾难使人类的生存环境、经济生产活动和未来的发展受到严重的威胁。突发性的环境灾难更是在伤亡人数、财产损失和持续时间上达到了惊人的程度,使得人类认真反思经济生产活动、科学技术的推广和应用对环境和生态安全的重要影响。20世纪80年代,波及欧洲多个国家、引起世界震惊的切尔诺贝利核电站事故是一次影响深远的重大环境灾难。

1986年4月26日,世界上最严重的核事故在苏联切尔诺贝利核电站发生。乌克兰基辅市以北130 km的切尔诺贝利核电站的灾难性大火造成的放射性物质泄漏,污染了欧洲的大部分地区,国际社会广泛批评了苏联对核事故消息的封锁和迟缓的应急反应。在瑞典境内发现放射物质含量过高后,该事故才被曝光于天下。灾后两年内,26万人参加了事故处理,为4号核反应堆浇了一层层混凝土,当成"棺材"埋葬起来。清洗了2 100万m²"脏土",为核电站职工另建了斯拉乌捷奇新城,为撤离的居民另建2.1万幢住宅。这一切,包括发电减少的损失，共达 80 亿卢布（约合 120 亿美元）。乌克兰政府已做出永远关闭该电站的决定。白俄罗斯共和国损失了 20%的农业用地，220 万人居住的土地遭到污染，成百个村镇人去屋空。乌克兰被遗弃的禁区成了盗贼的乐园和野马的天堂，所有珍贵物品均被盗走，因此污染也扩散到区外。距离核电站 7 km 内的松树、云杉凋萎，1 000 hm² 森林逐渐死亡。30 km 以外的"安全区"也不安全，癌症患者、儿童甲状腺患者和畸形家畜急剧增加；即使 80 km 外的集体农庄，20%的小猪生下来也发现眼睛不正常。上述怪症都被称为"切尔诺贝利综合征"。土地、水源被严重污染，成千上万的人被迫离开家园。切尔诺贝利成了荒凉的不毛之地。10 年后，放射性物质仍在继续威胁白俄罗斯、乌克兰和俄罗斯约 800 万人的生命和健康。专家们说，切尔诺贝利事故的后果将延续 100 年。

资料来源：洪峰，王玫雯. 节能减排，只能一路同行[J]. 中国城市经济，2008（3）：18-25.

全球环保意识增强的很重要的表现就是，人类对环境与生态安全问题研究的视角越来越宽广。全球众多环保人士和研究机构提出了人口过快增长说（在其他条件不变的情况下，人口增加越多，对自然资源的需求越大，对生态环境的压力越大，经济活动非理性的增加，地球承载能力的有限导致生态环境危机）、科学技术失控说（科学技术创造了现代物质文明，却为毁灭文明提供了高效手段，破坏了生态系统的稳定性和有序性）、增长极限说（人类追求经济增长而造成了严重的生态危机，必须通过经济和人口的零增长来维持人类与自然的平衡）、发展失衡说（发展不足和发展失当都造成了环境问题，必须通过可持续发展来解决环境问题）以及市场和政府失灵说（市场常常不能正确反映环境的社会价值和政府有时鼓励低效能经济活动的政策会造成环境破坏）等学说。

（二）非国家行为体的积极参与和卓越贡献

环境与生态安全问题是关乎全人类命运、波及范围极广、影响力深远的全球公益性问题，所以它开始进入国际政治的视野中时就吸引了大量非国家行为体的关注和参与。政府间国际组织、国际非政府组织、跨国公司、具有国际影响力的大众媒体和国际名人等等都是广泛意义上的非国家行为体。三种重要力量催发了国际行为体的多元化：第一种力量是经济全球化，它使得世界不再有经济障碍，跨越了国家疆界，跨国资本和跨国公司成为重要的非国家行为体；第二种力量是信息技术革命，它使得观念迅速传播，破除了观念的疆界，信息在网络上以难以控制的范围和速度传播开来，作为信息传播的主要力量，各种媒体因此也成为重要的非国家行为体；第三种力量是国际市民社会的发展，它使得非政府的社会联系成为国际社会的神经系统和活动网络，尤其是环境保护的观念通过国际社会网络成为大面积、跨国界行动，非政府组织成为国际体系中重要的行为体。这三种国际行为体，即跨国公司、大众媒体和非政府组织，成为当今国际体系内部极其活跃的角色，在一定程度上削弱了国家作为国际体系主导行为体的力量并侵蚀了支撑国家的主权观念和主权制度。在两极格局结束之后，严重的环境与生态安全问题日益受到人们的关注，为了培养公众的环保意识并促成环境与生态安全问题的改善，大量新兴国际行为体如雨后春笋般应运而生，并在环境与生态安全问题上发挥着越来越重要的作用。

在这些非国家行为体中，影响力最大的无疑是联合国。联合国通过举办重大的全球环境会议，将环境与生态安全问题纳入到了国际政治的范畴，提升了全人类对环境问题的认识，提出了解决环境问题的基本原则和理念，为国际环保法规的制定提供了指导思想，促使各国遵守国际公约并采取切实行动保护环境，推动了环境保护方面的国际组织、研究机构、基金会等团体的建立并为环境保护的开展提供资金、技术和人才的支持。

专栏 6-2　斯德哥尔摩会议

1972 年联合国人类环境会议在斯德哥尔摩召开，此次大会把环境问题纳入国际议程，就 26 项基本原则和 109 条行动计划建议形成了《联合国人类环境会议宣言》（以下简称《人类环境宣言》），并决定成立联合国环境规划署（UN Environment Program，UNEP），开启了南北双方共同协商并联手治理国际环境问题的序幕。因此，这次大会被视为国际环境机制正式确立的主要标志，成为国际环境机制的开端。

《人类环境宣言》提出了一系列保护和管理全球环境的基本原则，它明确宣布："按照联合国宪章和国际法原则，各国具有按照其环境政策开发起资源的主权权利，同时亦负有责任，确保在其管辖或控制范围内的活动，不致对其他国家的环境或其本国管辖范围以外地区的环境引起损害。""有关保护和改善环境的国际问题，应当由所有国家，不论大小在平等的基础上本着合作精神来加以处理。"这项宣言对于促进国际环境法的发展具有重要作用。以下阐明与会国和国际组织所取得的 7 点共识和 26 项原则。

7 点共识概括如下：由于科学技术的迅速发展，人类规模空前地改造和利用环境。人类环境的两个方面：包括天然环境和人工环境，对于人类的幸福和基本人权，以及生存权利本身，都是必不可少的；保护和改善人类环境是关系到全世界各国人民的幸福和经济发展的重要问题，也是各国人民的迫切希望和各国政府的责任；当代，如果人类明智地改造环境，可以给各国人民带来利益并提高生活质量；如果改造不当，就会给人类和人类环境造成无法估量的损失；在发展中国家，环境问题大多是发展不足造成的，因此，必须致力于发展，而在工业化国家，环境问题一般是同工业化和技术发展有关；人口的自然增长不断给环境保护带来一些问题，但采用适当的政策和措施，可以解决；我们在世界各地的行动中，必须更审慎地考虑它们对环境产生的后果，为当代人和后代子孙保护和改善人类环境，已成为人类一个紧迫的目标，这个目标将同争取和平全世界的经济与社会发展两个基本目标共同和协调实现；为实现这一环境目标，要求民众、团体、企业和各级机关承担责任，大家平等地付出共同的努力，各级政府应该承担最大的责任，国家之间应进行广泛合作，国际组织应采取行动，以谋求共同的利益，会议呼吁各国政府和人民为全体人民和子孙后代的利益而做出共同的努力。

资料来源：蔺雪春. 变迁中的国际环境机制：以联合国环境议程为线索[J]. 国际论坛，2007，9（3）：14.

1992 年 6 月 3—14 日，在里约热内卢举行的联合国环境与发展大会，正式开创了关于国际环境问题上政府间国际组织和国际非政府组织的互动模式。1992 年 6 月 2 日下午，同里约会议相对应的世界民间环境与发展大会——"92 全球论坛"在里约热内卢的佛朗哥公园开幕，配合会议而举办的"国际环境技术展览会"于 6 月 6 日在巴西圣保罗市开幕。这种互动模式影响深远，在以后的国际环境会议的召开和国际环境问题商讨解决的过程中，国际非政府组织发挥了越来越大的作用。

（三）建立环境与生态安全的国际机制

如果说非国家行为体在环境与生态安全方面发挥了积极作用，那么建立生态安全的国际机制是主权国家的主要贡献。当今国际体系的无政府状态不是霍布斯式的"一切人反对一切人"的完全敌视的无政府状态，而是时有竞争冲突、时有互助合作的无政府状态。完全无序的状态是不存在的，在竞争和合作中，虽然没有最高的中央权威，但是国际体系内还是出现了一定的行为准则。20 世纪后期，由于科技革命和信息革命的大力推进，人类开始面临日益发展的全球化趋势，同时全球生态环境日益恶化，环境问题更加突出，致力于环境与生态安全的国际机制开始出现并得到加强。这意味着越来越多的环境与生态安全问题受到国际法、国际规则和国际机制的管制。各国达成某种利益与价值认同，交出部分权力，积极置身于全球化进程，才能影响这一进程及其机制的演化，保障自身的利益。环境与生态安全的国际机制有利于生态安全问题的解决朝着更加规范化、条理化、体系化的方向发展。

环境与生态安全的国际机制通常被理解为，国际关系行为体通过国际谈判达成的、应对跨国性环境问题的国际环境规约。这一机制可以包括以下内容：机制的主体是国际关系行为体，例如国家、地区联盟、涉及全球环境保护的国际组织等；机制形成的主要方式是国际谈判、国际会议等；机制针对的问题是跨国性的环境问题，例如酸雨污染、臭氧空洞等；机制的具体表现形式是国际环境规约，例如国际环境条约、针对某个专业领域的环境公约等。除了公开发表的文件规约之外，一些不成文的规则和规定也可以被视为环境与生态安全的国际机制的重要组成部分，例如，政府间国际组织在召开重要的国际环境会议期间，国际非政府组织也会同时召开环境会议。同时，环境与生态安全的国际机制的最终目的是保护全球的环境和资源，实现全人类的可持续发展。综上所述，环境与生态安全的国际机制就是，国际关系行为体在兼顾自身利益和全球利益的基础上，为协调国际环境关系、稳定国际环境秩序进而保护全球环境与资源而共同制定或认可的一整套明示或暗示的原则、规则、谈判方式以及决策程序等的总称。

（四）国家安全内涵的重新定义

国家一直追求的核心利益就是国家安全。安全是国家生存和发展的保障，维护安全是国家在一切国际政治行动中的核心目标。但是，随着不同时代国际政治内容的变化，国家安全的内涵逐渐发生变化。

自从威斯特伐利亚体系确立以来，传统意义上的国家安全主要是指政治安全和军事安全。提及国家安全，首先指的是国家的主权和生存权不受侵犯。戴维·赫尔德认为："国家安全传统上主要被理解为军事力量，即获得、部署和使用军事力量来达到国家的目标。"在随后的几百年中，军事安全、政治安全一直是国家安全的核心内容，必须确保一个国家的人口和领土免受其他力量的攻击和侵略。这种以国家为中心的分析特别强调来自军事领域的威胁和侵略，特别是在冷战体制下，军事安全几乎成了安全的代名词。因此在这段时间里，军事安全和政治安全被认为是高级政治问题，经济、环境等问题被认为是低级政治问题。

专栏 6-3　威斯特伐利亚体系

威斯特伐利亚体系是在欧洲 1618—1648 年的 30 年战争结束之后，在威斯特伐利亚合约基础上形成的以主权国家为主体的新的欧洲国际政治体系。签约双方分别是统治西班牙、神圣罗马帝国、奥地利的哈布斯堡王朝和法国、瑞典以及神圣罗马帝国内勃兰登堡、萨克森、巴伐利亚等诸侯邦国。合约主要内容如下：哈布斯堡皇室承认新教在神圣罗马帝国内的合法地位，同时新教诸侯和天主教诸侯在帝国内地位平等；神圣罗马帝国内各诸侯邦国可自行确定官方宗教，加尔文教派获帝国承认成为合法宗教；神圣罗马帝国内诸侯邦国有外交自主权，不得对皇帝及皇室宣战；正式承认荷兰和瑞士为独立国家；部分外奥地利领地割与法国、瑞典和部分帝国内的新教诸侯；法国得到洛林内梅林、图尔、凡尔登等 3 个主教区和除斯特拉斯堡外整个阿尔萨斯；瑞典获取西波美拉尼亚地区和维斯马城、不来梅、维尔登两个主教区，得到了波罗的海和北海南岸的重要港口。

此合约导致奥地利哈布斯堡王朝失去大量领地，也削弱了王朝对神圣罗马帝国内各邦国的控制，使德国陷入封建分裂的时代；此合约导致法国、荷兰和瑞典这三大欧洲新霸主的崛起；意大利各邦仍处于四分五裂的状态；法国得到通向德意志的战略通道，实力大增，为后来称霸欧洲打下基础；瑞典获得波罗的海和北海沿岸重要港口，成为北欧强国。合约在欧洲大陆建立了一个相对均势状态的格局。

虽然威斯特伐利亚体系建立的均势并不稳固，但合约确定了以平等、主权为基础的国际关系准则，成为此后长达几百年的时间里解决各国间矛盾、冲突的基本方法。威斯特伐利亚合约签订后，欧洲战乱仍频。但这些战争都是在民族国家之间为了各自国家的利益而战，不再有中世纪为了神圣原则而发生的战争。威斯特伐利亚合约签订之后，为了解决各国之间的矛盾和争端，建立了一个相对合理的世界秩序。在合约的基础上，各个民族国家又签订了许多合约、条约，建立了各种体系和国际组织，包括维也纳体系、凡尔赛—华盛顿体系和雅尔塔体系并于 1945 年建立了联合国。这些体系和国际组织的基本原则，都没有超出威斯特伐利亚合约规定的国家主权和平等的范围。威斯特伐利亚合约是近现代国际关系的奠基石，开创了以主权国家为中心的世界格局。

资料来源：http://baike.baidu.com/view/1528456.htm.

随着国际政治问题的多样化和国际格局力量的对比，安全的定义开始出现一些变化。1972 年联合国人类环境会议所关注的问题及其形成的共识，凸显了资源短缺和环境恶化对国家安全的影响，国际社会对安全的传统性认识开始受到质疑。世界观察研究所所长布朗在题为《重新定义国家安全》的报告中指出，环境议题应该纳入到国家安全的概念中去。1983 年，理查德·厄尔曼在《国际安全》杂志上发表了《重新定义安全》的文章，批评美国冷战时期对国家安全的定义"极为狭隘""极端军事化"，结果导致了两个不幸的后果——美国外交政策的过分军事化和对其他危害国家安全的忽视。他认为，发展中国家的人口增长以及随之而来的对资源的争夺和跨国移民可能会引发严重的冲突。日益减少的资源，如化石燃料，可能是将来冲突的根源。他将对国家安全的威胁定义为：①在一个较短的时间范围内，使国民的生活质量面临严重下降威胁的行为或者系列事件；②使政府或者非政府行为体（个人、团体、公司等）的政策选择范围受到严重限制的行为和事件。该文在国际安全研究领域产生了较大的影响。

冷战的结束更加有力地推动了对安全问题的思考。研究环境与生态安全问题在国家安全中的地位和作用是非常必要的：①冷战的结束意味着传统安全注意的"战略迫切性"不复存在，军事安全的地位大大下降，研究对国家安全的其他威胁成为可能；②环境问题如气候变化、臭氧层耗竭等已构成对国家及世界的现实威胁，应该纳入安全研究的范畴，而且其危害性不亚于传统安全关注的焦点——有组织的国家间暴力；③国家安全如果不包括地球的生存条件将是相当空洞的概念，因为环境恶化破坏人类活动所依赖的自然支持系统，从而损害国家安全最基本的方面；④安全概念不是僵化不变的，应该随着形势的变化而不断调整、充实，如果一味固守传统地盘，可能丧失生机，甚至走入死胡同，将环境纳入安全研究范畴，会使安全研究更富有生机和活力；⑤资源与环境问题可能导致日益危险的国际冲突，从而对安全造成广泛威胁；⑥传统的国家安全定义已不足以应付当今世界所面临的挑战，并扭曲了全球现实的图景和政策的优先次序。随着全球问题的进一步变化，环境与生态安全问题逐渐融入国家安全的范畴并显现出日益重要的作用。

二、环境与生态安全中不利的国际因素

（一）国际环境法规缺乏足够的法律约束力

从本质上说，当今国际体系最重要的特征是无政府状态。与民族国家的内部政治结构有着根本的区别，国际体系不存在中央权威，其组成部分之间没有隶属关系，缺乏具有强制约束力和以暴力为后盾的法律，没有一整套法律执行机关、审判机关和监察机关作为其结构的有形存在。例如，国内政府可以针对水污染进行立法，同时根据法律组织有关部门进行严格的执法，对污染河流、湖泊、地下水的集体或者个人给予法律制裁。但是，迄今为止，国际社会还没有一项针对污染国际性海域的国家进行制裁的国际法规和行使保护国际性海域的专门的国际司法机构。现在更多的是关于保护海洋环境的宣言，或者由多国签署但是缺乏法律强制力的条约、协议。

所以，国际体系的无政府状态决定了环境与生态安全方面的国际法规缺乏足够的法律约束力。

大多数国际环境保护方面的宣言、共同文件和条约寄托于全人类保护环境的价值观的统一和道德意识的提升，即使在履约环节中有的条约规定得非常严格，也会因为缺乏强制性的法律约束力而使条约的执行效果大打折扣。假设，某个大国违反了缔结的保护海洋环境的国际性条约，其他缔约国按照规定应该对其进行经济制裁，但是其他缔约国的集体制裁不仅不会使大国改变行为，有些小国还会因为与其保持着密切的经济联系而从经济制裁中备受打击。这样，这些小国就会因为自己的利益而放弃经济制裁，导致集体行动的不统一，条约的执行就会变成一纸空文。从根本上说，国际体系的无政府状态为环境与生态安全问题提供了一个最基本的客观环境。如果忽视或者没有充分考虑国际体系这一根本特征，那么在国际体系的视野中就无法正确认识环境与生态安全的本质。

（二）主权国家体系制约全球环境公益的发展

国家行为体是指自威斯特伐利亚体系形成以来不断壮大的主权国家群体，它们对内具有权威性，对外具有独立性，以暴力为后盾占据着世界上绝大部分的经济资源、政治资源和文化资源，是国际影响力最强也是当今国际体系内部最重要的国际行为体。主权国家体系就是以国家为中心、围绕国家利益展开斗争的威斯特伐利亚体系。

冷战之后，国际行为体的新变化以及新兴国际行为体在环境与生态安全问题上的重要作用使得"国家主权衰弱"或者"取消国家主权"的观点一时非常流行。这就未免过高估计了非国家行为体的影响力并过度贬低了主权国家体系至今存在的强大作用。尤其是极具影响力的环境大国，在事关人类生存与发展的重大环境与生态安全问题上，具有举足轻重的作用。环境大国在重要的环境与生态安全问题上的谈判态度、合作意向、履约程度以及持续表现，对地球环境的发展趋势能够产生难以磨灭的影响力，这是其他中小国家和非国家行为体难以企及的。

专栏 6-4　环境大国在"巴厘岛路线图"中无法取代的重要作用

2007 年 12 月 3 日，来自 180 多个国家的代表和科学家齐聚印度尼西亚巴厘岛，参加 2007 年联合国气候变化大会。

本届联合国气候变化大会与会者超过 1 万人，其中不仅包括各国代表、科学家和记者，还有好莱坞明星、著名环保人士和遭受旱灾的农民及渔民。在本次大会举行期间，各方对达成路线图充满期待。

联合国秘书长潘基文希望大会取得突破，联合国气候变化专门委员会主席帕乔里则对大会成功绘制路线图表示"谨慎乐观"。然而，大会举步维艰。发达国家和发展中国家之间、发达国家内部欧盟和美国之间的角力程度之激烈，都淋漓尽致地展现了出来。

在大会达成协议前，联合国秘书长潘基文重返巴厘岛大会现场。他用近乎恳求的语气，动情地呼吁各国代表达成协议。他说："请珍惜这一刻，为了全人类。我呼吁你们达成一致，不要浪费已经取得的成果。我们这个星球的现实要求我们更加努力。"潘基文承认，他再次来到大会现场，自己感到很勉强。"坦率地说，大会迟迟没有进展，我对此感到失望。"如果没有美国的同意和合作，最重要的、关乎人类命运的温室气体减排协议将是一纸空文。美国的反对使大会迟迟无法达成协议，失望的各国代表疲惫不堪。在会议最后一天的早些时候，美国代表团团长、负责全球事务的副国务卿葆拉·多布里扬斯基说，美国反对"巴厘岛路线图"，会场一阵嘘声。一名代表巴布亚新几内亚参会的美国环境保护人士说："如果你不打算带头，请不要碍事。"会场内不少代表喝彩赞同。但在最后时刻出现了意想不到的变化——经过几次言语"交锋"后，多布里扬斯基再次靠近麦克风。她说："美国非常珍视这次谈判，只是希望确保我们共同行动。主席先生，我现在告诉你，美国将向前迈进，同意这一草案。"

资料来源：杞忧. 巴厘岛会议. 生态经济，2008（3）：10-11.

巴厘岛会议是迄今为止国际社会召开的规模最大的气候变化大会，大会历经两个星期制定了"巴厘岛路线图"，为人类下一步应对气候变化指明了前进的方向。美国作为世界上唯一的超级大国、温室气体最大的排放国、掌握大部分尖端环保技术的国家，在会议最后时刻的让步成为此次气候大会走向成功的转折点，美国在"巴厘岛路线图"中发挥着无法取代的重要作用。如果没有美国的参与，即使再多的非国家行为体大声疾呼、做出更多的努力，"巴厘岛路线图"也只能胎死腹中，全球气候合作的美好前景只能化为泡影。所以，主权国家是当今国际体系内最重要的国际行为体，环境大国在环境与生态安全问题上发挥着关键性的作用。从一波三折的巴厘岛会议来看，当前重要的环境与生态安全问题的解决进程之所以缓慢，很大程度上是因为环境大国的主观不作为或者行为力度不够。在主权国家体系中，主权国家的利己行为有时会阻碍全球环境公益的发展。

（三）国际环境外交的复杂性和艰巨性

在当今的国际社会中，环境与生态安全问题实质上是一个重要的国际政治问题。环境与生态安全问题需要所有国家共同面对、相互合作才能够得以解决，这个过程充满了激烈的政治斗争和烦琐的程序细节。

首先，确定国际环境外交的讨论议题和谈判内容是很困难的，尤其是牵涉众多国家和全球利益的重要命题。例如，在气候变化问题的谈判之初，一些温室气体排放大国拒绝将气候变暖的问题当做谈判话题，并组织科研力量拿出数据和资料反驳气温上升和气候变化的主要原因是温室气体大量排放造成的事实。主张控制温室气体排放的国家拿出新的科研数据和资料，向反对国家施压，说服他们回到谈判桌上开启气候问题的谈判。在气候变化谈判尚未开始之际，是否要把这个话题列入谈判议程就已经消耗了一定的时间、落实措施的政治资源和用于实践的财力、物力。在这个过程中，全人类也可以看到，科学技术的发展制造了环境问题、解决了环境问题，同时也使国际政治的角力更加复杂、更加微妙。

专栏 6-5　国际环境外交的科学技术性

　　国际环境外交具有较强的科学技术性。传统外交重视和强调的是外交的政治性，一般很少涉及科学技术问题，人们往往把外交活动方式和手段等同于政治活动、政治手段和外交手腕。国际环境外交作为外交的组成部分，当然不可能摆脱政治和意识形态的影响。但是环境外交不仅仅取决于国际政治的发展，而且涉及大量的科学技术问题，深受科学技术发展的影响。臭氧层外交、全球气候变暖外交、外层空间外交、跨国酸雨外交、海洋环境保护外交、危险废物越境转移外交、生物多样性外交、南极外交等环境外交的这些热门问题，都与现代科学技术紧密相关。没有科学技术的发展，人类也难以解决日益恶化的环境问题。如何解决人类面临的环境问题，更多的方面要依赖科学技术的发展，所以，国际环境外交谈判必然涉及大量的科学技术问题。一些专业的环境非政府组织及专业技术人员参加国际环境会议就不足为怪了。

资料来源：丁金光. 国际环境外交[M]. 北京：中国社会科学出版社，2007.

　　如何正确认识环境问题的变化并采取对应措施必须以科学尤其是环境科学为依托，必须利用最先进的科学技术，必须加强环境研究的国际合作。例如，为了解臭氧层耗损的情况，科学家需要利用卫星技术并使用超级计算机进行数据处理。而联合国环境规划署的环境监测计划、联合国教科文组织的人与生物圈计划、国际科学协会理事会的国际地质圈/生物圈计划等，都是环境研究国际合作的典范。因此，环境外交的科学技术性是非常突出的。具体而言，这主要表现在 3 个方面。第一，对环境问题的科学发现是环境外交产生和发展的重要前提。事实上，各国无不是在科学家对某一环境问题的原因及其后果有了相当程度的令人信服的证明后，才会采取相应的政治和法律行动。引人注目的保护臭氧层的国际环境外交就是一个典型的例子。1974 年两位科学家最早发现了臭氧层损耗与氟氯烃向平流层释放氯离子之间的关系，由此开启了国际社会保护臭氧层的外交努力。第二，一个国际环境谈判常常涉及众多的科学领域。仅仅是保护臭氧层的国际环境谈判就涉及同温层化学家、物理学家、气象学家、微生物学家、农业化学家、物理化学家、土壤工程师、火箭专家、化学工程师、海洋学家、肿瘤学家、昆虫学家和药理学家等的研究领域。第三，通过环境外交达成的国际环境条约本身包含许多技术性法律规范。如 1989 年《控制危险废物越境转移及其处置巴塞尔公约》在其附件三中对危险废物的危险特性分类作了简明的规定。另外，1972 年以后达成的国际环境条约中一般都设立了负责环境信息交流及咨询的附属机构。因此，环境外交又被称为科学技术外交，科学家在环境外交中的价值受到广泛重视。

资料来源：张海滨．环境与国际关系：全球环境问题的理性思考[M]．上海：上海人民出版社，2008．

其次，国际环境外交中生态安全问题的提出、讨论、对外交涉、谈判、设计解决方案、决策、实施、反馈等一系列活动涉及众多政府部门的集体行动，会影响到不同组织和大量人员的切身利益，不同政府部门、组织及其内部人员的介入使得环境与生态安全问题在政治运作的层面上出现复杂的局面。一个国家出席国际环境问题大会的政府代表团往往是非常庞大的，例如 1991 年中国出席《联合国气候变化框架公约》第一次谈判会议的代表团包括了来自外交部、国家科委、能源部、交通部、农业部、林业部、国家气象局、国家环保局和国家海洋局等许多政府部门的人员。环境与生态安全问题的治理由政治、经济、社会、文化等不同力量共同作用，因此它的解决会涵盖大量不同职责和功能的政府部门。为了体现部门和组织的存在价值和功能作用，为了捍卫组织及其内部成员的利益，不同部门参与到环境与生态安全问题的解决过程中并使问题的解决充满了组织角力的色彩。

最后，国际环境外交会涉及国家发展空间和发展前景的问题，这是关系到国家发展权的重大政治问题。在当今的国际体系内，发达国家与发展中国家围绕环境与生态安全问题的争论的核心就在于如何分配发展空间的问题。发达国家依托于资金、环保技术、环境工程和环境服务人才以及公众的环保意识，已经建立起来一套相对完整的环保经济体系，并且形成了可观的产业链和利润来源。这些方面的优势往往是发展中国家在短时间内难以达到的。发达国家一般侧重保护环境的重要性，要求发展中国家用环境政策来指导经济发展，并不时运用经济、贸易和政治手段限制发展中国家的发展，其实质是要发展中国家牺牲发展空间来换取环境改善。而发展中国家坚持认为，当前的首要任务是经济发展，不能单独谈论环境问题，必须将环境与生态安全问题和经济发展相联系，在经济发展中消除贫困、取得发展从而更好地保护环境。例如，在气候变化这个重大环境问题上，减少温室气体的排放就等于要缩减相对应程度的经济发展规模或者采用新的技术以提高资源的利用率，这就意味着国家的发展空间受到一定程度的限制，发展成本会相应增加。国家的发展与国际体系中的力量格局和国家的国际地位息息相关，所以，环境与生态安全问题在一定程度上是涉及国家发展的重大政治问题。

　　1997 年，气候变化框架公约第三次缔约方大会通过了《京都议定书》，该议定书的关键是"附件 B"。它详细列了 38 个工业化国家的年度温室气体排放限度。每个国家的限度以 1990 年的排放量为基准（少数国家被允许采用其他年份的数据），限度范围为 92%～110%。大多数欧盟国家为 92%，美国为 93%，加拿大和日本为 94%，俄罗斯为 100%，其他为 110%。《京都议定书》同时引入了"三个灵活机制"，即以联合实施、排放量贸易和清洁开发机制为核心的所谓"京都机制"。其主要内容为发达国家与发展中国家之间可以共同实施漫暖化对策事业，由这个事业所削减的排放份额，可以由事业投资国和实施国来共同分享，但是这种事业必须有助于发展中国家的可持续发展和排放量贸易；缔约国之间，可以对所分担的温室气体排放量的一部分进行贸易；拟订了可以利用"土地利用变化、造林和改善农田管理"等措施增加的二氧化碳吸收量来抵消本国碳排放指标的协议框架。

《京都议定书》设计的成功之处就在于分配温室气体减排任务目标的同时，灵活处理了国家发展空间的问题。通过排放量贸易和清洁开发机制，不同的国家可以根据自己的实际情况，采用不同的措施和手段，达到温室气体减排任务与国家发展某种程度上的平衡。但是，国际环境外交并不能总是处理好环境保护与国家发展的关系，因此在环境与生态安全问题方面呈现出复杂性和艰巨性。

第二节　生态安全的国际机制和国际环境外交

上述对环境与生态安全中有利和不利的国际因素的分析，可以帮助我们更清晰地认识到国际社会环境保护进程中的推动力和阻碍力。然而，解决全球环境问题离不开国际合作。只有在国际社会开展全面和深入的国际合作中，人类才能在迎接人口、资源、经济、社会和环境的挑战中取得胜利。虽然实现可持续发展的道路是非常艰难和曲折的，但是在曲折中全人类已经在国际合作中取得了一定的成绩，在环境与生态安全方面已经建立起来的国际机制的框架和正在积极开展的国际环境外交奠定了未来全人类保障生态安全、推进实现可持续发展目标的基础。

一、生态安全的国际机制

全球环境可以分为大气环境、海洋环境、淡水资源环境、陆地环境等不同的子系统，同样，环境与生态安全的国际机制可以细分为国际大气环境保护机制、国际海洋环境保护机制、国际生物资源保护机制、国际淡水资源利用和保护机制、国际土地资源保护机制、国际两极地区环境保护机制、国际外层空间环境保护机制等方面。以上的环境保护机制基本上囊括了生态安全的各个方面。

（一）国际大气环境保护机制

当今，国际大气环境保护机制的核心议题是防止全球气候变暖。迄今为止，在国际社会的共同努力下，形成了以气候变化框架公约—京都议定书—巴厘岛路线图为基础的防止全球气候变暖的国际大气环境保护机制。

1992 年《联合国气候变化框架公约》是国际社会迎接全球气候变暖这一重大环境挑战迈出的第一步。公约最终目标是将大气中温室气体的浓度稳定在防止气候条件受到人为干扰的水平上。里约会议以后，国际大气环境保护机制的发展获得了新的动力。气候变化框架公约目的是通过成员国的自愿行动使 2000 年温室气体的排放稳定在 1990 年的水平。尽管在随后的十来年里，几乎没有国家执行实质性的政策，温室气体排放呈现出了一个快速增长势头。但是，该公约建立了一种谈判机制——定期举行缔约方大会。

专栏 6-6　里约会议

国际环境保护发展的第二个里程碑是 1992 年 6 月 3—14 日在巴西里约热内卢举行的联合国环境与发展大会（以下简称里约会议）。会议讨论并通过了《里约环境与发展宣言》《21 世纪议程》和《关于森林问题的原则声明》，并签署了《联合国气候变化框架公约》和《生物多样化公约》两个公约。

其中，《里约环境与发展宣言》标志着人类对环境问题的认识达到了新的高度，其对国际环境机制的主要贡献在于：第一，它再次重申国家资源开发主权与不损害国外环境的责任，增强了该原则的约束力；第二，它提出了"共同但有区别的责任"原则，明确了发达国家和发展中国家在全球环境保护中的责任以及国际环境与国际贸易方面的一些基本原则，如不得将环保作为贸易保护主义的手段等。宣言中的 27 项原则提到，人类有权同大自然协调一致从事健康的、创造财富的生活；各国根据联合国宪章和国际法至高无上的原则，按照自己的环境和发展政策开发本国资源，并有责任保证在其管辖或控制范围内的活动不对其他国家或不在其管辖范围内的地区的环境造成危害；必须履行发展的权利，以便公正合理地满足当代和子孙后代发展与环境的需求；各国和各国人民应该在消除贫穷这个基本任务方面进行合作，这是可持续发展必不可少的条件，目的是缩小生活水平的差距和更好地满足世界上大多数人的需求；发展中国家，尤其是最不发国家和那些环境最易受到损害的国家的特殊情况和需求，应给予特别优先的考虑，在环境和发展领域采取的国际行动也应符合各国的利益和需求；鉴于造成全球环境退化的原因不同，各国负有程度不同的共同责任，鉴于发达国家对全球环境造成的压力和它们掌握的技术和资金，它们在国际寻求可持续发展的进程中承担着责任，各国应进行合作，通过科技知识交流，提高科学认识和加强包括新技术和革新技术在内的技术的开发、普及、推广和转让，从而加强为可持续发展的内生能力；和平、发展和环境保护是相互依存的和不可分割的；各国应根据联合国宪章通过适当的办法，和平地解决它们所有的环境争端；各国和人民应真诚地本着伙伴关系的精神进行合作，贯彻执行本宣言中所体现的原则，进一步制定可持续发展领域内的国际法；等等。

《21 世纪议程》是一项关于人类环境与发展问题的行动计划，旨在具体落实《里约环境与发展宣言》，它通篇贯穿着可持续发展的战略思想，体现了国际环境法的基本原则。文件包括有关妇女、儿童、贫困和发展不充分等方面的众多问题，是将环境、经济和社会关注事项纳入到一个政策框架的具有划时代意义的成就。但这又是一份没有法律约束力、800 页的行动蓝图，旨在鼓励发展的同时保护全球环境的可持续发展。《21 世纪议程》决定成立联合国可持续发展委员会，其中的大部分提议仍然是适当的，之后联合国关于人口、社会发展、妇女、城市和粮食安全的每次重要会议又予以扩充并加强。

资料来源：http://www.chinaenvironment.com/view.

1997 年，气候变化框架公约第三次缔约方大会通过了《京都议定书》。《京都议定书》的关键特征是"附件 B"，它详细列了 38 个工业化国家的年度温室气体排放限度，同时引入了"三个灵活机制"，即以联合实施、排放量贸易和清洁开发机制为核心的所谓"京都机制"。

2007 年，联合国气候变化大会在印尼巴厘岛经过为期 13 天的艰苦谈判，通过了"巴厘岛路线图"。作为《气候变化框架公约》和《京都议定书》的延续，路线图为人类下一步应对气候变化指引了方向。路线图取得的成果可以概括为以下 4 个方面：首先，强调了"共同但有区别的责任"原则，考虑社会、经济条件以及其他相关因素，与会各方同意长期合作共同行动，实现关于减排温室气体的全球长期目标；其次，明确规定所有发达国家缔约方都要履行可测量、可报告、可核实的温室气体减排责任，把美国纳入其中；再次，在减缓气候变化问题的基础上，强调了广大发展中国家极为关心的适应气候变化问题、技术开发和转让问题以及资金问题；最后，要求有关工作组在 2009 年完成工作，并向气候变化框架公约第十五次缔约方会议递交工作报告，这与《京都议定书》第二承诺期的完成谈判时间一致，实现了"双轨"并进。

2008 年 3 月在泰国曼谷召开的联合国气候变化会议对当前国际气候谈判的热点进行追踪分析。为了落实"巴厘岛路线图"，推动公约和议定书谈判，此次会议分为两个特设工作组以"双轨"形式展开谈判。"长期合作行动特设工作组"是根据 2007 年年底的巴厘岛会议制定的巴厘岛路线图，在气候公约下启动一个新的综合谈判进程，目标是通过 2012 年之前乃至更长远的长期合作行动，全面、有效和持续地加强公约的执行。另一个特设工作组是根据 2005 年蒙特利尔会议相关决定，在议定书下启动的一个谈判进程，目标是确定发达国家在后续承诺期内的减排义务。会议就巴厘岛路线图提出的应对气候变化的长期目标，以及构建 2012 年后国际气候制度的四块基石——减缓、适应、技术和资金，进行了全面讨论，制定了未来一年半的工作规划，该工作组计划到 2009 年的气候公约第 15

次缔约方会议结束谈判。会议围绕发达国家实现减排目标的手段的分析,通过主题研讨会重点讨论了国际碳市场、碳汇、部门方法以及温室气体排放源及分类等问题。

但是,全球气候谈判在哥本哈根大会上遭遇了挫折。2009年12月7日,联合国气候变化大会在丹麦首都哥本哈根召开,来自全球100多个国家的首脑齐聚哥本哈根,这是联合国历史上迄今为止规模最大的国家元首集会。由于发达国家和发展中国家在减排责任、资金支持和监督机制等议题上分歧严重,为期两周的会议被迫拖延一天,最终达成不具法律约束力的《哥本哈根协议》。世界自然基金会12月19日表示,哥本哈根联合国气候变化谈判曾经距离完全失败只有一步之遥,最终虽然获得了一些成果,但远无法解决当前危险的气候变化问题。绿色和平组织认为,各国元首错失了拯救人类气候的最佳历史时机。但是,哥本哈根规模空前的与会阵容至少显示了国际社会对于气候变化问题的高度重视,而这种政治意愿对于应对气候变化行动的成功是不可或缺的。从某种意义上讲,哥本哈根是全球应对气候变化共同行动的一个新的起点。

（二）国际海洋环境保护机制

国际海洋保护机制主要由1982年《联合国海洋法公约》、1972年《防止因倾弃废物及其他物质而引起海洋污染的公约》、1973年《国际防止船舶造成污染公约》及其1978年议定书、1969年《对公海上发生油污事故进行干涉的国际公约》、1973年《关于油类以外物质造成污染时在公海上进行干涉的议定书》、1989年《国际打捞公约》和1990年《关于石油污染的准备、反应和合作的伦敦国际公约》等构成。

其中,《联合国海洋法公约》（以下简称《海洋法公约》）是国际海洋环境保护机制中的基石,它对各国际关系行为体在全球海洋环境保护中所承担的权利和义务作了最基本的规定,为其他专门领域或者具体规定的公约和法规奠定了基础,为在海洋环境保护方面争端的解决提供了最基本的工作机制。这种争端解决机制分为强制性和非强制性两种。

《海洋法公约》对强制性的争端解决方式规定如下，"一国在签署、批准或加入本公约时，或在其后任何时间，应有自由用书面声明的方式选择下列一个或一个以上方法，以解决有关本公约的解释或适用的争端：①国际海洋法法庭；②国际法院；③仲裁法庭；④争端的特别仲裁法庭。"《海洋法公约》列出了4种解决海洋环境保护争端的程序供各缔约方自由选择，可以视为是《海洋法公约》对于缔约方接受强制性争端解决机制的一种补偿。在《海洋法公约》所列的4种选择中，国际海洋法法庭对于国际海洋环境保护及《海洋法公约》在其中地位的巩固都有着重要的意义和作用。

非强制性的争端解决方式分为谈判和调解两类。谈判是两个或两个以上国家为有关问题获得谅解或求得解决而进行国际交涉的一种方式，也是解决国际争端最正常和最主要的基本方法。调解又称和解，与谈判类似，都是通过法律手段和平解决国际争端的方式。

政府间海洋学委员会（IOC）、国际海事组织海上安全委员会（MSC）和海洋环境保护委员会（MEPC）等一些政府间国际组织在国际海洋环境保护机制中也发挥着重要的作用。海洋环境污染中有35%的污染物来自于船舶。政府间海洋学委员会把船舶海洋污染定义为："人类直接或间接地把一些物质或能量引入海洋环境（包括河口），以至于产生损害生物资源，危及人类健康，妨碍包括渔业活动在内的各种海洋活动，破坏海水的使用质量和舒适程度的有害影响。"国际海事组织海上安全委员会和海洋环境保护委员会经过长期对海上发生的各类事故的分析研究，于1997年6月23日共同发布了关于"人为因素统一术语"，包括人为错误、人为不良行为、海洋环境、安全工作能力、管理和精神错觉行为六大项，基本概括了导致船舶海洋污染的主要因素。

（三）国际生物资源保护机制

国际生物资源保护机制主要由1971年《拉姆萨尔公约》、1973年《濒危野生动植物物种国际贸易公约》和1992年《生物多样性公约》及其《生物安全议定书》等构成。

在 1992 年里约会议上通过的《生物多样性公约》，到 2008 年，全世界已经有 191 个缔约国，其中 168 个国家签署了《生物多样性公约》。该公约一直坚持"保护生物多样性、可持续利用生物多样性的组成部分和公平合理地分享由遗传资源而产生的惠益"的初衷，努力集合全球力量保护世界生物多样性。

《生物多样性公约》是一个框架性的国际条约，由序言、正文和附件 3 部分组成。正文部分共含 42 个条款，按内容可分为一般性条款、实质性条款、运转程序性条款和最后程序条款。运转程序性条款规定了《生物多样性公约》履行的关键过程，但是并没有明确说明这些关键过程之间如何衔接。这是框架性公约的特点——为其改进提供了充分的空间，也表明在实际运作中，履约全过程有可变性。

该公约按照"产生议题—召开缔约国大会并通过决议—用决议指导实践并在实践中形成新的决议"的模式运行。议题是供缔约国在缔约国大会上讨论的主题内容，来源于《生物多样性公约》条款、当前环境问题、国家履约实践、不限名额专家组会议以及科学、技术和工艺附属机构会议的讨论结果和决议，以充分保证议题的科学性和时效性；缔约国大会是公约的最高组织机构，通过定期召开会议形成决议并督促公约的执行。大会上除了缔约国之间的讨论、协商和谈判，还有各类与生物多样性保护相关、代表不同利益的团体参与，如非政府组织、企业、土著居民等，以充分体现《生物多样性公约》所倡导的平等使用资源的宗旨；大会决议采取一票否决制，因此决议往往是折中的选择，比议题的变化更为保守，但它从国际层面和国家履约层面上直接指导所有的生物多样性保护实践。在实践中，由于决议没有法律约束力，各国的立场不同，对决议的重视程度和响应也不同。但是无论何种回应都是出于保护本国生物多样性和利益的目的，并通过实践将保护生物多样性的经验和教训反馈到新一轮谈判中，提出新的议题，修正决议内容，最终达到减缓生物多样性丧失速率的目的。

（四）国际淡水资源利用和保护机制

国际淡水资源利用和保护机制主要由国际常设法院 1929 年河流秩序国际委员会地域管辖权案、国际常设法院 1937 年默兹河分流案、1957 年拉努湖仲裁案、国际法院 1993 年盖巴斯科夫—拉基玛洛大坝案等司法判例和 1966 年国际法协会《国际河流利用规则》（简称赫尔辛基规则）、1997 年联合国国际法委员会《国际水道非航行利用法公约草案》等国际法文件构成。

国际淡水资源利用和保护机制的第一个重大里程碑是 1966 年国际法协会第 52 届大会通过的《赫尔辛基规则》。该规则不仅对国际法中关于国际河流利用的规则作了系统的编纂，而且其规定的各种规则所依据的原则可用于指导各国对其他形式国际淡水资源的利用，它对于国际淡水资源利用和保护的法律制度的发展起到了承前启后的作用。

《赫尔辛基规则》的要点和对国际淡水资源利用和保护法律制度的贡献，主要包括：编纂并宣告适用于国际流域内的水域利用的国际法一般规则；界定了"国际流域"的概念——指跨越两个或两个以上国家，在水系的分水线内的整个地理区域，包括该区域内流向同一终点的地表水和地下水；确认国际流域的公平合理利用原则——每个流域国在其境内有权公平合理分享国际流域内水域利用的权益；明确界定了"水污染"的概念——指人的行为造成国际流域的水的自然成分、结构或水质的恶化变质；规定国家有责任防止和减轻对国际流域水体的污染，这种污染包括"从一国领土所造成的水污染"和"虽在其国家领土之外，但由于该国之行为所造成的污染"；规定国家有责任停止其引起污染的行为并对同流域国所受的损失提供赔偿；规定了防止和解决争端的程序，包括国家按照联合国宪章的规定以和平方法解决争端的义务，每个流域国向其他流域国提供所掌握的该流域在其境内的水域的有关情况和对水域的利用和有关活动情况，流域国向其他流域国事先通告其所拟采取的工程措施及其对其他流域国的可能影响。

1999 年斯德哥尔摩世界水会议重点讨论"通过整体管理水的有关问题，促进城市稳定"，试图通过分析找出建设性的战略，以获得稳定、动态和有创造力的城市情况。水会议提出要把将来的城市"作为一个综合的、动态的、充满生气的实体，以水为他们宝贵生命所必需的血液，以社会正义（公平）为他们发展繁荣的指针，以科学、技术为他们进步的发动机"，探讨了如何避免城市周边范围人民生计的崩溃，提出了要注意抓供水和卫生，以及避免由于严重的水污染迫使工业关闭造成失业等问题。针对上述关键问题，大会分城市防洪减灾，水及社会稳定，水—废料—能源整体管理，发展中国家城市水管理的技术不足的挑战，长期供水和解决卫生的办法，流域内上、下游城市可持续卫生以及城市及其周边范围的相互作用 9 个组进行研讨。代表们认为城市稳定不仅需要解决城市内部问题的挑战，还要提高抵制不可避免的洪水以及上游活动造成的水污染的社会能力。发展中国家生产造成大量的污染负荷，使水环境发生大规模的严重污染，影响和威胁着大城市的经济发展，所以除了解决经费问题以外，使污染负荷最小化也是重要问题。同时还要避免城市的快速发展破坏水资源，如把水库填平作为他用，或使已建成的水库发生污染，不能利用，而新的水源又相距很远，开发时常有不能克服的投资困难。水的再利用是一个自然方法，但长期使用也可使土壤和水发生盐碱化等问题。会议还认为地下水与城市化是相互依赖的，而"瓶颈"问题则是社会资源的缺乏常使水资源短缺。

（五）国际土地资源保护机制

国际土地资源保护机制的核心是 1994 年的《联合国关于在发生严重干旱和/或荒漠化的国家特别是在非洲防治荒漠化的公约》（以下简称《防治荒漠化公约》）。《防治荒漠化公约》是防治荒漠化领域的第一个全球性公约，也是国际社会落实 1992 年里约会议所通过的《21 世纪议程》的第一个步骤。

1993 年 5 月—1994 年 6 月，联合国防治荒漠化公约政府间谈判委员会历经 5 次会议，完成了《防治沙漠化公约》的谈判。1994

年 10 月 14 日，在巴黎正式开始签字。包括中国在内的 100 多个国家的代表先后签署了《防治沙漠化公约》。公约明确将环境保护与社会和经济发展结合起来，指出荒漠化是"各种自然、生物、政治、社会、文化和经济因素的复杂相互作用"造成的，因此防治荒漠化不仅是个环境问题，也是个社会问题，"需要在可持续发展的框架内"进行综合治理。公约建立了一套防治荒漠化的国际合作体制，确认了国际合作和南北伙伴关系在防治荒漠化和缓解干旱影响工作中的重要性和必要性，强调要调动广大群众充分参与，突出了科学技术指导在防治荒漠化工作中的重要作用。

《防治荒漠化公约》的主要目标是建立一套国际合作体制，促进和推动国际社会在防治荒漠化和缓解干旱影响方面的合作。它与一些其他国际环境条约不同，具有"凡加入公约的国家都有义务实施公约"的法律约束力，并载有国家采取实际行动，特别是在防治荒漠化的地方一级采取实际行动的具体承诺——国家行动方案，并极力强调实施公约和监测公约实施进展情况所需的机制。为了有效地提高世界各国公众对执行与自己和后代密切相关的《荒漠化公约》重要性的认识，唤起全社会对防治荒漠化的责任感，以及纪念国际社会达成防治荒漠化共识的日子，第 49 届联大通过决议宣布从 1995 年开始，每年的 6 月 17 日为"世界防治荒漠化和干旱日"。

截止到 2007 年 9 月，联合国防治荒漠化公约缔约国会议已经举行了八次。2007 年 9 月 3—14 日，第八次缔约方会议在西班牙马德里召开。会议以"防治荒漠化和适应气候变化"为主题探讨了防治荒漠化与适应气候变化之间的联系，与会各国部长及高级官员分别从防治荒漠化与消除贫困、实现千年发展目标之间的关系、调动资金应对荒漠化与气候变化的挑战等方面阐述了各自观点。来自《联合国气候变化框架公约》《生物多样性公约》和《世界气象组织》的代表也分别从各自领域阐述荒漠化与适应气候变化间的联系。

（六）国际两极地区环境保护机制

国际两极地区环境保护机制主要由 1982 年《联合国海洋法公

约》、1989 年《巴塞尔公约》、1972 年《伦敦倾废公约》、1973 年《国际防止船舶污染海洋公约》及其 1978 年议定书、1959 年《南极条约》、1964 年《保护南极动植物议定措施》、1972 年《养护南极海豹公约》、1980 年《南极海洋生物资源保护公约》、1991 年《南极环境议定书》和 1991 年《北极环境保护战略》等构成。

《南极条约》是迄今存在的，调整人类在南极活动的重要法律文件。其主要内容是：南极地区仅用于和平目的，禁止军事利用南极；实行环境保护；科学考察自由；冻结一切按不同扇形理论提出的领土要求。

《南极条约》签订后从法律地位上对南极洲及南大洋的自然环境和生态系统方面加以保护，每两年举行一次南极条约会议，对条约的实施情况进行讨论，对环境保护等问题做出进一步协商，并提请各参加国政府批准和实施。各参加国政府依照条约的宗旨和原则，对南极考察和建站都采取了特别措施。《南极条约》的签订缓和了有关国家对南极领土主权的矛盾，适应了南极科学考察的需要；使各国对南极的科学考察、资料交换和后勤供应进行了广泛而卓有成效的合作；对全面保护南极生态环境赢得了各国广泛的支持；对南极地区的动植物保护起到了促进作用；为保护南极地区矿物资源奠定了基础。

北极地区环境保护机制是一个逐渐形成的过程。1911 年，美国、俄国、日本和英国共同签署了一项保护海豹毛皮的条约，规定在北纬 30°以北的太平洋里禁止捕猎海豹；1913 年，美国和英国又签订了一项保护北极和亚北极候鸟的协议；1923 年，由美国和英国提出并签订了保护太平洋北部和白令海峡的鱼类的协议；1931 年，美国和其他 25 个国家签订了捕鲸管理条约；1946 年，共有 15 个国家签订捕鲸管理国际条约，并成立了一个国际捕鲸委员会；1973 年，由加拿大、丹麦、挪威、苏联和美国共同签订了北极熊保护协议；1976年苏联和美国签订保护北极候鸟及其生存环境的协议。1989 年 9 月20—26 日，根据芬兰政府的提议，在北极圈内有领土和领海的加拿大、丹麦、芬兰、冰岛、挪威、瑞典、美国和苏联派出代表，召开了一次咨询性会议，共同探讨了通过国际合作来保护北极环境的可能性。1990 年又召开了一次预备性会议，并于 1991 年正式签署了《北极环境保护战略》共同文件，以《北极环境保护战略》为核心的北极地区环境保护机制正式形成。

2008 年 5 月 28 日，北极地区周边国家丹麦、俄罗斯、美国、加拿大和挪威结束在格陵兰岛举行的部长级会议，这是五国首次就北极地区问题举行的部长级会议，其目的是消除各国因北极领土之争而造成的紧张气氛。五国代表会后发表声明，表示愿意共同保护北极地区，将根据国际法采取措施保护和维持北冰洋地区的脆弱生态环境；将在国际海事组织的协调下一起努力，加强执行现有措施以及制定新政策来维护海上航行的安全，以及防止或减少因船只问题而造成的北冰洋污染；根据相互信任和透明原则，加强科研在内的在北冰洋地区的合作。但是，最终五国对领土之争依然纠缠不清。

（七）国际外层空间环境保护机制

国际外层空间环境保护机制主要由 1963 年《部分禁止核武器试验条约》、1967 年《外空条约》、1973 年《空间实体国际赔偿责任公约》、1976 年《空间实体登记公约》和 1979 年《月球协定》等国际文件构成。

国际外层空间环境保护机制存在的标志是 1967 年生效的《关于各国探索与利用包括月球与其他天体在内的外层空间活功所应遵守的原则条约》（以下简称《外空条约》）。它是联合国大会 1963 年 12 月 13 日通过的《关于各国探测与利用外层空间活动所应遵守的法律原则宣言》的补充和发展，是国际社会第一次用条约的形式确立外空活动的基本原则。《外空条约》在共同福利、自由探测与利用、外层空间不得据为己有等原则的基础上，强调了科学调查自由的原则；确立了禁止在外层空间布置核武器或大规模杀伤性武器的原则；规定了外空活动的国际责任、登记、发射国对所发射的外空物体的所有权、管辖权、控制权与追索权、救援宇宙航员与返还航天器、防治污染和国际合作等原则。由于《外空条约》规定了上述基本原则，故被称作"外层空间宪章"或"宇宙宪章"。

在《外空条约》的基础上，出现了 1968 年《营救宇航员、送回宇航员和归还发射到外层空间的实体的协定》、1973 年《空间实体造成损害的国际责任公约》（简称《空间实体国际赔偿责任公约》）、1976 年《关于登记射入外层空间的实体的公约》（简称《空间实体登记公约》）、1979 年《关于各国在月球和其他天体上活动的协定》（简称《月球协定》），这 4 个条约都是《外空条约》某个原则的具体化，它们的序言也表明了这一点。虽然随着科学技术的进步和外空活动的不断发展，《外空条约》有可能被证明只涉及外层空间问题的一部分，但可以说，至少在可预见的未来，《外空条约》是从事外空活动必不可少的基本依据，是外空法的奠基之作。

二、国际环境外交中的政府间国际组织和国际非政府组织

政府间国际组织和国际非政府组织在国际环境外交中分别扮演着重要的角色——以联合国为核心的政府间国际组织在 1972 年的斯德哥尔摩会议上正式拉开了国际环境外交的序幕，国际非政府组织在环境与生态安全方面发挥着参与者、评估者、监督者、咨询者等多重作用。正确认识并理解政府间国际组织与国际非政府组织在环境与生态安全方面的作用，有益于更清晰地判断国际环境外交的形势及其进一步的发展趋势。

（一）联合国在环境与生态安全方面的作用

联合国是世界上最大、最具有影响力的政府间国际组织，在国际环境外交发展的 3 个里程碑（1972 年斯德哥尔摩会议、1992 年里约会议和 2002 年约翰内斯堡会议）上，都发挥了至关重要的作用。在全球环境治理方面，已经形成了以联合国为核心的政府间国际组织的体系。

专栏 6-7　约翰内斯堡会议

2002 年 8 月 26 日—9 月 4 日，可持续发展世界首脑会议（约翰内斯堡会议）在南非约翰内斯堡举行，这是迄今为止在非洲大陆召开的最大的一次国际会议。来自 191 个国家的政府代表以及政府间和非政府组织、私营企业、民间社团和学术研究团体的代表共 21 340 人出席了此次盛会。与会代表就全球可持续发展现状、问题与解决办法进行了广泛的讨论。会议通过了《约翰内斯堡可持续发展宣言》《可持续发展世界首脑会议实施计划》等重要文件。

《可持续发展世界首脑会议实施计划》是此次峰会的重要成果，主要表现在以下几个方面：第一，把可持续发展从二维拓展到三维。里约峰会强调的是环境与发展，但主要体现在发达国家要环境，发展中国家要发展。在此次峰会上，首次明确了可持续发展的三大支柱——社会发展、经济发展和环境保护，这种三维构架只有一个中心——以人为中心。第二，对经济和社会发展内容的深化。10 年前对贫困的应对是经济增长和发展援助，效果不是很理想。在此次峰会上，强调的是贫困的具体内容，没有清洁安全饮用水、缺乏基本卫生条件、没有基本的能源供给条件、农业生产条件恶化、食品短缺、传染性疾病流行、基础教育薄弱、性别歧视等。消除贫困不是泛泛而谈，而是具体到贫困的根源，从根源上寻找解决办法。第三，对可持续发展认识视角的转变。不是将环境保护与经济发展孤立或者对立起来，而是寻求环境友善的发展和为了发展而保护环境。对自然资源、水、生态系统、海洋、大气污染、荒漠化、生物多样性、森林、采矿等，不单是保护的问题，还需要加以管理，因为它们是经济发展的基础。第四，增加了可持续发展的机制和内容。可持续发展的框架提出在国际层面上要发挥联合国大会、联合国经社理事会、联合国可持续发展委员会和国际组织的作用，加强区域一级和国家一级的可持续发展体制，还需要主要群体的参与等。

资料来源：丁金光. 国际环境外交[M]. 北京：中国社会科学出版社，2007.

联合国在环境与生态安全方面功能的发挥离不开其自身的机构联合国大会、联合国经社理事会、联合国环境规划署、全球环境基金、联合国可持续发展委员会、联合国区域委员会等提供的载体作用。联合国在环境与生态安全方面发挥的作用不是一些机构加上另一些规划署的总和，而是这些机构和组织在联合国的框架内通过有机地整合和配合所发挥的共同作用。

联合国大会是全球环境合作的最高决策机构，有关全球环境治理最重大的决定都是在大会上做出的。例如，联合国大会通过决议召开了最重要的三次全球环境峰会，世界上最重要的环境保护机构联合国环境规划署及可持续发展委员会都是经大会批准建立的。

面对与人类经济社会活动密切相关的综合性的环境问题，联合国经社理事会在国际组织之间、国际条约之间、国际组织与国际条约之间的政策协调作用越来越重要。在环境与生态安全方面，联合国可持续发展委员会和联合国 5 个区域委员会是联合国经社理事会的重要下属机构。

联合国环境规划署旨在促进国际环境合作并提出适当的政策，为联合国系统内环境规划的导向协调提供政策性指导，收受并审查环境规划署执行主任的定期报告；审查世界环境状况，促使正在出现的国际性环境问题获得各国政府的足够重视；促进环境科技情报的交流，审查国内与国际环境政策及措施对发展中国家的影响。环境规划署是联合国内部重要的环境问题论坛，它将环境专家召集起来分享经验并共同设法解决全球环境问题。

全球环境基金是联合国环境规划署、联合国开发计划署和世界银行共同建立的多边资金机制，针对日益恶化的全球环境问题而成立的国际性公益机构，专门为申请国主要是发展中国家拨发用于保护人类环境和推动可持续发展的特许基金。全球环境基金部分解决了发展中国家在参加国际环境合作中面临的资金难题，为促进南北环境合作、推动国际环境谈判起到了积极的作用。中国在 1991—1993 年共有 6 个项目获得资助，总额达 5 508 万美元；1994—1997 年有 9 个项目获得资助,总额达 1.7 亿美元。《生物多样性公约》和《联合国气候变化框架公约》谈判的进展得到了全球环境基金的宝贵支持。

联合国可持续发展委员会是 1992 年里约峰会《21 世纪议程》的产物,可持续发展委员会的具体职能包括:追踪联合国系统在实施《21 世纪议程》将环境与发展密切结合方面取得的进展;考虑各国提供的关于实施《21 世纪议程》的情况信息,包括各国在此方面面临的资金、技术转让等问题;审议执行《21 世纪议程》的进展情况,包括提供资金和技术转让,以及发达国家的官方发展援助是否达到了占其国民生产总值 0.7%的水平;通过经社理事会向联合国大会提出报告。

联合国在经社理事会下设立了 5 个区域委员会:欧洲经济委员会、亚洲及太平洋经济社会委员会、拉丁美洲和加勒比经济委员会、非洲经济委员会和西亚经济社会委员会。这些区域委员会积极参与和支持所在地区的区域环境合作。例如联合国欧洲经济委员会设立了环境政策司,积极推动欧洲地区的环境合作。自 1993 年起,联合国欧洲经济委员会启动了欧洲地区环境绩效评估的项目;至 2007 年,先后倡议发起了《长程越界空气污染公约》《越境环境影响评价公约》和《跨国水道与国际湖泊的保护和利用公约》等 5 个多边环境协定的谈判。

(二)国际非政府组织在环境与生态安全方面的作用

在环境与生态安全方面,国际非政府组织扮演着重要的角色,致力于环境保护、消除贫困、可持续发展等问题。国际非政府组织可以起到承上启下、沟通社会各界的中介纽带的作用,是从事协调与合作的有效的组织工具。

国际非政府组织通过参加国际环境会议、参与国际谈判、参加环境条约的拟定等各种方式,促进国际环境机制的形成和不断发展。在 1972 年斯德哥尔摩会议上,有 134 个非政府组织正式登记参加了会议,还有更多的非政府组织以非正式的方式参与会议过程，开展了倡议、游说、宣传和教育等非官方活动。在 1992 年里约会议上，非政府组织通过举办"92 全球论坛"活跃在各种会议之间，协商起草文件，游说政府官员，向媒体发布最新消息等。在广泛吸收非政府组织意见和建议的基础上，里约会议通过了《21 世纪议程》等重要文件。非政府组织在《关于消耗臭氧层物质的蒙特利尔议定书》及《哥本哈根修正案》《联合国气候变化框架公约》《生物多样性公约》的形成、修订和实施过程中也发挥了重要的作用。

专栏 6-8　环境与生态安全领域主要的国际非政府组织

在全球范围内，环境与生态安全领域里具有重要影响力的国际非政府组织有绿色和平组织、世界自然基金会、地球之友、世界自然保护联盟、气候行动网络等。

绿色和平组织（Green Peace）成立于 1971 年，总部设在荷兰的阿姆斯特丹，在全世界 41 个国家设有办事处，成员达 280 万人。绿色和平组织以独立性、非暴力、现场见证和直接行动、国际性为原则和理念，同世界上一切破坏生态环境的行为作斗争。

世界自然基金会（World Wide Fund for Nature）成立于 1961 年，成立之初名为世界野生生物基金会。随着活动范围的扩大，于 1986 年改名为世界自然基金会，总部设在日内瓦。其网络覆盖了北美洲、欧洲、亚太地区及非洲的 96 个国家，有 450 万支持者，其最终目标是保护世界生物多样性、确保可再生自然资源的可持续利用、推动减少污染和浪费性的消费行为。

地球之友（Friends of the Earth International）成立于 1971 年，总部设在荷兰的阿姆斯特丹。截止到 2002 年，会员和支持者达 100 多万，其活动目标是保护地球，防止环境恶化，并恢复因人类活动和忽视而造成的环境破坏；保护地球生态、文化和种族的多样性；提高公众参与程度和民主决策程度；在地方、国家、地区和国际层面上实现社会、经济和政治公平，以及男女平等地获得资源的机会，并实现可持续发展。

　　世界自然保护联盟（International Union for Conversation of Nature and Natural Resources）成立于 1948 年，总部设在日内瓦，是世界上唯一由国家、政府和非政府组织平等参加的国际环境组织，其宗旨是影响、鼓励和帮助世界各地保护自然的完整性和多样性，保证自然资源的合理使用和生态的可持续发展。

　　气候行动网络（Climate Action Network）成立于 1989 年，目前由 287 个非政府组织组成，在非洲、中东欧、欧洲、拉美、北美、南亚、东南亚 7 个地区设有气候行动网络，促进政府及个人采取行动把人类造成的气候变化限制在生态可持续发展的水平上。

资料来源：丁金光. 国际环境外交[M]. 北京：中国社会科学出版社，2007.

　　国际非政府组织通过监督、揭露、批评和谴责等方式，帮助提高各国政府和政府间国际组织在国际环境条约上的执行透明度，督促政府履行其承担的责任和义务，在调查和报告违反环境条约的事件中，发挥独到的监督作用。1976 年，世界自然基金会和世界自然保护联盟为了监督实施《濒危野生动植物物种国际贸易公约》而联合设立动植物贸易记录分析中心，旨在利用这两大非政府组织在世界各地的人力资源和信息资源监督各国履约情况，随时发现违反《濒危野生动植物物种国际贸易公约》的事件，并向秘书处报告。目前，该机构在全球拥有 8 个区域项目，设有 22 个办事处，是全球最大的野生动植物贸易监督组织。该机构成员还通过游说决策制定者们以确保动植物贸易不会对物种保护构成威胁，并且在发展经济的计划中同政府组织和私有部门合作以鼓励可持续性贸易。

　　国际非政府组织利用其专业性，向政府组织和政府间国际组织提供大量的环境信息，并影响这些机构的政策和实践。世界自然基金会、地球之友、绿色和平组织等国际非政府组织的成员都是相关环境领域的专家，他们通过监测、研究和分析，提供最新的研究成果或者政策研究报告。罗马俱乐部、世界资源研究所、国际可持续发展研究所等定期或者不定期地发布有关全球性环境问题的评估研究报告，拥有广泛的国际影响。20 世纪 80 年代开始，绿色和平组织开始关注并调查有毒废物的国际贸易，追踪调查有毒废物的越境转移，举行新闻发布会来揭露真相，并促使联合国着手推动各国有关有毒废物国际贸易的谈判，最终使《控制危险废物越境转移及其处置巴塞尔公约》出炉，旨在禁止危险废物从经济合作与发展组织国家向其他国家的转移。

三、生态安全的国际机制及国际环境外交存在的问题

在可以预见到的将来，主权国家仍然是环境与生态安全的国际机制中最具有决策影响力、最具有行动能力的国际行为体。在这个国际机制中，发达国家与发展中国家的意愿和行为是令人担忧的。正如莫里斯·斯特朗所指出的，人类在环境保护方面"取得了一些进展但相当有限。发达国家采取环境行动的政治意愿已经消退。与此同时，伴随经济的增长和环境问题的日益凸显和恶化，发展中国家的环境意识和关注提升之快却是前所未有的。但它们应对这些问题的能力却因为技术的缺乏和国际援助的日益萎缩而受到严重制约。当环境持续恶化的证据越来越可信的时候，应对环境问题的意愿和行动却已经减弱了。这一自相矛盾的现象令人不安。"

从 17 世纪威斯特伐利亚体系确立以来，主权国家的建立和发展使得环境与生态安全问题与之尚不能很好地协调起来。从理论和实践的角度来看，国家主权有限性和环境问题跨国性之间的矛盾、国家利益的民族主义本质和环境问题的公益性质之间的矛盾、政府代表权的有限性和环境危害的全面性之间的矛盾、政府任期的短期性和环境问题的长久性之间的矛盾、国家力量的有限性和环境问题的复杂性之间的矛盾，都需要在人类可持续发展的探索中逐步解决。

在主权国家体系中，环境外交中国家利益色彩浓厚，环境保护合作中的不公正性，环境外交中的经济利益和环境援助上的霸权主义始终是发达国家与发展中国家争论的焦点，也成为国际社会在环境与生态安全问题上步履缓慢的原因。这些原因导致集体行动困难，同时也削弱了政府间国际组织在环境外交中环境保护决策和实际行

动的及时性和有效性。就国际非政府组织而言，如何在环境与生态安全方面保持其独立性，免受政府和公司资金支持的影响，如何协调大型的环境非政府组织在对外宣传和行动方面的关系，如何争取在国际体系中更大的生存空间和话语权，如何有效地进行内部改革等问题，是国际非政府组织在国际环境外交中急需解决的问题。

第三节　中国在环境与生态安全领域的成就及将来要注意的问题

中国是世界上少数几个自然资源种类齐全的国家之一，同时以其人口世界第一、经济增长速度世界第一、国土面积世界第三和经济规模世界第三而被公认为世界环境大国。在经济全球化和环境全球化加速发展的今天，中国与世界的互动影响之深前所未有。在当今如火如荼的环境外交中，中国的环境外交政策及其走向备受世人关注。

围绕和平与发展的时代主题，中国的环境外交在近 30 年迅速发展，推动了中国的可持续发展，扩大并提高了中国的国际影响力和国际地位。但整体来看，中国环境外交的人才、水准、能力，与"环境大国"的地位还很不相称。作为第三世界最大的发展中大国，中国国内环境形势严峻，国际上面临着绿色壁垒阻碍和要求中国加强环保措施的压力。中国的环境外交，中国的国际环保合作，任重而道远。

一、中国环境外交取得的成就

（一）建立并完善环境外交机构，树立良好的国际形象

1972 年 6 月，联合国在瑞典斯德哥尔摩举行了具有世界历史意义的人类环境会议，当时以唐克为团长的中国代表团参加了会议，这是中国恢复在联合国合法席位之后参加的第一次大型国际会议，标志着环境保护问题开始进入中国外交领域，成为中国环境外交的

开端。通过参加这次会议，中国比较深刻地了解了世界环境概况和环境问题对经济社会的重大影响，并开始认识到中国也存在严重的环境问题，从而使环境保护工作开始摆上国家的重要议事日程。

1978 年党的十一届三中全会召开以后，中国的环境保护工作受到了高度重视，环境外交机构不断健全发展。外交部是国家对外关系的主管部门，包括指导和参与环境外交工作。1989 年 10 月，在国务院环境保护委员会第 16 次会议上，为了更有效地参与国际环境事务，外交部被吸收进入国家环境保护委员会，参与对外环境政策的决策，外交部的国际司、条法司设有专人负责环境与发展事务。

国家环境保护局是中国仅次于外交部的一个重要的环境外交机关，1985 年设立了外事处，1988 年成立了外事办公室，1993 年成立了国际合作司，成为环保局负责外事的机构。1998 年，国家环境保护局升格为正部级国家环境保护总局；2008 年 3 月，国家环保总局又改为环境保护部。中国越来越重视环境保护工作。

特别指出的是，为了应对国际社会对全球气候变化问题的关注，2007 年 9 月，外交部成立了"应对气候变化对外工作领导小组"，由外交部部长杨洁篪亲自担任组长。中国环境外交在各地区、各部门有机协调的基础上，形成了统一领导和集中指挥的机制，步调一致，口径相同，共同对外，对维护中国在国际舞台上的国际形象产生了极大作用。

（二）积极参与全球环境合作，开展南北对话和南南合作

从 1972 年的斯德哥尔摩会议到 2007 年的巴厘岛会议，中国积极参加了联合国发起的历次重要的国际环境会议，参与了很多重要国际文件的起草工作，如《联合国人类环境宣言》《里约环境与发展宣言》《21 世纪议程》《约翰内斯堡可持续发展宣言》等。在国际环境立法活动中，中国参加了《海洋法公约》《关于消耗臭氧层物质的蒙特利尔议定书》《控制危险废物越境转移及其处置巴塞尔公约》等的谈判和起草工作。从 20 世纪 70 年代至今，中国已签署了50 多个国际环境公约。

中国认真履行已签署的国际环境公约。1992 年 8 月，中国发表了《中国环境与发展十大对策》。1993 年 1 月，经国务院批准，《中国逐步淘汰消耗臭氧层物质的国家方案》发送臭氧层多边基金执委会。1994 年，制定了《中国 21 世纪议程》，向世界表明了走可持续发展道路的决心和诚意。此后又制定了《中国生物多样性保护行动计划》《中国应对气候变化国家方案》等。

同时，国际环境外交的一些基本原则的确立，与中国和其他发展中国家的努力和贡献是分不开的，如国家环境主权原则、国际环境合作原则、可持续发展原则、公有资源共享原则、国际环境损害责任原则等。这些原则的确立，推动了国际环境外交的健康发展。特别值得一提的是，由中国倡议于 1991 年 6 月 18—19 日在北京召开的"发展中国家环境与发展部长级会议"取得了世人瞩目的成就；在 1992 年的里约大会上，为了加强在国际环保领域的南南合作，正式形成了"77 国集团与中国"的合作方式，为维护发展中国家的利益，促进南北对话发挥了积极作用。《里约环境与发展宣言》中有 20 条原则就是依据"77 国集团与中国"共同提出的草案作为基础制定出来的，《21 世纪议程》中的若干重要章节，也是以"77 国集团与中国"共同提出的草案为基础。

（三）积极开展双边环境合作，构建良好的双边合作体制

双边环境外交是中国环境外交的重点。截至目前，中国已与美国、日本、加拿大、俄罗斯、法国、德国等 42 个国家签署了双边环境合作保护协议或谅解备忘录，与 11 个国家签署了核安全合作双边协定或谅解备忘录。在环境政策法规、污染防治、生物多样性保护、气候变化、可持续生产与消费、能力建设、示范工程、环境技术和环保产业、海洋环境保护、环境监测、环境影响评价等方面与以上国家进行交流与合作，取得了一大批重要成果。中国还与欧盟、日本、德国、加拿大等 13 个国家和国际组织在双边无偿援助项目下开展了多项环保领域的合作。中国积极开展与发展中国家的环境交流与合作，为配合中非合作论坛的后续行动，中国举办了"面

向非洲的中国环保"主题活动，推动中非在环保领域的交流与合作。中国政府还举办了"非洲国家水污染和水资源管理研修班"，帮助非洲国家开展环境人力资源培训工作。中国双边环境外交的内容主要是环境信息的交流、联合开展科学研究、人员培训、举办研讨会和展览会，以及就某一具体环境问题开展合作。

（四）区域环境外交体制已经形成，区域环境合作成就显著

中国在大力开展双边环境外交的同时，也积极参与区域性的环境外交活动，区域环境外交体制已经形成。

专栏6-9　中国参与的主要区域环境合作机制

中日韩三国环境部长会议
中日韩三国环境部长会议机制下的沙尘暴监测与预警计划
东盟—中日韩（10+3）环境部长会议
东盟—中国（10+1）环境部长会议
东北亚环境合作会议
大湄公河次区域环境合作
上海合作组织中的环境合作
东亚酸沉降监测网
东亚酸雨网（EANET）
西北太平洋行动计划政府间会议
东北亚次区域环境合作高官会议
亚欧环境部长会议
中欧环境政策部长级对话机制和中欧环境联络员会议机制
中非环保合作会议
中国—阿拉伯国家环境合作会议
亚太经济合作组织（APEC）环境对话会议
亚太环境与发展大会（ECO-ASIA）
中国与经济合作与发展组织（OECD）的环境合作

资料来源：中国国家环境保护总局. 区域合作. http://www.zhb.gov.cn/6516786962005 1968/index.shtml.

二、中国环境外交将来需要注意的问题

（一）加强环境外交研究，全面开展环境外交

经过 30 多年的历程，中国中央政府的环境外交机构已经比较健全和规范化，但一些地方政府的环境合作机构还不健全，对环境合作还不够重视，对外环保合作项目还比较少。

环境外交的一大特点是具有科学技术性，因此，只有对环境问题的研究具有超前意识，提出的解决全球和区域环境问题的对策才具有针对性和可操作性。但是，中国环境外交研究的专业队伍还比较落后，国内学术界研究环境外交与合作的论著屈指可数，这与中国"环境大国"的地位是不相称的。

环境外交还要大力提高环保意识，特别是提高企业、民间的环保意识，加大环境保护宣传的力度，使保护环境成为人们的自觉行动。积极支持国内环境非政府组织的活动，充分发挥他们在环境保护和环境外交中的独特作用。

（二）不断提高环境标准，抵御"绿色壁垒"

作为一个环境大国，中国面临的国际压力非常大。最近几年，全球气候变化问题引起了国际社会的高度关注，已经举行了多次重要的国际会议。中国在二氧化碳排放总量上位居世界第二，仅次于美国，而且大有超越之势，从而使中国在气候变化问题上的态度格外引人注目。在这种情况下，中国既要坚持"共同但有区别的责任原则"，维护发展中国家的利益，又要积极采取措施发展低碳经济，减少二氧化碳的排放量，切实落实《中国应对气候变化国家方案》。在签署的有些环境公约、协议的履行上，在承诺的具体责任和目标问题上，政府要进行必要的监督和指导，使有些问题能落到实处，以避免影响中国对相关协定、公约的履行，做到经济发展、环境保护、社会发展相协调，不断提高环境标准，以抵御"绿色壁垒"对

中国经济发展的影响。

（三）在与发展中国家经济合作中树立良好的环境合作形象

在对外经济合作中，特别是在与发展中国家的经济合作中，要注意保护当地的生态环境，使经济效益与环境保护相协调，树立中国良好的环境合作形象。随着中国与发展中国家关系的不断深入，在发展中国家的建设项目会越来越多，环保势必成为一个无法回避的问题。中国在国内已经尝到"先发展后治理"的苦果，在发展中国家的经济合作应避免重蹈覆辙。中国在发展中国家的项目在设计、实施和管理等各个环节都要重视环保问题。联合国副秘书长兼联合国环境规划署执行主任施泰纳说：如果中国在发展中国家的经济活动缺乏环保意识，西方国家就会借机大肆制造"中国不在乎对环境的影响"之类不利于中国的舆论。而发展中国家的老百姓也会得出两个截然不同的结论——"中国是来帮助我们"或"中国只是来掠夺我们的资源，而给我们留下很多问题"。因此，中国政府在鼓励企业到发展中国家投资发展的同时，也要制定严格的环保标准，保护当地的生态环境。例如，在中非合作论坛中，中国需要在环境保护领域加强对非洲国家的支持、援助和合作，中国企业在非洲的开发要遵循可持续发展的原则。

（四）与非洲、拉丁美洲国家的环境合作还有待加强

虽然中国开展了广泛的环境合作，但还需要进一步扩大合作交流的范围。目前，中国与发达国家的环境合作步子大、范围广。中国属于发展中国家，与发展中国家的环境合作具有明显的特点，不过中国与非洲、拉丁美洲国家的环境合作还有待加强。据目前不完全统计，中国签订的双边环保合作协定主要集中于发达国家，而与非洲国家签订的双边环境保护合作协定或谅解备忘录只有两个，与拉美国家的也只有 3 个。国际环境问题十分复杂，每个国家面临的具体环境问题都有所不同，所以对待个别环境问题的态度也就有所

不同。在对待气候变化问题的态度上，发展中国家就有不同的声音，一些岛国强烈要求减少二氧化碳的排放。开展与发展中国家的环境合作，有利于加强南南合作，推动南北对话，从而促进在环保领域的国际合作。

第七章　生态安全评价与预警及中长期规划要点

　　生态安全是整个生态系统和可持续发展的保障，是区域或国家其他安全的载体和基础。生态安全评价是根据选定的指标体系和评价标准，运用恰当的方法对生态环境因子及生态整体进行的生态安全状况评估。它有两层基本含义：一是生态系统主体的安全问题，主要指生态系统完整性和健康状态，通常可用生态系统面临的压力和响应来表达，并通过对压力和响应水平的界定来评价其受损程度和控制途径；二是主体成分、结构、功能的变化对人类持续发展的影响和制约，一般用生态服务价值评估及景观生态结构稳定性分析来研究其过程和功效的变化态势和影响深度，并通过自然、经济和社会生态安全综合评价来评判生态系统对人类需求的持续支撑能力和安全保障程度。

　　生态安全预警是在生态安全评价的基础上，就区域的工程建设、资源开发、国土整治等人类活动对生态环境在一定时期内所造成的影响进行预测、分析与评价，以确定区域生态环境质量状况和生态环境系统状态的变化趋势、速度以及达到某一变化阈值（警戒线）的时间等，并按需要实时地提供生态环境恶化或危害变化的各种警戒信息的综合性研究，它是防止区域生态系统向无序化发展和进行系统调控的重要途径之一，对提高区域生态风险意识和能力、促进可持续发展、改善区域生态环境有重大意义。

第一节　生态安全评价尺度

生态安全评价是生态安全研究的一个重要领域。按研究对象范围的不同，生态安全评价分为 3 个层次，即全球生态安全评价、国家生态安全评价和区域生态安全评价。

全球生态安全属于非传统安全，更多地关注国家之间或跨境民族之间在资源分配、灾害防治、生态维护和发展机遇等方面的国际公正问题。

国家生态安全是某些重大的生物安全问题影响到全国范围的生态环境、国民健康和经济发展，需要对此进行评价。区域性的、行业性的生物安全问题发展扩大也可能变成全国性的问题。

区域生态安全是指在一定时空范围内，在自然及人类活动的干扰下，区域内生态环境条件以及所面临的生态环境问题不对人类生存和持续发展构成威胁，并且社会—经济—自然复合生态系统的脆弱性能够不断得到改善的状态。区域生态安全评价主要是对一个区域内生物的活动对生态环境、社会经济、人体健康的影响以及人类的活动对生物和环境的影响进行评价分析。

目前的研究主要集中于特定生态系统和特定区域的评价上。以社会—经济—自然复合生态系统可持续发展为核心的区域生态安全评价是今后一段时间内研究的热点领域。

第二节　生态安全评价标准

生态安全评价系统评价标准要具有以下性质：

（1）目的性，能反映生态与环境安全质量的优劣，特别是能够衡量生态环境功能的变化，所选的评价标准既能反映生态安全评价的预测内容，又能反映生态安全目标的实现程度；

（2）层次性，所选的评价标准应能充分反映生态安全所涉及的层次差异；

（3）可操作性，度量指标所需数据容易获取及表述；

（4）充分性，所选的评价标准能充分反映生态安全及环境受影响的范围和程度；

（5）可持续性，评价标准要符合可持续发展思想的本质，避免陷入"一切从当代人利益出发"的误区。

目前，生态安全评价虽然还没有专项标准，但可考虑从以下几方面选择：

首先是国家、行业、国际标准，如各个国家或国际组织颁布执行的环境质量标准、公共卫生标准、各行业发布的环境安全评价规范和规定、各地方政府颁布的规划区目标等。

其次是背景值或本底值，可以用所评价区域生态环境的背景值或本底值作为评价标准，如区域植被覆盖率、区域水土流失本底值、生物量、生物多样性等。

再次是类比标准，以未受人类严重干扰的生态安全性高的相似生态系统作为类比标准，这类标准需要根据评价内容和要求科学地选择。

最后是科学研究中已判定的生态效应，通过当地或相似条件下科学研究已判定的保障生态安全的指标，如人口密度、绿化率要求、污染物在生物体内的最高允许量，特别敏感生物的环境质量要求等，亦可作为生态安全评价中的参考标准。

例如，区域生态安全评价标准可从以下方面选取：①国家、行业和地方规定的标准，如水环境、大气环境的安全性评价以地表水环境质量标准、大气质量标准等为主要依据；②背景和本底标准，以工作区域生态环境的背景值和本底值作为评价标准，如区域植被覆盖率、资源生产量、水资源可利用量等；③类比标准，参考国外具有良好特色的区域的现状值作为标准值，或参考国内区域的现状值做趋势外推，确定标准值；④科学研究已判定的生态效应，如通过当地或相似条件下科学研究已判定的保障生态安全的绿化率要求、污染物在生物体内的最高允许量，特别敏感生物的环境质量要求等，均可作为评价的标准或参考标准应用；⑤对目前统计数据不十分完整，但在指标体系中又十分重要的指标，在缺乏有关指标统计数据前，暂用类似指标替代。

第三节　生态安全评价指标

生态安全系统的指标体系应该回答的主要问题是让公众和决策者知道：生态系统发生了什么样的变化，变化的原因是什么，人们应该对变化采取什么样的措施。

美国 EPA 在其发起的综合风险评价研究项目中有关风险评价研究和风险管理与修复技术研究两个次一级课题实施 5 年来，在地区、流域以及国家等不同空间尺度上建立了相应的评价框架，提出了十分复杂和庞大的指标系统，如表 7-1 所示；欧共体统计部门最近也提出了面向欧洲国家的环境压力指标清单，以便在欧洲不同国家间的比较。在生态风险评价中，国际上其他一些著名的环境机构，如 NRC、WERF 以及 CCUE 等相继提出了不同的指标体，但有一个共同点，就是包含风险因素识别、暴露分析指标以及影响（或响应分析指标）三部分，这三部分所具有的指标项目则根据评价的区域、对象而不同。

表 7-1　美国 EPA 提出的关于河流生态系统风险评价的指标体系

评价准则	化学环境	物理环境	水文条件	生物学状态
系统压力/激励	大气沉积物：SO_4^{2-} 与 NO_3^- 升高；点源：采矿、制造业、废水与处理；非点源：农业、牲畜、城镇径流	河岸条件变化：河岸植被、植被覆盖；河道内条件变化：渠道化、生物组织与碎片、流量减少	水库，灌溉	非本地种入侵，养殖，饵料生物引入，过度收获

评价 准则	化学环境	物理环境	水文条件	生物学状态
系统干扰/暴露	pH 下降，金属物质含量上升；有毒化学物质与营养物质含量增加；温度升高、O_2 含量下降	河道内覆盖下降，沉积物增加，混浊度升高、温度升高，生境改变，食物源变化	水流状态变化，水深变浅，沉积物增加，温度升高，O_2 含量下降，食物源变化	非本地种增加
系统响应	群落、物种多样性下降；丰富度下降，敏感物种数减少，可适应性物种增加；营养性元素下降；食草与不偏食动物数增加，无脊椎动物和食肉动物减少	群落、物种多样性下降；丰富度下降，敏感物种数减少，可适应性物种增加，水底与浮游生物减少，无脊椎动物和食肉动物减少，不偏食动物数增加，可再生营养物质减少	群落、物种多样性下降；丰富度下降，敏感物种数减少，可适应性物种增加，水底与浮游生物减少，可再生营养物质减少	群落、物种多样性下降；丰富度下降，敏感物种数减少，可适应性物种增加，食肉动物减少、不偏食动物数增加，可再生营养物质减少

一、评价指标的选取原则

在选取生态安全的评价指标时，应遵循以下原则：

（1）科学性　根据以科学、生态学和经济学为基础的理论建立评价指标体系。

（2）客观性　所选指标是客观存在的而不是主观臆造的。它的物理意义明确，统计方法规范，能较客观和真实地反映区域安全可持续发展的内涵和目标的实现程度。

（3）全面性　指标体系既要能够全面反映系统的总体特征，符合生态系统安全的目标内涵，又要避免指标之间的重叠，使评价目标与指标有机地联系起来，组成一个层次分明的整体。

（4）可比性　具有时间和空间上的可比原则，并能进行横向和纵向的比较。

（5）可操作性　指标所需的信息必须是可得的，并对决策者有实实在在的支持与指导作用，提高指标体系在实际工作中应用的可操作性。

（6）侧重性　即指标的选取应有侧重性，能反映当地的实际情况或领域的特点。

二、评价指标体系的建立

生态安全状态是生态安全随着时间和空间发展变化的某一时刻或阶段。生态安全状态评价目的是反映评价区域内生态环境或生态系统的安全状态和存在的问题。评价对象是生态环境系统，评价指标本质上要求是描述生态环境系统特征因子的变量。

生态安全指标体系的建立，主要通过实地调查，选择一些有代表性数据，对生态安全因子进行确认和计量，生态安全指标的筛选等。随着研究的深入与细化，生态安全在指标体系建立上经历了单因子评价指标到多因子小综合评价指标再到多因子大综合评价指标。

单因子指标多数是针对环境"污染和毒理危害的风险评价和微观生态系统的质量与健康评价"建立起来的能够表征系统安全水平的关键生物因子或环境因子。如陈卓全等通过对植物挥发性气体的实验研究分析了植物挥发性气体对周围环境、生物尤其是人类健康安全的影响。

多因子小综合评价指标体系的建立，多数是针对自然或半自然生态系统安全状况而言的，侧重于生物的或资源、环境方面的安全评价。如张雷从资源安全角度出发，综合选取了耕地资源、矿产资源、能源矿产、森林资源和二氧化碳等 6 个资源环境要素对 10 个人口大国计算安全系数，通过数值和类别比较来说明我国资源环境安全程度。

多因子大综合指标同时考虑了不同范畴的评价指标，不仅包括生物与资源环境方面的，还包括生命支持系统对社会经济及人类健康作用的指标，指标体系的建立是在一系列概念框架尤其是联合国经济合作开发署（OECD）提出的 PSR（Pressure-State-Response，压力—状态—响应）模型框架下展开的。如左伟在 PSR 的基础上，构建了满足人类需求的表征生态环境系统服务功能的生态环境状态指标、人文社会压力指标及环境污染压力指标作为区域生态安全评价指标体系；刘勇以区域土地资源可持续发展为目标，构建了包括土地自然生态安全、土地经济生态安全、土地社会生态安全指标体系，选取 20 项指标因子对嘉兴市 1991 年及 1997 年的土地资源安全状况进行综合评估。

以城市生态安全评价为例，可以建立资源环境压力、资源环境状态和人文环境响应 3 个子系统的指标体系。资源环境压力指标有人口自然增长率、市区人口密度、全年供水总量、建成区面积、工业废水排放总量、工业废气排放总量、工业固体废弃物产生量；资源环境状态指标有园林绿化面积、建成区绿化覆盖率、工业废水排放达标率、工业废气排放达标率、工业固体废物处理率、全市环境噪声平均值、大气污染综合指数；人文环境响应指标主要有绿色 GDP、第三产业占 GDP 比重、教育费用占 GDP 的比重、每万人拥有高等学校在校学生数、每百人拥有公共图书馆藏书、每 10 万人拥有医院床位数、废物综合利用产值占 GDP 比重。利用 SPSS 赋以每个指标以权重，进行比较。不同指标对城市生态安全的贡献大小不等。

评价的结果可以分为：理想状态、良好状态、预警状态、较差状态和恶劣状态。理想状态是指，生态安全基本无压力，生态环境受到的干扰破坏很小，是一种理想的安全状态；良好状态是指，生态环境受到的干扰或破坏较少或所受的干扰破坏能较好得到恢复，生态安全程度水平较高；预警状态是指，生态安全程度为中间水平，生态安全在一定程度上受到破坏或干扰，但如果采取一定的措施对生态系统进行保护与恢复，则生态安全将趋于良好，如果不及时采取积极主动的措施，则生态安全状况将有可能向较差状态发展，甚至逐渐趋于恶化；较差状态是指，人类活动正在对区域生态系统造成很大压力，而区域自然生态环境条件已经较差，生态系统受损程度较大且恢复能力较差，总体生态安全程度较低，而必须采取措施阻止生态安全恶化状况的趋势；恶劣状态是指，人类活动对环境产生的压力非常大，生态系统自身条件已经非常差，生态系统受损程度很大，且生态恢复能力很差甚至难以恢复，生态系统平衡已经被完全打破，总体生态安全程度最低。

尽管综合评价指标体系的建立体现了评价者力求全面反映评价对象本质的愿望，但由于生态安全评价作为一门交叉学科的评价，综合评价指标体系的建立十分复杂，指标建立难免会有失偏颇。如有些指标的构建所揭示的更接近于一定时期的生态环境质量，对生态系统或区域环境的可持续维护能力缺乏较强的说服力，而有些则过于强调人类社会经济活动所带来压力而忽略了自然或生态灾害或者只考虑后者而忽略前者。

第四节　生态安全评价方法

随着生态安全研究的深入，其评价工作在积极吸纳各相关学科、领域的研究成果基础上，在方法上得到了长足的发展，已由最初定性的简单描述发展为现今定量的精确判断。目前，生态安全评价的方法有多种，评价体系缺乏统一的模式和标准，评价指标从十几个到几十个不等。无论采取何种方法和指标，最关键的是要体现科学性、客观性和可度量性的原则，指标原始数据的采集应尽量准确可信。

国内外生态评价的模型框架通常有联合国经济合作开发署（OECD）提出的 PSR 模型（Pressure-State-Response，压力—状态—响应）和 DSR 模型（Driving force-State-Response，驱动力—状态—响应）、Corvalan 等提出的 DPSEEA 模型（Driving force-Pressure-State-Exposure-Efect-Action，驱动力—压力—状态—暴露—影响—响应）、欧洲环境署（EEA）提出的 DPSIR 模型（Driving force-

Pressure-State-Impact-Response，驱动力—压力—状态—影响—响应）等。这些模型均不同程度地考虑了人类活动对环境的压力，自然资源的质和量的变化，以及人们对这些变化的响应，即采取的减少、预防和缓解自然环境不理想变化的措施。

生态安全的本质是要求自然资源在人口、社会经济和生态环境3个约束条件下稳定、协调、有序和永续利用。区域生态安全的本质，应该围绕区域乃至周边地区人们可持续发展的目的，促使经济、社会和自然生态的协调统一，它是由自然生态安全、经济生态安全和社会生态安全组成的安全复合体系。由于对区域生态安全含义理解的差异，不同学者通常采用的评价方法、指标体系也各有不同，大都基于区域生态条件和空间格局或压力—状态—响应等框架建立评价指标模型。

运用各种抽象的、反映本质的模型去刻画、揭示具体且复杂的生态安全系统，尤其是区域生态安全系统，是近几年生态安全评价呈现出的一种新局面，其评价方法可归结为数学模型法、生态模型法、景观生态模型法、数字地面模型法4种方法，如表7-2所示。

表 7-2　生态安全评价主要方法及实例

评价模型	代表性方法	特点	实例
数学模型	综合指数法	体现生态安全评价的综合性、整体性和层次性，但易将问题简单化。难以反映系统本质	海南岛生态安全评价
	层次分析法	评价指标优化归类，需要定量化数据较少，但有较大的随意性，难以准确反映生态环境及生态安全评价领域的实际情况	五大连池风景名胜区生态安全评价
	模糊综合法	考虑生态安全系统内部关系错综复杂及模糊性，但模糊隶属函数的确定及指标参数的模糊化会掺杂人为因素并丢失有用信息	天祝草原生态安全评价

评价模型	代表性方法	特点	实例
数学模型	灰色关联法	对系统参数要求不高，特别适应尚未统一的生态安全系统，但分辨系数的确定带有一定主观性，从而影响评价结果的精确性	首都圈怀来县审改安全评价
	物元评判法	有助于从变化的角度识别变化中的因子，直观性好，但关联函数形式确定不规范，难以通用	我国十大城市生态安全评价
	主成分投影法	克服指标间信息重叠问题，客观确定评价对象的相对位置及安全等级，但未考虑指标实际含义，易出现确定的权重与实际重要程度相悖的情况	安徽省生态安全评价
	BP 网络法	指标权值自动适应调整并可根据不同需要选取随意多个评价参数建模，具有很强的适应性，但收敛速度慢，易陷入局部极小值	巢湖流域生态安全评价
生态模型	生态足迹法	表达简明，易于理解，但过于强调社会经济对环境的影响而忽略其他环境影响因素的作用	西昌市山地生态安全评价
景观生态模型	景观生态安全格局法	可以从生态系统结构出发综合评估各种潜在生态影响类型	广东丹霞山国家风景名胜区生物保护安全评价
	景观空间邻接度法	在空间尺度上特别适应生态安全研究主要着眼于相对宏观的要求	黑河流域金塔绿洲生态安全评价
数字地面模型	数字生态安全法	RS 与 GIS 相结合，采用栅格数据结构，叠加容易，逻辑运算简单，能够实现和完成上述几种模型的评价运算	重庆市忠县生态安全评价

一、数学模型法

数学模型法包括综合指数法、层次分析法、PSR 模型和灰色关联度法等。综合指数法主要是用指数描述和评价过去和现在的环境状况，体现生态安全评价的综合性、整体性和层次性；层次分析法是一种定性与定量相结合的系统分析法，对相互联系、相互制约的多因素复杂事物进行分析，反映生态环境及生态安全评价区域的实际情况；PSR 模型可以用来评估资源利用和可持续发展能力；灰色关联法对系统参数要求不高，比较适用于尚未统一的生态安全系统评价。

　　PSR 模型是加拿大统计学家 Freid 于 1970 年提出的，最初是用来分析人口发展对资源环境变化的作用。后来由联合国经济合作开发署（OEDC）进一步完善，并用来建立和分析可持续发展的指标体系，如图 7-1 所示。

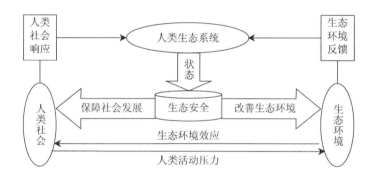

图 7-1　PSR 框架模型

　　PSR 模型的压力（Pressure）定义为：①由人类引起的结果；②人类对自然界不恰当的响应；③不采取行动。状态（State）定义为：①压力的表现；②响应的有效性。主要指标有大气、水、土壤和生物多样性等。响应（Response）定义为：①目标的压力和状态；②适当地相应减少压力。

　　压力指标主要用来描述人类活动对生态环境施加的直接破坏或间接干扰，其数值反映生态环境由于人类活动所面临的负荷情况，指标主要包括人口、能源、交通等；状态指标用来反映生态环境和自然资源的质量状况，包括人类社会对自然资源的开采或过度利用、向环境排放污染物或废弃物的多少，以及人类对生态环境的干预活动等导致的自然资源减少乃至枯竭、生态环境质量降低等一系列特征值，主要有大气、土壤、水、生物多样性等指标；响应指标主要用来表征人类社会针对生态环境系统面临的压力和现状问题所采取的具体技术、经济和管理等措施和办法，其数值用来衡量生态环境政策的实施状况，主要指标为新技术和投资等。由于 PSR 框架模型具有综合性、灵活性等特点，能够较为全面、系统地反映一个国家或地区人口发展与资源环境利用和社会经济发展目标之间的相互依存、相互制约的关系，PSR 模型已经成为评估一个国家或地区生态环境状况和可持续发展水平的主要模型之一。

构建 PSR 模型中选取指标需要遵循一定的原则，如科学性原则、综合性原则、可操作性原则和可比性原则等。根据这样的原则，进一步运用层次分析法（AHP）确定各层次指标权重，以反映不同的具体指标在区域生态安全综合评价中的作用的大小，再根据所选指标现状值及结合权重得出各项加权分值，进而计算生态安全综合评价指数（ESCI）值。

二、生态模型法

生态模型法主要就是指生态足迹法。生态足迹法考虑了地区间的差异，并利用不同消费活动的内在联系将计算结果高度整合，比较适合大范围区域的评价，目前的研究应用比较多集中在环境承载力方面。

生态足迹是指在一定的技术条件下，能够持续地提供资源或消纳废物的、具有生物生产力的地域空间。生态足迹分析的重点是生态足迹需求和供给。生态足迹需求主要是计算在一定的人口和经济规模条件下维持资源消费及废弃物吸收所必需的生物生产性土地面积（包括化石燃料、可耕地、林地、草地、建筑用地和水域 6 种类型），任何已知人口的生态足迹是生产这些人口所消费的所有资源和吸纳这些人口所产生的所有废弃物所需要的生物生产总面积。生态足迹的供给是能够提供给人类的生态生产性土地总和。

当人类对资源的消耗处于自然生态系统的承载范围之内时，自然生态系统即为安全的，人类社会的发展也是可持续的，反之则不然。即当一个地区的生态承载力小于生态足迹时，即出现"生态赤字"，当生态承载力大于生态足迹时，则产生"生态盈余"。

虽然用于生态安全评价尤其是区域生态安全评价的生态模型尚不多见，但将生态学理论与数学原理相结合、基于资源环境承载力基础发展起来的生态足迹法由于可直接分析某地区在给定时间所占用的地球生物生产率的数量，并通过地区的资源与能源消费同自己所拥有的资源与能源的比较，判断一个国家或地区的发展是否处于生态承载力范围内，从而大大简化了评价因子，而开始应用到生态系统持续性及安全性评价中来。因此，如果能克服诸如过于简单化与静态化的缺陷，生态足迹法应该是生态安全定量评估中概念与原理最简单、明确并最具生命力的方法。

三、景观生态模型法

现有的研究多是基于统计年鉴数据进行时空变化趋势评价研究，并在评价模型上取得了一定的发展，但是鲜有景观尺度（角度）的生态安全时空分析评价研究。从景观尺度评价"城市—区域"生态安全状况是城市生态学、景观生态学研究的重要任务，掌握景观退化和生态安全的变化规律和作用机制则是政府科学决策和宏观调控的前提和基础。

景观生态模型法主要用于土地—植物生态系统安全的评价，借助空间结构分析及功能与稳定性分析来进行。空间结构分析认为景观由拼块、模地和廊道组成，模地是区域景观的背景地块，拼块的表征一是多样性指数，二是优势度指数。景观的功能和稳定性分析包括组成因子的生态适宜性分析、生物的恢复能力分析、系统的抗干扰或抗退化能力分析，种群源的持久性和可达性分析（能流是否畅通无阻，物流是否畅通和循环）。

景观生态模型法主要包括景观生态安全格局法和景观空间邻接度法。景观生态安全格局法主要是通过建立一反映物种空间运动趋势阻力面来判别生物物种的空间安全格局，这一阻力面可用最小累积阻力模型来构建，即：

$$MCR = f_{\min} \sum_{j=n}^{i=m} (CD_{ij} \times R_i)$$

景观空间邻接度法则通过构造一关于空间邻接长度比、空间邻接数目比及空间邻接面积比的函数，即 $C_i = L_i + P_i + A_i$ 来分析各景观类型（如耕地、草地、林地）的受胁迫程度，在此基础上提出绿洲景观的生态安全度计算公式：

$$ES = D + \sum_{i=1}^{n} \frac{C_i}{3}$$

景观生态模型法的优点在于：①空间尺度适应生态安全研究主要着眼于相对宏观的要求；②土地利用/土地覆盖变化是区域生态安全的主要影响因素，而景观格局分析可以有效揭示 LUCC 对生态空间稳定性的作用，并将空间格局变化与全球变化相联系；③在充分利用 GIS 技术和遥感影像数据的基础上，有效地将过程与状态相结合，并通过把空间结构与功能、格局与生态流的结合，可分析生态安全涉及的许多问题，如生态系统功能、生物多样性等。

四、数字地面模型法

数字地面模型法主要是应用 3S 技术（GIS、RS 及 GPS 技术）为区域生态安全研究提供现代空间信息技术支持。

着重反映区域生态安全特征的数字地面模型是遥感信息提取技术与计算机建模软硬件设施技术相结合的产物，它能充分利用遥感技术提供快速更新的、从微观到宏观的各种形式数据的信息优势与 GIS 强大的数据管理与空间分析功能，将区域各因素系统化，构成一完整的分析体系来进行区域生态环境系统安全的综合评价。此模型若与 GPS 相结合，将形成区域尺度上兼备评价、预测与预警功能的生态安全模型，该模型将成为生态安全研究中最具生命力、应用前景最为广阔的理想工具。

　　3S 技术使人们可以利用卫星的光谱资料信息和数字化的环境资料对广大地区自然—社会—经济要素进行识别、分析和分类，使人们第一次有可能在大范围尺度内对生态安全系统各要素的动态进行长期连续的监测。

第五节　生态安全预警

一、生态安全预警的概念

　　生态安全系统状态的变化有一个从量变到质变的过程。为了确保生态安全，必须对生态安全系统进行全方位的、动态的监测，建立生态安全预警系统，预先发出生态安全危机警报，为相关决策部门提供决策依据。

　　生态安全预警主要由两个部分构成：预警分析、预控对策。预警分析是对生态系统的逆化演替、退化、恶化等现象进行识别、分析和诊断，并由此做出警告；预控对策是根据预警分析的活动结果，对系统演变过程中的不协调现象或可能发生的生态危机表现出的征兆进行早期控制与矫正。总体内容构成如图7-2所示。

　　明确警义即明确监测预警的对象，警义就是指警的含义，一般从两个方面考察：一是警素，即构成警情的指标；二是警度，即警情的程度。在该阶段需要运用模型来判断什么是警义，是否发生警情。

　　寻找警源，即是寻找警情产生的根源。在该阶段，需要运用模型寻找、辨别导致警情产生的原因。

　　分析警兆，即为分析警素发生异常变化导致警情发生的先兆。在该阶段，需要运用模型来进一步分析警源与警情及警源与警源之间的各种关系。

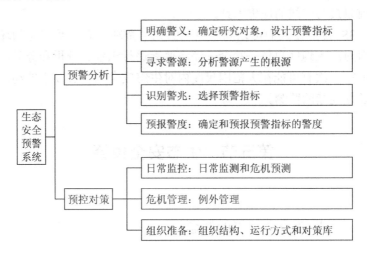

图 7-2　生态安全预警内容框架图

　　预报警度即预报警情发生的程度。在该阶段，需要建立关于警素的普遍模型，先做出预测，然后根据警限转化为警度，或者建立关于警素的警度模型，直接由警兆的警级预测警素的警度。

　　日常监控是对预警分析活动中所确立的警情指标和警兆指标进行监测与控制的对策活动。同时，预测警情的可能严重程度及可能出现的生态危机，以防患于未然。

　　危机管理，是指日常监控活动不能有效扭转逆境现象的发展，而使系统陷入生态危机时所采取的一种特别管理活动，它是一种"例外"性质的管理，是在正常的管理行为已无法控制局势时，以特别的危机计划、危机领导机构和应急措施进行的一种特别管理方式。一旦系统恢复正常可控状态，它的任务便告完成，由日常监控履行预控对策。

　　组织准备，是指为开展预警管理活动的组织保障活动，包括对整个预警管理系统地组织结构与运行方式的规定，制定和完善对应的规章制度，以及为流域突发危机状态下的管理提供各种对策，目的在于为预控对策活动提供有保障的组织体系。

在整个预警活动中，预警分析活动行使的主要职能是"找错、识错"；预警对策活动行使的主要职能是"纠错、治错"。两者拥有明确的时间顺序与逻辑关系顺序。

二、生态安全预警研究概况

近几十年来，国际上对生态安全预警的研究十分重视，归结起来主要包括三方面：一是单纯预测未来环境变化，以罗马俱乐部的 Meadows 及其同僚（1972）的报告"人类的灾难"为代表，自此以后，大量的预测模型应运而生。二是在复合生态系统基础上的区域人口、资源、环境优化管理模型，包括美国 University of Nebraska 的 AGNET 系统（1982），英国 Slesser 为首研制的 ECCO 模型等。三是单项预警体系，以美国学者怀特为首的灾害学派的洪水泛滥风险决策为代表。最近在区域持续发展的研究中，国际上许多学者已将研究兴趣从过去的空气污染、臭氧层退化和温室效应等环境问题研究转向宏观生态系统组织、调控的决策管理研究。同时，国外学者还提出一些新的研究理论，例如由系统生态学强调均衡稳定转向新生态学的概念，强调研究生态系统从其过程的特征进行分析与预警研究，提出预警的指标和方法，仍属空白。

国内在生态安全预警方面的研究还比较少。陈国阶等在"三峡工程对生态与环境影响的综合评价"研究中提出环境影响预警及预警系统的研究概念，其所研究的环境实质上就是一个社会—经济—自然复合生态系统。所谓环境影响的预警是指当人类活动作用于生态环境时对生态环境影响效应和演化趋势进行跟踪监测、分析，并及时做出预测、警示。特别对生态环境演化有可能在一定时期内，达到某一质量变化限度之前，能适时给予出相应级别的警告信息，以便及时制定防治措施。在该研究中，还对预警评价理论、标准、预警类型、参数、预警概率等进行了初步探讨，并在三峡工程对生态与环境影响综合评价中加以应用。傅伯杰对区域生态环境（区域生态系统）预警的原理和方法进行了简要的论述。

综观国际、国内对生态安全预警方面的研究存在以下问题：

（1）缺乏对区域复合生态系统预警理论的系统研究。正如 Beck 所指出的"由于对宏观复合生态系统的举止缺乏深入了解，许多对生态系统进行的未来预测（不论何种模型）都因与现实差别太大而遭到非议"。

（2）对单项、专题预警理论（如灾害）研究较多，较为成熟，对区域生态系统特别是区域复合生态系统的预警理论探知较少。区域生态系统特别是区域复合生态系统的结构与生态关系十分复杂，研究的综合性强，其预警理论与方法仍有待于进一步探讨。

（3）新的热点研究问题和理论，如生态系统不平衡、不稳定、扰动、混沌等引起的生态系统演化，如何预警，应用什么理论、方法才能科学、客观地反映实际，至今尚无人涉及。

三、生态安全预警的特点

对于生态系统安全而言，评价、预测和预警具有完全不同的含义与特点。表 7-3 是一般生态系统评价、预测和预警的比较。

表 7-3 一般生态系统评价、预测和预警的比较

类型	生态系统评价	生态系统预测	生态系统预警
研究范围	可以是原生演替或次生演替的生态系统	包括原生演替和人为干扰演替	重点是次生演替，突出未来人类干扰后果
研究重点	生态系统质量差别，现状着重质量高低分辨，影响评价重点确定有无影响及其利弊大小	生态系统质量演化趋势，重点是演化方向、利弊和后果	生态系统质量负向演化的趋势、速度和后果
时间尺度（取向）	包括过去（回顾评价）、现在（现状评价）和将来（影响评价）	重点在将来	重点在将来，但更侧重于不同时段的动态变化

类型	生态系统评价	生态系统预测	生态系统预警
评价结果表述	一次性静态结论	一次性动态预测结论	动态多维结论，包括演化方向、速度、状态、质变（突变）等
三者关系	评价是基础，现状评价是影响评价的基础	影响评价是预测的基础	预测是预警的基础
研究程度	理论和方法较成熟，成果已在生态建设工程和区域生态系统健康评价与环境论证和管理中应用，环境影响报告书已形成制度	已有各种预测方法和模型，但成熟程度（准确性）不太理想	尚处于探索阶段，理论和方法尚处于启蒙阶段

　　生态系统预警在认识层次和研究重点上具有以下特点：

　　（1）集中性　预警的着眼点和落脚点，不满足于一般现状的分析，而突出其先觉性和警觉性。即预警主要是对生态系统负向影响和演替的预测，而且集中在恶化过程，严重质量突变和恶化状态分析上，突出对其可能危害作出警示。

　　（2）动态性　评价的取值，一般是静态的、一次性的。影响大小、正负、质量好坏，都是一次性结论。而预测，具有一定动态性，但主要是预测演化的方向，预警的取值是多维的，即对时间系列变化的预测（包括不同时段），变化速度的预测；质变点的预测等，对特定区域的生态系统或某一生态因子，可以作出恶化趋势、恶化状态、恶化速度等若干种预警。

　　（3）深刻性　在对事物的认识深度上来说，它们存在逐步深化的过程。预测是在评价的基础上进行的，而预警又是在一般预测的基础上实现的。因而预警的实现需有评价和一般预测等大量前期工作做基础，只有在对生态系统质量现状、演化趋势等具有深刻认识的基础上才能实现。可见预警阐明的生态与环境问题对生态系统本质及变化规律的揭示更深刻、更准确。预警研究的目的性、针对性更集中、更强烈，其对生态系统组织、管理等调控行为的作用也就更大。

四、生态安全预警评价

预警指数的确定一直是预警系统建立的最大困难。生态安全预警评价实质上是状态和隐患的耦合评价，预警指数应是状态指数和隐患指数的耦合指数。系统状态评价结果为安全状态指数，隐患评价结果为隐患指数。

设状态指数级别为 S，S1 级、S2 级、S3 级、S4 级、S5 级分别为生态安全状态最安全、较安全、中等安全、较不安全、不安全；设隐患指数为 T，T1 级、T2 级、T3 级、T4 级、T5 级分别为隐患指数最小、较小、中等、较大、最大。不同的安全状态在不同的隐患威胁下，安全性不同（表 7-4）。当状态最安全，且隐患最小时，系统的安全性是最好的，确定为 I 级安全；当状态为较安全，隐患最小时，系统的安全性应该是 II 级安全，依此类推。反过来，当状态最安全，隐患最小，安全级别为 I 级；当状态最安全，隐患较小，安全级别为 II 级，依此类推。

表 7-4　生态安全动态评价级别

项目	隐患类别				
	T1 级（最小）	T2 级（较小）	T3 级（中等）	T4 级（较大）	T5 级（最大）
S1 级（最安全）	I 级	II 级	III 级	IV 级	V 级
S2 级（较安全）	II 级	III 级	IV 级	V 级	VI 级
S3 级（中等安全）	III 级	IV 级	V 级	VI 级	VII 级
S4 级（较不安全）	IV 级	V 级	VI 级	VII 级	VIII 级
S5 级（不安全）	V 级	VI 级	VII 级	VIII 级	IX 级

状态指数和隐患指数作为生态安全评价的两个目标，各有特征。设定状态指数为 $S=1$ 时，为最安全状态；$S=0$ 时，设定为不安全状态，状态指数 S 在 0～1 中的某个实数表示了不同的安全状态，即 $S\in[0, 1]$。设隐患指数 $T=1$ 时为最大隐患指数；$T=0$ 时

为最小隐患指数，隐患指数 T 在 $0\sim1$ 时的某个实数也表示了最可能的隐患指数。状态指数要求越大越好（安全级别越小越好），而隐患指数要求越小越好。如果以 d 表示目标满足程度的参数，则当 $d=1$ 时，表示对目标最满意，而当 $d=0$ 时，表示目标最不满意，且 $0 \leqslant d \leqslant 1$，根据最简单的线性内插，按上述方法可得出不同目标函数和满意度之间的变化关系，如图 7-3 所示。

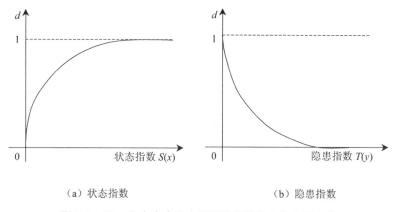

（a）状态指数　　　　　　　　（b）隐患指数

图 7-3　同一生态安全状态下评价指数演变趋势的变化

在多目标决策分析中，如果已知目标函数的特性曲线，对于任一多目标问题，当给定一组变量，即可以得到一组相应的 d。在生态安全评价中，状态指数对属性 x 具有 $S(x)$ 曲线，隐患指数对属性 y 具有 $T(y)$ 曲线，而 x，y 同另一属性 z 满足某个函数关系，即约束条件 $f(x, y, z)=0$，那么总可以设法将状态指数曲线 $S(x)$ 和隐患指数 $T(y)$ 并合成相对应的某一属性 z 的耦合曲线，这样就定量地表达了状态指数和隐患指数的耦合结果。借用并合符号来表示两者的兼容：

$$ST(z) = [S(x) \cdot T(y)]$$
$$约束条件 f(x, y, z) = 0$$
$$x \in S, y \in T, z \in ST$$

式中，$[S(x) \cdot T(y)]$ 表示并合的运算过程，S，T，ST 分别表示属性 x，y，z 允许集合。

结合图 7-3，进一步分析，必有关系式：

$$ST(z) \leqslant \max_{x,y} \min_{S,T}[S(x), T(y)]$$

约束条件 $f(x, y, z) = 0$

$x \in S, y \in T, z \in ST$

当 $x = y = z$ 时，有 $ST(z) = \min[S(z), T(z)]z \in ST$

这类似于模糊数学中的"交"。

同样，要使耦合结果更严格，可引用乘法公式，用公式表示为：

$$ST(z) \leqslant \min_{S,T}[S(x) \times T(y)]$$

约束条件 $f(x, y, z) = 0$

$x \in S, y \in T, z \in ST$

这类似于多目标决策准则中的一般乘法准则。当然，如果所反映的状态指数和隐患指数重视程度有所偏重的话，可运用加权运算来解决。

生态安全状态评价模型很多，由于安全是一个相对的概念，在安全与不安全之间存在着模糊的界限，而且状态评价的标准不统一，因此本书选取模糊隶属度方法作为生态安全状态评价的模型。

隐患指数的计算根据事故隐患评估的格雷厄姆法方法而得。格雷厄姆法（Graham）是由美国格雷厄姆（K. J. Graham）和金尼（G. F. Kinney）提出，隐患发生危险的可能性 L 可用其触发事故或灾害的概率来表示，不可能发生的事件为 0，而必然发生的事件为 1。考虑概率计算数据的不完备，这里用分值来表示发生的可能性。缓发型隐患一直存在，且必然触发，分数定为 1。突发型隐患发生可能性分值可采用其年发生频率值，大于 1 的频率取值为 1。对于人出现于危险情况中的时间 E 而言，突发型隐患发生时间短，危险性分值较小，缓发型隐患是连续发生的，发生时间长，危险性分值较大。规定连续出现在危险环境中的情况为 10，而每年仅出现一次或相当少的时间为 1，这两种情况之间的情况取中间值。隐患触发后的危险程度用 C 表示。用这 3 个因素分值的乘积 $D=L×E×C$ 来评价隐患因素的危险性，D 值越大，隐患触发后造成的危险性也越大。

第六节　生态安全综合评价案例

生态安全评价的一项重要工作就是要对影响生态安全的相关因素予以筛选、分类，以便客观地描述同类因子内部或非同类因子之间的耦合关系，解释各因素对生态安全的影响过程、结果和调控方式，这就需要建立一套科学、简捷、有效的评价指标体系，而指标的确立又取决于对研究区域生态安全影响因素的把握程度。

中山大学高长波等对广东省 1990—2003 年时间序列的生态安全进行了评估和动态分析。他们根据指标选择的系统性、独立性、实用性、针对性和可操作性等原则，以 PSR 概念模型为基础，建立了一个 4 层次的区域生态安全水平度量指标体系，并根据区域生态安全评价标准的选取原则拟定了区域生态安全评价标志值，如表 7-5 所示。

他们定义了区域生态安全状况对应的样本矩阵，并采用极差标准化方法对样本矩阵的元素进行了归一化处理；同时，采用熵权法确定了各指标的权重；最后，定义区域生态安全程度（安全度）用生态安全综合指数来表示，生态安全综合指数取值为 0～1，其值越大，表明区域生态安全水平越高，等于 1 时为理想安全。

他们按照所确立的区域生态安全水平评价指标体系和综合评价方法，根据广东省 1990—2003 年的统计资料和部分实地调查资料，计算得出该区域的生态安全综合指数，如表 7-6 所示。

表 7-5　区域生态安全评价指标体系及其标志值

目标层	项目层	因素层	指标层	标志值
区域生态安全综合指数	系统压力	人口压力	人口密度	200 人/km²
			人口自然增长率	0.7%
		能源压力	能源自给量/能源消耗量	100%
		资源压力	城市化率	70%
			人均耕地面积	0.1 hm²
			用水量/可利用水资源总量	10%
		环境压力	农药施用强度	10 kg/hm²
			化肥施用强度	0.2 t/km²
			SO₂ 排放强度	1 t/km²
			工业烟尘排放强度	0.5 t/km²
			COD 排放强度	1 t/km²
			固体废物排放强度	50 t/km²
	系统状态	经济状态	人均 GDP	5 万元/人
		能源状态	煤消耗量/一次能源消耗总量	20%
			万元 GDP 能耗	0.1 t 标煤
		资源状态	森林覆盖率	60%
			建成区绿化覆盖率	40%
			水土流失面积/区域面积	2%
		环境状态	区域 Ⅰ～Ⅲ 类水体比例	100%
			空气污染指数	75
			城市功能区噪声年均值超标率	0
			酸雨频率	0
			环境污染与破坏事故次数	0
	系统响应	环境响应	工业废水达标排放率	100%
			工业用水重复利用率	90%
			城市污水处理率	100%
			工业废水处理率	100%
			机动车尾气排放达标率	100%
			固体废物综合利用率	100%
			自然保护区占国土比例	10%
			建设项目"三同时"执行率	100%
		经济响应	环保投资占 GDP 比例	3%
			第三产业占 GDP 比例	80%
		人文响应	每十万人高等学历人数	1 万人

表 7-6　1990—2003 年广东省生态安全水平综合评价结果

年份	系统压力指数	系统状态参数	系统响应参数	生态安全综合指数
1990	0.106	0.049	0.001	0.156
1991	0.105	0.042	0.015	0.162
1992	0.105	0.050	0.023	0.178
1993	0.098	0.055	0.028	0.181
1994	0.095	0.062	0.031	0.189
1995	0.061	0.067	0.042	0.170
1996	0.055	0.081	0.063	0.199
1997	0.077	0.085	0.074	0.236
1998	0.073	0.101	0.093	0.267
1999	0.070	0.099	0.116	0.286
2000	0.072	0.120	0.134	0.326
2001	0.073	0.142	0.151	0.366
2002	0.071	0.146	0.168	0.385
2003	0.059	0.151	0.187	0.397

　　从表 7-6 可以看出，生态安全综合指数从 1990 年的 0.156 增至 2003 年的 0.397，表明该区域的生态安全水平整体情况得到改善，但人地矛盾突出、酸雨频率多年居高不下、区域地表水环境质量和大气环境质量无明显改善、城市生活污水处理率与工业用水重复利用率低、各种污染物排放强度得不到有效控制，使得区域生态环境系统压力在不断加大（其指数从 1990 年的 0.106 减至 2003 年的 0.059）。但生态安全总体水平处于临界安全状态（理想安全综合指数为 1），存在较大的安全隐患，应采取科学合理的生态安全对策，以实现区域可持续发展。

第七节　生态安全中长期规划要点

　　我国对生态安全的研究起步于 20 世纪 90 年代，经过十几年的发展，已成为科学界和公众讨论的热点问题。目前我国对生态安全的研究主要集中在区域水平上，如西部地区、流域、区域农业和自然保护区上，对生态安全的监控、评价和保障体系作出了初步探讨，对实践的研究还不够深入。根据中国国土生态安全格局规划研究发现，若要最低限实现我国生态安全保护，生态安全格局总面积需占到我国陆地总面积的 35.7%；实现中安全水平生态安全，其格局总面积需我国陆地总面积的 65.1%，要实现高安全水平生态安全，其格局占我国陆地总面积的 84.9%。基于此并根据《全国生态环境建设规划》，今后我国生态安全工作需要从以下几方面进行：

（1）实施生态保护工程　这其中包括天然林草地保护工程、森林防火及有害生物防治工程、野生动植物保护及保护区建设工程和重要湿地保护工程。通过全面停止生态功能区主伐生产、退耕还林、退牧还草、建立森林火险预警监测系统、野生动植物保护与恢复工程、湿地基础设施建设等工程，使我国的自然资源得到保护。

（2）开展生态建设　在原有三北防护林、长江中上游防护林、沿海防护林等基础上继续开展防护林体系建设，在生态脆弱地区营造水土保持林、水土保持林和水源涵养林和防风固沙林。通过封禁修复、水土保持种草、水土保持林，综合运用林草措施、农业耕作措施，并辅以谷坊、水窖、蓄水池、水渠、挡土墙等小型水土保持配套工程开展小流域综合治理。

（3）支撑保障工程　支撑保障工程包括生态综合监测站和观测点建设。整合规划区内现有的监测资源，在充分发挥环保、水利、农牧、林业、气象等行业现有监测能力的基础上，建立密度适宜、布局合理和自动化程度较高的生态监测站网，逐步形成以地面站与"3S"技术相结合的生态动态变化及工程实施效果监测与评价系统，为生态安全屏障功能评价和构建成效评估提供数据支撑。

参考文献

[1] 徐国祯. 正确认识"生态"含义追求最佳生态关系[J]. 林业经济, 2003 (7): 11-13.

[2] 宫学栋. 实现环境安全的重要性及几点建议[J]. 环境保护, 1999 (9): 32-34.

[3] 蔡守秋. 论环境安全问题[J]. 安全与环境学报, 2001, 1 (5): 28-32.

[4] 王广民, 郑保义. 山西铝厂环境安全问题的对策[J]. 轻金属, 2001 (3): 61-63.

[5] 刘东国. 国际安全的新领域: 环境安全[J]. 教学与研究, 2002 (10): 49-54.

[6] 张景林, 王桂吉. 安全的自然属性和社会属性[J]. 中国安全科学学报, 2001, 11 (5): 6-10.

[7] 曾畅云. 水环境安全及其指标体系研究——以北京市为例[D]. 首都师范大学硕士学位论文, 2004.

[8] 王金南, 吴舜泽, 曹东, 等. 环境安全管理: 评估与预警[M]. 北京: 科学出版社, 2007.

[9] 程舸, 李冬梅. 环境安全概念及重要性探讨[J]. 广州大学学报 (自然科学版), 2003, 2 (4): 318-321.

[10] 中国环境科学学会. 建立环境安全是实现可持续发展的基础[J]. 学术园地, 2003 (3): 27-28.

[11] 雷蕾, 姚建, 吴佼玲, 等. 环境安全及其评价指标体系初探[J]. 地质灾害与环境保护, 2006, 17 (1): 26-28.

[12] 杜婧. 国家生态安全法问题研究[D]. 东北林业大学硕士学位论文, 2003.

[13] Costanza R, Norton B G, Haskell B D. Ecosystem health: new goals for environmental management[M]. Washington DC: Island Press, 1992.

[14] 崔胜辉，洪华生，黄云凤，等. 生态安全研究进展[J]. 生态学报，2005，25（4）：861-868.

[15] 丁丁. 对生态安全的全面解读. 经济研究参考，2007（13）：13-16.

[16] 肖笃宁，陈文波，郭福良. 论生态安全的基本概念和研究内容[J]. 应用生态学报，2002，13（3）：354-358.

[17] 邹长新，沈渭寿. 生态安全研究进展[J]. 农村生态环境，2003，19（1）：56-59.

[18] 徐伟. 论中国的生态安全问题及其对策[D]. 青岛大学硕士学位论文，2005.

[19] Huang Q，Wang R，Ren Z，et al. Regional ecological security assessment based on long periods of ecological footprint analysis[J]. Resources，Conservation and Recycling，2007，51（1）：24-41.

[20] Travis C C，Morris J M. The emergence of ecological risk assessment[J]. Risk Analysis，1992，12（2）：167-168.

[21] MacLeod N D，McIvor J G. Reconciling economic and ecological conflicts for sustained management of grazing lands[J]. Ecological Economics，2006，56（3）：386-401.

[22] Zhao Y，Zou X，Cheng H，et al. Assessing the ecological security of the tibetan plateau：Methodology and a case study for Lhaze County[J]. Journal of Environmental Management，2006，80（2）：120-131.

[23] Dobrev S D，Baum J A C. Introduction：Ecology versus strategy or strategy and ecology[J]. Advances in Strategic Management，2006，23：1-26.

[24] 吴国庆. 区域农业可持续发展的生态安全及其评价探析[J]. 生态经济，2001（8）：22-25.

[25] 吴结春，李鸣. 生态安全及其研究进展[J]. 江西科学，2008，26（1）：105-108.

[26] 杨爱民. 基于社会—经济—自然复合生态系统的泛生态链理论[J]. 中国水土保持科学，2005，3（1）：93-96.

[27] 马世骏，王如松. 社会—经济—自然复合生态系统[J]. 生态学报，1984，4（1）：1-8.

[28] 赵景柱. 人口与社会—经济—自然复合生态系统的持续发展——伊春市人

口的系统分析与调控对策[J]. 生态学报，1992，12（1）：77-83.

[29] 苗东升. 他组织——系统科学的另一片视野[N]. 光明日报，1999-03-02.

[30] 弗·卡普拉. 转折点[M]. 冯禹，向世陵，黎云，译. 北京：中国人民大学出版社，1989.

[31] 秦书生. 复合生态系统自组织特征分析[J]. 系统科学学报，2008，16（2）：45-49.

[32] 谢新源，陈悠，李振山. 国内外生态足迹研究进展[J]. 四川环境，2008，27（1）：66-72.

[33] 王如松，欧阳志云. 对我国生态安全的若干科学思考[J]. 中国科学院院刊，2007，22（3）：223-229.

[34] 王如松. 论复合生态系统与生态示范区[J]. 科技导报，2000（6）：6-9.

[35] 刘丽君. 山区生态示范区建设的探索与实践——以四川省洪雅县为例[J]. 四川林勘设计，2008（4）：36-39.

[36] 毛志峰，郑洋，肖劲松，等. 城市生态示范区产业生态系统发展对策研究[J]. 中国软科学，2004（5）：23-27.

[37] 刘青，胡振鹏. 江河源区复合生态系统研究[J]. 江西社会科学，2007（2）：250-253.

[38] 闵庆华，李文华. 区域可持续发展能力评价及其在山东五莲的应用[J]. 生态学报，2002，22（1）：1-9.

[39] 张贵祥，杨志峰. 广州市生态可持续发展水平对比评价[J]. 生态学报，2003，23（10）：2101-2114.

[40] 王博涛. 商业生态系统与自然生态系统的比较研究[J]. 北京邮电大学学报（社会科学版），2007，9（5）：34-38.

[41] 洪阳. 中国 21 世纪的水安全[J]. 环境保护，1999（10）：29.

[42] 21 世纪水安全——海牙世界部长级会议宣言[J]. 中国水利，2000（7）：8-9.

[43] 中国水利科技信息网. 国际淡水资源部长级会议宣言[EB/OL]. 波恩，2001.

[44] 贾绍凤，张军岩，张士锋. 区域水资源压力指数与水资源安全评价指标体系[J]. 地理科学进展，2002（6）：538-545.

[45] 韩宇平，阮本清. 区域水安全评价指标体系初步研究[J]. 环境科学学报，2003，23（2）：267-272.

[46] 郭永龙，武强，等. 中国的水安全及其对策探讨[J]. 安全与环境工程，2004，11（1）：43-45.

[47] 陈绍军. 水安全概念辨析[J]. 中国水利，2004（17）：13-15.

[48] 张翔，夏军，贾绍凤. 水安全定义及其评价指数的应用[J]. 资源科学，2005（3）：145-149.

[49] 严立冬，岳德军，孟慧君. 城市化进程中的水生态安全问题探讨[J]. 中国地质大学学报（社会科学版），2007，7（1）：57-62.

[50] 成建国，杨小柳，魏传江，等. 论水安全[J]. 中国水利，2004（1）：21-23.

[51] 郑通汉. 论水资源安全与水资源安全预警[J]. 中国水利，2003（6）：19-22.

[52] Peter Gleiek. Water conflict chronology[EB/OL]. http://www.worldwater.org/Conflict_chronology.html.

[53] Woil A，Yoffe S B，and Giordano M. International waters：identifying basins at risk[J]. Water Policy，2003，5（1）：29-60.

[54] The Ferghana Valley Working Group of the Center for Preventive Action. Calming the Ferghana Valley development and dialogue in the heart of central asia[R]. New York：The Century Foundation Press，1999.

[55] 陈西庆. 跨国界河流、跨流域调水与我国南水北调的基本问题[J]. 长江流域资源与环境，2000，9（1）：92-97.

[56] 蓝建学. 水资源安全和中印关系[J]. 南亚研究，2008（2）：21-26.

[57] 蒋云钟. 3月22日世界水日——水资源管理与水安全预警[J]. 建设科技，2009（5）：56-58.

[58] 钱正英，张光斗. 中国可持续发展水资源战略研究综合报告[R]. 中国工程科学，2008，2（8）：1-17.

[59] 刘京和. 中国小水电技术现状与展望[C]. 中国可再生能源发展战略国际研讨会，2005，10：11-20.

[60] 李法云，曲向荣，吴龙华. 环境科学与技术应用系列丛书——污染土壤生物修复理论基础与技术[M]. 北京：化学工业出版社，2006.

[61] 李占斌，朱冰冰，李鹏. 土壤侵蚀与水土保持研究进展[J]. 土壤学报，2008，45（5）：802-809.

[62] 骆永明，滕应，李清波，等. 长江三角洲地区土壤环境质量与修复研究——Ⅰ. 典型污染区农田土壤中多氯代二苯并二噁英/呋喃（PCDD/Fs）组成和污染的初步研究[J]. 土壤学报，2005，42（4）：570-576.

[63] Manuel A.-E., Eugenio L.-P., Elena M.-C., Jesús S.-G., Mejuto J.-C., and Luis G.-R.. The mobility and degradation of pesticides in soils and the pollution of groundwater resources [J]. Agriculture，Ecosystems and Environment，2008，123（4）：247-260.

[64] 张桂香，赵力，刘希涛. 土壤污染的健康危害与修复技术[J]. 四川环境，2008，27（3）：8-13.

[65] 郑喜坤，鲁安怀，高翔，等. 土壤中重金属污染现状与防治方法[J]. 土壤与环境，2002，11（1）：79-84.

[66] 屈冉，孟伟，李俊生，等. 土壤重金属污染的植物修复[J]. 生态学杂志，2008，27（4）：626-631.

[67] 叶露，董丽娴，郑晓云，等. 美国的土壤污染防治体系分析与思考[J]. 江苏环境科技，2007，20（1）：59-61.

[68] 齐庆临，陆士立. 浅析发展中国家土壤侵蚀的原因[J]. 国外铀金地质，1995（4）：371-374.

[69] 李占冰，朱冰冰，李鹏. 土壤侵蚀与水土保持研究进展[J]. 土壤学报，2008，45（5）：802-809.

[70] 李东斌，党维勤. 威胁我国水土流失区生态安全的问题及解决途径[J]. 水利天地，2008（9）：20-22.

[71] 卢琦，杨有林，吴波. 中国风沙灾害加剧成因与防沙止漠科技对策[J]. 全球沙尘暴警示录，2005.

[72] 张永民，赵士洞. 全球荒漠化的现状、未来情景及防治对策[J]. 地球科学进展，2008，23（3）：306-311.

[73] 第三次全国荒漠化和沙化监测报告编写组. 我国荒漠化和沙化状况及动态变化分析[A]//朱列克. 中国荒漠化和沙化动态研究[C]. 北京：中国农业出版社，2005.

[74] 唐晓东, 屈明, 陈燕霞, 等. 荒漠化类型探析及可持续发展经验借鉴[J]. 西南师范大学学报（自然科学版）, 2007, 32（6）: 109-113.

[75] 汤磊, 傅雪冬. 土地荒漠化问题浅谈[J]. 科技情报开发与经济, 2007, 17（35）: 103-104.

[76] 国家林业局. 中国岩溶地区石漠化状况公报. http://www.hnhw.com/Article/200904/6049.html.

[77] 陈琳. 湿地及其保护[J]. 草业与畜牧, 2008（8）: 25-27.

[78] 贾治邦. 维护湿地生态健康保障人类健康发展[J]. 湿地科学与管理, 2008（2）: 4-5.

[79] 中华人民共和国环境保护部. 中国环境状况公报（2007 年）[J]. 环境经济, 2008（9）: I0010-I0032.

[80] 沈洪涛, 任树伟, 何志鹏, 梁雪峰. 湿地缓解银行——美国湿地保护的制度创新[J]. 环境保护, 2008, 6（B）: 72-74.

[81] 黄幸卫, 周从直, 刘楠. 浅议当前的大气环境安全问题及其解决途径[J]. 环境科学与管理, 2009, 34（3）: 188-191.

[82] 付保荣, 惠秀娟. 生态环境安全与管理[M]. 北京: 化学工业出版社, 2005.

[83] 刘晓莉, 宋宪强, 孟紫强. 大气污染对人体心肺功能的影响[J]. 卫生研究, 2008, 37（4）: 429-432.

[84] 曹垒. 全球十大环境问题[M]. 北京: 中国环境科学出版社, 1994.

[85] 董险峰. 持续生态与环境[M]. 北京: 中国环境科学出版社, 2006.

[86] 张峥, 张涛, 郭海涛, 等. 温室效应及其生态影响综述[J]. 环境保护科学, 2000, 26（99）: 36-38.

[87] 罗丹. 发现臭氧空洞始末[J]. 今日科苑, 2009（1）: 42-44.

[88] 臭氧层破坏的影响[J]. 世界环境, 1999（4）: 6-8.

[89] 中国气象局. 酸雨观测业务规范[M]. 北京: 气象出版社, 2005.

[90] 王自发, 高超, 谢付莹. 中国酸雨模式研究回顾与所面临的挑战[J]. 自然杂志, 2007, 29（2）: 78-82.

[91] 瑞典农业部, 环境委员会. 环境酸化的现状与展望[M]. 姜邦晔, 译. 北京: 科技出版社, 1989.

[92] Ottar B. Organization of long range transport of air pollution monitoring in

Europe[A]//Dochinger L S and Seliga T A. 1st. Internat. Symp. Acid Precipitation and the Forest Ecosystem[C]. Pennsylvania，1976：105-117.

[93] 马治国，林长城，王新强，等. 福建东部地区酸雨的分类及其地面的气象条件的关系分析[A]//中国气象学会 2006 年年会"大气成分与气候、环境变化"分会场论文集[C]. 2006：27-29.

[94] 牛建刚，牛荻涛，周浩爽. 酸雨的危害及其防治综述[J]. 灾害学，2008，23（4）：110-116.

[95] Ikuta K，Suzuki Y，Kitamura S. Effects of low pH on the reproductive behavior of salmonid fishes[J]. Fish physiology and biochemistry，2003（28）：407-410.

[96] Sandoy S，Langaker R M. Atlantic salmon and acidification in southern Norway：a disaster in the 20th Century，but a hope for the Future？[J]. Water，Air，and Soil Pollution，2001（130）：343-348.

[97] 花日茂，李湘琼. 我国酸雨的研究进展[J]. 安徽农业大学学报，1998，25（2）：206-210.

[98] 邓伟，刘荣花，熊杰伟，等. 当前国内酸雨研究进展[J]. 气象与环境科学，2009，32（1）：82-87.

[99] 邵超峰，鞠美庭，张裕芬，等. 突发性大气污染事件的环境风险评估与管理[J]. 环境科学与技术，2009，32（6）：200-205.

[100] 姜岩，郑海明，蔡小舒. 城市大气环境安全监测探讨[J]. 环境技术，2006（1）：6-9.

[101] Hiromichi Morikama，Uzgo Cem Erkin. Basic processes in phytoremediation and some application to air pollution control[J]. Chemosphere，2003，52：1553-1558.

[102] Sridhar Susarla，Victor Medina F，Steven C McCutcheon. Phytoremediation：An ecological solution to organic chemical contamination[J]. Ecological Engineering，2002，18：647-658.

[103] Takahashi，Kondo，Morikawa. Assimilation of Nitrogen Dioxide in Selected Plant Taxa[J]. Acta Biotechnol，2003，23（2-3）：241-247.

[104] 刘振玲，周青，叶亚新. 大气污染的植物修复研究进展[J]. 上海环境科学，

2007，26（6）：236-239.

[105] 鲁敏，姜凤岐. 绿化树种对大气 SO$_2$、铅复合污染的反应[J]. 城市环境与城市生态，2003，16（6）：23-25.

[106] 鲁敏，李英杰，齐鑫山. 绿化树种对大气污染物吸收净化能力的研究[J]. 城市环境与城市生态，2002（2）：7-9.

[107] 姚建，徐留兴，田静. 区域大气污染总量控制的渐进方法[J]. 四川环境，2002，21（3）：81-83.

[108] 何慧龄. 我国能源安全形势与能源企业对外投资动因探析[J]. 对外经贸实务，2008（10）：31-34.

[109] 李孟刚. 新能源安全观需要新思考[J]. 中国国情国力，2008（11）：8-11.

[110] 吴志忠. 日本能源安全的政策、法律及其对中国的启示[J]. 法学评论，2008（3）：117-125.

[111] 高世宪. 日本能源领域新举措及对我国的启示[J]. 中国能源，2003，25（4）：17-19.

[112] 国际能源网. BP 世界能源统计 2005[EB/OL]. http://www.in-en.com/oilfnews/int1.2006/04/INEN_3603.html.（2006-04-14）.

[113] 尚琳. 日本能源政策：演进与构成[J]. 经济经纬，2006（5）：51-53.

[114] 王浩，张双虎，尹明万，鄂楠. 能源和环境安全挑战下的全国水能开发战略探讨[J]. 天津大学学报，2008，41（9）：1062-1067.

[115] 田春荣. 2005 年中国石油进出口状况分析[J]. 国际石油经济，2006，14（3）：1-7.

[116] 复旦大学上海论坛组织委员会. 2005 上海论坛文集能源卷[C]. 上海：复旦大学出版社，2006.

[117] 中国能源发展报告编辑委员会. 中国能源发展报告 2007[M]. 北京：中国水利水电出版社，2007.

[118] 董文鸽，郭宪国. 生物多样性及其研究现状[J]. 中国科技信息，2008（15）：179-182.

[119] 夏铭. 生物多样性进展[J]. 东北农业大学学报，1999，30（1）：94-100.

[120] 谢晋阳，陈灵芝. 中国暖温带若干灌丛群落多样性问题的研究[J]. 植物生态学报，1997，21（3）：197-207.

[121] 霍丽云. 基因多样性：生物多样性保护的重要任务[J]. 中国人口资源与环境，2000（10）：135-136.

[122] 吴晓青. 承担国际责任，保护生物多样性 应对气候变化——在 2008 年生物多样性与气候变化国际研讨会上的讲话[J]. 环境教育，2008（3）：32-33.

[123] 李焱. 生物多样性丧失原因刍议[J]. 中国林业，2007，12（B）：23.

[124] 李延梅（编译）. 英国未来可能面临的生物多样性威胁与挑战[J]. 科学新闻，2008（13）：32-34.

[125] 陈晓玥. 关于我国外来物种入侵的立法思考[J]. 油气田环境保护，2005，15（3）：10-13.

[126] 刘中梅. 防范外来物种入侵的法律对策[J]. 法制与经济，2006（8）：37-38.

[127] 屈冉，李俊生. 外来物种入侵的负面生态效应及防治策略[J]. 环境保护，2007（7A）：31-33.

[128] 李彧挥，祝浩. 林产品国际贸易政策控制外来物种入侵的研究进展[J]. 环境保护，2007，5（A）：26-28.

[129] 刘春红，蔡平，包立军，等. 外来物种入侵我国的现状及防治政策[J]. 中国科学信息，2006（23）：12-16.

[130] 颜文洪，胡玉佳. 转基因生物产业化与环境策略应对分析[J]. 环境保护，2003（9）：29-32.

[131] 王加连. 转基因生物与生物安全[J]. 生态学杂志，2006，25（3）：314-317.

[132] 段武德. 对农业转基因生物安全性问题争论的研究[J]. 农业环境与发展，2007（6）：7-11.

[133] 王长永，陈良燕. 转基因生物环境释放风险评估的原则和一般模式[J]. 农村生态环境，2001，17（2）：48.

[134] 肖显静，陆群峰. 国家农业转基因生物安全政策合理性分析[J]. 公共管理学报，2008，5（1）：91-99.

[135] 戴海英，刘国贞，刘佳，等. 转基因生物对生物多样性的影响[J]. 种子科技，2006（6）：39-41.

[136] 陈思礼，袁媛. 转基因生物与环境安全. 中国热带医学，2008，8（4）：

662-666.

[137] 马兰，殷正坤. 转基因生物的社会风险分析[J]. 科技管理研究，2004，
（1）：144-146.

[138] 肖唐华，周德翼，李成贵. 转基因生物风险类型及其监管特点[J]. 中国科
技论坛，2008（4）：120-124.

[139] 孙静. 转基因生物引起的国际损害责任思考[J]. 沈阳农业大学学报，
2008，10（4）：474-477.

[140] 陈超，展进涛，廖西元. 国外转基因生物安全管理分析及其启示[J]. 中国
科技论坛，2007（9）：112-115.

[141] 徐靖，李俊生，张文国，等. 我国生物安全问题、管理现状与对策[J]. 环
境保护，2007（7A）：25-30.

[142] 黄益宗，王毅力. 选矿废水的污染治理及其循环利用对策[J]. 科技创新导
报，2008（4）：183，185.

[143] 王俊桃，谢娟，张益谦. 矿山废石淋溶对水环境的影响[J]. 地球科学与环
境学报，2006，28（4）：92-96.

[144] 钟顺清. 矿区土壤污染与修复[J]. 辽宁工程技术大学学报，2007，23（6）：
532-534.

[145] 刘勇. 矿井水水质特征及排放污染[J]. 洁净煤技术，2007，13（3）：83-
86.

[146] 庚莉萍. 我国矿山生态环保问题大、责任重[J]. 资源与人居环境，2008
（17）：51-55.

[147] 杨俊峰，付永胜. 煤矿环境污染评价及"三废"资源化探讨[J]. 环境科学
与管理，2006，31（7）：179-182.

[148] 魏艳，侯明明，卿华，等. 矿业废弃地的生态修复与重建研究[J]. 矿业工
程，2007，5（1）：52-55.

[149] 矫旭东，腾彦国. 我国矿山环境保护与管理对策评述[J]. 国土资源科技管
理，2007，24（1）：68-73.

[150] 王亚博. 煤矿开采沉陷非污染生态环境影响[J]. 能源与环境，2008（3）：
110-111.

[151] 李礼，赵庆. 矿山污染控制与生态修复进展研究[J]. 能源环境保护，2008，

22（4）：13-15.

[152] 崔晓黎. 矿区空气污染与环境整治的调查分析[J]. 辽宁工程技术大学学报，2008，27（A01）：329-331.

[153] 谢振华. 露天矿大气污染防治技术[J]. 环境保护，1996（7）：7-8.

[154] 陈明智. 煤矿矿区大气环境保护（技术）对策[J]. 煤矿环境保护，1997，11（6）：12-18.

[155] 贾希荣，宁建宏. 煤矿区大气污染的地质因素[J]. 煤矿环境保护，1997，11（2）：49-53.

[156] 刘国华，舒洪岚. 矿区废弃地生态恢复研究进展[J]. 江西林业科技，2003，（2）：21-25.

[157] 李娟，赵竟英. 矿区废弃地复垦与生态环境重建[J]. 国土与自然资源研究，2004（1）：27-28.

[158] 魏艳，侯明明，卿华，等. 矿业废弃地的生态修复与重建研究[J]. 矿业工程，2007，5（1）：52-55.

[159] 祝怡斌，周连碧，林海. 矿山生态修复及考核指标[J]. 金属矿山，2008（8）：109-112.

[160] 杨保疆，黎谊锴. 浅谈尾矿整体利用与矿山环境综合治理[J]. 南方国土资源，2005（12）：16-18.

[161] 陈东景，徐中民. 西北内陆河流域生态安全评价研究[J]. 干旱区地理，2002，25（3）：219-224.

[162] 曹新向. 旅游地生态安全预警评价指标体系与方法研究——以开封市为例[J]. 环境科学与管理，2006，31（3）：39-43.

[163] 李辉，魏德洲，姜若婷. 生态安全评价系统及工作程序[J]. 中国安全科学学报，2004，14（4）：43-46.

[164] 高长波，韦朝海，陈新庚. 区域生态安全评价时间序列动态分析——以广东省为例[J]. 地理与地理信息科学，2005，21（6）：105-108.

[165] 王根绪，程国栋，钱鞠. 生态安全评价研究中的若干问题[J]. 应用生态学报，2003，14（9）：1551-1556.

[166] 龚建周，夏北城，郭泺. 城市生态安全评价与预测模型研究[J]. 中山大学学报（自然科技版），2006，45（1）：107-111.

[167] 刘红，王慧，刘康. 我国生态安全评价方法研究述评[J]. 环境保护，2005
（8）：34-36.

[168] 陈星，周成虎. 生态安全：国内外研究综述[J]. 地理科学进展，2005，24
（6）：8-20.

[169] 董伟，张向晖，苏德，等. 生态安全预警进展研究[J]. 环境科学与技术，
2007，30（12）：97-99.

[170] 陆雍森. 环境评价[M]. 上海：同济大学出版社，1999.

[171] 杨东，杨秀琴. 区域可持续发展定量评估方法及其应用[J]. 西北师范大学
学报，2001，37（1）：83-88.

[172] 左伟，王桥，王文杰，等. 区域生态安全综合评价模型分析[J]. 地理科学，
2005，25（2）：209-214.

[173] 李辉，李秀霞，于娇. 东北地区生态安全评价研究[J]. 吉林大学社会科学
学报，2008，48（5）：148-155.

[174] 海热提，王文兴. 生态环境评价、规划与管理[M]. 北京：中国环境科学
出版社，2004.

[175] 孙翔，朱晓东，李杨帆. 港湾快速城市化景观生态安全评价[J]. 生态学报，
2008，28（8）：3563-3573.

[176] 郭中伟. 建设国家生态安全预警系统与维护体系——面对严重的生态危机
的对策[J]. 科技导报，2001（1）：54-56.

[177] 陈国阶，陈治谏. 三峡工程对生态与环境影响的综合评价[M]. 北京：科
学出版社，1993.

[178] 陈治谏，陈国阶. 环境影响评价的预警系统研究[J]. 环境科学，1992，13
（4）：20-25.

[179] 傅伯杰. 区域生态环境预警的理论及其应用[J]. 应用生态学报，1993，4
（4）：436-439.

[180] 陈国阶. 对环境预警的探讨[J]. 重庆环境科学，1996，18（5）：1-4.

[181] 王耕，吴伟. 区域生态安全预警指数——以辽河流域为例[J]. 生态学报，
2008，28（8）：3535-3542.

[182] 崔胜辉，洪华生，黄云凤，等. 生态安全研究进展[N]. 生态学报，2005，
25（4）：861-868.

[183] 俞孔坚，李海龙，李迪华，等. 国土尺度生态安全格局[N]. 生态学报，2009，29（10）：5163-5175.

[184] 汪劲. 环境法学[M]. 北京：北京大学出版社，2006.

[185] 陈国生. 论我国生态安全建设的法律保障[J]. 南开大学学报（社会科学版），2003（9）：74.

[186] 周珂，王权典. 我国生态安全的法律价值与法制体系[J]. 华南农业大学学报，2002（1）：73.

[187] 胡二邦. 环境风险评价实用技术和方法[M]. 北京：中国环境科学出版社，2000.

[188] 田裘学. 健康风险评价的基本内容与方法[J]. 甘肃环境研究与监测，1997（10）：29-31.

[189] 蔡守秋. 欧盟环境政策法律研究[M]. 武汉：武汉大学出版社，2002.

[190] 蔡守秋. 生态安全和生态保护的法律制度[J]. 2005年武汉大学环境法研究所基地会议论文集.

[191] 王作全，王佐龙，张立. 三江源自然保护区法律对策研究[J]. 青海民族学院学报（社会科学），2002（4）：82.

[192] 陈泉生. 可持续发展与法律变革[M]. 北京：法律出版社，2000.

[193] 梅纳德·M. 霍夫斯米特. 可持续发展的水政策[J]. 水利水电快报，1977，18（10）：10-13.

[194] 陈晗霖，黄明健. 我国生物多样性法律保护制度的建立和完善[J]. 安徽农业科学，2005（33）：359.

[195] 许耀亮. 我国的渔业法律法规体系概述[J]. 海洋信息，1996（10）：6.

[196] 王建廷. 应完善我国水生生物资源保护的法律机制[J]. 中国海洋报（理论实践版），2006-08-08.

[197] 杨源. 论我国动物保护法律体系地完善[J]. 国土与自然资源研究，2003（1）：70-72.

[198] 王树义. 生态安全及其立法问题探讨[J]. 法学评论，2006（3）：128.

[199] 黄锡生，陈有根. 我国国家生态安全法的框架构建[J]. 研究生法学，2006（1）：91.

[200] 窦玉珍，黄政. 生态安全立法若干问题思考[J]. 可持续发展与环境法治，

2007（2）：45.

[201] 张晓. 我国生态安全的法律思考[J]. 河南省政法管理干部学院学报，2003（6）：113.

[202] 胡宝林，湛中乐. 环境行政法[M]. 北京：中国人事出版社，2000.

[203] 王周. 2008环境执法回望[J]. 环境教育，2008（12）：59-60.

[204] 江涌. 经济增长的巨大环境代价[J]. 世界知识，2008（5）.

[205] 曲格平. 从"环境库兹涅茨曲线"说起[D]. The College Environmental Forum in China.2006-08-29.

[206] 任勇. 环境与经济关系的演进[J]. 环境保护，2007（11）：9-10.

[207] 陈莹. 我国生态环境与经济发展关系探析[J]. 市场经纬，2008（7）：16.

[208] 侯京林. 环境与经济协调发展的新挑战：污染转移[J]. 世界环境，2008，1（1）：53.

[209] 罗杰·珀曼. 自然资源与环境经济学[M]. 侯元兆，译. 北京：中国经济出版社，2002.

[210] 苏晓红. 环境管制政策的比较分析[J]. 生态经济，2008（4）：143.

[211] 郭朝先. 我国环境管制发展的新趋势[J]. 经济研究参考，2007（27）：30.

[212] 张玉霞. 浅析我国当前环境管制中存在的主要问题[J]. 集团经济研究，2007（4）：14.

[213] 彭玲. 经济发展与生态环境关系的认识发展历程[J]. 科技资讯，2006（16）：137.

[214] 毕勇田. 循环经济发展的国际借鉴[J]. 商场现代化，2008（6）.

[215] 李文华，等. 生态补偿机制课题组报告[J]. 中国环境与发展国际合作委员会，2005：1.

[216] 谢晶莹. 建立生态补偿机制是构建生态和谐的关键[J]. 改革与开放，2008（5）：34.

[217] 于洁. 绿色 GDP 与可持续发展研究[D]. 吉林大学硕士论文，2005（7）：42.

[218] 刘卫华. 企业公民的环境责任和可持续发展[J]. 世界环境，2008（3）：

17.

[219] 关雪凌，徐立青. 企业环境保护的社会责任[J]. 河北北方学院学报，2007
　　　（8）：65.

[220] 王玉华. 绿色消费的生态伦理研究及政府行为的实践探讨[D]. 东北林业
　　　大学，2005（12）：7.

[221] 张通. 英国政府推行节能减排的主要特点及其对我国的启示[J]. 财科所
　　　研究报告，2007（11）：5.

[222] 刘芳. 节能减排的国际经验[J]. 中国电子商务，2008（7）：49.

[223] 林伯强. http://www.infzm.com/content/12983. 2008-06-05.

[224] 洪隽. 欧洲电价监管及对我国电价改革的启示[J]. 中国价格监督检查，2008
　　　（7）：53-54.

[225] 明茜. http://finance.sina.com.cn/chanjing/b/20081227/02275691780.shtml.2008-
　　　12-27.

[226] 国家发展改革委外事司. 俄天然气价格分析[J]. 中国经贸导刊，2007（14）：
　　　50.

[227] 姜欣欣. http://news.stockstar.com/info/Darticle.aspx？id=JL，20080519，
　　　00059503&columned=1753. 2008-05-19.

[228] 李华友，冯东方. 我国环保金融政策制定的内在动力与途径[J]. 环境经
　　　济，2007.

[229] 蒋兆才. 论促进我国环境保护的财政政策[J]. 集团经济，2007（12）：
　　　354.

[230] 魏彦杰. 基于生态价值的可持续经济发展[M]. 北京：经济科学出版社，
　　　2008.

[231] 王克强，赵凯，刘红梅. 资源与环境经济学[M]. 上海：上海财经大学出
　　　版社，2007.

[232] 秦亚青. 世界格局、安全威胁和国际行为体[J]. 现代国际关系，2008
　　　（9）：2.

[233] 薄燕. 国际环境正义与国际环境机制：问题、理论和个案[J]. 欧洲研究，
　　　2004（3）：65.

[234] 戴维·赫尔德. 全球大变革——全球化时代的政治、经济与文化[M]. 北

京：社会科学文献出版社，2001.

[235] Lester R. Brown. Redefining National Security，World Watch Paper，1977（14）：40-41.

[236] 张海滨. 环境与国际关系——全球环境问题的理性思考[M]. 上海：上海人民出版社，2008.

[237] 李金发，成金华. 论国际环境机制对能源安全战略的影响[J]. 江汉论坛，2004（7）：34-35.

[238] 杞忧. 巴厘岛会议[J]. 生态经济，2008（3）：10.

[239] 成岩. 国际气候变化谈判任重道远[J]. 中国社会科学院院报，2008（1）：1.

[240] 孙钰. 哥本哈根，在失意中积聚希望[J]. 环境保护，2009（12）：16.

[241] 石欣. 联合国海洋法公约与海洋环境保护[J]. 中国海洋大学学报（社会科学版），2006（5）：90.

[242] 王涌，芮震锋，张志强. 海洋环境保护与船舶海洋污染防治[J]. 世界海运，2008（2）：49.

[243] 黄艺，郑维爽. 生物多样性公约国际履约过程变化分析[J]. 生物多样性，2009，17（1）：99.

[244] 王曦，杨兴. 论国际淡水资源利用和保护法的发展[J]. 法学论坛，2005（1）：134-135.

[245] 方子云，汪达. 国际水资源保护和管理的最新动态[J]. 水资源保护，2001（1）：5-6.

[246] 联合国防治荒漠化公约[J]. 世界农业，2000（9）：48.

[247] 北冰洋争端中的国际法视角[N]. 中国海洋报，2008-11-11.

[248] 宋连斌. 1967 年外空条约今析[J]. 法学评论，1992（3）：52-53.

[249] Harald Hohman，Basic Documents of International Environmental Law，London：Graham & Tortman，1992（1）：49.

[250] 王之佳. 中国环境外交[M]. 北京：中国环境科学出版社，1999.

[251] 丁金光. 国际环境外交[M]. 北京：中国社会科学出版社，2007.

[252] 赵黎青. 环境非政府组织与联合国体系[J]. 现代国际关系. 1998（10）：26-27.

[253] Barbara Gemmill and Abimbola Bamidele，The Role of NGOs and Civil

Society in Global Environmental Governance，http://www.yale.edu/environment/publications/geg/gemmill.

[254] 王杰，张海滨，等. 全球治理中的国际非政府组织[M]. 北京：北京大学出版社，2004.

[255] 莫里斯·斯特朗. 建立全球环境治理的新范式[M]. 上海：上海人民出版社，2008.

[256] 丁金光. 中国环境外交的成就与问题[J]. 绿叶，2008（4）：27-28.